Vito Posca
Tiziana Fiorani

Chimica più
Dagli equilibri all'elettrochimica

PER IL COMPUTER E PER IL TABLET

L'eBook multimediale

1 REGÌSTRATI
Vai su **my.zanichelli.it** e regìstrati come studente

2 ATTIVA IL TUO LIBRO
Una volta entrato in **myZanichelli**, inserisci la **chiave di attivazione** che trovi sul bollino argentato in questa pagina

3 CLICCA SULLA COPERTINA
Puoi:
- **scaricare l'eBook offline** sul tuo computer o sul tuo tablet
- **sfogliare un'anteprima** dell'eBook online

PER LO SMARTPHONE

LOSAI? Ripassa con lo smartphone prima della verifica

1 SCARICA LA APP DA:
Scarica su App Store
Disponibile su Google Play

2 AGGIUNGI IL LIBRO
con le tue credenziali **myZanichelli** e con la **chiave di attivazione**

3 CLICCA SUL CAPITOLO
che vuoi ripassare

4 SCEGLI LA TEORIA O IL TEST
Trovi:
- **sintesi di capitolo** per rivedere la teoria
- **test** per metterti alla prova

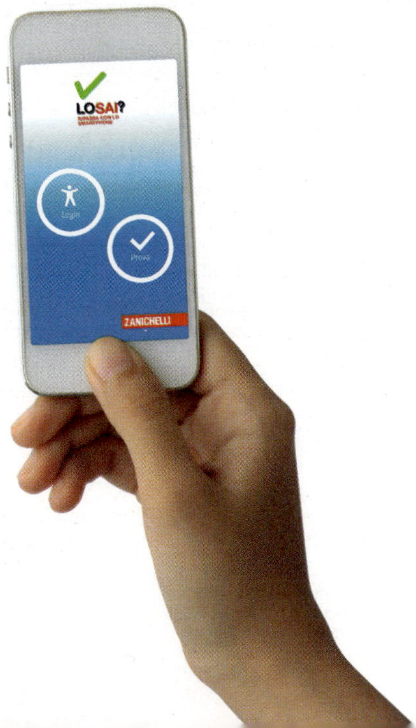

Realizzazione editoriale:
- Coordinamento redazionale: Martina Mugnai, Lara Rossi
- Redazione: Lara Rossi; Martina Mugnai; il Nove, Bologna
- Contributi redazionali: Sonia Serra
- Segreteria di redazione: Deborah Lorenzini, Rossella Frezzato
- Progetto grafico: Chialab srl, Bologna
- Composizione e impaginazione: Preparé Italia, Battipaglia (SA); Publi&Stampa Sas, Conselice (RA)
- Ricerca iconografica: Lara Rossi, Martina Mugnai
- Ufficio iconografico: Claudia Patella, Chiara Presepi
- Disegni: Grafie di Luca Tible
- Correzione bozze e rilettura testi: il Nove, Bologna
- Indice analitico: il Nove, Bologna

Contributi:
- Rilettura critica: Chiara Gedressi, Claudia Mirri
- Risoluzione esercizi: il Nove, Bologna
- Stesura schede *Per saperne di più* e *Chimica verde*: Giulia Pavarelli

Le fonti delle illustrazioni si trovano online nel sito online.zanichelli.it/poscafioranichimica

Copertina:
- Progetto grafico: Miguel Sal & C., Bologna
- Ideazione: Studio 8vo, Bologna
- Realizzazione: Roberto Marchetti e Francesca Ponti
- Immagine di copertina: S-F/Shutterstock. Artwork Studio 8vo, Bologna

Prima edizione: marzo 2017

Ristampa:
6 5 2020 2021 2022

Zanichelli garantisce che le risorse digitali di questo volume sotto il suo controllo saranno accessibili, a partire dall'acquisto dell'esemplare nuovo, per tutta la durata della normale utilizzazione didattica dell'opera. Passato questo periodo, alcune o tutte le risorse potrebbero non essere più accessibili o disponibili: per maggiori informazioni, leggi my.zanichelli.it/fuoricatalogo

File per sintesi vocale
L'editore mette a disposizione degli studenti non vedenti, ipovedenti, disabili motori o con disturbi specifici di apprendimento i file pdf in cui sono memorizzate le pagine di questo libro. Il formato del file permette l'ingrandimento dei caratteri del testo e la lettura mediante software screen reader. Le informazioni su come ottenere i file sono sul sito http://www.zanichelli.it/scuola/bisogni-educativi-speciali

Grazie a chi ci segnala gli errori
Segnalate gli errori e le proposte di correzione su **www.zanichelli.it/correzioni**. Controlleremo e inseriremo le eventuali correzioni nelle ristampe del libro. Nello stesso sito troverete anche l'errata corrige, con l'elenco degli errori e delle correzioni.

Zanichelli editore S.p.A. opera con sistema qualità
certificato CertiCarGraf n. 477
secondo la norma UNI EN ISO 9001:2015

Questo libro è stampato su carta che rispetta le foreste.
www.zanichelli.it/chi-siamo/sostenibilita

Stampa: Grafica Ragno
Via Lombardia 25, 40064 Tolara di Sotto, Ozzano Emilia (Bologna)
per conto di Zanichelli editore S.p.A.
Via Irnerio 34, 40126 Bologna

Realizzazione eBook:

- Redazione: Simona Vannini
- Segreteria di redazione: Deborah Lorenzini, Rossella Frezzato
- Progettazione esecutiva e sviluppo software: duDAT srl, Bologna, Chialab srl, Bologna

Video ClipLab
- Coordinamento redazionale: Matteo Fornesi
- Produzione: Vertical Film/I4Gatti srl
- Progetto e sceneggiature: Mauro Mennuni
- Supervisione scientifica: Franco Bagatti, Elis Corradi, Alessandro Desco, Claudia Ropa (chimica), Giovanni Pezzi (fisica)
- Regia: Francesco Dafano
- Speaker: WPS MULTIMEDIA, Roma

Video OpenLab
- Coordinamento redazionale: Martina Mugnai
- Produzione: formicablu srl, Bologna
- Sceneggiatura: OpenLab, Università di Firenze
- Supervisione scientifica: Antonella Salvini, Annamaria Papini, Università di Firenze
- Regia: Francesca Conti, formicablu srl, Bologna

Animazioni
- Coordinamento redazionale: Matteo Fornesi
- Supervisione scientifica: Franco Bagatti, Elis Corradi, Alessandro Desco, Claudia Ropa
- Realizzazione multimediale: Infmedia srl
- Speaker: Bruno Schirripa

Videolezioni
- Sceneggiatura, regia e narrazione: Christian Biasco, http://biasco.ch
- Testi e supervisione scientifica: Ludovico De Padova, Giorgia Messori
- Coordinamento redazionale e redazione: Martina Mugnai
- Musica: Riccardo Turchini

Video *Come si fa?*
- Coordinamento redazionale: Martina Mugnai
- Produzione: formicablu srl, Bologna
- Sceneggiatura e supervisione scientifica: Tiziana Fiorani
- Riprese: Carlo Gardini, Parma

Video *LabOr*
- Coordinamento redazionale: Martina Mugnai
- Produzione: formicablu srl, Bologna
- Sceneggiatura e supervisione scientifica: Opificio Golinelli, Bologna
- Regia: Giulia Rocco, formicablu srl, Bologna
- Attore: Chrisiani

Tavola periodica interattiva
- Ideazione e redazione: Martina Mugnai, Beppe Chia, Manuel Zanettin, Edoardo Cavazza
- Progetto generale, interfaccia grafica e sviluppo: Chialab srl, Bologna
- Stesura tesi: Massimo Dellavalle, Laura Moroni
- Consulenza e revisione: Massimo Dellavalle, Elisa Zini

Vito Posca
Tiziana Fiorani

Chimica più

Dagli equilibri all'elettrochimica

SCIENZE ZANICHELLI

SOMMARIO

17 LA TERMODINAMICA E LA TERMOCHIMICA

IN DIGITALE

ANIMAZIONE
Equilibrio termico ed energia termica

APPROFONDIMENTI
CO_2 e riscaldamento globale / La termodinamica nell'industria

VIDEO IN LABORATORIO
Reazioni esotermiche ed endotermiche

LO SAI? RIPASSA CON LO SMARTPHONE

ZTE 20 esercizi interattivi

18 LA CINETICA CHIMICA

IN DIGITALE

APPROFONDIMENTO PDF
La catalisi nell'industria

VIDEO IN LABORATORIO
Clock reactions: reazioni a tempo

LO SAI? RIPASSA CON LO SMARTPHONE

ZTE 20 esercizi interattivi

19 L'EQUILIBRIO CHIMICO

IN DIGITALE

ANIMAZIONE
Lo stato di equilibrio

LABORATORIO
Il principio di Le Châtelier

22 LE REAZIONI DI OSSIDO-RIDUZIONE

23 L'ELETTROCHIMICA

24 LA RADIOATTIVITÀ E L'ENERGIA NUCLEARE

IN DIGITALE

La tavola periodica interattiva

APPROFONDIMENTO
Storia della chimica: Marie Sklodowska Curie

LO SAI? RIPASSA CON LO SMARTPHONE

ZTE 20 esercizi interattivi

COME ORIENTARSI NEL LIBRO

SU CARTA

PROBLEMI MODELLO
Problemi svolti suddivisi in tre fasi: *L'idea, La soluzione, La conclusione* per ragionare prima e dopo avere affrontato l'esercizio. I problemi modello sono seguiti da *Problemi simili*, per mettersi subito alla prova.
Per esempio, cap. 20 pag. 518

BOX
Ti ricordi?
Per richiamare alla memoria i concetti fondamentali della chimica.
Per esempio, cap. 18 pag. 466

A colpo d'occhio
Mappe sintetiche per visualizzare i contenuti del testo.
Per esempio, cap. 22 pag. 588

Le parole
Per riflettere sull'etimologia dei termini scientifici.
Per esempio, cap. 18 pag. 476

SCHEDE
Per saperne di più
Approfondimenti che stimolano ad andare oltre il testo.
Per esempio, cap. 20 pag. 520

La chimica verde
Focus sulla chimica sostenibile: un nuovo modo di fare scienza.
Per esempio, cap. 24 pag. 643

Laboratorio
Esperienze pratiche per mettersi alla prova in un laboratorio chimico.
Per esempio, cap. 18 pag. 478

FACCIAMO IL PUNTO
Sintesi di fine capitolo per fissare i concetti-chiave del capitolo.
Per esempio, cap. 19 pag. 507

ESERCIZI DI FINE CAPITOLO
Per esempio, cap. 18 pag. 480-484
- Verifica le tue conoscenze
- Verifica le tue abilità
- Test yourself
- Verso i Giochi della Chimica
- Verso l'università
- Verso l'esame: le tue competenze

SEI PRONTO PER LA VERIFICA? IN 1 ORA
Allenati con una prova generale della verifica da svolgere in un'ora, con il punteggio per autovalutarti.
Per esempio, pag. 584

IN DIGITALE

PDF
Approfondimento
Schede di approfondimento su argomenti di attualità, salute, storia, ambiente e laboratorio.
Per esempio: Gli accumulatori al litio per l'energia sostenibile

Storia della chimica
I personaggi e le vicende simbolo della ricerca scientifica.
Per esempio: Marie Sklodowska Curie

VIDEO
Per vedere la chimica
Video per comprendere i processi chimici.
Per esempio: Estraiamo un indicatore... dal cavolo rosso

Animazioni
Per visualizzare i principi alla base dei fenomeni chimici.
Per esempio: Lo stato di equilibrio

LO SAI?
LO SAI? RIPASSA CON LO SMARTPHONE
Ripassa con lo smartphone prima di una verifica con sintesi di capitolo per rivedere la teoria e batterie di test per metterti alla prova.

ESERCIZI INTERATTIVI SU ZTE

TAVOLA PERIODICA INTERATTIVA

CAPITOLO

17

LA TERMODINAMICA E LA TERMOCHIMICA

1 L'ENERGIA NELLE REAZIONI CHIMICHE SI TRASFORMA

Una reazione chimica è un processo in cui avviene una *trasformazione di materia*: alcune sostanze (reagenti) modificano la loro composizione chimica e si trasformano in sostanze diverse (prodotti). Ma questo non è tutto: durante una reazione si verifica anche una *trasformazione di energia*.

L'energia a livello molecolare si presenta sotto forma di **energia cinetica** ed **energia potenziale**.

L'**energia cinetica** (E_c), in una *singola molecola*, è legata ai movimenti di vibrazione, rotazione e traslazione; in un *sistema di molecole* è il risultato complessivo di questi tre tipi di movimenti e si chiama **energia termica**, perché dipende dalla temperatura assoluta (figura **1**).

TI RICORDI?

L'**energia** è la capacità di un corpo di compiere lavoro o trasferire calore.

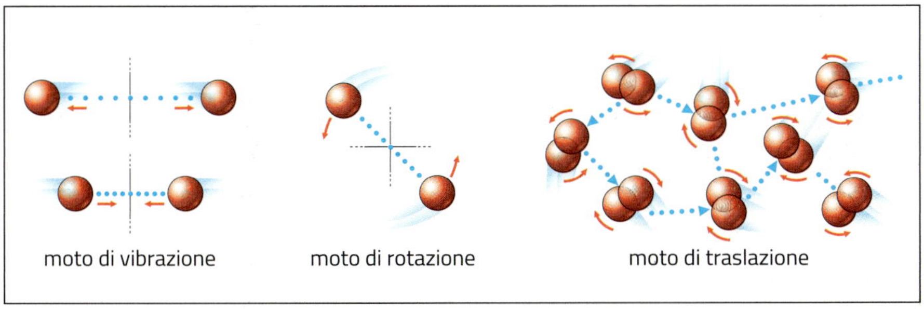

Figura 1 Modello descrittivo dei movimenti di una molecola biatomica L'energia cinetica di una molecola dipende dai movimenti di vibrazione, rotazione, traslazione.

L'**energia potenziale** (E_p), in una *singola molecola*, dipende dalle forze dei legami interatomici; in un *sistema di molecole* dipende anche dalle forze attrattive intermolecolari e si chiama **energia chimica**. Un elevato valore di energia chimica indica legami chimici *deboli* (instabili), un basso valore di energia chimica indica legami *forti* (stabili). Nella reazione chimica tra fluoro e cloruro di idrogeno (o acido cloridrico):

$$F_{2(g)} + 2\ HCl_{(g)} \longrightarrow Cl_{2(g)} + 2\ HF_{(g)}$$

l'energia chimica diminuisce e, di conseguenza, si formano due prodotti (cloro e fluoruro di idrogeno) con legami chimici più forti e più stabili (figura **2** a pagina seguente).

A COLPO D'OCCHIO

ENERGIA NELLE MOLECOLE
- CINETICA → TERMICA
- POTENZIALE → CHIMICA

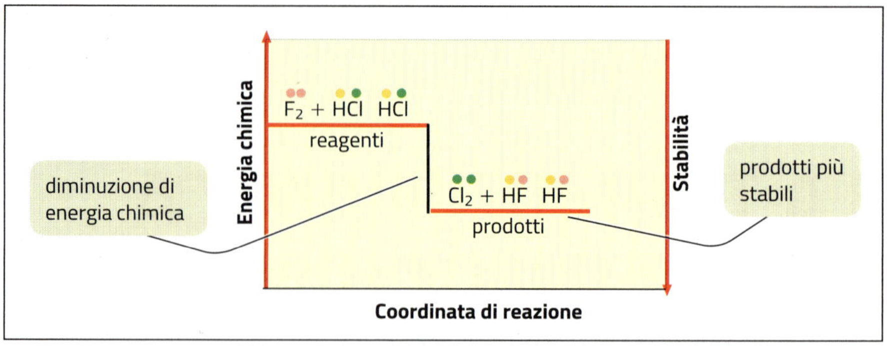

Figura 2 Variazione di energia chimica nella reazione tra fluoro e acido cloridrico Questa reazione comporta la diminuzione di energia chimica e la formazione di prodotti (cloro e fluoruro di idrogeno), più stabili dei reagenti.

Le *trasformazioni di energia* che accompagnano le reazioni chimiche consistono in scambi di calore e di lavoro tra il sistema e l'ambiente.

Un **sistema termodinamico chimico**, o semplicemente **sistema chimico**, è l'insieme delle sostanze che partecipano a una reazione chimica.

Una reazione chimica tra zinco solido e una soluzione di acido cloridrico che avviene in un becher all'interno di un laboratorio di chimica è un sistema.

$$Zn_{(s)} + 2\,HCl_{(aq)} \longrightarrow ZnCl_{2(aq)} + H_{2(g)}$$

L'**ambiente** è lo spazio che circonda un sistema.

Figura 3 Un sistema termodinamico La reazione tra zinco e una soluzione di acido cloridrico in un becher è il sistema, lo spazio intorno al becher è l'ambiente, la parete del becher è il confine.

In riferimento alla reazione tra lo zinco solido e la soluzione di acido cloridrico in un becher, il laboratorio di chimica è l'ambiente.

Il sistema e l'ambiente sono separati da una superficie, il *confine*, che delimita il sistema.

Nel sistema preso in esame, il confine è rappresentato dalla superficie di vetro del becher (figura **3**). Attraverso il confine, il sistema e l'ambiente scambiano energia sotto forma di calore e lavoro.

Il **calore** (simbolo ***Q***) è energia termica scambiata (liberata o assorbita) tra il sistema e l'ambiente a causa delle loro diverse temperature.

Per convenzione si attribuisce segno *negativo* ($-Q$) alla quantità di calore liberata dal sistema e segno *positivo* ($+Q$) alla quantità di calore assorbita dal sistema (figura **4A**).

Il **lavoro** (simbolo ***L***) è energia meccanica scambiata tra il sistema e l'ambiente.

Per convenzione si attribuisce segno *negativo* ($-L$) al lavoro compiuto dall'ambiente sul sistema e segno *positivo* ($+L$) al lavoro compiuto dal sistema sull'ambiente (figura **4B**).

Figura 4 Segni convenzionali attribuiti a calore e lavoro
A La quantità di calore che un sistema assorbe dall'ambiente ha per convenzione segno positivo mentre quella che cede all'ambiente ha segno negativo.
B Il lavoro compiuto dall'ambiente sul sistema ha per convenzione segno negativo mentre il lavoro compiuto dal sistema sull'ambiente ha segno positivo.

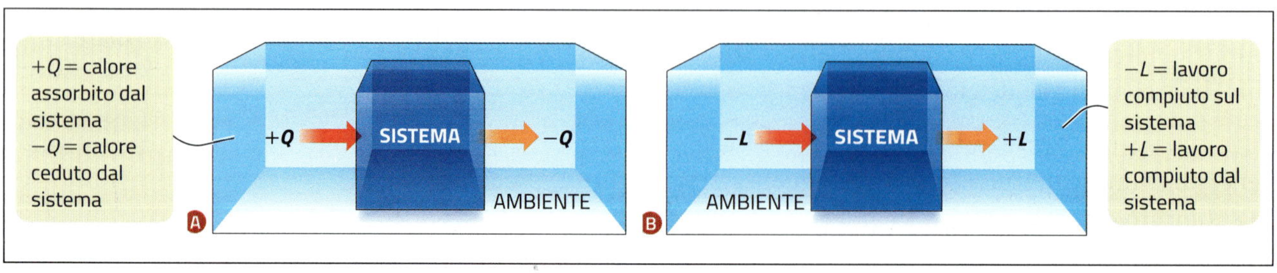

Il sistema costituito dalla reazione chimica tra il litio solido e l'acqua libera energia termica sotto forma di calore, Q, che viene ceduto all'ambiente (figura **5A**):

$$2\ Li_{(s)} + 2\ H_2O_{(l)} \longrightarrow 2\ LiOH_{(aq)} + H_{2(g)} \qquad (-Q)$$

Il calore è ceduto dal sistema all'ambiente e quindi assume segno negativo.

Il sistema costituito dalla reazione chimica, a pressione costante, tra il carbonato di calcio e una soluzione di acido cloridrico libera un gas, il diossido di carbonio, che espandendosi compie un lavoro L (figura **5B**):

$$CaCO_{3(s)} + 2\ HCl_{(aq)} \longrightarrow CaCl_{2(aq)} + H_2O_{(l)} + CO_{2(g)}$$

Il lavoro è compiuto dal sistema sull'ambiente e quindi assume segno positivo.

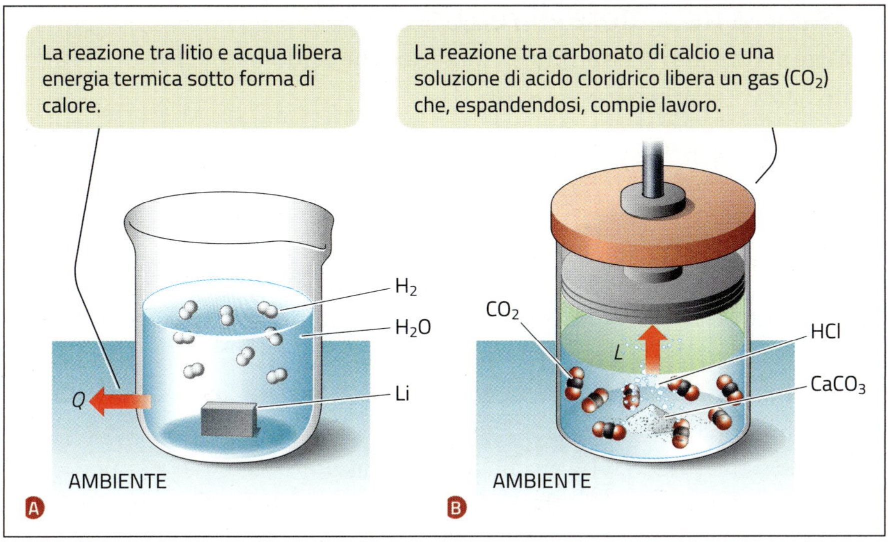

Figura 5 **Il calore e il lavoro nelle reazioni chimiche**

PER CAPIRE MEGLIO
Animazione
Equilibrio termico ed energia termica

2 IL CALORE DI REAZIONE È ENERGIA TERMICA LIBERATA O ASSORBITA DA UNA REAZIONE

Le reazioni chimiche liberano o assorbono energia termica sotto forma di calore.

Si chiama **calore di reazione** la quantità di calore che una reazione chimica libera nell'ambiente o assorbe dall'ambiente.

Il calore di reazione (simbolo $\boldsymbol{Q}$) è espresso in kilojoule (simbolo **kJ**) e, a seconda del tipo di reazione, si differenzia in:

- **calore di formazione**: è la quantità di calore liberata o assorbita nella formazione di *una mole* di un composto partendo dai suoi elementi costitutivi. La reazione di sintesi dell'acqua è una reazione che libera calore:

$$H_{2(g)} + \frac{1}{2} O_{2(g)} \longrightarrow H_2O_{(l)} \qquad (-Q)$$

La reazione di analisi del monossido di azoto assorbe calore:

$$NO_{(g)} \longrightarrow \frac{1}{2} N_{2(g)} + \frac{1}{2} O_{2(g)} \qquad (+Q)$$

TI RICORDI?

La **mole** di un composto corrisponde al valore della massa molecolare relativa espressa in grammi.

A COLPO D'OCCHIO

CALORE DI REAZIONE
- FORMAZIONE
- COMBUSTIONE
- NEUTRALIZZAZIONE

- **calore di combustione**: è la quantità di calore liberata da una *mole* di combustibile (per esempio, carbonio e idrocarburi) che reagisce completamente con l'ossigeno. La reazione di combustione del metano è una reazione che sviluppa calore:

$$CH_{4(g)} + 2\,O_{2(g)} \longrightarrow CO_{2(g)} + 2\,H_2O_{(l)} \qquad (-Q)$$

- **calore di neutralizzazione**: è la quantità di calore liberata o assorbita nella reazione tra una soluzione acquosa di un acido e una soluzione acquosa di una base. La reazione acido-base tra una soluzione di acido cloridrico e una soluzione di idrossido di sodio è una reazione che libera calore:

$$HCl_{(aq)} + NaOH_{(aq)} \longrightarrow NaCl_{(aq)} + H_2O_{(l)} \qquad (-Q)$$

La misura del calore di reazione

Il calore sviluppato o assorbito da una reazione acido-base si misura in genere mediante i *calorimetri* (figura **6**).

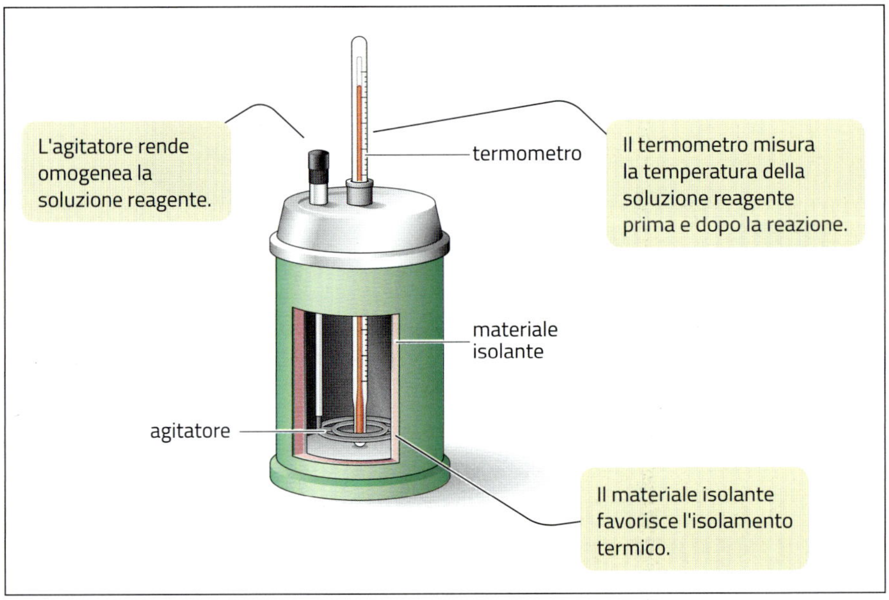

Figura 6 **I calorimetri** Il calore di reazione in soluzione acquosa viene misurato tramite i calorimetri.

Introducendo le soluzioni reagenti nel calorimetro, lo sviluppo o l'assorbimento di calore che si verifica durante la reazione chimica fa diminuire o aumentare la temperatura della soluzione.

Se sono note la massa m (espressa in grammi) e il **calore specifico** (simbolo c) delle soluzioni reagenti e si misura la variazione di temperatura (Δt), il calore di reazione si determina con la relazione:

$$Q = m \cdot c \cdot \Delta t$$

Il **calore specifico** di una sostanza (espresso in $J \cdot g^{-1} \cdot °C^{-1}$) è la quantità di calore che occorre fornire a 1 g della sostanza per aumentare la sua temperatura di 1 °C o di 1 K.

Poiché le soluzioni acquose in cui avvengono le reazioni acido-base sono *molto diluite*, agli effetti del calcolo del calore liberato e assorbito si prende in esame il solo calore specifico dell'acqua ($c_{H_2O} = 4{,}18\ J \cdot g^{-1} \cdot °C^{-1}$).

PROBLEMA MODELLO

Calcolare la quantità di calore

Calcola la quantità di calore (in kJ) assorbita da 20 g di acqua ($c = 4{,}18\ \text{J} \cdot \text{g}^{-1} \cdot {}^\circ\text{C}^{-1}$) per innalzare la sua temperatura da 25 °C a 65 °C.

L'IDEA

Poiché sono noti i valori della temperatura iniziale (t_1) e della temperatura finale (t_2) dell'acqua, determiniamo la variazione della temperatura Δt:

$$\Delta t = t_2 - t_1 = (65 - 25)\ {}^\circ\text{C} = 40\ {}^\circ\text{C}$$

LA SOLUZIONE

La quantità di calore (Q) assorbita dall'acqua è pertanto determinata con la relazione:

$$Q = m \cdot c \cdot \Delta t = 20\ \text{g} \cdot 4{,}18\ \text{J} \cdot \text{g}^{-1} \cdot {}^\circ\text{C}^{-1} \cdot 40\ {}^\circ\text{C} = 3344\ \text{J}$$

LA CONCLUSIONE

Ricordando che 1 kJ è uguale a 1000 J, il valore del calore espresso in kJ è:

$$Q = 3{,}344\ \text{kJ}$$

PROBLEMA SIMILE

Calcola la quantità di calore (in kJ) assorbita da 200 cm^3 di glicerolo ($d = 1{,}27\ \text{g/cm}^3$; $c = 2{,}43\ \text{J} \cdot \text{g}^{-1} \cdot {}^\circ\text{C}^{-1}$) per innalzare la sua temperatura da 10 °C a 20,4 °C.

Le reazioni esotermiche ed endotermiche

Nelle reazioni chimiche si hanno sempre scambi tra l'*energia termica* e l'*energia chimica* del sistema. Durante una reazione chimica i reagenti si trasformano in prodotti: in questo processo il numero degli atomi dei prodotti è *uguale* a quello dei reagenti, ma la combinazione e la posizione degli atomi nei prodotti sono *diverse* da quelle dei reagenti. Come conseguenza, si ha una variazione dell'energia potenziale delle singole molecole e quindi dell'energia chimica del sistema.

Quando in una reazione chimica i legami che si formano nei prodotti contengono una *minore quantità di energia* chimica di quella presente nei legami dei reagenti, l'*energia chimica* eccedente nei reagenti si trasforma in *energia termica*, ceduta dal sistema all'ambiente sotto forma di calore: la reazione è **esotermica** (figura **7**).

$$\text{A} + \text{B} \longrightarrow \text{C} + \text{D} \qquad (-Q)$$

LE PAROLE

Esotermico deriva dalle parole greche *héxo* (fuori) e *thermós* (calore). Si riferisce a un processo che avviene con liberazione di calore.

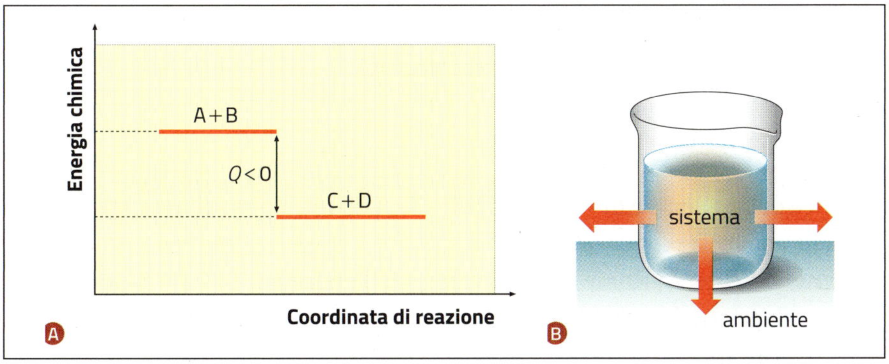

Figura 7 Reazioni esotermiche
A Nelle reazioni esotermiche i prodotti hanno energia chimica minore dei reagenti e B il sistema cede calore all'ambiente.

LE PAROLE

Endotermico deriva dalle parole greche *endos* (dentro) e *termós* (calore). Si riferisce a un processo che avviene con assorbimento di calore.

Quando in una reazione chimica i legami che si formano nei prodotti contengono una *maggiore quantità di energia chimica* di quella dei reagenti, l'*energia termica* eccedente nei reagenti si trasforma in *energia chimica*. La temperatura del sistema diminuisce e il sistema assorbe energia termica dall'ambiente sotto forma di calore: la reazione è **endotermica** (figura **8**).

$$A + B \longrightarrow C + D \qquad (+Q)$$

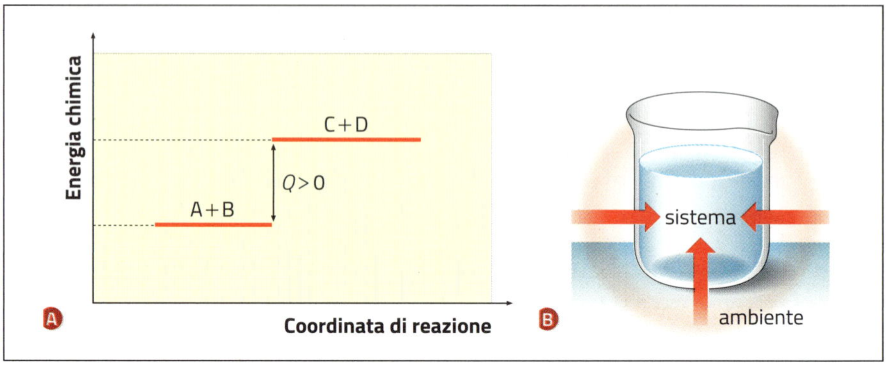

Figura 8 Reazioni endotermiche
A Nelle reazioni endotermiche i prodotti hanno energia chimica maggiore dei reagenti e B il sistema assorbe calore dall'ambiente.

PER VEDERE LA CHIMICA
Video *In laboratorio*
Reazioni esotermiche ed endotermiche

Tra le reazioni esotermiche hanno particolare importanza quelle di *combustione* perché liberano un'elevata quantità di calore. Sono endotermiche le reazioni di *analisi* e di *decomposizione*, che possono avvenire solo fornendo calore.

3 IL PRIMO PRINCIPIO DELLA TERMODINAMICA DEFINISCE LA VARIAZIONE DI ENERGIA INTERNA

Lo stato termodinamico di un sistema è definito dal valore di grandezze variabili (pressione, volume, temperatura) dette funzioni di stato.

Una **funzione di stato** è una grandezza la cui variazione dipende solo dallo stato iniziale e dallo stato finale del sistema e non dagli stati intermedi attraverso i quali il sistema procede.

In un sistema termodinamico ogni singola molecola possiede un'energia cinetica legata ai movimenti di vibrazione, rotazione e traslazione e un'energia potenziale associata alla forza dei legami interatomici.

L'energia totale (termica e chimica) posseduta da un *sistema* di molecole si chiama **energia interna** (simbolo U) ed è data dalla somma dell'energia cinetica E_c e dell'energia potenziale E_p di ogni singola molecola.

$$U = E_c + E_p$$

LE PAROLE

Termodinamica deriva dalle parole greche *thermós* (calore) e *dýnamis* (forza). È la disciplina che studia le trasformazioni dell'energia termica (calore) in energia meccanica (lavoro) e viceversa.

L'energia interna di un sistema dipende dall'estensione del sistema ed è quindi una *grandezza estensiva*. Quando avviene una reazione, il valore dell'energia chimica dei reagenti è diverso da quello dei prodotti, per cui nel sistema si ha una *variazione di energia interna* (simbolo ΔU) che è la differenza tra il valore dell'energia interna finale (U_f) e il valore dell'energia interna iniziale (U_i):

$$\Delta U = U_f - U_i$$

L'energia interna di un sistema è quindi una funzione di stato termodinamica la cui variazione in una trasformazione si manifesta come uno scambio di energia tra il sistema e l'ambiente. Tale scambio è espresso in forma di *calore* Q e di *lavoro* L. Sulla base di ciò, il fisico tedesco Rudolf Clausius ha formulato il primo principio della termodinamica.

Il **primo principio della termodinamica** stabilisce che la variazione di energia interna di un sistema è uguale alla differenza delle quantità di calore e di lavoro scambiate tra il sistema e l'ambiente.

$$\Delta U = Q - L$$

Tale principio può essere anche così espresso (figura 9):

Il calore fornito a un sistema termodinamico in parte determina un aumento dell'energia interna del sistema e in parte si trasforma in lavoro scambiato tra il sistema e l'ambiente.

$$Q = \Delta U + L$$

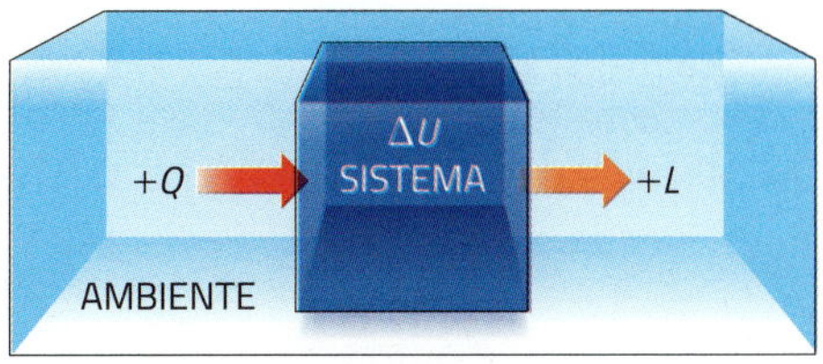

Figura 9 Rappresentazione del primo principio della termodinamica

4 L'ENTALPIA È L'ENERGIA TOTALE DI UN SISTEMA

In un sistema termodinamico chimico il calore Q è il calore di reazione prodotto da una reazione chimica, mentre il lavoro L è quello compiuto da un gas che si espande contro la pressione atmosferica.

Le reazioni chimiche in laboratorio avvengono a *pressione costante*. Prendiamo in esame il sistema termodinamico costituito dalla reazione tra zinco e una soluzione di acido cloridrico che avviene in un becher, dove la pressione costante dell'atmosfera è stata sostituita da un pistone e da un cilindretto che esercitano una pressione equivalente.

$$Zn_{(s)} + 2\,HCl_{(aq)} \longrightarrow ZnCl_{2(aq)} + H_{2(g)}$$

La reazione sviluppa calore che determina un aumento dell'energia interna e quindi una sua variazione (ΔU) e produce un gas che espandendosi compie un lavoro L, spingendo il pistone verso l'alto con conseguente variazione di volume ΔV (figura 10):

$$L = p \cdot \Delta V$$

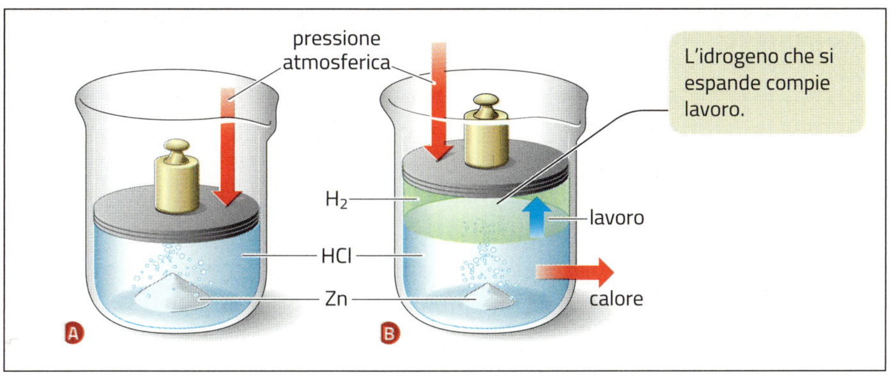

Figura 10 Reazioni con variazione di volume A Reazione tra lo zinco e una soluzione di acido cloridrico a pressione costante (la pressione atmosferica è stata sostituita dal pistone e dal cilindretto). B Nella reazione si sviluppa idrogeno, che espandendosi compie un lavoro.

Sostituendo il valore di L nell'equazione del *primo principio della termodinamica*, il valore del calore di reazione a pressione costante (Q_p) è dato dalla relazione:

$$Q_p = \Delta U + p \cdot \Delta V$$

Poiché all'inizio della reazione i valori di U e V sono U_1 e V_1 e alla fine della reazione sono U_2 e V_2, l'equazione che esprime il primo principio della termodinamica può essere anche così espressa:

$$Q_p = (U_2 + p \cdot V_2) - (U_1 + p \cdot V_1)$$

In altri termini il calore di reazione a pressione costante (Q_p) è dato dalla *differenza* dei valori della funzione ($U + p \cdot V$) calcolata rispetto agli stati finale (E_2 e V_2) e iniziale (E_1 e V_1) di una reazione.

Alla grandezza ($U + p \cdot V$) si dà il nome di *entalpia*.

L'**entalpia (*H*)** di un sistema chimico rappresenta l'energia totale di cui il sistema dispone e corrisponde alla somma della sua energia (U) e del lavoro ($p \cdot V$) che esso compie sull'ambiente:

$$H = U + p \cdot V$$

LE PAROLE

La parola **entalpia** deriva dal greco *enthálpo* (portare calore dentro) e indica l'energia totale di un sistema.

L'entalpia è una funzione di stato

L'entalpia è una *funzione di stato* e pertanto la **variazione di entalpia** (simbolo **ΔH**) in una trasformazione a *pressione costante* si rappresenta nella forma:

$$\Delta H = \Delta U + p \cdot \Delta V$$

Confrontando questa relazione con quella del primo principio della termodinamica a pressione costante ($Q_p = \Delta U + L$) si ha che:

Il calore a pressione costante Q_p scambiato tra un sistema e l'ambiente corrisponde alla variazione di entalpia ΔH tra lo stato finale e lo stato iniziale del sistema:

$$Q_p = \Delta H$$

Dato che in una reazione chimica:

$$A + B \longrightarrow C + D$$

l'entalpia dello stato finale è quella dei *prodotti* (H_2) e l'entalpia dello stato iniziale è quella dei *reagenti* (H_1), si ha che la variazione di entalpia è data dalla relazione:

$$\Delta H = \text{entalpia dei prodotti } (H_2) - \text{entalpia dei reagenti } (H_1)$$

- Nelle reazioni **esotermiche** l'entalpia dei reagenti (H_1) è *maggiore* di quella dei prodotti (H_2) e quindi il *sistema cede calore* all'*ambiente*: il valore del ΔH è *negativo* (figura **11A**).
  Una reazione esotermica è la reazione di sintesi dell'acqua che avviene con sviluppo di calore e quindi con *diminuzione* di entalpia:

$$2\,H_{2(g)} + O_{2(g)} \longrightarrow 2\,H_2O_{(l)} \qquad (\Delta H = -571{,}5\ \text{kJ})$$

- Nelle reazioni **endotermiche** l'entalpia dei reagenti (H_1) è *minore* di quella dei prodotti (H_2) e quindi il *sistema assorbe calore* dall'*ambiente*: il valore del ΔH è *positivo* (figura **11B**).
  Una reazione endotermica è la reazione di analisi dell'ammoniaca che avviene con assorbimento di calore e quindi con *aumento* di entalpia:

$$2\ NH_{3(g)} \xrightarrow{\Delta} N_{2(g)} + 3\ H_{2(g)} \qquad (\Delta H = 92{,}38\ kJ)$$

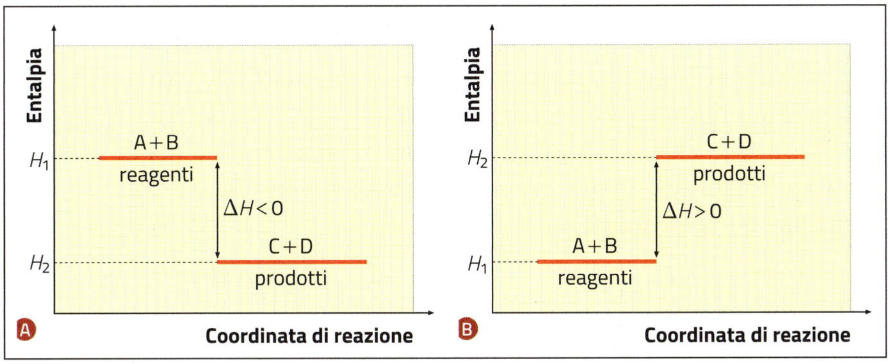

Figura 11 Variazione di entalpia nelle reazioni esotermiche ed endotermiche A Nelle reazioni esotermiche ΔH è negativo.
B Nelle reazioni endotermiche ΔH è positivo.

La variazione di entalpia nelle reazioni chimiche

La rappresentazione completa di una reazione chimica prevede la specificazione dello stato fisico dei reagenti e dei prodotti ma anche della variazione di entalpia (ΔH) espressa in **kJ**.

Un'equazione chimica bilanciata in cui vengono definiti il valore del ΔH e gli stati fisici dei reagenti e dei prodotti è detta **equazione termochimica**.

LE PAROLE

La **termochimica** è la disciplina che studia le variazioni termiche che si verificano durante le reazioni chimiche.

La reazione di combustione tra il carbonio e l'ossigeno è descritta dalla seguente equazione termochimica:

$$C_{(s)} + O_{2(g)} \longrightarrow CO_{2(g)} \qquad (\Delta H = -393{,}5\ kJ)$$

Dalla stechiometria della reazione risulta che per **una mole** di carbonio che reagisce con una mole di ossigeno una quantità di energia corrispondente a 393,5 kJ passa dal sistema all'ambiente sotto forma di calore. Dalla combustione di **due moli** di carbonio con due moli di ossigeno la quantità di calore che si trasferisce dal sistema all'ambiente raddoppia ($\Delta H = -787$ kJ).

$$2\ C_{(s)} + 2\ O_{2(g)} \longrightarrow 2\ CO_{2(g)} \qquad (\Delta H = -787\ kJ)$$

PER SAPERNE DI PIÙ
PDF *Approfondimento*
CO_2 e riscaldamento globale

La variazione di entalpia riferita ai coefficienti stechiometrici presenti in un'equazione chimica si chiama **variazione di entalpia di reazione (ΔH)**.

La variazione di entalpia di reazione dipende dalle condizioni (temperatura e pressione) in cui si trova il sistema. Per confrontare le variazioni di entalpia di diverse reazioni occorre quindi riferire il valore di entalpia a **condizioni di temperatura e pressione standard** (TPS).

Le condizioni standard stabilite per i sistemi termodinamici sono temperatura pari a 25 °C (298 K) e pressione pari a 1 bar (101 325 Pa).

La variazione di entalpia che si verifica quando i reagenti reagiscono in condizioni standard (t = 25 °C; p = 1 bar) si chiama **variazione di entalpia standard di reazione ($\Delta H°$)**.

Anche la variazione di entalpia standard di reazione si esprime in kJ e il suo valore dipende dai *coefficienti stechiometrici* che specificano le *quantità* dei reagenti e dei prodotti. Nella reazione di sintesi dell'ammoniaca NH_3 in seguito alla formazione di una mole si liberano 46,18 kJ, quando si formano due moli si ha la liberazione di 92,36 kJ:

$$1/2\ N_{2(g)} + 3/2\ H_{2(g)} \longrightarrow NH_{3(g)} \qquad (\Delta H° = -46{,}18\ kJ)$$

$$N_{2(g)} + 3\ H_{2(g)} \longrightarrow 2\ NH_{3(g)} \qquad (\Delta H° = -92{,}36\ kJ)$$

Se una reazione è rappresentata mediante la sua equazione termochimica, si può rappresentare anche l'equazione termochimica della reazione inversa. Per la reazione inversa il $\Delta H°$ ha lo *stesso* valore numerico ma di segno *opposto*. La reazione di analisi dell'ammoniaca è rappresentata dalla seguente equazione termochimica:

$$2\ NH_{3(g)} \xrightarrow{\Delta} N_{2(g)} + 3\ H_{2(g)} \qquad (\Delta H° = 92{,}36\ kJ)$$

La variazione di entalpia standard di formazione

Per calcolare la variazione di entalpia standard di reazione, devono essere noti i valori di entalpia dei reagenti e dei prodotti. Per ogni reagente e prodotto si deve conoscere il valore di entalpia specifico per la formazione di **una mole** del composto nelle condizioni standard.

La variazione di entalpia associata alla formazione di una mole di un composto a partire dagli elementi che lo costituiscono nelle condizioni standard si chiama **variazione di entalpia standard di formazione ($\Delta H_f°$)**.

Non essendo possibile determinare l'entalpia assoluta degli elementi chimici, si è stabilito di assegnare agli **elementi** nella loro forma più stabile (temperatura di 25 °C e pressione di 1 bar) un valore di entalpia standard di formazione uguale a **zero**. I valori delle variazioni di entalpia standard di formazione ($\Delta H_f°$) si esprimono in **kJ/mol** (tabella 1).

Tabella 1 Valori di variazione di entalpia standard di formazione di alcuni composti

Composto	$\Delta H_f°$ (kJ/mol)	Composto	$\Delta H_f°$ (kJ/mol)	Composto	$\Delta H_f°$ (kJ/mol)
$AgCl_{(s)}$	−127,0	$C_2H_5OH_{(l)}$	−277,63	$K_2SO_{4(s)}$	−1433,7
$Al_2O_{3(s)}$	−1669,8	$CaCO_{3(s)}$	−1207	$NH_{3(g)}$	−46,18
$CO_{(g)}$	−110,5	$CaCl_{2(s)}$	−795,0	$NH_4Cl_{(s)}$	−315,4
$CO_{2(g)}$	−393,5	$CaO_{(s)}$	−635,5	$NO_{(g)}$	90,37
$CH_{4(g)}$	−74,848	$Ca(OH)_{2(s)}$	−986,59	$NO_{2(g)}$	33,8
$CH_3Cl_{(g)}$	−82,0	$CaSO_{4(s)}$	−1432,7	$N_2O_{(g)}$	81,57
$CH_3I_{(g)}$	−0,16	$Fe_2O_{3(s)}$	−822,2	$N_2O_{4(g)}$	9,67
$CH_3OH_{(l)}$	−238,6	$H_2O_{(g)}$	−241,8	$NaHCO_{3(s)}$	−947,7
$C_2H_{2(g)}$	226,75	$H_2O_{(l)}$	−285,9	$Na_2CO_{3(s)}$	−1131
$C_2H_{4(g)}$	52,284	$HCl_{(g)}$	−92,30	$NaCl_{(s)}$	−411,0
$C_2H_{6(g)}$	−84,667	$HI_{(g)}$	26,6	$NaOH_{(s)}$	−426,8
$C_3H_{8(g)}$	−104,7	$HNO_{3(l)}$	−173,2	$Na_2SO_{4(s)}$	−1384,5
$C_4H_{10(g)}$	−126,15	$H_2SO_{4(l)}$	−811,32	$SO_{2(g)}$	−296,9
$C_6H_{6(l)}$	49	$KCl_{(s)}$	−435,89	$SO_{3(g)}$	−395,2

I valori delle variazioni di entalpia standard di formazione ΔH°_f sono generalmente *negativi*, in quanto la formazione di una mole di un composto a partire dai suoi elementi è una *reazione esotermica*. I composti che presentano valori di ΔH°_f molto negativi (Al_2O_3, Na_2SO_4) sono molto stabili.

Valori di ΔH°_f positivi indicano che la formazione di una mole di un composto a partire dai suoi elementi è una *reazione endotermica*. Le variazioni di entalpia standard di formazione sono utilizzate per calcolare la variazione di entalpia standard di reazione (ΔH°).

La **variazione di entalpia standard di reazione** è la differenza tra l'entalpia standard di formazione totale dei prodotti e l'entalpia standard di formazione totale dei reagenti:

$$\Delta H^\circ = \Sigma H^\circ_{f\,prodotti} - \Sigma H^\circ_{f\,reagenti}$$

Il simbolo Σ (dal greco: *sigma* = sommatoria) indica la somma delle variazioni di entalpie standard di formazione dei prodotti e dei reagenti (figura **12**).

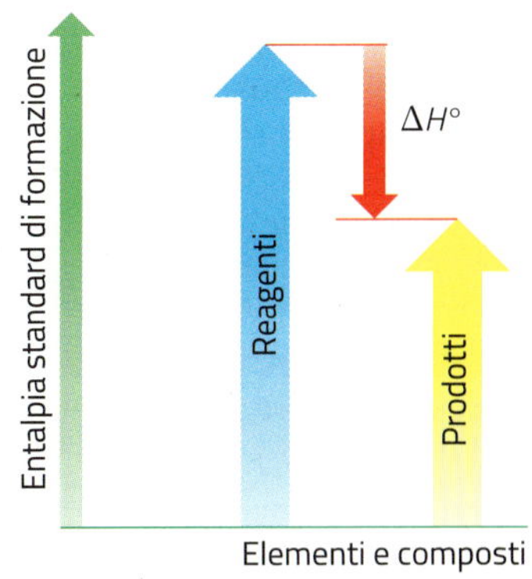

Figura 12 La variazione di entalpia standard Il ΔH° di una reazione è la differenza tra l'entalpia standard di formazione dei prodotti e dei reagenti.

PROBLEMA MODELLO

Calcolare la variazione di entalpia standard in una reazione

La reazione di combustione del metano è rappresentata dalla seguente equazione termochimica:

$$CH_{4(g)} + 2\,O_{2(g)} \longrightarrow CO_{2(g)} + 2\,H_2O_{(l)} \qquad (\Delta H^\circ = -890\ kJ)$$

Calcola la variazione di entalpia standard di formazione ΔH°_f del metano.

L'IDEA

Tenendo conto dei coefficienti stechiometrici nell'equazione chimica bilanciata, rappresentiamo la variazione dell'entalpia standard di reazione (ΔH°):

$$\Delta H^\circ = \Delta H^\circ_{f\,CO_{2(g)}} + 2\,\Delta H^\circ_{f\,H_2O_{(l)}} - \Delta H^\circ_{f\,CH_{4(g)}}$$

Dalla tabella delle variazioni di entalpia standard di formazione ricaviamo i valori del ΔH°_f di $CO_{2(g)}$ e di $H_2O_{(l)}$; il valore del ΔH°_f dell'ossigeno, come per tutti gli elementi, è uguale a zero:

$$\Delta H^\circ_{f\,CO_{2(g)}} = -\,393{,}5\ kJ/mol \qquad \Delta H^\circ_{f\,H_2O_{(l)}} = -\,285{,}9\ kJ/mol$$

LA SOLUZIONE

Sostituiamo i valori corrispondenti nell'equazione del ΔH° di reazione:

$$-\,890\ kJ = -\,393{,}5\ kJ/mol + 2\ mol \cdot (-\,285{,}9\ kJ/mol) - \Delta H^\circ_{f\,CH_{4(g)}}$$

LA CONCLUSIONE

Calcoliamo il ΔH°_f del metano con la relazione:

$$\Delta H^\circ_{f\,CH_{4(g)}} = -\,393{,}5\ kJ/mol + 2\ mol \cdot (-\,285{,}9\ kJ/mol) - (-\,890\ kJ) =$$
$$= -\,75{,}3\ kJ/mol$$

Il valore è in accordo, salvo approssimazioni nei calcoli, con il valore riportato in tabella 1.

PROBLEMA SIMILE

Calcola la variazione di entalpia di reazione per la reazione di sintesi di 70 g di diossido di carbonio, in condizioni standard.

Le reazioni di combustione

La combustione è una reazione che avviene fra un **combustibile** (generalmente un composto organico) e un **comburente** (di solito l'ossigeno). Le reazioni di combustione sono fortemente *esotermiche* e pertanto liberano una elevata quantità di energia termica sotto forma di calore:

La variazione di entalpia associata alla combustione di una mole di un combustibile che reagisce completamente con l'ossigeno nelle condizioni standard (t = 25 °C; p = 1 bar) si chiama **variazione di entalpia standard di combustione**.

La variazione di entalpia standard di combustione (simbolo ΔH°_c) si esprime in **kJ/mol** (tabella **2**).

I composti organici che danno reazioni di combustione possono essere costituiti da carbonio e idrogeno (idrocarburi come metano CH_4 ed etano C_2H_6) oppure da carbonio, idrogeno e ossigeno (etanolo C_2H_5OH, glucosio $C_6H_{12}O_6$).

La grande quantità di energia termica che sotto forma di calore si libera nelle reazioni di combustione è giustificata dalla formazione di prodotti (CO_2 e H_2O) che hanno legami chimici interatomici *molto forti*. Tali legami conferiscono a questi composti elevata stabilità e bassa energia.

Tabella 2 Variazione di entalpia standard di combustione di alcuni composti nelle condizioni standard

Composto	Formula	ΔH°_c (kJ/mol)
benzene	$C_6H_{6(l)}$	−3268
butano	$C_4H_{10(g)}$	−2877
etano	$C_2H_{6(g)}$	−1560
etanolo	$C_2H_5OH_{(l)}$	−1368
etene	$C_2H_{4(g)}$	−1411
etino	$C_2H_{2(g)}$	−1300
glucosio	$C_6H_{12}O_{6(s)}$	−2808
metano	$CH_{4(g)}$	−890
metanolo	$CH_3OH_{(l)}$	−726
pentano	$C_5H_{12(l)}$	−3536
propano	$C_3H_{8(g)}$	−2220
saccarosio	$C_{12}H_{22}O_{11(s)}$	−5640

PROBLEMA MODELLO

Calcolare la quantità di calore sviluppata da una combustione

La reazione di combustione del carbonio è rappresentata dalla seguente equazione termochimica:

$$C_{(s)} + O_{2(g)} \longrightarrow CO_{2(g)} \quad (\Delta H^\circ_c = -393{,}5 \text{ kJ/mol})$$

Calcola la quantità di calore che si sviluppa dalla combustione di 1 kg di carbonio.

L'IDEA

Calcoliamo il numero delle moli di carbonio (M = 12 g/mol) con la relazione:

$$n = \frac{m\,(\text{g})}{M\,(\text{g/mol})} = \frac{1000 \text{ g}}{12 \text{ g/mol}} = 83{,}3 \text{ mol}$$

LA SOLUZIONE

Poiché dall'equazione termochimica si deduce che da una mole di carbonio si libera una quantità di calore equivalente a 393,5 kJ, calcoliamo la quantità di calore (Q) che si sviluppa da 83,3 mol con la relazione:

$$Q = n\,(\text{mol}) \cdot 393{,}5 \text{ kJ/mol} = 83{,}3 \text{ mol} \cdot 393{,}5 \text{ kJ/mol} = 32\,778 \text{ kJ}$$

PROBLEMA SIMILE

La reazione di combustione del butano è rappresentata dalla seguente equazione termochimica:

$$2\,C_4H_{10(g)} + 13\,O_{2(g)} \longrightarrow 8\,CO_{2(g)} + 10\,H_2O_{(l)} \quad (\Delta H = -5754 \text{ kJ})$$

Calcola quanti grammi di questo gas occorrono per liberare 350 kJ.

La legge di Hess

L'entalpia è una funzione di stato, pertanto la sua variazione (ΔH) in una reazione chimica è determinata dallo *stato iniziale* (reagenti) e dallo *stato finale* (prodotti) del sistema.

Questa affermazione si può giustificare prendendo in esame la reazione di combustione del carbonio che può avvenire in un unico stadio oppure in due stadi:

- in un *unico stadio*, il carbonio in *eccesso* di ossigeno forma diossido di carbonio secondo l'equazione:

$$C_{(s)} + O_{2(g)} \longrightarrow CO_{2(g)} \qquad (\Delta H° = -393{,}5 \text{ kJ})$$

- in *due stadi* successivi, il carbonio in *difetto* di ossigeno forma prima il monossido di carbonio secondo l'equazione:

$$C_{(s)} + \frac{1}{2} O_{2(g)} \longrightarrow CO_{(g)} \qquad (\Delta H°_1 = -110{,}5 \text{ kJ})$$

e successivamente il diossido di carbonio secondo l'equazione:

$$CO_{(g)} + \frac{1}{2} O_{2(g)} \longrightarrow CO_{2(g)} \qquad (\Delta H°_2 = -283 \text{ kJ})$$

Si può osservare che, sommando le due reazioni del processo che avviene in due stadi

$$C_{(s)} + \frac{1}{2} O_{2(g)} + CO_{(g)} + \frac{1}{2} O_{2(g)} \longrightarrow CO_{(g)} + CO_{2(g)}$$

ed eliminando i termini comuni (CO) che compaiono nei reagenti e nei prodotti, otteniamo la reazione del processo che avviene in un unico stadio, non solo per quanto riguarda reagenti e prodotti:

$$C_{(s)} + O_{2(g)} \longrightarrow CO_{2(g)}$$

ma anche per la variazione standard di entalpia definita dalla relazione:

$$\Delta H° = \Delta H°_1 + \Delta H°_2 = -110{,}5 \text{ kJ} + (-283 \text{ kJ}) = -393{,}5 \text{ kJ}$$

In altri termini, se una reazione si svolge in un solo stadio oppure in più stadi, la quantità di calore liberata o assorbita è sempre la stessa in quanto dipende solo dagli stati iniziale e finale del sistema (figura **13**).

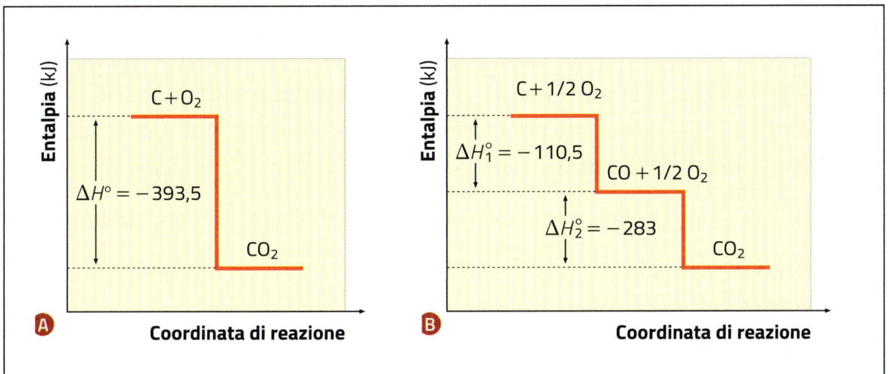

Figura 13 La legge di Hess
Variazione di entalpia associata alla combustione del carbonio secondo due diversi processi: A in un unico stadio; B in due stadi.

La **legge di Hess** stabilisce che la variazione di entalpia in una reazione chimica dipende esclusivamente dagli stati iniziale e finale e non dagli stadi intermedi attraverso i quali la reazione procede.

A COLPO D'OCCHIO

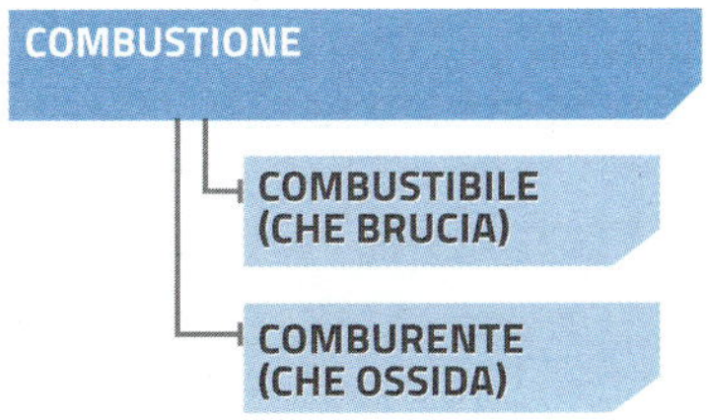

La legge di Hess permette di stabilire la variazione di entalpia standard di reazione ($\Delta H°$) di una reazione chimica che avviene in più stadi conoscendo il valore della variazione di entalpia standard di reazione di ogni stadio intermedio.

PROBLEMA MODELLO

Calcolare il ΔH di una reazione

Date le variazioni di entalpia standard $\Delta H°$ delle seguenti reazioni:

a. $C_2H_{2(g)} + 5/2\ O_{2(g)} \longrightarrow 2\ CO_{2(g)} + H_2O_{(l)}$ $(\Delta H_1^\circ = -1291{,}6\ kJ)$

b. $C_{(s)} + O_{2(g)} \longrightarrow CO_{2(g)}$ $(\Delta H_2^\circ = -393{,}5\ kJ)$

c. $H_{2(g)} + 1/2\ O_{2(g)} \longrightarrow H_2O_{(l)}$ $(\Delta H_3^\circ = -285{,}9\ kJ)$

calcola il $\Delta H°$ della reazione: $2\ C_{(s)} + H_{2(g)} \longrightarrow C_2H_{2(g)}$

L'IDEA

Tenendo presente che nella reazione finale il *prodotto* di reazione è C_2H_2 (nell'equazione **a** è un reagente) e che tra i reagenti sono presenti due moli di carbonio (nell'equazione **b** è presente una mole), si deve quindi:

- **invertire** la reazione **a** cambiando il segno del ΔH_1°:

$$2\ CO_{2(g)} + H_2O_{(l)} \longrightarrow C_2H_{2(g)} + 5/2\ O_{2(g)} \qquad (\Delta H_1^\circ = 1291{,}6\ kJ)$$

- **moltiplicare** l'equazione **b** per due, compresa la variazione di ΔH_2°.

$$2\ C_{(g)} + 2\ O_{2(g)} \longrightarrow 2\ CO_{2(g)} \qquad (\Delta H_2^\circ = -787\ kJ)$$

L'equazione **c** rimane invariata in quanto $H_{2(g)}$ nella reazione finale è presente come reagente.

LA SOLUZIONE

Sommiamo ora le tre reazioni:

$$2\ CO_2 + H_2O + 2\ C + 2\ O_2 + H_2 + 1/2\ O_2 \longrightarrow$$
$$\longrightarrow C_2H_2 + 5/2\ O_2 + 2\ CO_2 + H_2O$$

e i rispettivi valori di $\Delta H°$:

$$\Delta H° = (1291{,}6 - 787 - 285{,}9)\ kJ = 218\ kJ$$

LA CONCLUSIONE

Eliminando i termini comuni (CO_2, H_2O, O_2) che compaiono sia tra i reagenti sia tra i prodotti, otteniamo la reazione finale con il valore di variazione standard di entalpia:

$$2\ C_{(s)} + H_{2(g)} \longrightarrow C_2H_{2(g)} \qquad (\Delta H° = 218{,}7\ kJ)$$

Questo valore calcolato è in accordo con quello tabulato in tabella.

PROBLEMA SIMILE

Date le variazioni di entalpia standard delle seguenti reazioni:

a. $NH_{3(g)} \longrightarrow 1/2\ N_{2(g)} + 3/2\ H_{2(g)}$ $(\Delta H° = 46\ kJ)$

b. $2\ H_2O_{(g)} \longrightarrow 2\ H_{2(g)} + O_{2(g)}$ $(\Delta H° = 484\ kJ)$

calcola il $\Delta H°$ della reazione: $N_{2(g)} + 3\ H_2O_{(g)} \longrightarrow 3/2\ O_{2(g)} + 2\ NH_{3(g)}$

PER SAPERNE DI PIÙ

L'entalpia nei viventi

La respirazione cellulare è un processo aerobico tramite il quale i sistemi viventi ricavano energia da molecole organiche (prevalentemente carboidrati).

La combustione del glucosio, processo che si svolge prima nel citoplasma (glicolisi) e poi nei mitocondri (ciclo di Krebs e fosforilazione ossidativa), non avviene in un unico stadio ma in molti stadi intermedi, a ciascuno dei quali è associato un piccolo valore di ΔH. Alla fine del processo, sommando la variazione entalpica degli stadi intermedi si ottiene una variazione di entalpia corrispondente a quella della reazione in un unico stadio. Questa suddivisione dell'energia è fondamentale per la vita cellulare in quanto la piccola quantità di energia liberata a ogni stadio intermedio permette alla cellula di poterla utilizzare durante i diversi processi anabolici che deve svolgere.

5 IL SECONDO PRINCIPIO DELLA TERMODINAMICA DEFINISCE IL DISORDINE DI UN SISTEMA

La spontaneità dei processi chimici è legata all'instabilità dei reagenti che, trasformandosi nei prodotti, tendono a raggiungere una condizione finale stabile con minore energia (figura **14**).

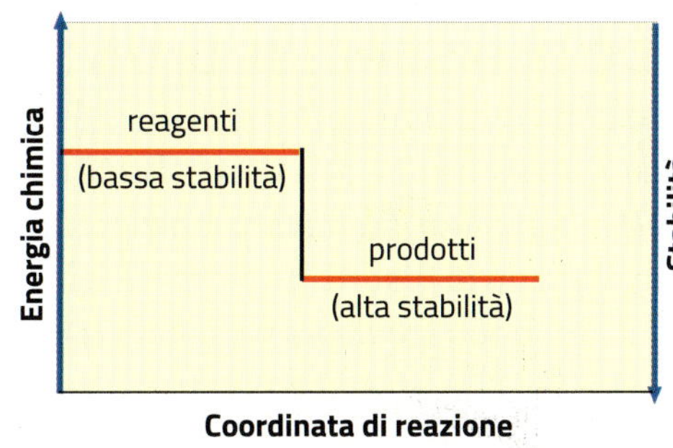

Figura 14 Spontaneità dei processi chimici Una reazione chimica è spontanea quando i reagenti instabili si trasformano in prodotti stabili.

Questa trasformazione è tipica delle **reazioni esotermiche**, ovvero delle reazioni che avvengono con sviluppo di calore ($\Delta H < 0$), quindi si potrebbe ipotizzare che solo queste reazioni abbiano tendenza ad avvenire spontaneamente. In realtà, si tratta di un comportamento abbastanza comune ma non di una regola: si conoscono infatti reazioni esotermiche *non spontanee* e **reazioni endotermiche** che avvengono con assorbimento di calore ($\Delta H < 0$) e che sono *spontanee*.

La **diminuzione di entalpia** non è quindi l'*unico criterio* per prevedere la spontaneità di una reazione.

Prendiamo in esame la reazione di dissociazione ionica del cloruro di potassio KCl in acqua:

$$KCl_{(aq)} \longrightarrow K^+_{(aq)} + Cl^-_{(aq)} \quad (\Delta H = 17{,}2 \text{ kJ})$$

Tale processo è *endotermico* ($\Delta H > 0$) in quanto avviene con assorbimento di calore dall'ambiente, ma è *spontaneo*.

Figura 15 Lo stato di disordine nella reazione di dissociazione del cloruro di potassio in acqua Gli ioni idratati hanno un'elevata libertà di movimento, conseguendo una condizione di maggior disordine.

Nel cloruro di potassio, solido ionico, gli ioni sono disposti in modo ordinato nel reticolo cristallino con minima possibilità di movimento. Quando il solido passa in soluzione, gli ioni hanno un'elevata libertà di movimento, cioè possono occupare un numero maggiore di posizioni, conseguendo così una condizione di maggior disordine (figura 15).

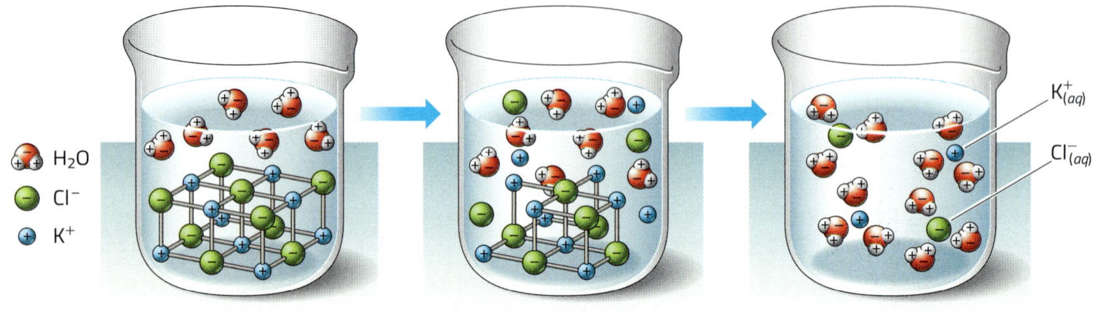

Un sistema più disordinato è quindi più stabile di un sistema ordinato.

Il **secondo principio della termodinamica** stabilisce che qualunque sistema termodinamico tende a evolvere verso la condizione di massimo disordine.

6 L'ENTROPIA È UNA MISURA DEL GRADO DI DISORDINE DI UN SISTEMA

Dal secondo principio della termodinamica si deduce quindi che una condizione con *elevato grado di ordine* ha una bassa probabilità di verificarsi, mentre una condizione con *elevato grado di disordine* ha un'elevata probabilità di verificarsi. In altri termini, il **grado di disordine** permette di valutare la tendenza di un sistema a evolvere in modo *spontaneo* verso una *condizione più probabile*.

Si chiama **entropia** (simbolo ***S***) la funzione di stato termodinamica che misura il grado di disordine di un sistema.

PER SAPERNE DI PIÙ

L'entropia nei viventi

I sistemi viventi sono complessi, molto ordinati e con un alto livello di organizzazione.

Un vivente è di conseguenza un sistema con un'entropia molto bassa, che può essere mantenuta mediante un continuo apporto di energia. Per non fare aumentare la loro entropia, i viventi usano l'energia chimica di molecole organiche (carboidrati) sintetizzate mediante la fotosintesi clorofilliana, processo endotermico che necessita dell'energia solare. L'energia chimica dei carboidrati può essere poi trasformata in ATP, una forma di energia utilizzabile dai viventi mediante la reazione di combustione della respirazione cellulare.

È quindi l'energia solare che mantiene l'ordine dei viventi e che permette di non aumentare spontaneamente l'entropia, condizione a cui tendono tutti i sistemi fisici dell'Universo.

I processi fisici che portano a un *aumento* di entropia sono:

- i passaggi di stato (fusione di un solido, vaporizzazione di un liquido, sublimazione di un solido);
- il riscaldamento di un solido, di un liquido o di un gas.

I processi chimici che portano a un *aumento* di entropia sono:

- la dissoluzione di un solido in un liquido;
- le reazioni chimiche in cui aumenta il numero delle moli nella trasformazione dei reagenti in prodotti.

La **dissoluzione** di un solido in un solvente comporta la formazione di una soluzione, sistema con un livello di disordine più elevato del soluto e del solvente puri (figura **16**).

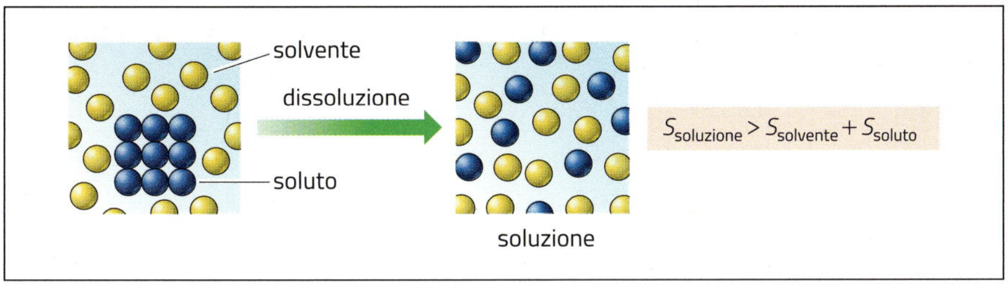

Figura 16 La dissoluzione e l'entropia La dissoluzione di un solido in un solvente ha come conseguenza l'aumento di entropia.

In una **reazione chimica**, la variazione di entropia è determinata:

- dallo *stato fisico finale* (entropia dei prodotti S_2) e dallo *stato fisico iniziale* (entropia dei reagenti S_1);
- dalla *stechiometria* della reazione, ovvero dal numero di moli dei reagenti e dei prodotti.

La variazione di entropia ΔS per una reazione chimica è data dalla relazione:

$$\Delta S = \text{entropia dei prodotti } (S_2) - \text{entropia dei reagenti } (S_1)$$

Quando l'entropia dei prodotti è maggiore dell'entropia dei reagenti, il valore di ΔS è *positivo* ($\Delta S > 0$), il disordine del sistema aumenta e la trasformazione tende a essere **spontanea**.

Nella reazione di sintesi dell'ammoniaca (*reazione esotermica*):

$$N_{2(g)} + 3\,H_{2(g)} \longrightarrow 2\,NH_{3(g)} \qquad \Delta S < 0$$

sia i reagenti sia i prodotti sono in fase gassosa ma, poiché la reazione avviene con *diminuzione del numero delle moli*, si ha uno stato finale di minore disordine (figura **17**).

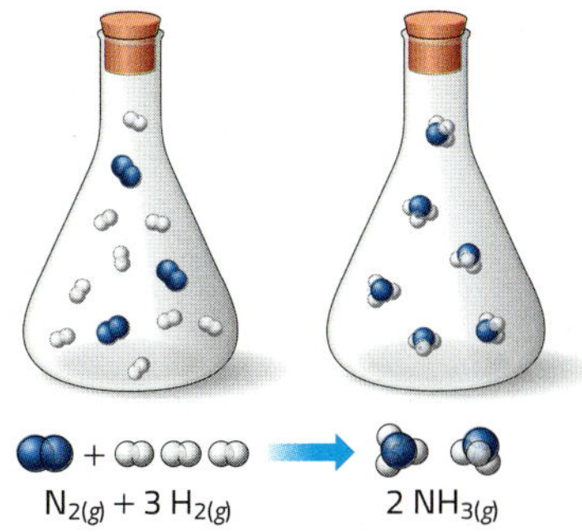

Figura 17 La variazione di entropia nella reazione di sintesi dell'ammoniaca Nella reazione di sintesi dell'ammoniaca l'entropia diminuisce perché nel passaggio dai reagenti ai prodotti diminuisce il numero di moli.

Nella reazione di sintesi del cloruro di idrogeno (*reazione esotermica*):

$$H_{2(g)} + Cl_{2(g)} \longrightarrow 2\,HCl_{(g)} \qquad \Delta S = 0$$

sia i reagenti sia i prodotti sono in fase gassosa. Il numero delle moli dei reagenti è *uguale* al numero delle moli dei prodotti e quindi l'entropia **non** varia.

Nella reazione di analisi del tetraossido di diazoto (reazione endotermica):

$$N_2O_{4(g)} \xrightarrow{\Delta} 2\,NO_{2(g)} \qquad \Delta S > 0$$

sia i reagenti sia i prodotti sono in fase gassosa. Il numero delle moli dei prodotti è maggiore di quello dei reagenti e quindi nello stato finale il disordine aumenta (figura **18**).

Figura 18 La variazione di entropia nella reazione di analisi del tetraossido di diazoto Nella reazione di analisi del tetraossido di diazoto l'entropia aumenta perché nel passaggio dai reagenti ai prodotti aumenta il numero di moli.

L'entropia molare standard

L'entropia di una sostanza dipende dal suo stato fisico (solido, liquido, aeriforme) ma anche dalla temperatura. Per confrontare l'entropia di diverse sostanze il suo valore deve essere riferito a una mole di sostanza (elemento o composto) nelle condizioni standard ($t = 25$ °C; $p = 1$ bar).

Si chiama **entropia molare standard** (simbolo $S°$) l'entropia di una mole di una sostanza nelle condizioni standard.

I valori dell'entropia molare standard, essendo molto piccoli, si esprimono in $\mathbf{J \cdot mol^{-1} \cdot K^{-1}}$. Tali valori sia per gli elementi sia per i composti sono *positivi* (tabella **3**).

Tabella 3 Valori di entropia molare standard di alcuni elementi e composti

Sostanza	$S°$(J/mol K)	Sostanza	$S°$(J/mol K)	Sostanza	$S°$(J/mol K)
$Ag_{(s)}$	42,55	$CaO_{(s)}$	40	$N_{2(g)}$	191,5
$AgCl_{(s)}$	96,2	$Ca(OH)_{2(s)}$	76,1	$NH_{3(g)}$	192,5
$Al_{(s)}$	28,3	$CaSO_{4(s)}$	107	$NH_4Cl_{(g)}$	94,6
$Al_2O_{3(s)}$	51,0	$Cl_{2(g)}$	223,0	$NO_{(g)}$	210,6
$C_{(s)}$ (grafite)	5,69	$Fe_{(s)}$	27	$NO_{2(g)}$	240,5
$CO_{(g)}$	197,9	$Fe_2O_{3(s)}$	90,0	$N_2O_{(g)}$	220,0
$CO_{2(g)}$	213,6	$H_{2(g)}$	130,6	$N_2O_{4(g)}$	304
$CH_{4(g)}$	186,2	$H_2O_{(g)}$	188,7	$Na_{(s)}$	51,0
$CH_3Cl_{(g)}$	234,2	$H_2O_{(l)}$	69,96	$Na_2CO_{3(s)}$	136
$CH_3OH_{(l)}$	126,8	$HCl_{(g)}$	186,7	$NaCl_{(s)}$	72,38
$C_2H_{2(g)}$	200,8	$HNO_{3(l)}$	155,6	$NaOH_{(s)}$	64,18
$C_2H_{4(g)}$	219,8	$H_2SO_{4(l)}$	157	$Na_2SO_{4(s)}$	149,4
$C_2H_{6(g)}$	229,5	$Hg_{(l)}$	76,1	$O_{2(g)}$	205,0
$C_2H_5OH_{(l)}$	161	$Hg_{(g)}$	175	$PbO_{(s)}$	67,8
$Ca_{(s)}$	42	$K_{(s)}$	64,18	$S_{(s)}$	31,9
$CaCO_{3(s)}$	92,9	$KCl_{(s)}$	82,59	$SO_{2(g)}$	248,5
$CaCl_{2(s)}$	114	$K_2SO_{4(s)}$	176	$SO_{3(g)}$	256,2

I valori di entropia molare standard sono usati per determinare la variazione di entropia standard di reazione (simbolo $\Delta S°$) di una reazione chimica.

La **variazione di entropia standard di reazione** (espressa in J/K) è data dalla differenza tra l'entropia standard totale dei prodotti e l'entropia standard totale dei reagenti:

$$\Delta S° = \Sigma S°_{\text{prodotti}} - \Sigma S°_{\text{reagenti}}$$

PROBLEMA MODELLO

Calcolare la variazione di entropia standard

Calcola la variazione di entropia standard per la reazione di analisi del tetraossido di diazoto:

$$N_2O_{4(g)} \xrightarrow{\Delta} 2\,NO_{2(g)}$$

L'IDEA

Dalla tabella delle entropie molari standard, ricaviamo i valori di $S°$ dei reagenti e dei prodotti:

$$S^\circ_{N_2O_4} = 304\ \text{J} \cdot \text{mol}^{-1} \cdot \text{K}^{-1} \qquad S^\circ_{NO_2} = 240{,}5\ \text{J} \cdot \text{mol}^{-1} \cdot \text{K}^{-1}$$

LA SOLUZIONE

Tenendo conto dei coefficienti stechiometrici presenti nell'equazione chimica bilanciata, rappresentiamo l'equazione per il calcolo di $\Delta S°$ di reazione:

$$\Delta S^\circ = 2\,(S^\circ_{NO_2}) - S^\circ_{N_2O_4}$$

LA CONCLUSIONE

Sostituendo i valori corrispondenti, determiniamo $\Delta S°$:

$$\Delta S^\circ = 2\ \text{mol} \cdot (240{,}5\ \text{J} \cdot \text{mol}^{-1} \cdot \text{K}^{-1} - 304\ \text{J/K} = 177\ \text{J/K}$$

PROBLEMA SIMILE

Calcola la variazione di entropia standard per la seguente reazione:

$$CaCO_{3(s)} + H_2SO_{4(l)} \longrightarrow CaSO_{4(s)} + H_2O_{(g)} + CO_{2(g)}$$

7 LA SPONTANEITÀ DI UNA REAZIONE DIPENDE DALLA VARIAZIONE DI ENERGIA LIBERA

L'**entalpia** e l'**entropia** sono le due funzioni di stato termodinamiche che determinano la spontaneità di una trasformazione fisica o chimica. Se i due fattori sono *entrambi favorevoli*, la trasformazione è *spontanea*.

I due fattori però, riguardo alla spontaneità della reazione, possono essere in *opposizione* tra loro. In tal caso si può trovare l'effetto globale, determinando una nuova funzione di stato termodinamica, l'**energia libera**.

Il chimico statunitense Willard Gibbs ha determinato questa funzione, che è dunque chiamata **energia libera di Gibbs** (simbolo G).

L'**energia libera di Gibbs** è una funzione di stato termodinamica, legata all'entalpia H, all'entropia S e alla temperatura assoluta T di un sistema:

$$G = H - T \cdot S$$

Non è possibile determinare il valore assoluto dell'entalpia e dell'entropia, ma solo le loro variazioni nel corso di una reazione chimica, e quindi si può definire solo la **variazione di energia libera** (simbolo ΔG).

La relazione precedente si esprime nella forma:

$$\Delta G = \Delta H - T \cdot \Delta S \qquad \textbf{(equazione di Gibbs)}$$

L'equazione di Gibbs è valida per tutte le condizioni di temperatura e pressione.

In tutti i calcoli in cui la useremo, faremo riferimento alle *condizioni standard* e quindi l'equazione sarà nella forma:

$$\Delta G^\circ = \Delta H^\circ - T \cdot \Delta S^\circ$$

La **variazione di energia libera standard** (simbolo $\Delta G°$) è espressa in **kJ**.

Una reazione chimica condotta a temperatura e pressione costanti è *spontanea* solo se il valore della variazione di energia libera standard assume un valore *negativo*:

reazione spontanea: $\Delta G° < 0$

Il $\Delta G°$ è determinato dalle variazioni di $\Delta H°$ e $T \cdot \Delta S°$; esaminiamo quindi le situazioni per il decorso spontaneo o non spontaneo di una reazione, in relazione a queste funzioni.

Reazioni con $\Delta H° < 0$ e $\Delta S° > 0$

Quando la reazione è *esotermica* ($\Delta H° < 0$) ed è accompagnata da un *aumento del disordine* ($\Delta S° > 0$), entrambi i fattori favoriscono la spontaneità. In tal caso, i due valori sono rispettivamente negativo e positivo e quindi il valore di $\Delta G°$ risulta negativo:

$$\Delta G° = \Delta H° - T \cdot \Delta S° \qquad \Delta G° = (-) - T\,(+) \qquad \Delta G° < 0$$

Reazioni di questo tipo sono le *reazioni di combustione* degli idrocarburi. La reazione di combustione del metano è rappresentata dalla seguente equazione:

$$CH_{4(g)} + 2\,O_{2(g)} \longrightarrow CO_{2(g)} + 2\,H_2O_{(g)}$$

Reazioni con $\Delta H°$ e $\Delta S°$ che hanno lo stesso segno

Quando le variazioni di entalpia ($\Delta H°$) e di entropia ($\Delta S°$) hanno lo *stesso segno*, ovvero con i due fattori in *opposizione*, la spontaneità della reazione è determinata dalla **temperatura**.

Se la reazione è *esotermica* ($\Delta H° < 0$) ed è accompagnata da un *aumento di ordine* ($\Delta S° < 0$), un fattore è favorevole e l'altro è sfavorevole, pertanto solo a **basse temperature** $\Delta G°$ è negativo:

$$\Delta G° = \Delta H° - T \cdot \Delta S° \qquad \Delta G° = (-) - T\,(-) \qquad \Delta G° < 0$$

Una reazione di questo tipo è la reazione di sintesi dell'ammoniaca alla temperatura di 25 °C:

$$3\,H_{2(g)} + N_{2(g)} \longrightarrow 2\,NH_{3(g)}$$

Se la reazione è *endotermica* ($\Delta H° > 0$) ed è accompagnata da un *aumento di disordine* ($\Delta S° > 0$), si ha che un fattore è sfavorevole e l'altro è favorevole, quindi solo ad **alte temperature** $\Delta G°$ è negativo:

$$\Delta G° = \Delta H° - T \cdot \Delta S° \qquad \Delta G° = (+) - T\,(+) \qquad \Delta G° < 0$$

Una reazione di questo tipo è la reazione di decomposizione termica del carbonato di calcio:

$$CaCO_{3(s)} \xrightarrow{\Delta} CaO_{(s)} + CO_{2(g)}$$

Reazioni con $\Delta H° > 0$ e $\Delta S° < 0$

Quando la reazione è *endotermica* ($\Delta H° > 0$) ed è accompagnata da un *aumento di ordine* ($\Delta S° < 0$), entrambi i fattori sono sfavorevoli: in tal caso, i due valori sono rispettivamente positivo e negativo e quindi il valore di ΔG risulta *positivo.* Una reazione con $\Delta G° > 0$ è termodinamicamente impossibile ovvero **non spontanea**:

$$\Delta G° = \Delta H° - T \cdot \Delta S° \qquad \Delta G° = (+) - T(-) \qquad \Delta G° > 0$$

La reazione è impossibile da sinistra a destra, ma può avvenire da destra a sinistra.

Riportiamo di seguito le condizioni per il decorso spontaneo o non spontaneo di una reazione chimica (tabella **4**).

Tabella 4 Spontaneità o non spontaneità di una reazione in relazione al valore di $\Delta G°$

Tipo di reazione	Variazione di entalpia ($\Delta H°$)	Variazione di entropia ($\Delta S°$)	Variazione di energia libera ($\Delta G°$)	Spontaneità o non spontaneità di una reazione
esotermica con aumento di disordine	$\Delta H° < 0$	$\Delta S° > 0$	$\Delta G° < 0$	Entrambi i termini sono favorevoli: la reazione è **spontanea**
esotermica con diminuzione di disordine	$\Delta H° < 0$	$\Delta S° < 0$	$\Delta G° < 0$ oppure $\Delta G° > 0$	Un termine è favorevole, l'altro è sfavorevole: la reazione è **spontanea** a *basse temperature*
endotermica con aumento di disordine	$\Delta H° > 0$	$\Delta S° > 0$	$\Delta G° < 0$ oppure $\Delta G° > 0$	Un termine è sfavorevole, l'altro è favorevole: la reazione è **spontanea** ad *alte temperature*
endotermica con diminuzione di disordine	$\Delta H° > 0$	$\Delta S° < 0$	$\Delta G° > 0$	Entrambi i termini sono sfavorevoli: la reazione **non** è **spontanea**

PER SAPERNE DI PIÙ
PDF *Approfondimento*
La termodinamica nell'industria

Un sistema termodinamico con una variazione di energia libera *uguale a zero* è in una condizione di **equilibrio dinamico**. In tal caso la trasformazione non ha la tendenza a decorrere né in una direzione né nella direzione opposta. Sistemi rappresentati da un equilibrio dinamico sono un solido e un liquido durante la fusione e un liquido e un vapore durante l'evaporazione. Anche i sistemi costituiti da un liquido in equilibrio con il suo vapore saturo oppure da un soluto solido in equilibrio con la sua soluzione satura sono in equilibrio dinamico.

A COLPO D'OCCHIO

EQUILIBRIO DINAMICO
- SOLIDO-LIQUIDO
- LIQUIDO-VAPORE
- LIQUIDO-VAPORE SATURO
- SOLIDO-SOLUZIONE SATURA

PROBLEMA MODELLO

Stabilire la spontaneità di una reazione chimica

Stabilisci se la reazione di ossidazione dell'ammoniaca alla temperatura di 25 °C è spontanea o non spontanea:

$$4\ NH_{3(g)} + 5\ O_{2(g)} \longrightarrow 4\ NO_{(g)} + 6\ H_2O_{(g)}$$

L'IDEA

La spontaneità di una reazione chimica è determinata dalla variazione di energia libera standard di reazione $\Delta G°$:

$$\Delta G° = \Delta H° - T \cdot \Delta S°$$

e quindi è necessario calcolare $\Delta H°$ e $\Delta S°$.

LA SOLUZIONE

Calcolo del valore del $\Delta H°$

Ricaviamo dalla tabella 1 i valori del ΔH°_f dei reagenti e dei prodotti:

$$\Delta H^\circ_{f\,NH_{3(g)}} = -\,46{,}18\ kJ/mol \qquad \Delta H^\circ_{f\,NO_{(g)}} = 90{,}37\ kJ/mol$$

$$\Delta H^\circ_{f\,H_2O_{(g)}} = -\,241{,}8\ kJ/mol$$

Determiniamo la sommatoria dei ΔH°_f dei reagenti e dei prodotti, tenendo conto dei coefficienti stechiometrici presenti nell'equazione chimica bilanciata:

$$\Sigma\Delta H^\circ_{f\,reagenti} = 4\,\Delta H^\circ_{f\,NH_{3(g)}} = 4\ mol \cdot (-\,46{,}18\ kJ/mol) = -\,184{,}72\ kJ$$

$$\Sigma\Delta H^\circ_{f\,prodotti} = 4\,\Delta H^\circ_{f\,NO_{(g)}} + 6\,\Delta H^\circ_{f\,H_2O_{(g)}} =$$
$$= 4\ mol \cdot (90{,}37\ kJ/mol) + 6\ mol \cdot (-\,241{,}8\ kJ/mol) = -\,1089{,}32\ kJ$$

Eseguiamo la differenza tra la sommatoria del ΔH°_f dei prodotti e la sommatoria del ΔH°_f dei reagenti:

$$\Delta H^\circ_f = \Delta H^\circ_{f\,prodotti} - \Delta H^\circ_{f\,reagenti} = (-1089{,}32 + 184{,}72)\ kJ = -904{,}60\ kJ$$

Calcolo del valore del $\Delta S°$

Ricaviamo dalla tabella 3 i valori di $S°$ dei reagenti e dei prodotti:

$$S^\circ_{NH_{3(g)}} = 192{,}5\ J \cdot mol^{-1} \cdot K^{-1} \qquad S^\circ_{O_{2(g)}} = 205{,}0\ J \cdot mol^{-1} \cdot K^{-1}$$

$$S^\circ_{NO_{(g)}} = 210{,}6\ J \cdot mol^{-1} \cdot K^{-1} \qquad S^\circ_{H_2O_{(g)}} = 188{,}7\ J \cdot mol^{-1} \cdot K^{-1}$$

Determiniamo la sommatoria di $S°$ dei reagenti e dei prodotti, tenendo conto dei coefficienti stechiometrici presenti nell'equazione chimica bilanciata:

$$\Sigma S^\circ_{reagenti} = 4\,S^\circ_{NH_{3(g)}} + 5\,S^\circ_{O_{2(g)}} =$$
$$= 4\ mol \cdot 192{,}5\ J \cdot mol^{-1} \cdot K^{-1} + 5\ mol \cdot 205{,}0\ J \cdot mol^{-1} \cdot K^{-1} =$$
$$= 1795\ J/K$$

$$\Sigma S^\circ_{prodotti} = 4\,S^\circ_{NO_{(g)}} + 6\,S^\circ_{H_2O_{(g)}} =$$
$$= 4\ mol \cdot 210{,}6\ J \cdot mol^{-1} \cdot K^{-1} + 6\ mol \cdot 188{,}7\ J \cdot mol^{-1} \cdot K^{-1} =$$
$$= 1974{,}6\ J/K$$

Eseguiamo la differenza tra la sommatoria di $S°$ dei prodotti e la sommatoria di $S°$ dei reagenti:

$$\Delta S° = \Sigma S^\circ_{prodotti} - \Sigma S^\circ_{reagenti} =$$
$$= (1974{,}6 - 1795)\ J/K = 179{,}6\ J/K = 0{,}179\ kJ/K$$

LA CONCLUSIONE

Determiniamo il valore della temperatura in kelvin ($T = 25 + 273 = 298$ K) e calcoliamo il $\Delta G°$ (espresso in kJ) mediante la relazione:

$$\Delta G° = \Delta H° - T \cdot \Delta S° = -\,904{,}60\ kJ - 298\ K \cdot 0{,}179\ kJ/K = -\,957{,}94\ kJ$$

PROBLEMA SIMILE

Stabilisci se la reazione che porta alla formazione del glucosio ($\Delta H° = -1275$ kJ/mol; $S° = 212\ J \cdot mol^{-1} \cdot K^{-1}$) alla temperatura di 25 °C è spontanea oppure no:

$$6\,CO_{2(g)} + 6\,H_2O_{(l)} \longrightarrow C_6H_2O_{6(s)} + 6\,O_{2(g)}$$

LABORATORIO

Reazioni esotermiche ed endotermiche

L'obiettivo

Determinare il calore di reazione e verificare se, nelle reazioni chimiche prese in esame, il sistema assorbe calore dall'ambiente o cede calore all'ambiente.

I concetti

Le reazioni esotermiche avvengono con produzione di calore mentre le reazioni endotermiche avvengono con assorbimento di calore.

I materiali

Calorimetro con termometro e agitatore, becher da 50 mL, cilindro graduato, bilancia analitica, spatolina, vetrino da orologio; soluzione 1 M di HCl, soluzione 1 M di NaOH, zinco in polvere, bicarbonato di sodio, cloruro di ammonio.

L'esperimento

1. Preleva con il cilindro graduato 50 mL della soluzione di HCl e versali nel calorimetro; rileva la temperatura (t_1). Preleva 50 mL della soluzione di NaOH, versali nel calorimetro e agita; rileva la nuova temperatura (t_2). Lava il calorimetro.
2. Preleva con il cilindro graduato 50 mL della soluzione di HCl e versali nel calorimetro; rileva la temperatura (t_1). Dopo averne determinato la massa, aggiungi circa 1 g di zinco; agita la soluzione e rileva la temperatura (t_2) alla fine della reazione. Lava il calorimetro.
3. Preleva con il cilindro graduato 50 mL della soluzione di HCl e versali nel calorimetro; rileva la temperatura (t_1). Dopo averne determinato la massa, introduci circa 8 g di bicarbonato di sodio nel becher; aggiungi 30 mL di acqua e agita la soluzione. Versa lentamente la soluzione nel calorimetro e rileva la temperatura (t_2). Lava il calorimetro.
4. Preleva con il cilindro graduato 50 mL di acqua e versali nel calorimetro; rileva la temperatura (t_1). Dopo averne determinato la massa, introduci circa 8 g di cloruro di ammonio nel becher; aggiungi 30 mL di acqua e agita la soluzione. Versa lentamente la soluzione nel calorimetro e rileva la temperatura (t_2). Lava il calorimetro.
5. Completa con i dati raccolti una tabella in cui riportare i reagenti, t_1, t_2, Δt e una colonna in cui specificare la natura termica della reazione.
6. Calcola il calore ceduto o assorbito (in kJ) durante la reazione con la relazione:

$$Q = m \cdot c \cdot \Delta t$$

Le competenze

Le reazioni esaminate sono esotermiche o endotermiche? Motiva le risposte.

FACCIAMO IL PUNTO

LO SAI? RIPASSA CON LO SMARTPHONE

Che cos'è il calore di reazione?

Il **calore di reazione** è la quantità di calore che una reazione chimica cede all'ambiente o assorbe dall'ambiente.

Qual è la differenza tra le reazione esotermiche e le reazioni endotermiche?

Nelle reazioni chimiche si verificano sempre scambi di *energia* tra il sistema e l'ambiente: se il sistema cede all'ambiente calore, la reazione è **esotermica**; se il sistema assorbe energia termica dall'ambiente, la reazione è **endotermica**.

Che cosa afferma il primo principio della termodinamica?

Il **primo principio della termodinamica** afferma che il calore (Q) fornito a un sistema termodinamico in parte va ad aumentare l'energia interna (U) del sistema e in parte si trasforma in lavoro (L) compiuto dal sistema sull'ambiente:

$$Q = \Delta U + L$$

Che cos'è l'entalpia?

L'energia totale di cui dispone un sistema chimico (**entalpia**, H), corrisponde alla sua energia interna (U) e al lavoro ($p \cdot V$) che esso compie sull'ambiente. La variazione di entalpia (ΔH) è:

$$\Delta H = \Delta U + p \cdot \Delta V$$

Le trasformazioni che avvengono con $\Delta H < 0$ sono favorite.

Che cosa afferma la legge di Hess?

La variazione di entalpia (ΔH) in una reazione chimica è determinata dallo *stato iniziale* (reagenti) e dallo stato finale (prodotti) del sistema, e non dagli stadi intermedi della reazione (**legge di Hess**).

Che cosa afferma il secondo principio della termodinamica?

Il **secondo principio della termodinamica** afferma che qualunque sistema tende a portarsi nella condizione di massima probabilità, ovvero nella condizione di *massimo disordine*.

Che cos'è l'entropia?

Si chiama **entropia** (S) la funzione di stato termodinamica che misura il grado di disordine di un sistema. In una **trasformazione chimica**, la variazione di entropia è determinata dallo *stato fisico finale*, dallo *stato fisico iniziale* e dalla *stechiometria* della reazione. Le trasformazioni che avvengono con $\Delta S > 0$ sono favorite.

Che cos'è l'energia libera?

Se l'entalpia e l'entropia danno contributi opposti alla spontaneità della reazione, si può trovare l'effetto globale determinando l'**energia libera di Gibbs** (G). La variazione ($\Delta G°$) nelle condizioni standard è data dalla relazione:

$$\Delta G° = \Delta H° - T \cdot \Delta S°$$

Una reazione avviene spontaneamente solo se $\Delta G < 0$.

ESERCIZI

ZTE ONLINE
Mettiti alla prova con 20 esercizi interattivi

VERIFICA LE TUE CONOSCENZE

L'ENERGIA NELLE REAZIONI CHIMICHE

1 **L'energia chimica è l'energia**
Ⓐ cinetica legata ai movimenti di una molecola.
Ⓑ termica liberata nelle reazioni di combustione.
Ⓒ potenziale presente nei legami interatomici di una molecola.
Ⓓ potenziale contenuta nei legami interatomici di una molecola e nei legami intermolecolari.

2 **Precisa i segni convenzionali attribuiti al calore e al lavoro negli scambi di energia tra un sistema termodinamico e l'ambiente.**

3 **Un sistema termodinamico è costituito da una reazione chimica che, assorbendo calore dall'ambiente, sviluppa un gas che compie un lavoro. I segni convenzionali attribuiti al calore e al lavoro sono**
Ⓐ entrambi positivi.
Ⓑ positivo e negativo.
Ⓒ entrambi negativi.
Ⓓ negativo e positivo.

IL CALORE DI REAZIONE

4 **Una barra di metallo ha una massa di 5 kg e una temperatura di 25 °C. Se si fornisce una quantità di calore di 19,05 kJ, la temperatura raggiunge il valore di 35 °C. Calcola il calore specifico del metallo.**

5 **Una massa di 500 g di acqua ha una temperatura di 20 °C. Viene fornito calore fino a una temperatura di 50 °C. Calcola la quantità di calore (in kJ) assorbita dall'acqua.**

6 **In seguito alla formazione di una mole di un composto**
Ⓐ si libera calore.
Ⓑ si assorbe calore.
Ⓒ il calore può essere assorbito o liberato.
Ⓓ non si assorbe né si libera calore.

7 **La reazione di combustione del carbonio è rappresentata dalla seguente equazione:**

$$2\,C + O_2 \rightarrow 2\,CO \qquad (Q = -220\ kJ)$$

La reazione è:
Ⓐ endotermica.
Ⓑ esotermica.
Ⓒ atermica.
Ⓓ fortemente endotermica.

L'ENTALPIA

8 **Definisci l'entalpia in un sistema termodinamico e rappresenta l'equazione della sua variazione per**
a. una trasformazione a pressione costante;
b. la generica reazione chimica $A + B \rightarrow C + D$.

9 **Rappresenta l'equazione termochimica associata all'entalpia standard di formazione (ΔH°_f) della reazione di sintesi dello ioduro di idrogeno.**

10 **In una reazione chimica il valore di ΔH:**
Ⓐ rimane sempre costante.
Ⓑ dipende dalla presenza di un catalizzatore.
Ⓒ dipende dalla pressione e dalla temperatura.
Ⓓ è maggiore di zero in una reazione esotermica.

LE REAZIONI DI COMBUSTIONE

11 **Nella reazione di combustione di un composto organico si ottengono diossido di carbonio e acqua. Giustifica la formazione di questi prodotti.**

12 **Rappresenta e bilancia la reazione di combustione**
a. dell'etano, $C_2H_{6(g)}$;
b. del glucosio, $C_6H_{12}O_{6(s)}$.

13 **Il metano CH_4, l'etano C_2H_6, il propano C_3H_8 e il butano C_4H_{10} sono idrocarburi che reagendo con l'ossigeno liberano grandi quantità di calore. Il combustibile più efficiente è il**
Ⓐ metano.
Ⓑ etano.
Ⓒ propano.
Ⓓ butano.

LA LEGGE DI HESS

14 **Considera la variazione di entalpia standard di una reazione che avviene in più stadi e rispondi alle seguenti domande.**
a. Da quale proprietà dell'entalpia viene giustificata questa variazione?
b. Qual è il valore numerico che è necessario conoscere per poterla calcolare?

15 Indica l'equazione con un valore di $\Delta H°$ che potrebbe essere specificata correttamente con il $\Delta H_f°$:

Ⓐ $2\ H_{2(g)} + O_{2(g)} \rightarrow 2\ H_2O_{(l)}$
Ⓑ $H_{2(g)} + 1/2\ O_{2(g)} \rightarrow H_2O_{(l)}$
Ⓒ $2\ H_{(g)} + O_{(g)} \rightarrow H_2O_{(l)}$
Ⓓ $H_{2(g)} + O_{(g)} \rightarrow H_2O_{(l)}$

16 Indica l'equazione con un valore di $\Delta H°$ che potrebbe essere specificata correttamente con il $\Delta H_f°$:

Ⓐ $2\ Fe_{(s)} + O_{2(g)} \rightarrow 2\ FeO_{(s)}$
Ⓑ $SO_{2(g)} + 1/2\ O_{2(g)} \rightarrow SO_{3(g)}$
Ⓒ $N_{2(g)} + 1/2\ O_{2(g)} \rightarrow N_2O_{(g)}$
Ⓓ $2\ Cu_{(s)} + O_{2(g)} \rightarrow 2\ CuO_{(s)}$

L'ENTROPIA

17 Rappresenta l'equazione chimica tra il biossido di zolfo (*g*) e l'acqua (*l*) e stabilisci se il sistema va incontro a un aumento o a una diminuzione di entropia.

18 Quale dei seguenti processi avviene con aumento di entropia?

Ⓐ La solidificazione dei vapori di iodio.
Ⓑ La condensazione del vapore d'acqua.
Ⓒ Il raffreddamento di rame metallico.
Ⓓ L'evaporazione dell'alcol etilico.

19 Stabilisci la variazione di entropia (aumento o diminuzione) per le seguenti reazioni chimiche:

a. $SO_{2(g)} + CaO_{(s)} \rightarrow CaSO_{3(s)}$
b. $Ni_{(s)} + 2\ HCl_{(aq)} \rightarrow NiCl_{2(aq)} + H_{2(g)}$
c. $NH_4Cl_{(s)} \rightarrow NH_{3(g)} + HCl_{(g)}$
d. $Br_{2(s)} + 3\ Cl_{2(g)} \rightarrow 2\ BrCl_{3(g)}$
e. $2\ ZnS_{(s)} + 3\ O_{2(g)} \rightarrow 2\ ZnO_{(s)} + 2\ SO_{2(g)}$
f. $2\ NO_{(s)} + O_{2(g)} \rightarrow 2\ NO_{2(g)}$

L'ENERGIA LIBERA

20 Prendi in esame l'equazione di Gibbs e precisa in quali condizioni di $\Delta H°$ e $\Delta S°$ una reazione chimica è spontanea.

21 Analizza i processi fisici in cui la variazione di energia libera è uguale a zero.

22 Considera il seguente processo fisico:

$$H_2O_{(l)} \rightarrow H_2O_{(g)}$$

a. Quali sono i valori di $\Delta H°$ e $\Delta S°$?
b. In quali condizioni il processo è spontaneo?

23 La reazione di sintesi del monossido di carbonio:

$$2\ C_{(s)} + O_{2(g)} \rightarrow 2CO_{(g)}$$

ha i seguenti valori di $\Delta H°$ e $\Delta S°$:

$$\Delta H° = -220{,}9\ kJ \qquad \Delta S° = 178{,}72\ J/K$$

Calcola il valore di $\Delta G°$ (in kJ) alla temperatura di 25 °C.

24 Indica, tra i seguenti composti, quello la cui formazione è termodinamicamente possibile a partire dagli elementi costituenti:

Ⓐ NO ($\Delta G = 86{,}6$ kJ)
Ⓑ HI ($\Delta G = 1{,}3$ kJ)
Ⓒ ICl ($\Delta G = -3{,}4$ kJ)
Ⓓ C_2H_4 ($\Delta G = 63{,}2$ kJ)

25 La reazione di sintesi del monossido di azoto è rappresentata dalla seguente equazione:

$$N_{2(g)} + O_{2(g)} \rightarrow 2\ NO_{(g)} \qquad (\Delta G < 0)$$

La reazione è

Ⓐ spontanea.
Ⓑ esotermica.
Ⓒ endotermica.
Ⓓ non spontanea.

VERIFICA LE TUE ABILITÀ

26 Il maggior contenuto di energia termica è presente

Ⓐ nell'acqua allo stato liquido.
Ⓑ nell'acqua allo stato di vapore.
Ⓒ nel diossido di carbonio allo stato solido.
Ⓓ nell'acqua allo stato solido.

27 Il maggior contenuto di energia chimica è presente

Ⓐ nell'ossigeno monoatomico.
Ⓑ nell'azoto monoatomico.
Ⓒ nell'azoto biatomico.
Ⓓ nell'ossigeno biatomico.

28 Calcola la quantità di calore assorbita da 30 g di etanolo [$c = 2{,}45$ J/(g °C)] per innalzare la sua temperatura da 20 °C a 37 °C.

29 La reazione di analisi dell'ossido di mercurio è rappresentata dalla seguente equazione:

$$2\ HgO_{(s)} \xrightarrow{\Delta} 2\ Hg_{(s)} + O_{2(g)} \qquad (Q = 360\ kJ)$$

Calcola quanto calore occorre fornire per la decomposizione termica di 0,2 kg del composto.

30 Dalla combustione di 0,125 g di cicloesano (C_6H_{12}) in eccesso di ossigeno (O_2) si liberano $5{,}54 \cdot 10^3$ J. Calcola la quantità di calore (in kJ) sviluppato dalla reazione:

$$C_6H_{12(l)} + 9\ O_{2(g)} \rightarrow 6\ CO_{2(g)} + 6\ H_2O_{(l)}$$

31 **La reazione di combustione del metano è:**

$$CH_{4(g)} + 2\ O_{2(g)} \rightarrow CO_{2(g)} + 2\ H_2O_{(l)}$$
$$(Q = -833\ kJ/mol)$$

Quanti grammi di metano occorrono per innalzare la temperatura di 120 kg di acqua da 15 °C a 65 °C?

Ⓐ 16 g Ⓑ 483g Ⓒ 48,3 g Ⓓ 32 g

32 **Calcola la variazione di entalpia standard per le seguenti reazioni.**

a. Sintesi del cloruro di idrogeno:
$H_{2(g)} + Cl_{2(g)} \rightarrow 2\ HCl_{(g)}$

b. Combinazione dell'idrossido di calcio:
$CaO_{(s)} + H_2O_{(l)} \rightarrow Ca(OH)_{2(s)}$

33 **Calcola la variazione di entalpia standard per le seguenti reazioni.**

a. Decomposizione del carbonato di calcio.

b. Combustione dell'etanolo:
$C_2H_5OH_{(l)} + 3\ O_{2(g)} \rightarrow 2\ CO_{2(g)} + 3\ H_2O_{(l)}$

c. Combustione dell'etano:
$2\ C_2H_{6(g)} + 7\ O_{2(g)} \rightarrow 4\ CO_{2(g)} + 6\ H_2O_{(l)}$

34 **La reazione di analisi del diossido di azoto è rappresentata dalla seguente equazione:**

$$2\ NO_{2(g)} \rightarrow 2\ NO_{(g)} + O_{2(g)}$$

La variazione di entalpia standard di reazione ha il valore di:

Ⓐ 248,34 kJ Ⓒ 113,4 kJ
Ⓑ 56,57 kJ Ⓓ 124,17 kJ

35 **Le variazioni di entalpia standard di formazione per il diossido di carbonio CO_2 e per l'acido formico HCOOH sono rispettivamente −393,5 kJ/mol e −409,2 kJ/mol. La variazione di entalpia standard per la reazione:**

$$H_{2(g)} + CO_{2(g)} \rightarrow HCOOH_{(l)}$$

ha il valore di:

Ⓐ −802,9 kJ Ⓒ +802,9 kJ
Ⓑ −15,5 kJ Ⓓ +15,5 kJ

36 **Il calore di combustione del glucosio $C_6H_{12}O_6$ è 2808 kJ/mol. Calcola quanti grammi di glucosio sono necessari per liberare una quantità di calore pari a 12 552 kJ.**

37 **La variazione di entalpia standard di combustione (ΔH°_c) del metano (CH_4) è uguale a −890 kJ/mol. La quantità di calore prodotta dalla combustione di 4 g di metano nelle condizioni standard è uguale a:**

Ⓐ −3560 kJ Ⓒ −445 kJ
Ⓑ −55,6 kJ Ⓓ −225,5 kJ

38 **La variazione di entalpia standard di combustione (ΔH°_c) del metano è uguale a −890 kJ/mol. Calcola i grammi di metano necessari per ottenere una quantità di calore uguale a −1350 kJ.**

39 **La produzione dell'etanolo C_2H_5OH può avvenire in due stadi successivi rappresentati dalle seguenti equazioni termochimiche.**

a. $C_2H_{4(g)} + 3\ O_{2(g)} \rightarrow 2\ CO_{2(g)} + 2\ H_2O_{(l)}$
$(\Delta H^\circ_1 = -1411\ kJ)$

b. $2\ CO_{2(g)} + 3\ H_2O_{(l)} \rightarrow C_2H_5OH_{(l)} + 3\ O_{2(g)}$
$(\Delta H^\circ_2 = -1367{,}1\ kJ)$

Rappresenta l'equazione termochimica in un unico stadio e calcola il valore della variazione di entalpia standard di reazione.

40 **Le variazioni di entalpia standard per le seguenti reazioni sono:**

a. $H_{2(g)} + F_{2(g)} \rightarrow 2\ HF_{(g)}\ (\Delta H^\circ = -542{,}2\ kJ)$

b. $2\ H_{2(g)} + O_{2(g)} \rightarrow 2\ H_2O_{(l)}\ (\Delta H^\circ = -571{,}6\ kJ)$

Calcolare la variazione di entalpia standard per la reazione:

$$2\ F_{2(g)} + 2\ H_2O_{(l)} \rightarrow 4\ HF_{(g)} + O_{2(g)}$$

41 **Le variazioni di entalpia standard per le seguenti reazioni sono:**

a. $C_3H_{8(g)} + 5\ O_{2(g)} \rightarrow 3\ CO_{2(g)} + 4\ H_2O_{(l)}$
$(\Delta H^\circ_1 = -2220\ kJ)$

b. $C_{(s)} + O_{2(g)} \rightarrow CO_{2(g)}\ (\Delta H^\circ_2 = -394\ kJ)$

c. $H_{2(g)} + 1/2\ O_{2(g)} \rightarrow H_2O_{(l)}\ (\Delta H^\circ_3 = -286\ kJ)$

Calcola la variazione di entalpia standard per la reazione di sintesi del propano:

$$3C_{(s)} + 4H_{2(g)} \rightarrow C_3H_{8(g)}$$

42 **Le variazioni di entalpia standard per le seguenti reazioni sono:**

1. $2\ CO_{(g)} + O_{2(g)} \rightarrow 2\ CO_{2(g)}\ (\Delta H^\circ = -566\ kJ)$
2. $2\ Cu_{(s)} + O_{2(g)} \rightarrow 2\ CuO_{(s)}\ (\Delta H^\circ = -310{,}5\ kJ)$

La variazione di entalpia standard per la reazione:

$$CuO_{(s)} + CO_{(g)} \rightarrow Cu_{(s)} + CO_{2(g)}$$

ha il valore di:

Ⓐ −876,5 kJ Ⓒ −127,8 kJ
Ⓑ −255,5 kJ Ⓓ 876,5 kJ

43 **Calcola la variazione di entropia standard per le seguenti reazioni:**

a. $CaO_{(s)} + 2\ HCl_{(g)} \rightarrow CaCl_{2(s)} + H_2O_{(l)}$

b. $C_2H_{4(g)} + H_{2(g)} \rightarrow C_2H_{6(g)}$

44 Calcola la variazione di entropia standard per le seguenti reazioni:

a. $4\ HCl_{(g)} + O_{2(g)} \rightarrow 2\ Cl_{2(g)} + 2H_2O_{(g)}$

b. $Ca(OH)_{2(s)} + H_2SO_{4(l)} \rightarrow CaSO_{4(s)} + 2\ H_2O_{(l)}$

45 La reazione di decomposizione termica del cloruro di ammonio è rappresentata dalla seguente equazione:

$$NH_4Cl_{(s)} \xrightarrow{\Delta} NH_{3(g)} + HCl_{(g)}$$

Le variazioni di entalpia ΔH e di entropia ΔS sono rispettivamente:

Ⓐ $\Delta H < 0; \Delta S < 0$
Ⓑ $\Delta H < 0; \Delta S > 0$
Ⓒ $\Delta H > 0; \Delta S > 0$
Ⓓ $\Delta H > 0; \Delta S < 0$

46 La reazione di sintesi del diossido d'azoto è rappresentata dalla seguente equazione:

$$NO_{(g)} + 1/2\ O_{2(g)} \rightarrow NO_{2(g)}$$

La variazione di entropia standard è

Ⓐ +246 J/K
Ⓑ −72,6 J/K
Ⓒ −145,2 J/K
Ⓓ −246 J/K

47 Nella reazione di analisi del monossido di azoto

$$2\ NO_{(g)} \rightarrow N_{2(g)} + O_{2(g)}$$

il valore di $T \cdot \Delta S$ è uguale a −24,68 kJ. Stabilisci se la reazione è spontanea o non spontanea.

48 La reazione di sintesi dell'acqua ha i seguenti valori di $\Delta H°$ e $\Delta G°$:

$$\Delta H° = -571\ kJ \qquad \Delta G° = -474\ kJ$$

Calcola la variazione di entropia standard.

49 La reazione di sintesi del metanolo è rappresentata dalla seguente equazione:

$$2\ H_{2(g)} + CO_{(g)} \rightarrow CH_3OH_{(l)}$$

La reazione

Ⓐ è spontanea.
Ⓑ non è spontanea.
Ⓒ è spontanea ad alta temperatura.
Ⓓ è spontanea a bassa temperatura.

TEST YOURSELF

50 The thermal decomposition reaction of calcium carbonate is represented by the following equation:

$$CaCO_{3(s)} \rightarrow CaO_{(s)} + CO_{2(g)} \quad (Q = 177.82\ kJ)$$

Calculate the heat that must be supplied for the decomposition of 5 kg of $CaCO_3$.

51 Calculate the enthalpy change for the thermal decomposition reaction of 5 kg of calcium carbonate at 25 °C and 1 atm.

52 The heat of combustion of carbon is 393.5 kJ/mol. Estimate the amount of energy produced by the combustion of 1 kg of carbon under standard conditions.

53 The heat of combustion of methane is 890 kJ/mol. Calculate the heat released by burning 120 L of methane under standard conditions.

54 The combination reaction of calcium hydroxide is represented by the following equation:

$$CaO_{(s)} + H_2O_{(l)} \rightarrow Ca(OH)_{2(s)}$$

Determine whether at 25 °C and 1 atm the reaction is spontaneous or non-spontaneous.

VERSO I GIOCHI DELLA CHIMICA

55 Una mole di acqua [c = 4,18 J/(g °C)] è riscaldata da 25 °C a 35 °C. La quantità di calore che occorre fornire è uguale a:

Ⓐ 75,3 J Ⓑ 753 kJ Ⓒ 0,753 kJ Ⓓ 7,53 J

[Finale regionale 2015]

56 Se a 2 moli di acqua [c = 4,18 J/(g °C)] si fornisce una quantità di calore equivalente a 452 J, la temperatura dell'acqua diventa 40 °C. La temperatura iniziale dell'acqua ha il valore di:

Ⓐ 37 °C
Ⓑ 40 °C
Ⓒ 27 °C
Ⓓ 43 °C

[Finale regionale 2016]

VERSO L'UNIVERSITÀ

57 La seguente reazione è esotermica.

$$2\ T_{(g)} + 3\ X_{(g)} \rightleftarrows 5\ Z_{(g)}$$

Quale delle seguenti affermazioni è corretta?

Ⓐ All'equilibrio, T e X producono Z alla stessa velocità con cui Z produce T e X.
Ⓑ Un catalizzatore aumenta la quantità di prodotto Z.
Ⓒ Un aumento di pressione causa un aumento della quantità di prodotto Z.
Ⓓ Un aumento di temperatura causa un aumento della quantità di prodotto Z.
Ⓔ L'aggiunta di Z sposta la posizione dell'equilibrio verso destra.

[dalla prova di ammissione a Medicina e Chirurgia, 2014]

VERSO L'ESAME: LE TUE COMPETENZE

COLLEGA E CALCOLA

58 Si fornisce la stessa quantità di calore a 10 g di ferro [$c = 0{,}44$ J/(g °C)] e a 20 g di alluminio [$c = 0{,}89$ J/(g °C)]. La temperatura del ferro aumenta di 20 °C. Calcola di quanti gradi aumenta la temperatura dell'alluminio.

COLLEGA E CALCOLA

59 Una sfera di rame [$c = 0{,}381$ J/(g °C); $d = 8{,}96$ g/cm^3)] ha un volume di 100 cm^3. Calcola quanti grammi di carbonio ($Q = 393{,}5$ kJ/mol) occorrono per innalzare la temperatura della sfera di rame da 25 °C a 100 °C.

COLLEGA E CALCOLA

60 Il calore di combustione del carbonio è di 393,5 kJ/ mol. Calcola quanti grammi di carbonio sono necessari per innalzare da 20 °C a 80 °C la temperatura di 0,03 m^3 di acqua [$d = 1$ g/cm^3; $c = 4{,}18$ J/(g °C)].

COLLEGA E CALCOLA

61 Si forniscono 32,6 kJ a 500 g di alluminio [$c = 0{,}993$ J/(g °C)] la cui temperatura iniziale è 25 °C. Calcola la temperatura finale (espressa in °C).

CALCOLA

62 Calcola la variazione di entalpia per la reazione di combustione di 5,95 g di etano (C_2H_6) alla pressione di 1 atm e alla temperatura di 25 °C.

CALCOLA

63 Calcola la variazione di entalpia per la reazione di combustione di 2 m^3 di etilene (C_2H_4) alla pressione di 1 atm e alla temperatura di 25 °C:

$$C_2H_{4(g)} + 3\,O_{2(g)} \rightarrow 2\,CO_{2(g)} + 2\,H_2O_{(l)}$$

CALCOLA

64 L'equazione termochimica per la reazione di combustione del benzene (C_6H_6) è la seguente:

$$C_6H_{6(l)} + 15/2\,O_{2(g)} \rightarrow 6\,CO_{2(g)} + 3\,H_2O_{(l)}$$
$$(\Delta H° = -3267{,}4 \text{ kJ})$$

Calcola l'entalpia standard di formazione (espressa in kJ/mol) del benzene.

COLLEGA E CALCOLA

65 L'equazione termochimica per la reazione di combustione dell'etilene (C_2H_4) è la seguente:

$$C_2H_{4(g)} + 3\,O_{2(g)} \rightarrow 2\,CO_{2(g)} + 2\,H_2O_{(l)}$$
$$(\Delta H = -1411 \text{ kJ})$$

Calcola l'entalpia standard di formazione (espressa in kJ/mol) dell'etilene.

COLLEGA E CALCOLA

66 Il calore di combustione dell'idrogeno è 286 kJ/mol. Calcola la quantità di calore prodotto dalla combustione di 5 L di idrogeno alla pressione di 2 atm e alla temperatura di 17 °C.

COLLEGA E CALCOLA

67 La combustione di una mole di metano CH_4 libera una quantità di calore corrispondente a 890 kJ/mol. Calcola i litri di metano occorrenti, in condizioni normali, per ottenere 6000 kJ.

COLLEGA E CALCOLA

68 La combustione di una mole di idrogeno libera una quantità di calore corrispondente a 286 kJ/mol. Calcola la quantità di calore (in kJ) che si libera dalla combustione di 500 L di idrogeno in condizioni normali.

IPOTIZZA

69 Stabilisci se le seguenti reazioni alla pressione di 1 atm e alla temperatura di 25 °C sono spontanee o non spontanee:

a. $NH_4Cl_{(s)} \rightarrow NH_{3(g)} + HCl_{(g)}$

b. $C_2H_5OH_{(l)} + 3\,O_{2(g)} \rightarrow 2\,CO_{2(g)} + 3\,H_2O_{(l)}$

OSSERVA E IPOTIZZA

70 Spesso nei film o nei fumetti le reazioni in corso nei laboratori di chimica sono rappresentate da liquidi che emettono vapori o producono gas.
La formazione di prodotti allo stato aeriforme da reagenti liquidi e/o in soluzione

a. favorisce o sfavorisce la spontaneità di una reazione chimica?

b. influenza il fattore entropico o il fattore entalpico?

Illustra tali effetti facendo riferimento all'equazione che rappresenta la variazione di energia libera standard di una reazione chimica.

OSSERVA E CLASSIFICA

71 Classifica i processi a cui si riferiscono le seguenti immagini in spontanei o non spontanei, esotermici o endotermici, caratterizzati da un aumento o da una diminuzione di entropia.

CAPITOLO

18

LA CINETICA CHIMICA

1 IL FATTORE TEMPO È DETERMINANTE PER IL DECORSO DELLE REAZIONI CHIMICHE

Lo studio termodinamico delle reazioni chimiche definisce le *condizioni* che devono essere soddisfatte affinché una trasformazione chimica si verifichi spontaneamente. Tuttavia, il fatto che una reazione sia *spontanea* non significa che essa si verifichi in un intervallo di *tempo* quantificabile. La reazione di analisi del monossido di azoto è una reazione spontanea, tuttavia il monossido di azoto rimane a lungo nell'atmosfera perché la decomposizione del composto in azoto e ossigeno è lentissima:

$$2\,NO_{(g)} \longrightarrow N_{2(g)} + O_{2(g)}$$

Ogni reazione chimica ha una specifica velocità (figura **1**). Alcune reazioni chimiche (come l'esplosione dei fuochi d'artificio) si svolgono così rapidamente che sono da considerarsi *istantanee*; altre reazioni chimiche (come la reazione di combustione del carbonio) richiedono invece tempi misurabili in minuti e sono *veloci*; altre ancora (come la reazione di ossidazione del ferro) richiedono tempi più lunghi e sono *lente*. Altre, infine, sono *lentissime*: un esempio è dato dalla trasformazione del bicarbonato di calcio (solubile) in carbonato di calcio (insolubile) e diossido di carbonio in acqua. Questa reazione è alla base del processo che porta alla formazione delle stalattiti e delle stalagmiti:

$$Ca(HCO_3)_{2(aq)} \longrightarrow CaCO_{3(s)} + CO_{2(g)} + H_2O_{(l)}$$

LE PAROLE

La **cinetica** (dal greco *kínesis*, movimento) studia la velocità delle reazioni chimiche.

Figura 1 Le reazioni chimiche non procedono tutte alla stessa velocità A L'esplosione dei fuochi d'artificio è una reazione molto veloce; B la formazione di stalattiti e stalagmiti avviene invece mediante una reazione lentissima. Nella foto le grotte di Frasassi, nelle Marche.

Prendiamo in esame una generica reazione chimica in *fase omogenea* gassosa:

$$A_{(g)} + B_{(g)} \longrightarrow C_{(g)} + D_{(g)}$$

Esprimiamo la quantità dei reagenti e dei prodotti in termini di *concentrazione molare*. Poiché durante una reazione chimica i reagenti si trasformano in prodotti, determiniamo sperimentalmente la variazione di concentrazione di un reagente o di un prodotto, in funzione del tempo *t*.

Riportando i dati su un diagramma cartesiano concentrazione-tempo, si osserva che con il procedere della reazione la quantità dei reagenti A e B diminuisce e quella dei prodotti C e D aumenta (figura 2).

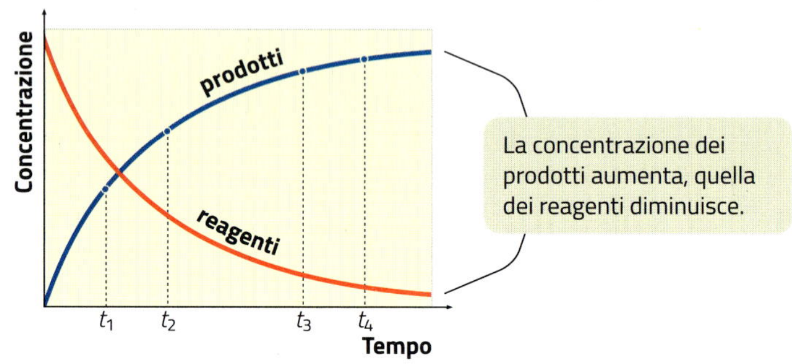

Figura 2 Variazione della concentrazione dei reagenti e dei prodotti di una reazione in funzione del tempo Con il passare del tempo, la concentrazione dei reagenti diminuisce, mentre quella dei prodotti aumenta.

La **velocità di reazione** (simbolo ***v***) esprime la diminuzione della concentrazione dei reagenti o l'aumento della concentrazione dei prodotti nell'unità di tempo.

Se si considera un determinato intervallo di tempo Δt in cui la concentrazione del reagente A (simbolo [A]) diminuisce di un valore Δ e la concentrazione del prodotto C (simbolo [C]) aumenta di un valore Δ, la velocità di reazione è rappresentata dalle seguenti relazioni:

$$v = -\frac{\Delta[A]}{\Delta t} \qquad v = \frac{\Delta[C]}{\Delta t}$$

La prima uguaglianza, relativa alla velocità del reagente A, presenta il segno negativo perché, con il procedere della reazione, la concentrazione dei reagenti diminuisce: il valore di Δ[A] risulta quindi *negativo* e, moltiplicato per il segno negativo dell'uguaglianza, determina un valore positivo della velocità di reazione (figura 3).

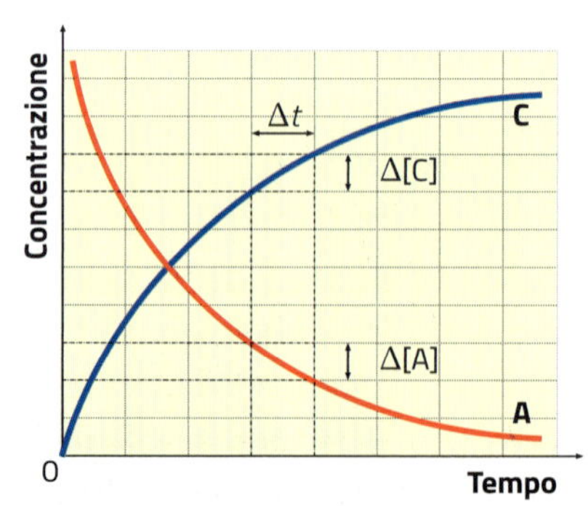

Figura 3 Variazione della concentrazione del reagente A e del prodotto C in un dato intervallo di tempo Δt In un dato intervallo di tempo Δt, la concentrazione molare del reagente A diminuisce, quindi Δ [A] avrà segno negativo.

Esprimendo la concentrazione dei reagenti e dei prodotti in molarità (mol/L) e il tempo in secondi, la velocità di reazione si esprime in **moli su litro su secondo** (simbolo **mol · L^{-1} · s^{-1}**). A seconda della velocità di reazione, le unità di misura del tempo di riferimento possono essere anche i minuti o le ore.

È da tenere presente che la velocità di reazione, in quanto riferita a un determinato intervallo di tempo Δt, è una **velocità media** (figura 4) che in un diagramma *concentrazione reagenti-tempo* si calcola mediante la seguente relazione:

$$v = -\frac{[A_2]-[A_1]}{t_2 - t_1}$$

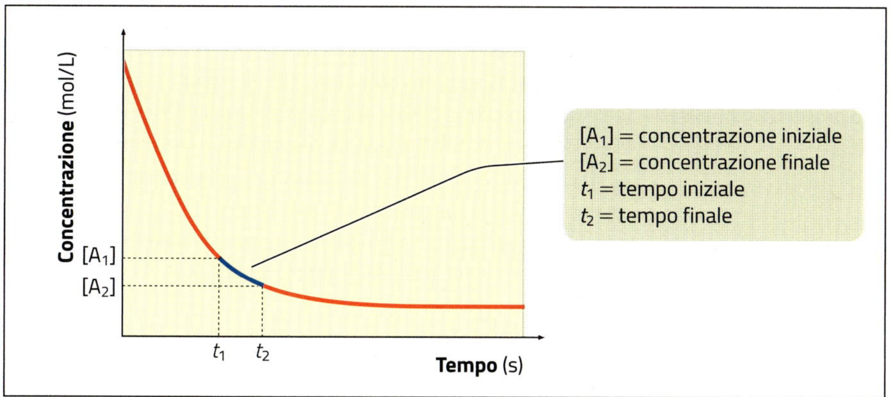

Figura 4 La velocità media di reazione La velocità media di decomposizione di un reagente A è uguale alla differenza tra la concentrazione finale $[A_2]$ e quella iniziale $[A_1]$ in un dato intervallo di tempo.

PER VEDERE LA CHIMICA
Video *In laboratorio*
Clock reactions: reazioni a tempo

PROBLEMA MODELLO

Calcolare la velocità di reazione

La reazione di analisi dello ioduro di idrogeno è rappresentata dalla seguente equazione:

$$2\,HI_{(g)} \longrightarrow H_{2(g)} + I_{2(g)}$$

Sapendo che la sua concentrazione dello iodio dopo 100 s è 0,06 mol/L, e che dopo 150 s è 0,11 mol/L, calcola la velocità media di formazione dello iodio.

L'IDEA

La velocità media di formazione dello iodio è data dalla differenza tra la concentrazione finale e la concentrazione iniziale, nell'intervallo di tempo $(t_2 - t_1)$:

$$v = \frac{[I_2]_{fin.} - [I_2]_{in.}}{t_2 - t_1}$$

LA SOLUZIONE

Sostituendo nella precedente relazione i valori della concentrazione molare finale e iniziale dello iodio e i valori del tempo finale (t_2) e iniziale (t_1), si ha

$$v = \frac{(0{,}11 - 0{,}06)\,mol \cdot L^{-1}}{(150 - 100)\,s} = 1 \cdot 10^{-3}\,mol \cdot L^{-1} \cdot s^{-1}$$

PROBLEMA SIMILE

Sapendo che la concentrazione iniziale del pentossido di diazoto è 0,11 mol/L e che dopo 400 s è 0,048 mol/L, calcola la velocità media di decomposizione del pentossido di diazoto in diossido di azoto e ossigeno.

PER SAPERNE DI PIÙ

La determinazione sperimentale della velocità di reazione

La velocità di una reazione diminuisce nel tempo. Per stabilirla sperimentalmente si misurano il tempo con un cronometro e la variazione di concentrazione (diminuzione dei reagenti o aumento dei prodotti) con metodi analitici diversi a seconda dello stato fisico delle specie chimiche coinvolte nella reazione.

Il metodo **volumetrico** è usato quando un reagente o un prodotto della reazione è un *gas*. La reazione di decomposizione del perossido di idrogeno (acqua ossigenata) è rappresentata dalla seguente equazione:

$$H_2O_{2(aq)} \longrightarrow H_2O_{(l)} + \frac{1}{2}O_{2(g)}$$

Una volta determinato il volume dell'ossigeno prodotto in un dato intervallo di tempo (figura **A**), si possono calcolare le moli prodotte o consumate con l'equazione $P \cdot V = n \cdot R \cdot T$.

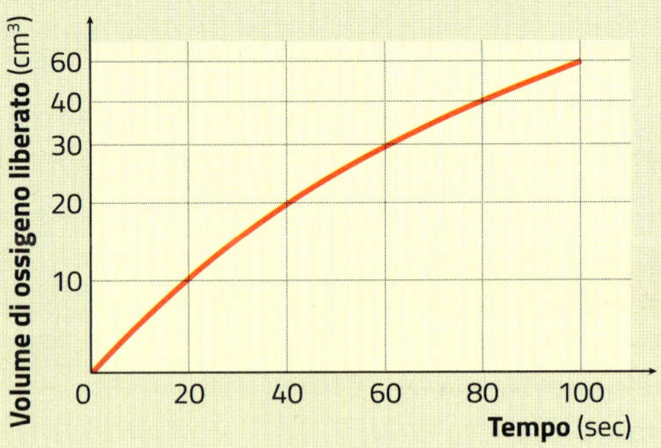

Figura A La velocità della reazione di decomposizione dell'acqua ossigenata è determinata calcolando il volume di ossigeno liberato dalla reazione.

Il metodo **gravimetrico** è usato quando uno dei reagenti della reazione è allo stato *solido*. La reazione di spostamento tra lo zinco e una soluzione di acido cloridrico è rappresentata dalla seguente equazione:

$$Zn_{(s)} + 2\,HCl_{(aq)} \longrightarrow ZnCl_{2(aq)} + H_{2(g)}$$

Se si determina la massa dello zinco all'inizio e dopo un dato intervallo di tempo, dalla differenza di massa si possono ricavare le moli di zinco consumate.

Il metodo **colorimetrico** è usato quando la reazione che consuma il reagente o che porta alla formazione del prodotto è accompagnata da una variazione di *colore*.

Determinando mediante un colorimetro la variazione di colore dopo un dato intervallo di tempo, dalla variazione cromatica si risale alla variazione di concentrazione del reagente o del prodotto. Se è colorato uno dei reagenti, il sistema, inizialmente colorato, si decolora gradualmente al diminuire della concentrazione del reagente. Nella reazione tra il monossido di carbonio (incolore) e il diossido di azoto (rosso bruno) il sistema si decolora al diminuire della concentrazione del diossido di azoto (figura **B**).

$$\underset{\text{(incolore)}}{CO_{(g)}} + \underset{\text{(rosso bruno)}}{NO_{2(aq)}} \longrightarrow \underset{\text{(incolore)}}{CO_{2(g)}} + \underset{\text{(incolore)}}{NO_{(g)}}$$

Figura B La velocità della reazione tra il monossido di carbonio (incolore) e il diossido di azoto (rosso bruno) è determinata dalla decolorazione del sistema.

2 LA TEORIA DELLE COLLISIONI: IN UNA REAZIONE ATOMI E MOLECOLE SI URTANO

In una reazione chimica che avviene tra molecole si verificano la rottura dei legami chimici delle molecole reagenti e la formazione di nuovi legami tra i prodotti. Nella reazione tra una molecola di idrogeno e una molecola di cloro si rompono i legami interatomici H—H e Cl—Cl e si formano nuovi legami H—Cl.

$$H{-}H + Cl{-}Cl \longrightarrow H{-}Cl + H{-}Cl$$

Affinché si formino dei legami e quindi una reazione chimica possa avvenire, gli atomi e le molecole dei reagenti devono *urtarsi* (entrare in collisione).

Non si deve tuttavia pensare che la formazione del prodotto di una reazione chimica sia legata solo al verificarsi di collisioni tra gli atomi o le molecole dei reagenti, in quanto le collisioni possono essere **non efficaci** o **efficaci**, e solo le collisioni efficaci portano alla formazione del prodotto della reazione.

Un **urto efficace** tra molecole di reagenti è un urto che può determinare la formazione di un prodotto.

L'*efficacia* degli urti dipende da due fattori: l'orientazione delle collisioni e l'energia delle molecole reagenti.

L'orientazione delle collisioni

Per la formazione di un legame tra due atomi di due molecole diverse è necessario che l'urto avvenga tra gli orbitali specifici dei due atomi che devono stabilire il legame.

> L'**orientazione delle collisioni** è relativa alla direzione secondo la quale le molecole dei reagenti devono urtarsi.

Prendiamo in esame la reazione tra l'idrogeno e il cloro, che porta alla formazione di cloruro di idrogeno:

$$H_{2(g)} + Cl_{2(g)} \longrightarrow 2\,HCl_{(g)}$$

Si può notare che:

- se l'orientazione è **sfavorevole**, le molecole dei reagenti conservano i loro legami in quanto gli urti sono inefficaci e di conseguenza la reazione *non avviene* (figura **5**);

PER SAPERNE DI PIÙ

Il composto **HCl** allo stato gassoso è indicato con il nome di *cloruro di idrogeno*. Quando è in soluzione acquosa, l'HCl è chiamato *acido cloridrico*.

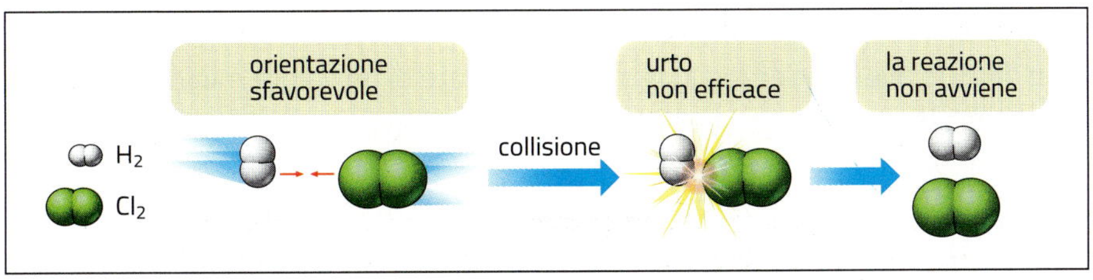

Figura 5 **Urto non efficace con orientazione sfavorevole** Le molecole presentano la composizione iniziale e gli stessi legami.

- se l'orientazione è **favorevole**, ma le molecole *non* hanno energia sufficiente per rompere i legami tra gli atomi nelle molecole dei reagenti, la reazione *non avviene* (figura **6**).

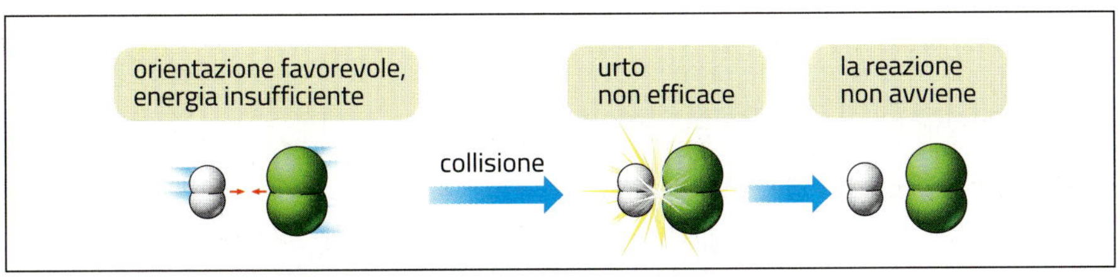

Figura 6 **Urto non efficace con orientazione favorevole** Nonostante l'orientazione sia favorevole, l'energia è insufficiente per rompere i legami dei reagenti.

L'energia delle molecole reagenti

L'orientazione favorevole non è la sola condizione per considerare un urto efficace. Le molecole, entrando in collisione, devono avere anche un'*energia* tale da rompere i legami delle molecole reagenti (figura **7**).

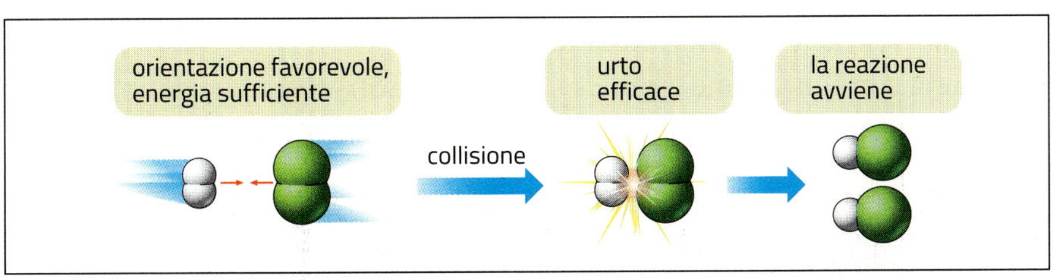

Figura 7 **Urto efficace** Se l'orientazione è favorevole e l'energia sufficiente, la reazione avviene e si formano molecole che presentano una nuova composizione e diversi legami.

L'**energia di attivazione** è il valore minimo di energia che le molecole devono avere perché possano collidere con forza sufficiente a rompere i legami dei reagenti e a dare luogo a un urto efficace.

L'**energia di attivazione** (simbolo E_a) si esprime in **kJ/mol**. Il suo valore è *specifico* per ogni reazione, poiché dipende dalla *forza* dei legami interatomici presenti tra le molecole reagenti. Tutte le reazioni chimiche che comportano la rottura di legami chimici necessitano di energia di attivazione e questo vale anche per le reazioni *esotermiche*, che sono spontanee ma non veloci.

Di conseguenza, se l'energia di attivazione richiesta per fare avvenire una reazione chimica è:

- *alta*, sono *poche* le molecole con energia sufficiente per dare luogo a urti efficaci e perciò la reazione procede con bassa velocità;
- *bassa*, sono *molte* le molecole con energia sufficiente a dare luogo a urti efficaci e perciò la reazione procede con alta velocità.

Le due condizioni descritte (orientazione ed energia) permettono ora di formulare la teoria delle collisioni.

La **teoria delle collisioni** stabilisce che, affinché una reazione chimica avvenga, le molecole reagenti devono urtarsi con la giusta orientazione e devono avere un'energia uguale o maggiore di un valore minimo, detto energia di attivazione, specifico per ogni reazione.

3 IL COMPLESSO ATTIVATO: UNO STATO DI TRANSIZIONE CON ENERGIA POTENZIALE MAGGIORE DI QUELLA DEI REAGENTI

Dopo il verificarsi di collisioni efficaci la reazione procede secondo un meccanismo che prevede la formazione di uno *stato di transizione* detto **complesso attivato**.

Riprendiamo in esame la reazione di sintesi tra idrogeno e cloro che porta alla formazione del cloruro di idrogeno:

$$H_{2(g)} + Cl_{2(g)} \longrightarrow 2\,HCl_{(g)}$$

Prima di entrare in collisione, le molecole dei reagenti hanno valori di energia cinetica e potenziale ben definiti. Tuttavia, le molecole rallentano quando si avvicinano, a causa della forza di repulsione elettrostatica esercitata dagli elettroni del livello energetico esterno. Di conseguenza, si ha una *diminuzione* dell'energia cinetica.

Nel momento in cui le molecole dei reagenti (H_2 e Cl_2) entrano in collisione, l'energia cinetica liberata si trasforma in *energia potenziale*; contemporaneamente si ha un indebolimento dei legami interatomici H—H e Cl—Cl e la formazione di deboli legami interatomici H—Cl e H—Cl. Per un istante si forma una configurazione atomica (H_2Cl_2) dalla struttura ben definita detta *complesso attivato*, che ha un'energia potenziale *maggiore* di quella dei reagenti.

La differenza tra l'energia potenziale del complesso attivato e quella dei reagenti è l'**energia di attivazione** della reazione.

TI RICORDI?

L'**energia cinetica** è l'energia posseduta da un corpo di massa m in movimento. Dipende dalla velocità v e si esprime con l'equazione $E_c = \frac{1}{2}\, m \cdot v^2$.

TI RICORDI?

L'**energia potenziale** è l'energia posseduta da un corpo di massa m che si trova a un'altezza h rispetto a un livello di base. Dipende dall'accelerazione di gravità e si esprime con la formula $E_p = m \cdot g \cdot h$.

Dato che il complesso attivato ha un'energia potenziale molto alta, è *instabile* e quindi si trasforma subito in composti più stabili, i prodotti (figura **8**).

In seguito a questa trasformazione si ha una *diminuzione* di energia potenziale, che si trasforma in energia cinetica nelle molecole dei prodotti.

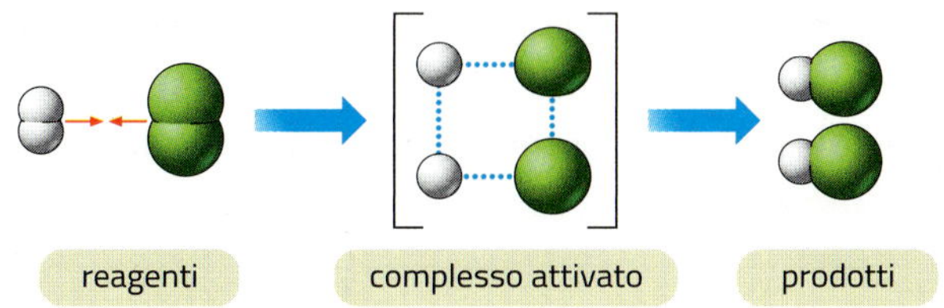

Figura 8 Il complesso attivato Prima di trasformarsi nel prodotto finale (HCl), le molecole dei reagenti (H_2 e Cl_2) assumono una configurazione atomica instabile, il complesso attivato (H_2Cl_2).

I diagrammi dell'energia di attivazione

La variazione di energia in una reazione chimica si può rappresentare mediante un diagramma, detto *profilo di reazione*.

Il **profilo di reazione** esprime la variazione dell'energia potenziale (in ordinata) in funzione della coordinata di reazione (in ascissa), ovvero del percorso della reazione.

Osservando il profilo di reazione(figura **9**), possiamo confrontare l'energia potenziale dei reagenti con quella:

- del *complesso attivato*, ricavando informazioni sull'energia di attivazione e, conseguentemente, sulla velocità di reazione;
- dei *prodotti*, ricavando informazioni sulla variazione di energia cinetica avvenuta nel sistema e, quindi, sulla tendenza della reazione a cedere o ad assorbire calore dall'ambiente.

Analizziamo quest'ultimo punto attraverso due esempi concreti.

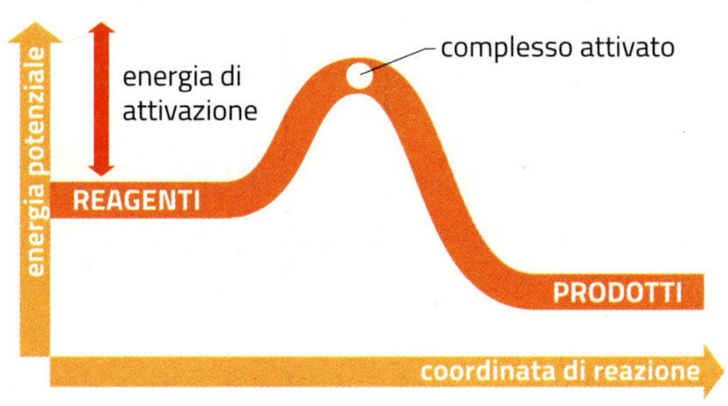

Figura 9 La variazione dell'energia potenziale di una reazione Lo stato di transizione (complesso attivato) ha un'energia potenziale maggiore di quella dei reagenti.

Consideriamo la reazione di sintesi del cloruro di idrogeno:

$$H_{2(g)} + Cl_{2(g)} \longrightarrow 2\ HCl_{(g)}$$

In questa reazione, le molecole dei prodotti hanno un'*energia potenziale minore* di quella dei reagenti. Di conseguenza aumenta l'energia cinetica dei prodotti, determinando così un aumento di temperatura e la liberazione di energia termica sotto forma di calore nell'ambiente: la **reazione** è **esotermica** e il valore di ΔH è negativo (figura **10A**).

Consideriamo ora la reazione di analisi del cloruro di idrogeno:

$$2\,HCl_{(g)} \longrightarrow H_{2(g)} + Cl_{2(g)}$$

In questo caso, le molecole dei prodotti hanno un'*energia potenziale maggiore* di quella dei reagenti. Di conseguenza, i prodotti avranno una minore energia cinetica, determinando così una diminuzione di temperatura e il conseguente assorbimento di calore dall'ambiente: la **reazione** è **endotermica** e il valore di ΔH è positivo (figura **10B**).

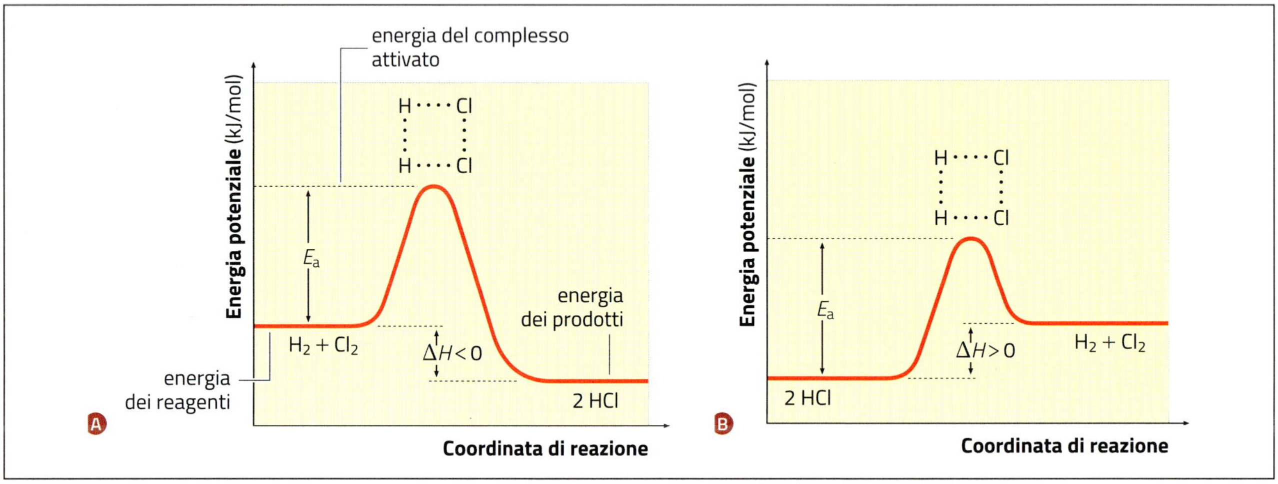

Figura 10 **I profili di una reazione esotermica e di una endotermica**
A In una reazione esotermica, i reagenti hanno un'energia potenziale maggiore dei prodotti e il ΔH è negativo; B in una reazione endotermica, i prodotti hanno un'energia potenziale maggiore dei reagenti e il ΔH è positivo.

A COLPO D'OCCHIO

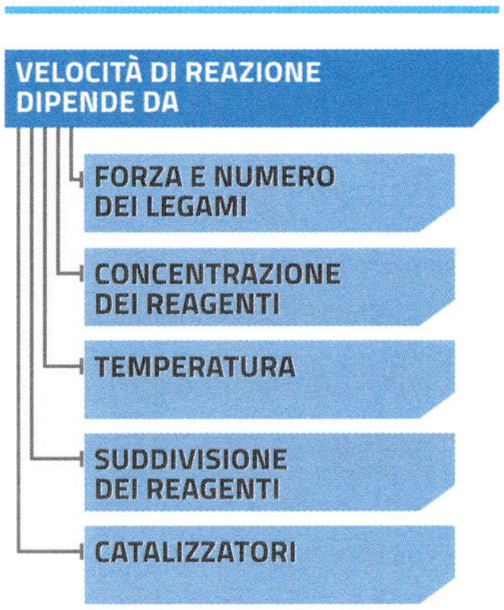

4 LA VELOCITÀ DI REAZIONE DIPENDE DA DIVERSI FATTORI

I fattori che determinano una variazione della velocità di reazione sono:

- la forza e il numero dei legami interatomici nelle molecole dei reagenti;
- la concentrazione dei reagenti;
- la temperatura alla quale la reazione avviene;
- lo stato di suddivisione dei reagenti in fase eterogenea;
- la presenza di un catalizzatore.

La forza e il numero dei legami nei reagenti

La diversa velocità con cui procedono le reazioni chimiche, nelle condizioni standard (t = 25 °C; p = 1 bar), dipende dai **legami chimici** presenti nelle molecole dei reagenti.

A tal proposito, prendiamo in esame una reazione di doppio scambio in *soluzione acquosa* e due reazioni di ossidazione in fase *gassosa* nelle quali è presente un reagente in comune, l'ossigeno.

- La reazione di doppio scambio in soluzione acquosa tra il nitrato di argento $AgNO_3$ e il cloruro di potassio KCl è *istantanea*.
  La reazione porta alla formazione del cloruro di argento AgCl insolubile, che precipita, mentre il nitrato di potassio KNO_3, solubile, rimane in soluzione sotto forma di ioni:

$$AgNO_{3(aq)} + KCl_{(aq)} \longrightarrow AgCl_{(s)}\downarrow + KNO_{3(aq)}$$

- La reazione di ossidazione del diossido di zolfo è *veloce*:

$$2\,SO_{2(g)} + O_{2(g)} \longrightarrow 2\,SO_{3(g)}$$

- La reazione di ossidazione del metano è molto *lenta*:

$$CH_{4(g)} + 2\,O_{2(g)} \longrightarrow CO_{2(g)} + 2\,H_2O_{(l)}$$

La **diversa** velocità nelle tre reazioni prese in esame si spiega partendo dal presupposto che una reazione chimica è un processo in cui si rompono i legami nei reagenti e si formano nuovi legami nei prodotti e che in ogni reagente (unità formula o molecole) i legami sono diversi per **forza** e per **numero**. A causa della diversa forza e del diverso numero dei legami dei reagenti si ha un'*energia di attivazione* specifica e quindi *diversa* per ogni reazione chimica.

La reazione in *soluzione acquosa* **non** comporta la rottura di legami in quanto i reagenti sono già dissociati in ioni. Le reazioni di *ossidazione* del diossido di zolfo e del metano implicano rispettivamente la rottura di *tre legami* covalenti (due σ e uno π) nel diossido di zolfo e di *quattro legami* covalenti σ nel metano (figura **11**).

Quindi le reazioni che **non** implicano la rottura di legami (reazioni in soluzione acquosa) sono veloci, mentre quelle che comportano la rottura dei legami (reazioni di ossidazione) sono più lente. Le due reazioni di ossidazione in fase *gassosa* hanno *diversa* velocità perché questa dipende dal *numero* dei legami (tre nel diossido di zolfo e quattro nel metano) e dalla loro *forza* (il legame covalente σ è più forte di quello π).

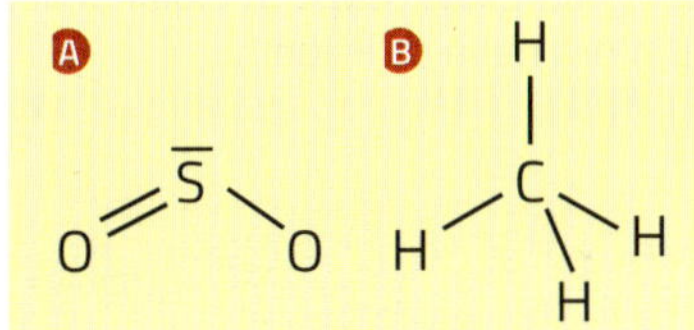

Figura 11 La velocità di reazione dipende dalla forza e dal numero di legami nei reagenti A Nel diossido di zolfo sono presenti due legami σ e un legame π; B nel metano sono presenti quattro legami σ.

Minori sono la forza e il numero dei legami interatomici nelle molecole dei reagenti, maggiore è la velocità della reazione chimica.

La concentrazione dei reagenti

La teoria delle collisioni presuppone che le molecole si urtino perché una reazione chimica possa avvenire.

Prendendo in esame tre diverse reazioni omogenee in soluzione acquosa con un differente numero di molecole reagenti, si osserva che aumentando il numero delle molecole, ovvero la concentrazione, la probabilità che le molecole si urtino è maggiore (figura **12**). Poiché il numero delle collisioni è legato alla concentrazione dei reagenti, risulta che:

TI RICORDI?

La **concentrazione di una soluzione** esprime la quantità di soluto contenuta in una determinata quantità di soluzione.

La **velocità di una reazione chimica** in fase omogenea (in soluzione acquosa o gassosa) aumenta con la concentrazione dei reagenti, perché un aumento del numero delle molecole per unità di volume determina un aumento della frequenza delle collisioni.

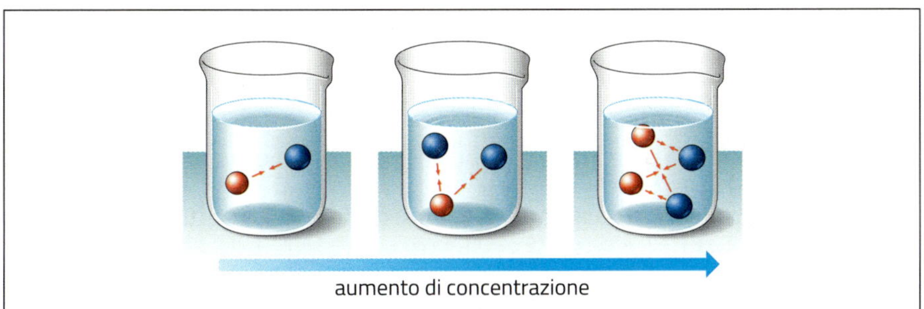

Figura 12 La concentrazione dei reagenti influenza la velocità di reazione A parità di volume di soluzione, più elevato è il numero di molecole reagenti, maggiore è il numero di collisioni.

In una reazione omogenea in fase *gassosa*, l'aumento della concentrazione dei reagenti si può ottenere aumentando la *pressione*; in tal caso, infatti, diminuisce il volume ma aumenta il numero di molecole per unità di volume, ovvero la concentrazione e, quindi, la velocità di reazione (figura **13**).

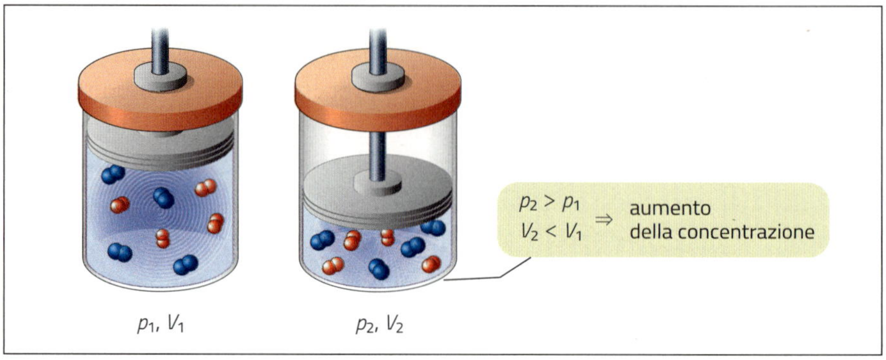

Figura 13 In una reazione in fase gassosa la concentrazione aumenta con la pressione L'aumento di pressione (p) determina una diminuzione di volume (V) e di conseguenza un aumento della concentrazione delle molecole reagenti e quindi del numero delle collisioni.

Dal momento che la velocità di reazione dipende dalla concentrazione dei reagenti, la velocità è massima all'inizio della reazione, quando la concentrazione dei reagenti è massima, e diminuisce con il passare del tempo, perché diminuisce la concentrazione dei reagenti (figura **14**).

La **velocità delle reazioni** chimiche non è costante ma tende a diminuire nel tempo.

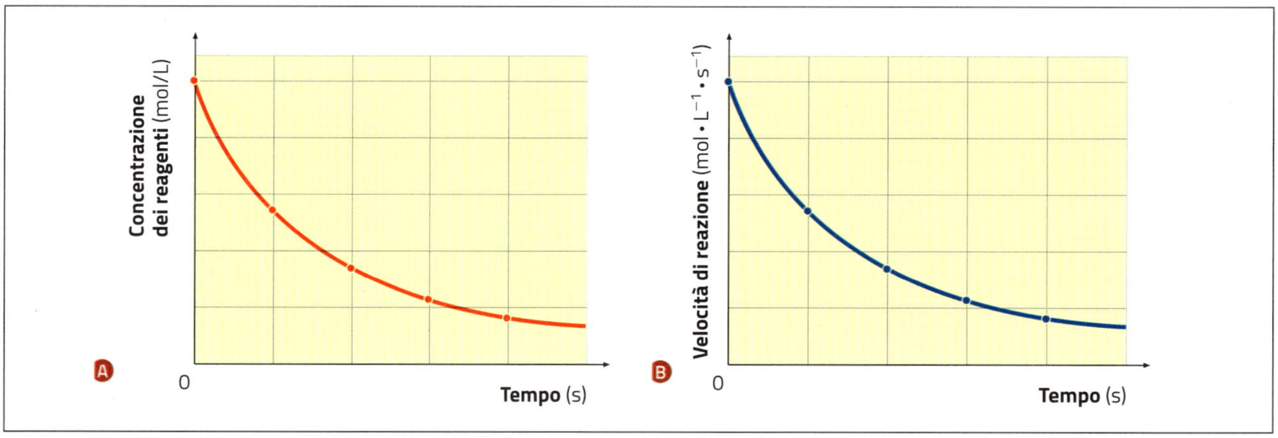

Figura 14 La velocità di reazione diminuisce nel tempo A Con il diminuire della concentrazione di un reagente, B anche la velocità di reazione diminuisce.

5 VELOCITÀ DI REAZIONE E CONCENTRAZIONE DEI REAGENTI SONO LEGATI DALL'EQUAZIONE CINETICA

Nelle reazioni in fase *omogenea* (in soluzione acquosa o gassosa), la velocità di reazione e la concentrazione dei reagenti sono legate dall'**equazione cinetica**.

La velocità di una reazione, a una data temperatura, è proporzionale al prodotto delle concentrazioni molari dei reagenti (o almeno di uno di essi), ciascuna elevata a un esponente (indicato con i simboli α, β).

Consideriamo una reazione generica rappresentata dalla seguente equazione (i coefficienti stechiometrici sono indicati con i simboli: a, b, c, d):

$$aA + bB \longrightarrow cC + dD$$

L'equazione cinetica che esprime la velocità di reazione è la seguente:

$$v = k \cdot [A]^{\alpha} \cdot [B]^{\beta}$$

In questa equazione:

- il fattore k è la **costante specifica di velocità** o **costante cinetica**, il cui valore, specifico per ogni reazione, dipende dalla temperatura;
- le parentesi quadre indicano le *concentrazioni molari dei reagenti*; quando le concentrazioni dei reagenti sono 1 M la velocità di reazione è **uguale** alla costante cinetica: $v = k$;
- gli esponenti α e β sono numeri interi o frazionari i cui valori, determinati sperimentalmente, dipendono dal *meccanismo di reazione* e *non sempre coincidono* con i coefficienti stechiometrici.

Il valore degli esponenti α e β rappresenta l'**ordine relativo** di ciascun reagente; la somma degli esponenti rappresenta l'**ordine complessivo** o semplicemente l'**ordine** della reazione.

Nella reazione di analisi del pentossido di diazoto:

$$2\,N_2O_{5(g)} \longrightarrow 4\,NO_{2(g)} + O_{2(g)}$$

l'esponente della concentrazione di N_2O_5 determinato sperimentalmente risulta uguale a 1 e, quindi, l'equazione cinetica è così rappresentata:

$$v = k \cdot [N_2O_5]$$

La reazione è del primo ordine rispetto al reagente N_2O_5 e del *primo ordine complessivo*. Raddoppiando la concentrazione di N_2O_5, raddoppia anche la velocità di reazione.

Nella reazione di analisi dello ioduro di idrogeno:

$$2\,HI_{(g)} \longrightarrow H_{2(g)} + I_{2(g)}$$

l'esponente della concentrazione di HI è uguale a 2 (in tal caso l'esponente della concentrazione coincide con il coefficiente stechiometrico) e, quindi, l'equazione cinetica è così rappresentata:

$$v = k \cdot [HI]^2$$

La reazione è del secondo ordine rispetto a HI e del *secondo ordine complessivo*.

Raddoppiando la concentrazione di HI, la velocità di reazione aumenta di quattro volte.

Nella reazione di ossidazione del monossido di azoto:

$$2\,NO_{(g)} + O_{2(g)} \longrightarrow 2\,NO_{2(g)}$$

l'esponente α della concentrazione di NO è uguale a 2 e l'esponente β della concentrazione di O_2 è uguale a 1 e, quindi, l'equazione cinetica è così rappresentata:

$$v = k \cdot [NO]^2 \cdot [O_2]$$

La reazione è del secondo ordine rispetto al reagente NO, del primo ordine rispetto al reagente O_2 e del *terzo ordine complessivo*.

In alcune reazioni, la velocità di reazione **non** dipende dalla concentrazione e, quindi, la reazione è di **ordine zero**. Naturalmente in queste reazioni, raddoppiando la concentrazione, la velocità di reazione *non cambia*. Tipiche reazioni di ordine zero sono quelle *catalizzate*. Una reazione di ordine zero è quella di analisi dell'ammoniaca su un filo di platino (catalizzatore) riscaldato:

$$2\ NH_{3(g)} \xrightarrow{\Delta,\ Pt} N_{2(g)}\uparrow + 3\ H_{2(g)}\uparrow$$

La velocità della reazione resta costante fino a quando l'ammoniaca non si è trasformata completamente in azoto e idrogeno (figura **15A**). L'equazione cinetica è così rappresentata:

$$v = k \cdot [NH_3]^0$$

e quindi:

$$v = k$$

Poiché in una reazione di ordine zero la velocità rimane costante, la *diminuzione della concentrazione* del reagente nell'unità di tempo è sempre la *stessa* e pertanto in un diagramma concentrazione reagenti-tempo è rappresentata da una retta (figura **15B**).

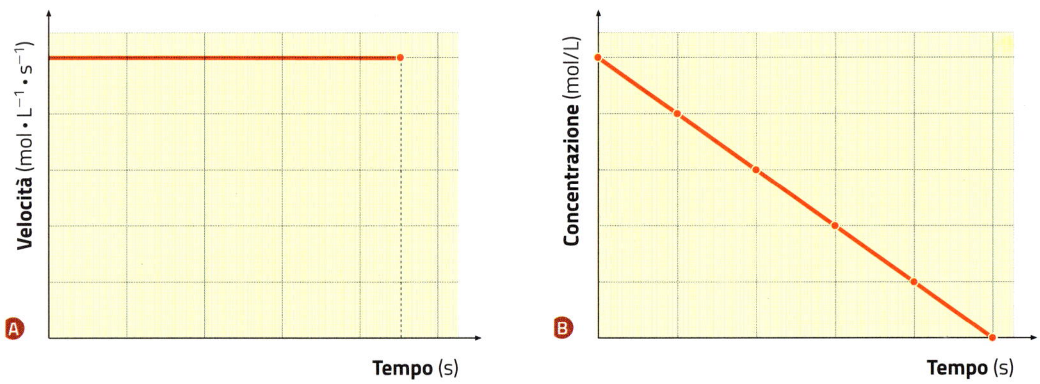

Figura 15 Diagrammi della velocità e della concentrazione in funzione del tempo in una reazione di ordine zero In una reazione di ordine zero: A la velocità è costante; B la diminuzione della concentrazione di un reagente nell'unità di tempo è rappresentata da una retta.

PROBLEMA MODELLO

Calcolare l'ordine di reazione e la costante di velocità

I dati sperimentali riportati in tabella si riferiscono alla reazione di analisi dello ioduro di idrogeno alla temperatura di 518 °C. In base a questi dati, calcola:

a. l'ordine di reazione;
b. il valore della costante specifica di velocità.

Esperimento	Concentrazione iniziale (mol/L)	Velocità iniziale di decomposizione ($mol \cdot L^{-1} \cdot s^{-1}$)
1	0,15	$1{,}5 \cdot 10^{-7}$
2	0,30	$6{,}0 \cdot 10^{-7}$
3	0,60	$24{,}0 \cdot 10^{-7}$

L'IDEA

Dall'analisi dei dati sperimentali, si osserva che, raddoppiando la concentrazione iniziale, la velocità iniziale della reazione quadruplica.

LA SOLUZIONE

a. Dall'analisi dei dati in tabella, si deduce che la reazione è del secondo ordine. L'equazione cinetica di velocità risulta quindi:

$$v = k \cdot [HI]^2$$

b. La costante specifica di velocità può essere ricavata dall'equazione cinetica mediante la relazione:

$$k = \frac{v}{[HI]^2}$$

LA CONCLUSIONE

Sostituendo con i dati sperimentali di uno dei tre esperimenti (nello specifico prendiamo in esame i dati dell'esperimento 1), si ha:

$$k = \frac{1{,}5 \cdot 10^{-7}\ \text{mol} \cdot \text{L}^{-1} \cdot \text{s}^{-1}}{(0{,}15)^2\ \text{mol}^2 \cdot \text{L}^{-2}} = 6{,}66 \cdot 10^{-6}\ \text{mol}^{-1} \cdot \text{L} \cdot \text{s}^{-1}$$

PROBLEMA SIMILE

Nello studio cinetico della generica reazione

$$AB \longrightarrow A + B$$

si sono ricavati i seguenti dati:

Concentrazione iniziale [AB] (mol/L)	0,20	0,40	0,80
Velocità v (mol · L^{-1} · s^{-1})	0,008	0,016	0,032

Determina:

a. l'ordine della reazione;

b. il valore della costante cinetica.

La temperatura del sistema reagente

L'equazione cinetica ha evidenziato che la velocità di reazione, a una data temperatura, aumenta con la concentrazione dei reagenti:

$$v = k \cdot [A]^{\alpha} \cdot [B]^{\beta}$$

La velocità di reazione dipende anche dal valore della costante specifica di velocità collegata alla temperatura assoluta. La relazione matematica che lega la costante specifica di velocità k con la temperatura assoluta T del sistema reagente è rappresentata dall'*equazione di Arrhenius*:

$$k = A \cdot e^{-E_a/RT}$$

In questa equazione:

- il fattore A, *fattore pre-esponenziale*, è una costante specifica per ogni reazione;

TI RICORDI?

La **temperatura** di un corpo definisce il suo stato termico. Il suo valore numerico è dato dalla misura dell'energia cinetica media delle particelle che costituiscono il corpo.

PER SAPERNE DI PIÙ

Il meccanismo di reazione

La determinazione sperimentale dell'ordine di reazione rappresenta il dato di partenza per stabilire il meccanismo di reazione.

Si definisce **meccanismo di reazione** la sequenza di stadi o di reazioni elementari che il sistema compie per passare dai reagenti ai prodotti.

Le reazioni elementari si classificano in base alla loro *molecolarità*, ovvero in base al numero di unità elementari (atomi, ioni, molecole) che compaiono tra i reagenti. Si distinguono pertanto reazioni elementari monomolecolari, bimolecolari, trimolecolari.

Le **reazioni elementari monomolecolari** sono reazioni in cui una singola unità elementare di un reagente A si trasforma nei prodotti. Poiché la velocità di reazione è proporzionale alla concentrazione di una singola unità elementare, una reazione monomolecolare ha un'equazione cinetica di **primo ordine**.

$$A \longrightarrow \text{prodotti} \qquad v = k[A]$$

Le **reazioni elementari bimolecolari** sono reazioni in cui due unità elementari uguali o diverse dei reagenti, collidendo con urti efficaci, si trasformano nei prodotti:

$$A + A \longrightarrow \text{prodotti} \qquad A + B \longrightarrow \text{prodotti}$$

Poiché la velocità di reazione è proporzionale alla concentrazione di entrambe le unità elementari, una reazione bimolecolare ha un'equazione cinetica di **secondo ordine**.

$$v = k[A]^2 \qquad v = k[A][B]$$

Le **reazioni elementari trimolecolari** sono reazioni in cui tre unità elementari di reagenti, collidendo simultaneamente, si trasformano nei prodotti:

$$A + A + B \longrightarrow \text{prodotti} \qquad A + B + C \longrightarrow \text{prodotti}$$

Poiché la velocità di reazione è proporzionale alla concentrazione delle tre unità elementari, una reazione trimolecolare ha un'equazione cinetica di **terzo ordine**.

$$v = k \cdot [A]^2 \cdot [B] \qquad v = k \cdot [A] \cdot [B] \cdot [C]$$

Sulla base delle reazioni elementari, risulta che l'**ordine di una reazione** elementare è generalmente uguale alla sua molecolarità.

Prendiamo in esame la reazione di ossidazione del monossido di azoto (NO) che porta alla formazione del diossido di azoto (NO_2):

$$2\,NO_{(g)} + O_{2(g)} \longrightarrow 2\,NO_{2(g)}$$

L'ordine relativo a ciascun reagente rilevato sperimentalmente permette di stabilire che l'equazione cinetica è la seguente:

$$v = k \cdot [NO]^2 \cdot [O_2]$$

La reazione è quindi del terzo ordine.

Il meccanismo di reazione ipotizzato procede in due stadi.

Nel *primo stadio* due molecole di monossido di azoto collidono tra di loro con formazione di una molecola di diossido di diazoto:

$$NO_{(g)} + NO_{(g)} \longrightarrow N_2O_{2(g)} \qquad v = k_1 \cdot [NO]^2$$

reazione bimolecolare

La molecola di N_2O_2 non è presente nella reazione e quindi rappresenta un *intermedio* di reazione, ovvero un composto che è il prodotto di una reazione e il reagente della successiva.

Nel *secondo stadio* una molecola di diossido di diazoto reagisce con una molecola di ossigeno per formare diossido di azoto.

$$N_2O_{2(g)} + O_{2(g)} \longrightarrow 2\,NO_{2(g)} \qquad v = k_2 \cdot [N_2O_2] \cdot [O_2]$$

reazione bimolecolare

La reazione complessiva è il risultato della somma di questi due stadi:

$$2\,NO_{(g)} + N_2O_{2(g)} + O_{2(g)} \longrightarrow N_2O_{2(g)} + 2\,NO_{2(g)}$$

Eliminando l'intermedio di reazione N_2O_2, la reazione coincide con quella presa in esame:

$$2\,NO_{(g)} + O_{2(g)} \longrightarrow 2\,NO_{2(g)}$$

La reazione è di **terzo ordine**, ma procede attraverso due reazioni elementari **bimolecolari**. Ordine e molecolarità in tal caso non coincidono: l'ordine di reazione è infatti un dato sperimentale ottenuto dall'equazione cinetica, mentre la molecolarità è un dato teorico mediante il quale viene ipotizzato uno stadio del meccanismo di reazione.

Quando una reazione avviene in due stadi, in generale entrambi contribuiscono a determinare la velocità della reazione. Tuttavia, in alcune reazioni il primo stadio è molto più lento del secondo, poiché i prodotti del primo rappresentano i reagenti del secondo stadio; in queste condizioni la velocità della reazione è uguale alla velocità con cui si verifica il primo stadio (figura A).

Si chiama **stadio limitante** la reazione elementare la cui velocità è tanto inferiore a quella delle altre reazioni elementari da determinare la velocità della reazione complessiva.

Figura A Profilo energetico di una reazione che avviene in due stadi
Il primo stadio ha un'energia di attivazione maggiore del secondo e determina la velocità di reazione (stadio limitante).

- il fattore $e^{-E_a/RT}$, *fattore esponenziale*, rappresenta il numero di molecole con un'energia uguale o maggiore dell'energia di attivazione.
  Nel fattore esponenziale:
  - il simbolo e è la base dei logaritmi naturali ($e = 2{,}718$);
  - il simbolo E_a è l'energia di attivazione (in kJ/mol) della reazione;
  - il simbolo R è la costante universale dei gas ($R = 8{,}31\ \mathrm{J \cdot K^{-1} \cdot mol^{-1}}$);
  - il simbolo T è la temperatura assoluta (in kelvin).

La dipendenza della velocità di reazione dalla temperatura è giustificata dalla *teoria delle collisioni*, secondo la quale la velocità di reazione è direttamente proporzionale al numero delle collisioni efficaci.

Aumentando la *temperatura* aumenta l'energia cinetica delle molecole e, quindi, la frequenza delle collisioni, ovvero il numero di molecole con energia cinetica uguale o maggiore dell'energia di attivazione e, pertanto, il numero di *collisioni efficaci*. Risulta quindi che:

La velocità di reazione aumenta con l'aumentare della temperatura.

Riportiamo in diagramma i valori relativi al *numero delle molecole* (in ordinata) di un gas e alla loro *energia cinetica* (in ascissa): a due temperature diverse (con $T_2 > T_1$), si osserva che, per un dato valore di E_a, a una temperatura maggiore (T_2) il numero di molecole con un valore di energia cinetica superiore all'energia di attivazione è molto più alto (figura **16**).

Generalmente la velocità delle reazioni chimiche raddoppia per ogni aumento di 10 °C di temperatura.

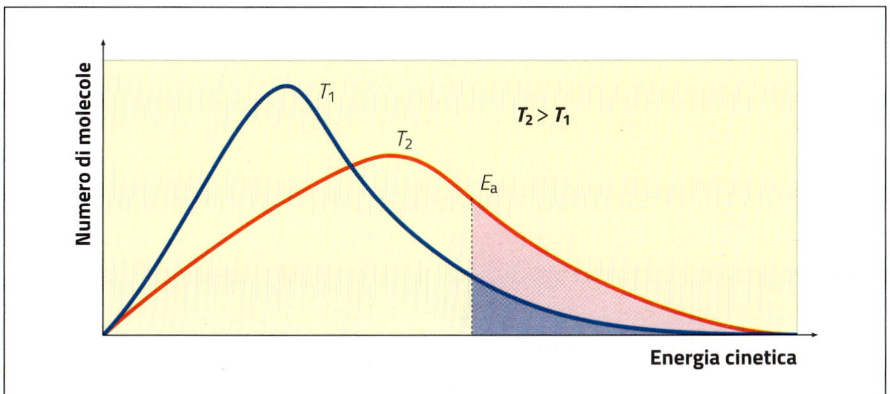

Figura 16 Curve relative al valore di energia cinetica delle molecole di un gas a due temperature diverse Il numero di molecole con un'energia cinetica maggiore dell'energia di attivazione aumenta notevolmente all'aumentare della temperatura.

Lo stato di suddivisione dei reagenti

Nelle reazioni in **fase eterogenea** (solido-gas, solido-liquido, liquido-gas) la velocità di reazione dipende dall'*estensione della superficie di contatto* dei reagenti.

Prendiamo in esame la reazione di spostamento tra lo zinco e una soluzione acquosa di acido cloridrico:

$$\mathrm{Zn}_{(s)} + 2\,\mathrm{HCl}_{(aq)} \longrightarrow \mathrm{ZnCl}_{2(aq)} + \mathrm{H}_{2(g)}$$

- quando lo zinco è presente sotto forma di lamina, le molecole di acido cloridrico reagiscono solo con gli atomi di zinco che si trovano sulla superficie esterna della lamina. La velocità di reazione, evidenziata dallo sviluppo di idrogeno, dipendendo dal *numero di atomi* che si trovano sulla superficie della lamina, è bassa;

- quando lo zinco è presente in polvere, il numero di atomi di zinco che possono reagire con le molecole di acido cloridrico *aumenta* e perciò la velocità di reazione è elevata (figura **17**).

La velocità di una reazione chimica aumenta all'aumentare della suddivisione dei reagenti.

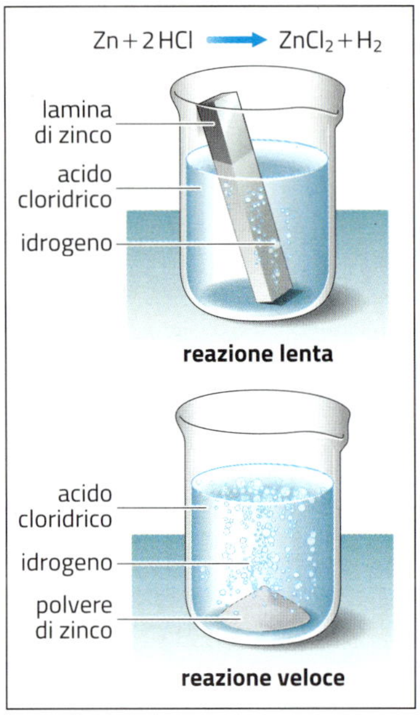

Figura 17 La velocità di reazione dipende dall'estensione della superficie di contatto dei reagenti La reazione tra lo zinco e una soluzione di acido cloridrico (evidenziata dallo sviluppo di idrogeno) è lenta se il metallo è sotto forma di una lamina, mentre è più veloce se è sotto forma di polvere.

Nelle reazioni in **fase omogenea** (gassosa o in soluzione acquosa) la suddivisione dei reagenti è realizzata *spontaneamente* dalle molecole libere dei gas o dagli ioni presenti in soluzione.

I catalizzatori e gli inibitori

Poiché la velocità di una reazione chimica dipende dal numero di molecole con un'energia cinetica uguale o maggiore dell'energia di attivazione, volendo aumentare o diminuire la velocità di una reazione si deve rispettivamente diminuire o aumentare il valore dell'energia di attivazione.

Le specie chimiche che, aggiunte ai reagenti durante una reazione chimica, aumentano o diminuiscono la velocità di reazione si chiamano rispettivamente **catalizzatori** e **inibitori** (o catalizzatori negativi).

I catalizzatori e gli inibitori, nonostante partecipino alla reazione chimica, non si rappresentano tra i reagenti. Alla fine della reazione si trovano infatti *inalterati*, cioè non si modificano *chimicamente* e non si consumano. I catalizzatori e gli inibitori possono modificare solo la velocità delle reazioni chimiche *spontanee*; se la reazione chimica non può avvenire, la loro presenza risulta ininfluente. Il processo attraverso il quale i catalizzatori e gli inibitori esplicano la loro azione si chiama *catalisi*.

I catalizzatori **aumentano** la velocità di reazione (catalisi *positiva*) interagendo con i reagenti e formando un complesso attivato con un'energia di attivazione minore rispetto a quella di una reazione non catalizzata. Diminuendo l'energia di attivazione, aumenta il numero di urti efficaci e di conseguenza anche la velocità di reazione (figura **18**). Sono catalizzatori alcuni metalli finemente suddivisi (platino, nichel, palladio).

Gli inibitori **diminuiscono** la velocità di reazione (catalisi *negativa*) aumentando il valore dell'energia di attivazione. Sono inibitori gli additivi (antiossidanti, conservanti) utilizzati nell'industria alimentare.

I catalizzatori si distinguono in omogenei ed eterogenei.

LE PAROLE

I **catalizzatori** (dalle parole greche *katá*, in basso, e *lýsis*, disgregazione) sono sostanze che abbassano l'energia di attivazione, aumentando la velocità di reazione.

LE PAROLE

Gli **inibitori** (dal latino *inhibēre*, impedire) sono sostanze che impediscono o rallentano una trasformazione chimica.

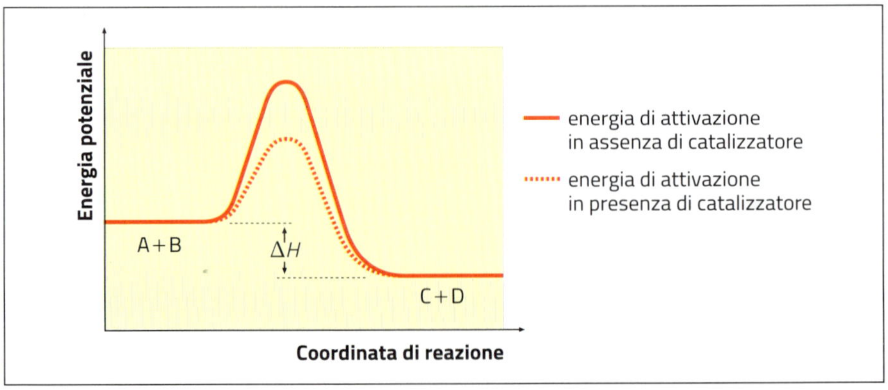

Figura 18 Profilo di una reazione in assenza e in presenza di un catalizzatore La presenza del catalizzatore abbassa l'energia di attivazione.

Sono **omogenei** i catalizzatori che si trovano nella stessa fase, ovvero nello stesso stato fisico, dei reagenti. La reazione di ossidazione del diossido di zolfo, in fase *gassosa*, è catalizzata dal *gas* monossido di azoto (il simbolo o la formula del catalizzatore si rappresentano sopra la freccia):

PER SAPERNE DI PIÙ
PDF *Approfondimento*
La catalisi nell'industria

$$2\ SO_{2(g)} + O_{2(g)} \xrightarrow{NO_{(g)}} 2\ SO_{3(g)}\uparrow$$

Se la reazione avviene in soluzione *acquosa*, in genere l'effetto catalitico è dovuto agli *idrogenioni* H_3O^+ (catalisi acida) o agli *ossidrilioni* OH^- (catalisi basica). Un'importante classe di catalizzatori omogenei sono gli **enzimi**.

Sono **eterogenei** i catalizzatori che si trovano in una fase diversa dai reagenti. La reazione di sintesi dell'ammoniaca, in fase *gassosa*, è catalizzata dal ferro allo stato *solido*:

$$N_{2(g)} + 3\ H_{2(g)} \xrightarrow{Fe_{(s)}} 2\ NH_{3(g)}\uparrow$$

Da ricordare infine che esistono reazioni chimiche, chiamate **reazioni fotochimiche**, in cui è la luce solare a svolgere *azione catalitica*: la fotosintesi clorofilliana (figura **19**) o la sintesi della vitamina D nel tessuto osseo sono processi catalizzati dalla luce.

Figura 19 Le reazioni fotochimiche La fotosintesi è un processo catalizzato dalla luce solare.

PER SAPERNE DI PIÙ

Gli enzimi: catalizzatori biologici

Gli enzimi sono proteine con struttura terziaria a forma globulare che svolgono la funzione di catalizzatori biologici nei sistemi viventi.

L'attività catalitica degli enzimi consiste nel rendere *più veloci le reazioni metaboliche*, indebolendo i legami chimici dei reagenti (nelle reazioni cataboliche) e favorendo l'orientazione delle molecole per la formazione dei legami (nelle reazioni anaboliche e di sintesi). Le molecole su cui agiscono gli enzimi sono indicate con il termine **substrato**.

Per esplicare la loro attività catalitica, molti enzimi devono essere affiancati da specie chimiche non proteiche, dette **cofattori**. Il cofattore può essere:

- un **attivatore**: uno ione metallico (Mg^{2+}, Zn^{2+}) che permette alla molecola enzimatica di assumere una forma adatta per potersi combinare con il substrato;
- un **coenzima**: una molecola organica che funziona da trasportatore di gruppi funzionali (coenzima A) o di elettroni (NAD, FAD, NADP).

La proteina enzimatica non legata al cofattore, e quindi cataliticamente inattiva, si chiama *apoenzima*.

L'*oloenzima* è il complesso cataliticamente attivo apoenzima-cofattore:

$$\text{apoenzima} + \text{cofattore} \longrightarrow \text{oloenzima}$$

L'azione catalitica dell'enzima per aumentare la velocità della reazione chimica si esplica abbassando l'energia di attivazione (E_a): in altri termini, gli enzimi abbassano la barriera di energia che le molecole di substrato devono superare prima che esse possano essere trasformate in molecole di prodotto (figura).

A differenza dei catalizzatori inorganici, gli enzimi hanno un'elevata specificità sia verso il substrato sul quale agiscono sia riguardo al tipo di reazione che catalizzano.

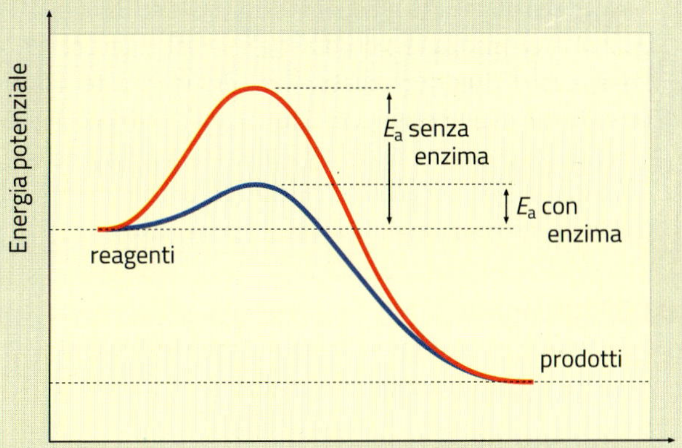

Figura L'azione catalitica degli enzimi In presenza di un enzima, l'energia di attivazione di una reazione si abbassa e di conseguenza la velocità di reazione aumenta.

LABORATORIO

Velocità di reazione

L'obiettivo

Verificare come alcuni fattori (natura, concentrazione estato di suddivisione dei reagenti, temperatura, presenza di un catalizzatore) influenzano la velocità di reazione.

I concetti

Il fatto che una reazione sia spontanea non significa però che essa si verifichi in un intervallo di tempo apprezzabile. Esistono tuttavia molteplici fattori che influenzano la velocità di una reazione ed è importante conoscere le modalità con cui agiscono.

I materiali

1. Becher, cronometro, agitatore, cilindri graduati, fogli di carta da filtro, Bunsen, termometro, vetrini da orologio, spatolina, bilancia, pipette graduate.
2. Soluzioni: 0,02 M di permanganato di potassio $KMnO_4$; 0,1 M di acido ossalico $H_2C_2O_4$; 0,1 M di solfato di ferro(II) $FeSO_4$; 2 M di acido solforico H_2SO_4.
3. Soluzioni: 0,2 M di tiosolfato di sodio $Na_2S_2O_3$; 1 M di acido cloridrico HCl; acqua distillata; 0,1 M di permanganato di potassio $KMnO_4$.
4. Carbonato di calcio $CaCO_3$ in pezzi, carbonato di calcio in polvere, cloruro di manganese $MnCl_2$ in cristalli.

L'esperimento 1

1. Preleva con un cilindro graduato 10 mL della soluzione 0,02 M di permanganato di potassio e versali in un becher. Preleva con il cilindro graduato 10 mL di acido ossalico, versali in un becher e aggiungi 5 mL di acido solforico. Agita la soluzione di acido ossalico acidificata e versala nella soluzione di permanganato di potassio. Cronometra il tempo (t_1) fino a che la soluzione diventa incolore.
2. Preleva con un cilindro graduato 10 mL della soluzione 0,02 M di permanganato di potassio e versali in un becher. Preleva con il cilindro graduato 10 mL di solfato di ferro(II), versali in un becher e aggiungi 5 mL di acido solforico. Agita la soluzione di solfato di ferro(II) acidificata e versala nella soluzione di permanganato di potassio. Cronometra il tempo (t_2) fino a che la soluzione diventa di colore giallo.

Le competenze 1

Considera che le reazioni che si verificano sono le seguenti e rappresentale con l'equazione ionica netta:

a. $2\ KMnO_{4(aq)} + 3\ H_2SO_{4(aq)} + 5\ H_2C_2O_{4(aq)} \longrightarrow$
$\longrightarrow K_2SO_{4(aq)} + 2\ MnSO_{4(aq)} + 10\ CO_{2(g)}\uparrow + 8\ H_2O_{(l)}$

b. $2\ KMnO_{4(aq)} + 8\ H_2SO_{4(aq)} + 10\ FeSO_{4(aq)} \longrightarrow$
$\longrightarrow K_2SO_{4(aq)} + 2\ MnSO_{4(aq)} + 5\ Fe_2(SO_4)_{3(aq)} + 8\ H_2O_{(l)}$

Giustifica le osservazioni sperimentali.

L'esperimento 2

1. Preleva con un cilindro graduato 10 mL della soluzione di acido ossalico e acidificala con 1 mL di soluzione di acido solforico. Versa la soluzione in un becher e aggiungi 5 mL di soluzione di 0,1 M di permanganato di potassio. Agita la soluzione.
Cronometra il tempo (t_1) impiegato dalla soluzione per diventare incolore (figura A).
2. Ripeti lo stesso procedimento scaldando la soluzione di acido ossalico e acido solforico fino a 60 °C, prima di aggiungere la soluzione di permanganato di potassio. Cronometra il tempo (t_2) di decolorazione della soluzione (figura B).

Figura A

Figura B

L'esperimento 3

1. Determina alla bilancia, utilizzando 2 vetrini da orologio, la massa di un pezzettino di carbonato di calcio e la stessa quantità di carbonato di calcio in polvere.
2. Con la pipetta aggiungi 5 mL della soluzione di acido cloridrico al pezzettino di carbonato di calcio e al carbonato di calcio in polvere. Osserva.

L'esperimento 4

1. Versa in ciascuno dei 2 becher 10 mL di acido ossalico e 5 mL di acido solforico.
2. Aggiungi alcuni cristalli di cloruro di manganese a uno dei due becher.
3. Versa in entrambi i becher 10 mL di permanganato di potassio e annota il tempo che le due soluzioni impiegano a decolorarsi.

Le competenze 2, 3, 4

Giustifica i diversi tempi di reazione in relazione alla diversa natura dei reagenti, concentrazione della soluzione e temperatura, alla differente suddivisione dei reagenti e alla presenza del catalizzatore.

CHIMICA VERDE

Gli enzimi per il restauro *green*

Il mantenimento e la conservazione del patrimonio artistico italiano rappresentano un importante settore di sviluppo per la chimica ed esistono vari studi per il restauro *green*. Un esempio è l'utilizzo di enzimi per la pulitura di manufatti artistici: grazie a questi catalizzatori biologici il trattamento diventa ecocompatibile e meno invasivo.

Il restauro sostenibile

Il restauro sostenibile ricerca di materiali biocompatibili e metodologie innovative che permettano di tutelare la salute di chi li usa e di limitare il più possibile i danni all'ambiente legati al loro smaltimento. Ciò significa cercare di ridurre i costi su tutti i fronti: ambientale, sanitario ed economico. Tuttavia, fare ciò senza inficiare la qualità del restauro non è facile, ed è per questo che occorre tanta ricerca.

Il biorestauro

L'innovazione nel restauro *green* comprende la ricerca di nuovi *solventi* e di *tensioattivi* per la pulizia, così come l'utilizzo di *materiali polimerici* per il recupero e la manutenzione. Per esempio, nel *biorestauro* la tendenza è quella di utilizzare non più prodotti di sintesi industriale ma prodotti ottenuti dai microrganismi. Inoltre, nella *bioricostruzione* si adottano **enzimi** che hanno la capacità di «riparare» selettivamente i danni del manufatto, consolidando il materiale degradato. Questi catalizzatori biologici sono particolarmente preziosi nella rimozione dalle opere di patine superficiali. Queste pellicole sono costituite da macromolecole proteiche (albumina, caseina, collagene), lipidiche (cere, grassi, oli) o glucidiche (amido); enzimi come proteasi, lipasi e amilasi possono degradare queste molecole senza intaccare i manufatti artistici. Tuttavia, gli enzimi sono molto sensibili e agiscono solo a dati valori di pH, temperatura e concentrazione, per cui il loro utilizzo in larga scala è ancora difficile.

La conservazione della carta

Uno dei settori più sviluppati di restauro *green* riguarda i materiali cartacei

Con il tempo, i libri e i documenti cartacei tendono a ingiallire e a diventare più fragili. Se non viene arrestato, questo processo può compromettere la lettura e la conservazione delle opere. La *cellulosa*, principale costituente della carta, si degrada poiché viene ossidata dall'ossigeno atmosferico e idrolizzata in presenza di acqua. Il restauro ha il compito di ricomporre questi frammenti ridando struttura al polimero. Tradizionalmente questo avviene mediante un trattamento di deacidificazione (l'acidità è dovuta alla scissione ossidativa, alla presenza di inchiostri e additivi della carta) e di consolidamento. Quest'ultimo prevede l'utilizzo della metil-cellulosa che, sebbene non tossica, è ottenuta dalla metilazione della cellulosa con cloruro di metile, un composto cancerogeno. Per questo si sta cercando di sostituire la metil-cellulosa con una molecola più sostenibile, ma con le stesse prestazioni. Si stanno sperimentando dei polisaccaridi estratti da matrici vegetali, in particolare da alghe, che rappresentano una possibile soluzione *green*.

FACCIAMO IL PUNTO

LO SAI? RIPASSA CON LO SMARTPHONE

Che cos'è la velocità di reazione?

La **velocità** (v) **di reazione** rappresenta la diminuzione della concentrazione dei reagenti o l'aumento della concentrazione dei prodotti nell'unità di tempo.
Se il tempo è in secondi si esprime in moli su litro su secondo ($\mathbf{mol \cdot L^{-1} \cdot s^{-1}}$).

Che cosa stabilisce la teoria delle collisioni?

La **teoria delle collisioni** presuppone che, affinché avvenga una reazione chimica, le particelle dei reagenti debbano *urtarsi* (entrare in collisione).
Quanto più frequenti sono le collisioni *efficaci*, tanto più velocemente procede la reazione.

Da che cosa dipende l'efficacia degli urti?

L'efficacia degli urti dipende dall'orientazione delle collisioni e dall'energia cinetica dei reagenti. L'*orientazione* delle collisioni è in relazione alla probabilità che le particelle si urtino in modo che la reazione avvenga.

Che cos'è l'energia di attivazione?

L'**energia di attivazione** è l'energia minima di cui i reagenti hanno bisogno per rompere i legami chimici in seguito alla collisione.

Che cosa prevede la teoria del complesso attivato?

La **teoria del complesso attivato** presuppone che, dopo il verificarsi di collisioni efficaci, si formi per un istante (*stato di transizione*) un aggregato intermedio, il **complesso attivato**.
Il complesso attivato ha struttura ben definita che, essendo instabile, per effetto delle oscillazioni degli atomi, amplificate dall'urto, si scinde subito formando le molecole del prodotto.

Da che cosa dipende la velocità di reazione?

La velocità di una reazione chimica dipende dalla *natura* e dalla *concentrazione dei reagenti*, dalla *temperatura del sistema reagente*, dallo *stato di suddivisione dei reagenti* e dai *catalizzatori*.

Che cosa sono i catalizzatori?

I **catalizzatori** sono specie chimiche che, aggiunte ai reagenti durante una reazione chimica, aumentano o diminuiscono la velocità di reazione. Gli **enzimi** sono catalizzatori biologici; le molecole sulle quali agiscono sono dette *substrati*.

ESERCIZI

ZTE ONLINE Mettiti alla prova con 20 esercizi interattivi

VERIFICA LE TUE CONOSCENZE

LA VELOCITÀ DI REAZIONE

1 **Definisci la velocità di reazione facendo riferimento alla variazione di concentrazione dei reagenti. Giustifica il segno negativo presente nell'equazione che la rappresenta.**

2 **Indica l'unità di misura utilizzata per esprimere la velocità di reazione:**
Ⓐ mol · L/s
Ⓑ mol/(L · s)
Ⓒ mol · L · s
Ⓓ mol · s/L

3 **La velocità di reazione chimica rappresenta**
Ⓐ il rapporto tra le variazioni di concentrazione dei reagenti e la variazione di concentrazione dei prodotti.
Ⓑ il rapporto tra le variazioni di concentrazione dei reagenti.
Ⓒ il rapporto tra le variazioni di concentrazione dei prodotti.
Ⓓ la variazione di concentrazione dei reagenti o dei prodotti nell'unità di tempo.

LA TEORIA DELLE COLLISIONI E DEL COMPLESSO ATTIVATO

4 **Esamina le due condizioni da cui dipende l'efficacia di un urto tra due molecole reagenti.**

5 **Analizza le variazioni di energia (cinetica e potenziale) che si verificano in una reazione in seguito a un urto efficace tra le molecole dei reagenti.**

6 **L'energia di attivazione di una reazione chimica**
Ⓐ fa avvenire una reazione non spontanea.
Ⓑ determina la rottura dei legami nei reagenti.
Ⓒ favorisce l'azione dei catalizzatori.
Ⓓ determina la formazione di nuovi legami nei prodotti.

7 **Il complesso attivato di una reazione chimica è una struttura di transizione con un'energia potenziale**
Ⓐ uguale a quella dei reagenti.
Ⓑ maggiore di quella dei reagenti.
Ⓒ uguale a quella dei prodotti.
Ⓓ maggiore di quella dei reagenti e dei prodotti.

8 **A quale fattore è correlata l'energia di attivazione di una reazione chimica?**

9 **La reazione di combustione dell'idrogeno è rappresentata dalla seguente equazione:**

$$2\,H_{2(g)} + O_{2(g)} \rightarrow 2\,H_2O_{(l)} \quad (\Delta H < 0)$$

A temperatura ambiente la reazione è termodinamicamente spontanea, ma non si verifica. Perché?

I DIAGRAMMI DI ENERGIA DI ATTIVAZIONE

10 **Rappresenta il profilo di reazione per la generica reazione di analisi:**

$$AB \xrightarrow{\Delta} A + B$$

11 **Una generica reazione esotermica è rappresentata dalla seguente equazione:**

$$A + B \rightarrow C + D$$

Delinea il profilo di reazione, indicando sul diagramma i reagenti, il complesso attivato, i prodotti e la variazione di entalpia.

12 **Indica quale tra le seguenti affermazioni è *errata*.**
Il profilo di reazione indica
Ⓐ la variazione dell'energia potenziale in una reazione.
Ⓑ il valore energetico del complesso attivato.
Ⓒ il valore energetico dei reagenti e dei prodotti.
Ⓓ la variazione dell'energia cinetica in una reazione.

13 **Il diagramma rappresenta la variazione dell'energia potenziale di un sistema durante il decorso della generica reazione:**

$$A + B \rightarrow C + D$$

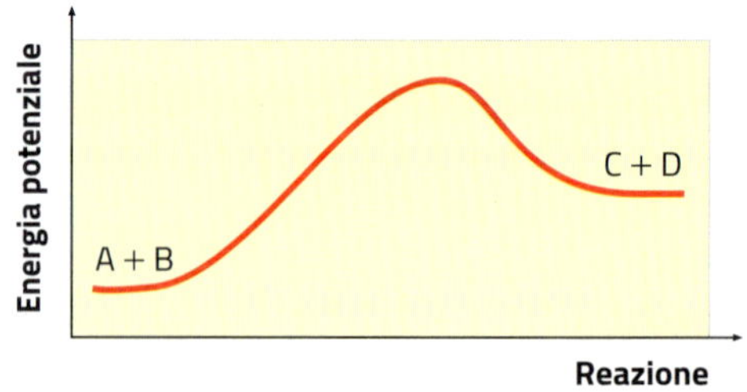

Indica quale tra le seguenti affermazioni è corretta.
Ⓐ La reazione richiede energia.
Ⓑ La reazione è impossibile perché endotermica.
Ⓒ La reazione è esotermica.
Ⓓ Il ΔH della reazione è negativo.

L'EQUAZIONE CINETICA

14 **Indica l'unità di misura con cui è espressa la costante cinetica di una reazione che ha la seguente equazione di velocità:**

$$v = k \cdot [A]^2 \cdot [B]$$

15 **Analizza la variazione della concentrazione e della velocità di reazione dei reagenti in una reazione di ordine zero.**

16 **Rappresenta l'equazione cinetica relativa alle seguenti equazioni ammettendo che i valori degli esponenti (α, β) coincidano con i coefficienti stechiometrici.**

a. $N_2 + O_2 \rightarrow 2\ NO$
b. $2\ SO_2 + O_2 \rightarrow 2\ SO_3$
c. $2\ NO + O_2 \rightarrow 2\ NO_2$
d. $2\ H_2O_2 \rightarrow 2\ H_2O + O_2$

17 **Per la reazione $NO_{(g)} + O_{3(g)} \rightarrow NO_{2(g)} + O_{2(g)}$ l'equazione cinetica è la seguente:**

$$v = k \cdot [NO] \cdot [O_3]$$

Indica:

a. l'ordine relativo a ciascun reagente;
b. l'ordine complessivo della reazione.

18 **Per la reazione di decomposizione del pentossido di diazoto, l'equazione cinetica è la seguente:**

$$v = k \cdot [N_2O_5]$$

Alla temperatura di 25 °C la costante specifica di velocità è uguale a $1 \cdot 10^{-5}\ s^{-1}$. Calcola la velocità di reazione quando la $[N_2O_5]$ ha il valore di $1 \cdot 10^{-2}$ mol/L.

19 **Il valore della costante cinetica di reazione**

Ⓐ è indipendente dalla temperatura.
Ⓑ aumenta con l'aumentare della temperatura.
Ⓒ diminuisce con l'aumentare della temperatura.
Ⓓ diminuisce con l'aumentare della temperatura solo se la reazione è esotermica.

20 **Che cosa rappresenta l'ordine di una reazione?**

21 **Per la reazione di ossidazione del diossido di zolfo, $2\ SO_{2(g)} + O_{2(g)} \rightarrow 2\ SO_{3(g)}$, l'equazione cinetica di velocità è la seguente:**

$$v = k \cdot [SO_2] \cdot [O_2]$$

Indica l'unità di misura che esprime la costante di velocità *k*.

22 **Da quale fattore dipende la costante specifica di velocità *k* di una reazione?**

I FATTORI RELATIVI ALLA VELOCITÀ DI REAZIONE

23 **Le reazioni chimiche che avvengono in soluzione acquosa sono molto veloci. Giustifica questa affermazione.**

24 **Analizza la relazione tra la temperatura di un sistema e la velocità di reazione.**

25 **Quali fattori influenzano la velocità di una specifica reazione chimica?**

26 **La reazione tra l'idrogeno e il cloro allo stato gassoso avviene in un reattore con un volume uguale a 50 dm^3. La reazione ha la maggiore velocità in un reattore con un volume di**

Ⓐ 25 dm^3 Ⓑ 60 dm^3 Ⓒ 40 dm^3 Ⓓ 100 dm^3

27 **Se in una reazione chimica aumenta la temperatura, la velocità della reazione**

Ⓐ diminuisce.
Ⓑ aumenta solo se la reazione è endotermica.
Ⓒ aumenta.
Ⓓ aumenta solo se la reazione è esotermica.

28 **Per far reagire più velocemente un oggetto di rame e una soluzione di acido carbonico si deve utilizzare**

Ⓐ una lamina di rame.
Ⓑ un filo di rame finemente suddiviso.
Ⓒ un cubetto di rame.
Ⓓ una sfera di rame.

29 **In una reazione in fase gassosa, l'aumento di concentrazione si può ottenere aumentando**

Ⓐ la temperatura.
Ⓑ la pressione.
Ⓒ il volume.
Ⓓ lo stato di suddivisione dei reagenti.

I CATALIZZATORI

30 **Analizza l'effetto della presenza di un catalizzatore in una reazione chimica.**

31 **Una reazione chimica in condizioni normali ha un'energia di attivazione pari a 200 kJ/mol. In determinate condizioni operative l'energia di attivazione diventa uguale a 162 kJ/mol. Questa modificazione è dovuta**

Ⓐ all'aumento della temperatura.
Ⓑ alla presenza di un catalizzatore.
Ⓒ allo stato di suddivisione di un reagente.
Ⓓ alla diminuzione della temperatura.

32 **Un catalizzatore, al termine di una reazione chimica, si ritrova**

Ⓐ legato a uno dei prodotti della reazione.
Ⓑ trasformato in un prodotto.
Ⓒ chimicamente inalterato.
Ⓓ fisicamente e chimicamente inalterato.

33 **Osserva il seguente diagramma, relativo a una generica reazione A + B → C + D.**

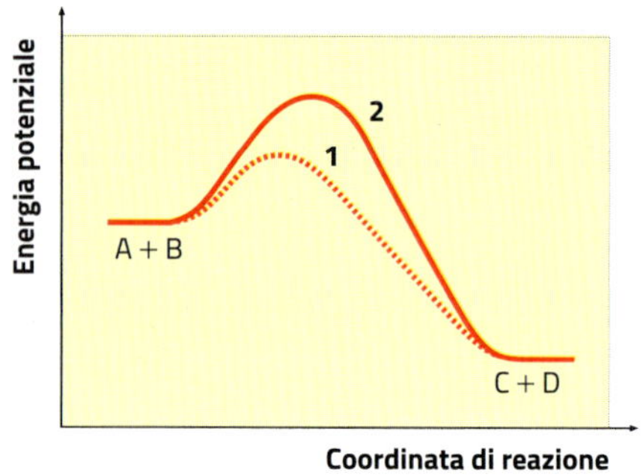

Si deduce che

Ⓐ il profilo di reazione 1 rappresenta la reazione esotermica non catalizzata.
Ⓑ il profilo di reazione 2 rappresenta la reazione endotermica catalizzata.
Ⓒ il profilo di reazione 1 rappresenta la reazione esotermica catalizzata.
Ⓓ il profilo di reazione 2 rappresenta la reazione endotermica non catalizzata.

VERIFICA LE TUE ABILITÀ

34 **Considera la seguente equazione chimica:**

$$2\ NH_{3(g)} + 2\ O_{2(g)} \rightarrow N_2O_{(g)} + 3\ H_2O_{(g)}$$

Se in 6,0 s reagiscono 0,12 moli di ammoniaca, nello stesso intervallo di tempo si formano:

Ⓐ 0,01 mol di N_2O
Ⓑ 0,03 mol di H_2O
Ⓒ 0,06 mol di N_2O
Ⓓ 0,06 mol di H_2O

35 **Nello studio cinetico di una generica reazione AB → A + B, si sono ricavati i seguenti dati.**

[AB] (mol/L)	0,5	0,4	0,3
Tempo (s)	0	10	20

Calcola la velocità di reazione.

36 **Nello studio cinetico della reazione di decomposizione del pentossido di diazoto**

$$2\ N_2O_{5(g)} \rightarrow 4\ NO_{2(g)} + O_{2(g)}$$

si sono ricavati i seguenti dati.

[N_2O_5] (mol/L)	0,16	0,13	0,08
Tempo (min)	0	1	2

Calcola la velocità media nell'intervallo di tempo (t_1 = 1 min e t_2 = 2 min).

37 **Considera la reazione di analisi di un generico composto AB:**

$$AB \rightarrow A + B$$

Se dopo 4 minuti la concentrazione di AB è 0,25 mol/L e dopo 8 minuti 0,13 mol/L, qual è il valore della velocità media?

38 **Nella reazione di analisi dello ioduro di idrogeno**

$$2\ HI_{(g)} \rightarrow H_{2(g)} + I_{2(g)}$$

la velocità di decomposizione di HI è uguale a $5 \cdot 10^{-3}$ mol/(L · s). Qual è il valore della velocità di formazione dell'idrogeno?

39 **Nella seguente reazione di combinazione**

$$2\ NO_{(g)} + Br_{2(g)} \rightarrow 2\ NOBr_{(g)}$$

la velocità di formazione di NOBr è uguale a $4{,}5 \cdot 10^{-4}$ mol/(L · s). Calcola la velocità, espressa in mol/(L · s), con la quale Br_2 reagisce.

40 **Traccia il profilo dell'energia potenziale per una reazione per la quale $\Delta H = -25$ kJ/mol ed $E_a = 25$ kJ/mol.**

41 **Traccia un profilo dell'energia potenziale per una reazione per la quale $\Delta H = 20$ kJ/mol ed $E_a = 30$ kJ/ mol.**

42 **La generica reazione A + B → C + D è di primo ordine sia rispetto ad A sia rispetto a B. Quando [A] = $25 \cdot 10^{-1}$ mol/L e [B] = $8 \cdot 10^{-2}$ mol/L, la velocità di reazione è $40 \cdot 10^{-2}$ mol/(L · s). Calcola la costante specifica di velocità.**

43 **La reazione di analisi dello ioduro di idrogeno:**

$$2\ HI_{(g)} \rightarrow H_{2(g)} + I_{2(g)}$$

è di secondo ordine. Calcola la costante specifica di velocità quando [HI] è 0,0558 mol/L e la velocità è uguale a $2{,}5 \cdot 10^{-4}$ mol/(L · s).

44 **La reazione di sintesi del diossido di azoto avviene in un reattore con volume *V*:**

$$2\ NO_{(g)} + O_{2(g)} \rightarrow 2\ NO_{2(g)}$$

L'equazione cinetica di velocità è la seguente:

$$v = k\ [NO]^2 \cdot [O_2]$$

Il maggiore aumento di velocità si ha con un

Ⓐ raddoppiamento della [NO].
Ⓑ raddoppiamento della [O_2].
Ⓒ dimezzamento della pressione.
Ⓓ dimezzamento del volume *V*.

45 La reazione di sintesi del diossido di azoto ha la seguente equazione cinetica

$$v = k \cdot [NO]^2 \cdot [O_2]$$

Se la concentrazione di NO raddoppia, affinché la velocità di reazione non cambi la concentrazione di O_2 deve:

Ⓐ dimezzarsi.
Ⓑ diminuire di 4 volte.
Ⓒ raddoppiare.
Ⓓ aumentare di 4 volte.

46 Nello studio cinetico della reazione 2 A → A_2 si sono ricavati i seguenti dati:

Concentrazione iniziale [A] (mol/L)	0,020	0,040	0,080
Velocità v [mol/(L · s)]	0,004	0,016	0,064

L'espressione dell'equazione cinetica è

Ⓐ $v = k[A]^2$
Ⓑ $v = k[A]^3$
Ⓒ $v = k[A]$
Ⓓ $v = 2k[A]$

47 Le seguenti reazioni si svolgono nelle stesse condizioni di concentrazione e temperatura. Indica quale procede con maggiore velocità.

Ⓐ $2\ Al_{(s)} + 6\ HCl_{(aq)} \rightarrow 2\ AlCl_{3(aq)} + 3\ H_{2(g)}$
Ⓑ $N_{2(g)} + O_{2(g)} \rightarrow 2\ NO_{(g)}$
Ⓒ $NaOH_{(aq)} + HCl_{(aq)} \rightarrow NaCl_{(aq)} + H_2O_{(l)}$
Ⓓ $2\ H_{2(g)} + O_{2(g)} \rightarrow 2\ H_2O_{(l)}$

48 Per una generica reazione A → B, $\Delta H = -16$ kJ/mol ed $E_a = 64$ kJ/mol. Traccia il profilo dell'energia potenziale della reazione e un profilo per la stessa reazione catalizzata, in cui $E_a = 16$ kJ/mol.

49 Il grafico riporta i profili di una generica reazione A → B, con o senza catalizzatore. Calcola il valore di E_a della reazione catalizzata e stabilisci la natura termica della reazione.

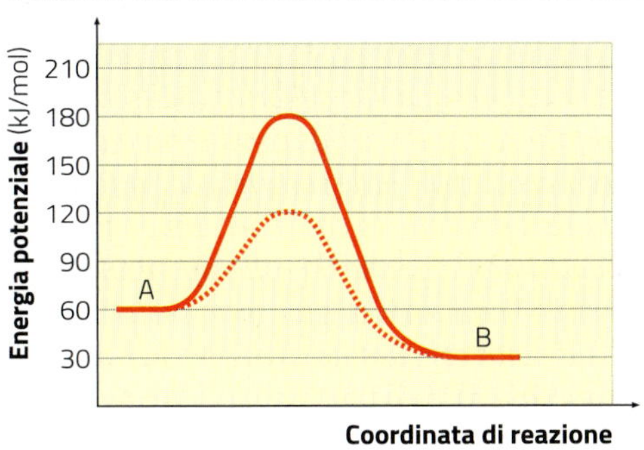

50 Per la generica reazione A → B il ΔH è pari a −60 kJ/mol e l'energia di attivazione è 70 kJ/mol. In presenza di un catalizzatore l'E_a assume il valore di 45 kJ/mol. Traccia un profilo della reazione in presenza e in assenza di un catalizzatore.

51 Per una generica reazione A + B → C + D, il diagramma rappresenta due possibili profili, con o senza catalizzatore.

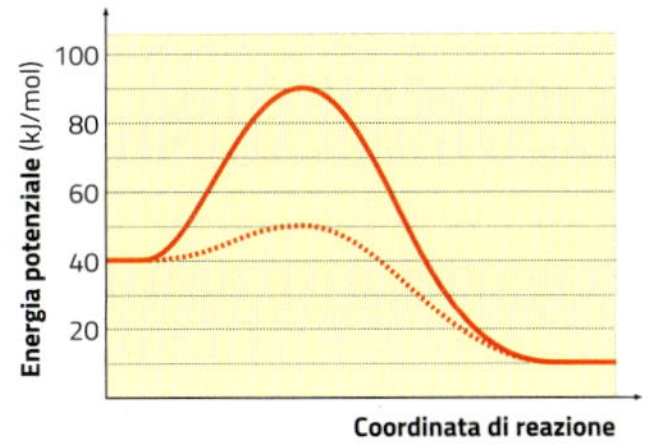

Quale effetto ha la presenza del catalizzatore sull'energia e sulla resa della reazione?

52 Una reazione non catalizzata ha energia di attivazione $E_a = 20$ kJ/mol e una variazione di entalpia $\Delta H = -15$ kJ/mol. Per la stessa reazione catalizzata quali sono i valori di E_a e ΔH?

TEST YOURSELF

53 In the analysis reaction of dinitrogen tetroxide

$$N_2O_{4(g)} \rightarrow 2\ NO_{2(g)}$$

the formation velocity of NO_2 is 0,01 mol/(L · s). Calculate the decomposition velocity of $N_2O_{4(g)}$.

54 Draw a potential energy profile for a reaction for which $\Delta H = 120$ kJ/mol and $E_a = 170$ kJ/mol.

55 The activation energy for the analysis reaction of one mole of ammonia is 300 kJ/mol. Calculate ΔH_c and draw a profile of the potential energy for this reaction.

VERSO I GIOCHI DELLA CHIMICA

56 L'energia di attivazione di una reazione chimica rappresenta

Ⓐ la differenza tra l'energia potenziale dei prodotti e quella dei reagenti.
Ⓑ il valore di energia potenziale che i reagenti devono avere per trasformarsi nei prodotti.
Ⓒ l'energia che si deve fornire nella fase iniziale di una reazione.
Ⓓ l'energia liberata alla fine di una reazione.

[Finale regionale 2010]

57 Indica la condizione per il verificarsi di una collisione efficace tra molecole in una reazione chimica:

1. orientazione favorevole delle molecole;
2. energia cinetica sufficiente;
3. ΔH di reazione elevato.

Ⓐ 1 Ⓑ 1 e 2 Ⓒ 2 e 3 Ⓓ 1 e 3

[Finale nazionale 2014]

VERSO L'UNIVERSITÀ

58 **Indica quale, tra le quelle sottoelencate, è la funzione svolta da un enzima che catalizza una reazione reversibile del tipo A + B ⇆ C + D:**

Ⓐ sposta l'equilibrio della reazione.
Ⓑ aumenta il valore della costante di equilibrio.
Ⓒ diminuisce il valore della costante di equilibrio.
Ⓓ accelera la velocità della reazione.
Ⓔ apporta energia alla reazione.

[dalla prova di ammissione a Medicina veterinaria, 2009]

VERSO L'ESAME: LE TUE COMPETENZE

DEDUCI

59 **Il grafico riporta il profilo di una generica reazione A + B → C + D che ha un'energia di attivazione uguale a 25 kJ/mol e una variazione di entalpia uguale a −10 kJ.**

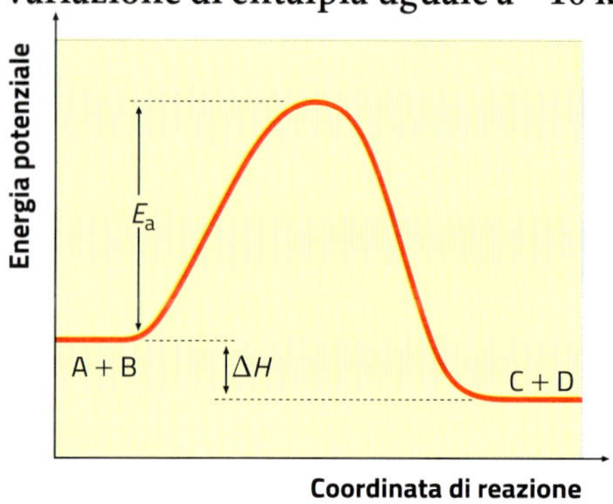

In presenza di un catalizzatore l'energia di attivazione diminuisce di 10 kJ/mol. L'energia di attivazione della reazione inversa è

Ⓐ 20 kJ/mol
Ⓑ 35 kJ/mol
Ⓒ 25 kJ/mol
Ⓓ 30 kJ/mol

RAPPRESENTA

60 **Considera la seguente reazione:**

$$NO_{(g)} + H_2O_{(g)} \rightarrow NO_{2(g)} + H_{2(g)}$$

Rappresenta le strutture di Lewis delle molecole reagenti e precisa tra quali atomi deve avvenire l'urto affinché sia efficace.

CALCOLA E RAPPRESENTA

61 **L'energia di attivazione per la reazione di sintesi di una mole di ioduro di idrogeno è 163 kJ/mol. Calcola il $\Delta H°$ e traccia un profilo dell'energia potenziale per questa reazione.**

RAPPRESENTA E CALCOLA

62 **Per la generica reazione del secondo ordine**

$$2\ AB \rightarrow A_2 + B_2$$

quando la concentrazione di AB è 0,15 mol/L, la velocità di reazione è di 2,5 mol/(L · min).

a. Rappresenta l'equazione cinetica di velocità.
b. Calcola la costante *k*.
c. Calcola la concentrazione di A ammettendo che la velocità rimanga uguale e che la costante *k* diventi la metà.

DEDUCI E CALCOLA

63 **Nello studio cinetico della generica reazione A → B, si sono ricavati i seguenti dati:**

Concentrazione iniziale [A] (mol/L)	0,20	0,40	0,80
Velocità *v* [mol/(L · min)]	$4 \cdot 10^{-3}$	$4 \cdot 10^{-3}$	$16 \cdot 10^{-3}$

a. Determina l'ordine della reazione.
b. Calcola il valore di *k*.

IPOTIZZA E DEDUCI

64 **In una reazione di primo ordine con un solo reagente la sua concentrazione iniziale è uguale a 0,08 mol/L. Dopo 2 ore la concentrazione del reagente risulta uguale a 0,04 mol/L.**
La concentrazione (in mol/L) del reagente dopo 6 ore sarà uguale a

Ⓐ 0,01 Ⓑ 0,015 Ⓒ 0,02 Ⓓ 0,03

ANALIZZA E DEDUCI

65 **Ostwald nel 1909 ha ricevuto il premio Nobel per la chimica per gli studi sulla catalisi. Nel discorso pronunciato in tale occasione, Ostwald parla dell'inventore del termine *catalisi*:**

I processi raggruppati da Berzelius erano: [...] la decomposizione del perossido di idrogeno in acqua e ossigeno gassoso in presenza di platino, biossido di manganese, ecc (Thénard, 1818); l'azione di platino finemente suddiviso su miscele di gas infiammabili (Davy, 1817, e Dobereiner, 1823); la formazione di etere per azione di acido solforico (Mitscherlich, 1834). Il fattore che Berzelius considerava comune a tutti questi processi è che le sostanze che interagiscono per formare il prodotto (o che si decompongono nei loro prodotti) non lo fanno da soli o spontaneamente, ma solo dopo l'aggiunta di una certa sostanza, che non è a sua volta consumata. Mitscherlich aveva definito questo processo una azione chimica per contatto; Berzelius ha introdotto il nome di catalisi, invece.

a. Quale metodo utilizza Berzelius per identificare il fenomeno della catalisi?
b. Quali catalizzatori sono citati nel brano?
c. Basandoti solo sulle informazioni contenute nel brano, come definiresti un catalizzatore?

CAPITOLO

19 L'EQUILIBRIO CHIMICO

1 LE REAZIONI CHIMICHE POSSONO ESSERE IRREVERSIBILI O REVERSIBILI

Prendiamo in esame alcune reazioni chimiche che avvengono in *sistemi chiusi* e teniamo presente che, dopo l'inizio di una reazione chimica, la concentrazione dei reagenti, inizialmente elevata, diminuisce e la concentrazione dei prodotti, inizialmente bassa, aumenta.

Reazioni irreversibili

A reazione avvenuta, se nel sistema sono presenti solo i prodotti e le concentrazioni dei reagenti sono irrilevanti, la reazione è **completa** o **irreversibile**.

La reazione di *sintesi* del cloruro di idrogeno in presenza di *luce* è istantanea (in assenza di luce la velocità di reazione è molto bassa in quanto sono poche le molecole dei reagenti con energia uguale o maggiore dell'energia di attivazione) è istantanea. Un'analisi chimica del sistema evidenzia che le quantità di idrogeno e di cloro si sono trasformate completamente in cloruro di idrogeno (figura **1**).

LE PAROLE

Irreversibile deriva dal latino *in*, preposizione con significato di negazione, e *rĕvertĕre*, «volgere indietro». Le reazioni irreversibili sono processi che non possono avvenire in direzione opposta.

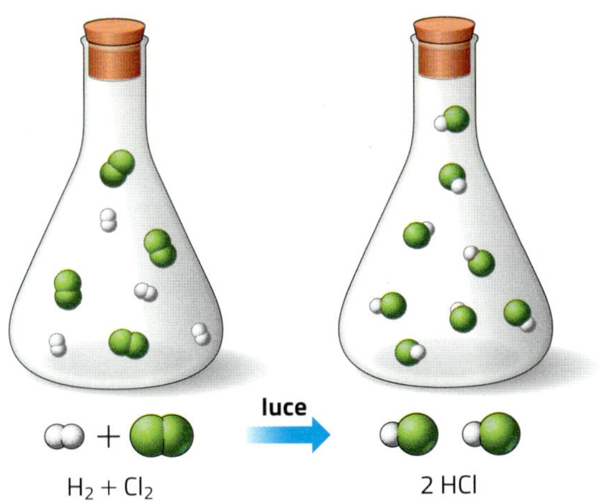

Figura 1 Una reazione irreversibile Il sistema costituito da idrogeno e cloro che porta alla formazione di cloruro di idrogeno costituisce una reazione irreversibile.

La reazione chimica si rappresenta pertanto con **una** sola freccia diretta dai reagenti ai prodotti:

$$H_{2(g)} + Cl_{2(g)} \xrightarrow{\text{luce}} 2\,HCl_{(g)}$$

Una reazione chimica che avviene solo in una direzione, dai reagenti ai prodotti, è **completa** o **irreversibile**.

Reazioni reversibili

LE PAROLE

Reversibile deriva dal latino *rĕversĭo*, «inversione». Le reazioni reversibili sono processi che invertono il proprio percorso in seguito a opportuni cambiamenti delle condizioni.

A reazione avvenuta, se sono presenti sia i reagenti sia i prodotti, in rapporti variabili nei singoli casi, la reazione è **incompleta** o **reversibile**.

Analizziamo la reazione di *sintesi* dello ioduro di idrogeno, che può essere osservata bene in laboratorio per le variazioni cromatiche che presenta. L'idrogeno e lo ioduro di idrogeno sono incolori, mentre lo iodio ha un intenso colore violetto:

$$\underset{\text{(incolore)}}{H_{2(g)}} + \underset{\text{(violetto)}}{I_{2(g)}} \longrightarrow \underset{\text{(incolore)}}{2\,HI_{(g)}}$$

Prima della reazione il sistema si presenta di colore *violetto*. A reazione avvenuta, se questa fosse completa, si dovrebbero avere la formazione dello ioduro di idrogeno e la decolorazione del sistema. Si osserva invece solo un'attenuazione del colore violetto e questo indica che la reazione in esame *non è completa* poiché è ancora presente dello iodio. Un'analisi chimica rivelerebbe la presenza nel sistema di $HI_{(g)}$, $H_{2(g)}$ e $I_{2(g)}$.

Consideriamo ora la reazione di *analisi* dello ioduro di idrogeno:

$$\underset{\text{(incolore)}}{2\,HI_{(g)}} \longrightarrow \underset{\text{(violetto)}}{I_{2(g)}} + \underset{\text{(incolore)}}{H_{2(g)}}$$

Prima della reazione il sistema si presenta *incolore*. A reazione avvenuta, si dovrebbe formare un sistema costituito da idrogeno e iodio intensamente colorato di violetto. Si osserva invece la presenza di una tenue colorazione violetta: ciò significa che è ancora presente ioduro di idrogeno. Un'analisi chimica rivelerebbe che nel sistema sono presenti $HI_{(g)}$, $H_{2(g)}$ e $I_{2(g)}$. Quindi anche la reazione di analisi dello ioduro di idrogeno *non è completa* (figura **2**).

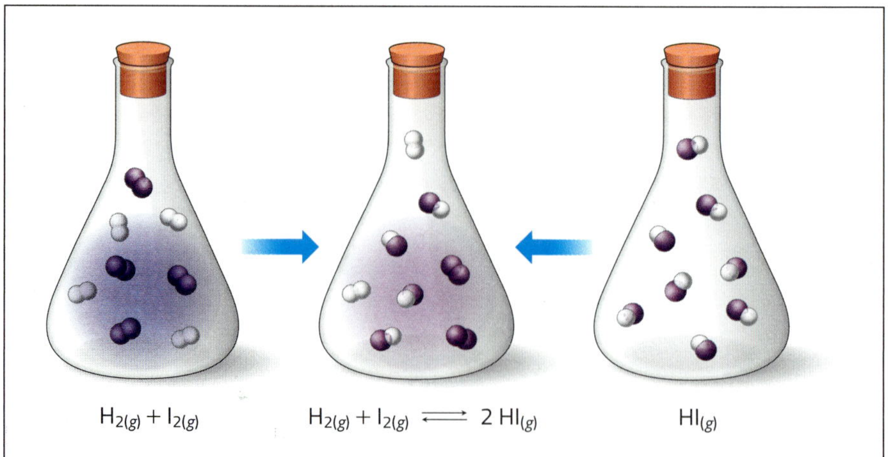

Figura 2 Una reazione reversibile Il sistema costituito da idrogeno, iodio e ioduro di idrogeno è lo stesso, sia che la reazione inizi partendo da H_2 e I_2 sia che inizi partendo da HI: si tratta pertanto di una reazione reversibile.

Le due reazioni incomplete possono essere rappresentate con un'unica equazione chimica interponendo tra le formule dei reagenti e dei prodotti due frecce con verso opposto:

$$H_{2(g)} + I_{2(g)} \rightleftharpoons 2\,HI_{(g)}$$

Le due frecce opposte esprimono la contemporanea incompletezza della *reazione diretta* (verso destra) e della *reazione inversa* (verso sinistra), ma anche la loro reversibilità.

Una reazione chimica che avviene in entrambi i sensi è **incompleta** o **reversibile**.

2 LE REAZIONI REVERSIBILI RAGGIUNGONO L'EQUILIBRIO

Una reazione *reversibile* è il risultato di una reazione *diretta* (con i reagenti A e B che si trasformano nei prodotti) e di una reazione *inversa* (con i prodotti C e D che si trasformano nei reagenti). Prendiamo in esame una reazione reversibile che avviene in un *sistema chiuso* e rappresentiamola con la seguente equazione chimica (i coefficienti stechiometrici sono indicati con i simboli a, b, c, d):

$$\mathrm{aA} + \mathrm{bB} \rightleftharpoons \mathrm{cC} + \mathrm{dD}$$

Ammettendo di far reagire una mole di A con una mole di B, analizziamo la variazione della *concentrazione* dei reagenti e dei prodotti in funzione del tempo e la variazione della *velocità* con cui si consumano i reagenti e si formano i prodotti in funzione del tempo:

- *prima che la reazione abbia inizio* sono presenti solo i reagenti e la loro concentrazione è massima. Viceversa i prodotti sono assenti e quindi la loro concentrazione è nulla;
- *dopo l'inizio della reazione*, poiché la concentrazione molare dei reagenti è alta, anche la probabilità di urti efficaci è elevata e quindi la reazione diretta procede con la massima velocità. Naturalmente la concentrazione dei prodotti è bassa, così come la probabilità di urti efficaci, e quindi la reazione inversa procede lentamente;
- *con il procedere della reazione* la concentrazione molare dei reagenti diminuisce e con essa la velocità della reazione diretta (v_1), mentre aumenta la concentrazione molare dei prodotti e con essa la velocità della reazione inversa (v_2);
- *dopo un dato tempo* (t) le concentrazioni dei reagenti e dei prodotti rimangono *costanti* e la velocità della reazione diretta è *uguale* alla velocità della reazione inversa (**figura 3** alla pagina successiva).

La reazione chimica ha raggiunto l'**equilibrio**, ovvero una condizione in cui la sua *composizione chimica non cambia* per un tempo indefinito se le condizioni del sistema (concentrazione, pressione e temperatura) non vengono modificate.

LE PAROLE

L'**equilibrio** (dal latino *aequilibrium*, «equilibrio») è lo stato di un sistema che si mantiene inalterato nel tempo e in cui i processi si bilanciano reciprocamente.

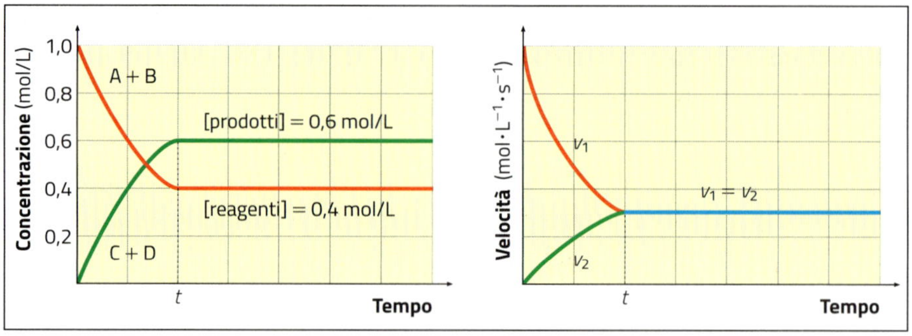

Figura 3 **Variazione in funzione del tempo delle concentrazioni dei reagenti e dei prodotti e delle velocità della reazione diretta (v_1) e di quella inversa (v_2)**
A La velocità della reazione diretta diminuisce con il procedere della reazione, mentre aumenta quella della reazione inversa. B A un dato tempo *t* le concentrazioni dei reagenti e dei prodotti rimangono costanti e le velocità della reazione diretta e di quella inversa sono uguali ($v_1 = v_2$): la reazione è all'equilibrio.

L'equilibrio raggiunto dalla reazione è un **equilibrio dinamico**, cioè una condizione in cui le reazioni diretta e inversa non si arrestano ma procedono con la stessa velocità (tabella **1**).

Una reazione chimica raggiunge l'equilibrio quando le concentrazioni dei reagenti e dei prodotti rimangono costanti nel tempo e la velocità della reazione diretta è uguale a quella della reazione inversa:

$$v_1 = v_2$$

In altri termini, l'equilibrio chimico è una condizione in cui l'energia libera dei reagenti è *uguale* all'energia libera dei prodotti, e quindi la variazione di energia libera (ΔG) è uguale a *zero*.

Tabella 1 **Raggiungimento dell'equilibrio nella reazione A + B ⇄ C + D** v_1 è la velocità della reazione diretta, k_1 è la costante di velocità della reazione diretta (pari a 1,00), v_2 è la velocità della reazione inversa, k_2 è costante di velocità della reazione inversa (pari a 0,45).

Tempo	[A]	[B]	[C]	[D]	$v_1 = 1{,}00\,[A] \cdot [B]$	$v_2 = 0{,}45\,[C] \cdot [D]$	v_1 e v_2
0	1	1	0	0	1	0	
t_1	0,8	0,8	0,2	0,2	0,64	0,018	$v_1 > v_2$
t_2	0,6	0,6	0,4	0,4	0,36	0,072	$v_1 > v_2$
t	**0,4**	**0,4**	**0,6**	**0,6**	**0,16**	**0,16**	**$v_1 = v_2$**

La legge di azione di massa

Riprendiamo in esame una generica reazione chimica *reversibile* rappresentata dalla seguente equazione:

$$aA + bB \rightleftharpoons cC + dD$$

PER CAPIRE MEGLIO
Animazione
Lo stato di equilibrio

Indicando con v_1 la velocità della reazione diretta e con v_2 la velocità della reazione inversa, rappresentiamo l'equazione cinetica delle due reazioni (k_1 e k_2 sono le costanti specifiche di velocità):

$$v_1 = k_1 \cdot [A]^a \cdot [B]^b \qquad v_2 = k_2 \cdot [C]^c \cdot [D]^d$$

Nelle *condizioni di equilibrio* le due velocità sono uguali:

velocità della reazione diretta $v_1 = v_2$ velocità della reazione inversa

e quindi si ha:

$$k_1 \cdot [A]^a \cdot [B]^b = k_2 \cdot [C]^c \cdot [D]^d$$

Dividendo entrambi i membri dell'equazione prima per $[A]^a\,[B]^b$ e successivamente per k_2 si ha:

$$\frac{k_1}{k_2} = \frac{[C]^c \cdot [D]^d}{[A]^a \cdot [B]^b}$$

Dato che k_1 e k_2 sono delle costanti, anche il loro rapporto k_1/k_2 è una costante che si chiama **costante di equilibrio** (simbolo ***K***):

$$K = \frac{[C]^c \cdot [D]^d}{[A]^a \cdot [B]^b}$$

Questa relazione, determinata sperimentalmente del matematico Cato Guldberg e dal chimico Peter Waage, entrambi norvegesi, esprime la **legge di azione di massa**.

In una reazione chimica all'equilibrio il rapporto tra il prodotto delle concentrazioni molari dei prodotti e il prodotto delle concentrazioni molari dei reagenti, ciascuna elevata a un esponente corrispondente al proprio coefficiente stechiometrico, è uguale a una *costante K*, il cui valore dipende solo dalla temperatura.

Possiamo verificare la costanza del rapporto analizzando i diversi valori delle concentrazioni iniziali e delle concentrazioni all'equilibrio dei reagenti e dei prodotti per la reazione di sintesi dello ioduro di idrogeno (tabella **2**):

$$H_{2(g)} + I_{2(g)} \rightleftharpoons 2\,HI_{(g)}$$

Esperimento	**Concentrazioni iniziali (mol/L)**			**Concentrazioni all'equilibrio (mol/L)**			**Costante di equilibrio (*K*)**
	H_2	I_2	HI	H_2	I_2	HI	
1	1,00	1,00	0	0,214	0,214	1,572	54,0
2	2,00	2,00	2,00	0,642	0,642	4,716	54,0
3	0	0	2,00	0,214	0,214	1,572	54,0

Tabella 2 Concentrazioni iniziali e all'equilibrio di reagenti e prodotti nella reazione di sintesi dello ioduro di idrogeno I risultati sperimentali evidenziano che, nella reazione di sintesi dello ioduro di idrogeno a una temperatura costante, il valore della costante di equilibrio è sempre lo stesso.

La costante di equilibrio K_c

La costante di equilibrio di una reazione espressa in funzione della *concentrazione molare* dei componenti è indicata con il simbolo K_c:

$$K_c = \frac{[C]^c \cdot [D]^d}{[A]^a \cdot [B]^b}$$

Le concentrazioni molari dei *prodotti* della reazione compaiono al *numeratore* e le concentrazioni molari dei *reagenti* al *denominatore*.

Le concentrazioni dei reagenti e dei prodotti non sono le concentrazioni iniziali ma le **concentrazioni nelle condizioni di equilibrio** e ognuna di esse, espressa in **mol/L**, deve essere elevata a un esponente uguale al *coefficiente stechiometrico* presente nell'equazione bilanciata.

LE PAROLE

Il termine **costante** (dal latino *constans*, «stabile») indica il parametro fisico di un processo che rimane inalterato nel tempo.

La costante di equilibrio K_c si esprime pertanto in **(mol/L)**$^{\Delta n}$, dove Δn rappresenta la *differenza* tra le moli totali dei prodotti e quelle totali dei reagenti. Nella generica reazione chimica reversibile che ha raggiunto l'equilibrio:

$$aA + bB \rightleftharpoons cC + dD$$

il valore di Δn è dato da:

$$\Delta n = (c + d) - (a + b)$$

Si deve tuttavia precisare che in genere l'*unità di misura* della costante di equilibrio viene *omessa*. Ogni reazione chimica reversibile possiede una costante di equilibrio caratteristica, il cui valore dipende solo dalla **temperatura** e non dalle concentrazioni iniziali dei reagenti né dalla pressione o dalla presenza di un catalizzatore (**tabella 3**).

Tabella 3 La costante di equilibrio K_c Valore della costante di equilibrio K_c delle reazioni di sintesi dell'ammoniaca e dello ioduro di idrogeno a diverse temperature.

Reazione	Temperatura (K)	Costante di equilibrio K_c
$3\,H_{2(g)} + N_{2(g)} \rightleftarrows 2\,NH_{3(g)}$	298 800 1000	$4{,}05 \cdot 10^{8}$ $3{,}4 \cdot 10^{-2}$ $2{,}4 \cdot 10^{-3}$
$H_{2(g)} + I_{2(g)} \rightleftarrows 2\,HI_{(g)}$	298 498 700	794 160 54

Nella reazione di sintesi dell'ammoniaca:

$$N_{2(g)} + 3\,H_{2(g)} \rightleftharpoons 2\,NH_{3(g)}\ (\Delta n = -2)$$

il valore di K_c alla temperatura di 800 K è:

$$K_c = \frac{[NH_{3(g)}]^2}{[N_{2(g)}]\cdot[H_{2(g)}]^3} = 3{,}4 \cdot 10^{-2}\,(\text{mol/L})^{-2}$$

A COLPO D'OCCHIO

***K* INDIPENDENTE DA**
- CONCENTRAZIONI
- PRESSIONE
- CATALIZZATORI

Naturalmente, quando Δn è uguale a zero, K_c è un numero puro (*adimensionale*). Nella reazione di sintesi dello ioduro di idrogeno:

$$H_{2(g)} + I_{2(g)} \rightleftharpoons 2\,HI_{(g)} \qquad (\Delta n = 0)$$

il valore di K_c alla temperatura di 498 K è:

$$K_c = \frac{[HI_{(g)}]^2}{[H_{2(g)}]\cdot[I_{2(g)}]^2} = 160$$

La costante di equilibrio K_p

Nelle reazioni *omogenee in fase gassosa* la concentrazione molare dei componenti è direttamente proporzionale alla loro pressione parziale e perciò la costante di equilibrio può venire espressa, oltre che in funzione della concentrazione molare, anche in funzione della *pressione parziale*. In tal caso la costante di equilibrio è indicata con il simbolo $\boldsymbol{K_p}$.

Per la generica reazione omogenea in fase gassosa che ha raggiunto l'*equilibrio*:

$$aA_{(g)} + bB_{(g)} \rightleftharpoons cC_{(g)} + dD_{(g)}$$

la costante di equilibrio in funzione della pressione parziale (espressa in **atm**)

LE PAROLE

La **pressione** (dal latino *pressĭo*, «pressione») è una grandezza fisica definita dal rapporto tra una forza e l'area della superficie su cui questa è applicata. Nel SI l'unità di misura della pressione è il pascal.

dei componenti (indicata con i simboli p_A, p_B, p_C, p_D) è rappresentata dalla relazione:

$$K_p = \frac{(p_C)^c \cdot (p_D)^d}{(p_A)^a \cdot (p_B)^b}$$

Il valore di K_p dipende solo dalla **temperatura** e si esprime in **(atm)$^{\Delta n}$**. Anche l'unità di misura di K_p, analogamente a quella di K_c, può essere *omessa* (tabella **4**).

PER VEDERE LA CHIMICA
Videolezione
Determinare le costanti di equilibrio in fase gassosa

Reazione	Temperatura (K)	Costante di equilibrio K_p
$N_{2(g)} + 3\,H_{2(g)} \rightleftarrows 2\,NH_{3(g)}$	298 400 500	$6{,}8 \cdot 10^5$ 41 $3{,}6 \cdot 10^{-2}$
$H_{2(g)} + I_{2(g)} \rightleftarrows 2\,HI_{(g)}$	298 500 700	794 160 54

Tabella 4 La costante di equilibrio K_p Valore della costante di equilibrio K_p delle reazioni di sintesi dell'ammoniaca e dello ioduro di idrogeno a diverse temperature.

Relazione tra le costanti di equilibrio K_p e K_c

Nonostante che i valori di K_p e K_c relativi a una stessa reazione a una determinata temperatura possano essere diversi, non indicano due differenti equilibri. Le due costanti infatti per una reazione omogenea in fase gassosa sono legate dalla relazione:

$$K_p = K_c \cdot (R \cdot T)^{\Delta n}$$

In questa equazione:

- R è la costante generale dei gas ideali ($R = 0{,}082$ atm $\cdot$ L $\cdot$ K^{-1} $\cdot$ mol^{-1});
- T è la temperatura assoluta espressa in kelvin.

Nelle reazioni con il valore di Δn uguale a zero, si ha che il fattore $(RT)^{\Delta n}$ è uguale a uno e quindi il valore di K_p è uguale a quello di K_c:

Per $\Delta n = 0$ si ha $(R \cdot T)^{\Delta n} = 1$ e quindi $K_p = K_c$

PER SAPERNE DI PIÙ

Dall'equazione di stato dei gas ideali: $p \cdot V = n \cdot R \cdot T$ si può ricavare che:

$$p = \frac{n}{V} \cdot R \cdot T$$

Siccome la concentrazione molare è pari a n/V, si può scrivere:

$$K_p = \frac{(R \cdot T \cdot [C])^c \cdot (R \cdot T \cdot [D])^d}{(R \cdot T \cdot [A])^a \cdot (R \cdot T \cdot [B])^b}$$

$$K_p = \frac{[C]^c \cdot [D]^d}{[A]^a \cdot [B]^b} \cdot (R \cdot T)^{(c+d)-(a+b)}$$

$$K_p = K_c \cdot (R \cdot T)^{\Delta n}$$

PROBLEMA MODELLO

Calcolare il valore di K_p

La reazione di sintesi dell'ammoniaca è rappresentata dal seguente equilibrio:

$$N_{2(g)} + 3\,H_{2(g)} \rightleftarrows 2\,NH_{3(g)}$$

Alla temperatura di 25 °C il valore di K_c è uguale a $4 \cdot 10^8$ (mol/L)$^{-2}$. Calcola il valore di K_p.

L'IDEA

Rappresentiamo l'espressione della costante di equilibrio in funzione delle pressioni parziali:

$$K_p = \frac{(p_{NH_3})^2}{(p_{N_2}) \cdot (p_{H_2})^3}$$

LA SOLUZIONE

Determiniamo il valore di Δn (differenza tra le moli dei prodotti e quelle dei reagenti) ed esprimiamo la temperatura in kelvin:

$$\Delta n = 2 - 4 = -2 \qquad T = 25 + 273 = 298\ \text{K}$$

LA CONCLUSIONE

Calcoliamo il valore di K_p sostituendo nella relazione i dati sperimentali:

$$K_p = K_c \cdot (R \cdot T)^{\Delta n} = \frac{(4 \cdot 10^8)}{(0{,}082 \cdot 298)^2} = 6{,}7 \cdot 10^5 \text{ atm}^{-2}$$

PROBLEMA SIMILE

La reazione di sintesi del diossido di azoto è rappresentata dal seguente equilibrio:

$$2\,NO_{(g)} + O_{2(g)} \rightleftharpoons 2\,NO_{2(g)}$$

Alla temperatura di 25 °C il valore di K_p è uguale a $1{,}6 \cdot 10^{12}$ atm^{-1}. Calcola il valore di K_c.

Gli equilibri eterogenei

Una reazione chimica reversibile in fase *eterogenea* è una reazione chimica in cui reagenti e prodotti sono presenti in stati fisici diversi (solido, liquido, gas).

La costante di equilibrio di una reazione in fase eterogenea si esprime prendendo in considerazione *solo* i componenti gassosi e **non** le concentrazioni dei liquidi puri o dei solidi presenti. Raddoppiando infatti la quantità (espressa in moli) di un liquido o di un solido, raddoppia anche il suo volume e quindi il rapporto tra il numero delle moli e il volume, cioè la concentrazione, rimane *costante*.

Poiché le concentrazioni molari di un liquido puro o di un solido sono costanti, i loro valori si possono escludere dal calcolo del valore della costante di equilibrio (K_c o K_p). Per la generica reazione chimica reversibile in fase eterogenea:

$$aA_{(s)} + bB_{(g)} \rightleftharpoons cC_{(g)} + dD_{(s)}$$

le costanti di equilibrio K_c e K_p sono rappresentate dalle seguenti relazioni:

$$K_c = \frac{[C]^c}{[B]^b}$$

$$K_p = \frac{(p_C)^c}{(p_B)^b}$$

Queste espressioni stanno a indicare che la posizione dell'equilibrio in una reazione eterogenea **non** dipende dalla *quantità* dei componenti allo stato liquido o solido presenti nel sistema. Aumentando infatti la quantità di tali componenti il valore della costante di equilibrio non viene modificato. La costante di equilibrio anche per le reazioni eterogenee dipende solo dalla *temperatura*. Per la reazione in fase eterogenea di decomposizione termica del carbonato di calcio (figura 4):

$$CaCO_{3(s)} \overset{\Delta}{\rightleftharpoons} CaO_{(s)} + CO_{2(g)}$$

le espressioni delle costanti di equilibrio K_c e K_p sono rappresentate quindi dalle seguenti relazioni:

$$K_c = [CO_2] \qquad K_p = p_{CO_2}$$

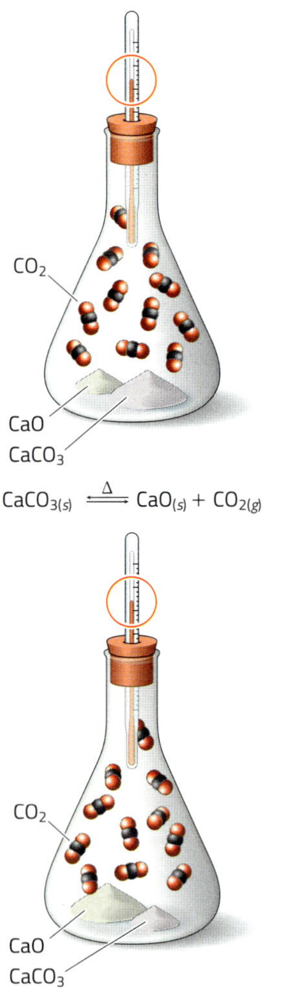

Figura 4 La reazione di decomposizione termica del carbonato di calcio A temperatura costante, qualunque sia la quantità di carbonato di calcio presente, la concentrazione di CO_2 all'equilibrio rimane sempre uguale.

3 LA COSTANTE DI EQUILIBRIO FORNISCE INFORMAZIONI QUALITATIVE E QUANTITATIVE

La conoscenza del valore numerico della costante di equilibrio *K* di una reazione fornisce importanti informazioni sul sistema di reazione:

1. permette di stabilire se all'equilibrio la *concentrazione dei prodotti* sarà bassa o alta;
2. consente di prevedere il *verso* nel quale la reazione è destinata a svolgersi;
3. può essere utilizzata per calcolare la *concentrazione all'equilibrio* di un *reagente* o di un *prodotto* quando sono note le concentrazioni all'equilibrio degli altri componenti;
4. permette di calcolare la *concentrazione all'equilibrio* dei *reagenti* e dei *prodotti*, quando sono note le concentrazioni iniziali, mediante la costruzione delle tabelle dell'equilibrio.

La posizione dell'equilibrio in una reazione

La posizione dell'equilibrio in una reazione è definita dal **valore numerico** della costante di equilibrio. Tale valore permette di stabilire se all'equilibrio il sistema conterrà un'elevata oppure una bassa concentrazione di prodotti.

Valore di *K* maggiore di 1

Un valore della costante di equilibrio maggiore di 1 indica che il numeratore (prodotti) ha un valore numerico superiore a quello del denominatore (reagenti) e quindi nella condizione di equilibrio i *prodotti* si trovano in concentrazione maggiore dei reagenti (figura **5**). In tal caso l'equilibrio chimico è spostato a **destra** e per indicare graficamente questa situazione si rappresenta la freccia verso destra più lunga di quella verso sinistra:

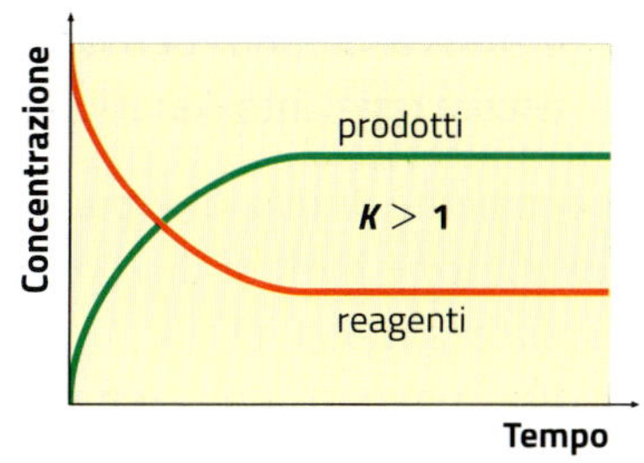

Figura 5 L'equilibrio nelle reazioni con *K* > 1 Quando il valore di *K* è maggiore di 1, l'equilibrio è spostato verso destra: la reazione favorisce la formazione dei prodotti.

$$aA + bB \rightleftharpoons cC + dD$$

Valore di *K* minore di 1

Un valore della costante di equilibrio minore di 1 indica che il numeratore (prodotti) ha un valore numerico inferiore a quello del denominatore (reagenti) e quindi nelle condizioni di equilibrio i *reagenti* si trovano in concentrazione maggiore di quella dei prodotti (figura **6**). In tal caso l'equilibrio chimico è spostato a **sinistra** e per indicare graficamente questa situazione si rappresenta la freccia verso sinistra piú lunga di quella verso destra:

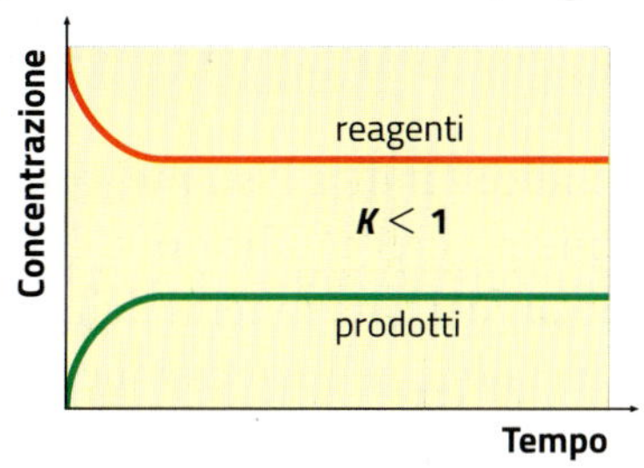

Figura 6 L'equilibrio nelle reazioni con *K* < 1 Quando il valore di *K* è minore di 1, l'equilibrio è spostato verso sinistra: la reazione favorisce la formazione dei reagenti.

$$aA + bB \rightleftharpoons cC + dD$$

Se la costante di equilibrio è alta, una quantità elevata di reagenti si trasforma in prodotti, mentre se la costante di equilibrio è bassa solo una piccola quantità di reagenti si trasforma in prodotti.

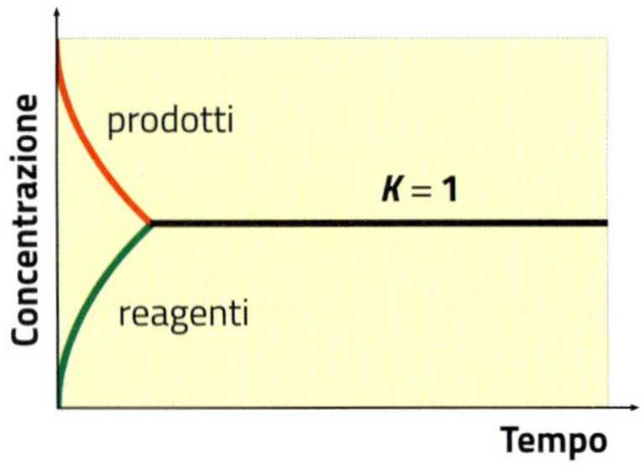

Figura 7 L'equilibrio nelle reazioni con $K = 1$ Quando il valore di K è uguale a 1, l'equilibrio è in una posizione intermedia: le concentrazioni dei reagenti e dei prodotti hanno lo stesso valore.

Valore di *K* uguale a 1

Un valore della costante di equilibrio uguale a 1 indica che il numeratore (prodotti) e il denominatore (reagenti) hanno lo stesso valore numerico e quindi nelle condizioni di equilibrio le concentrazioni dei prodotti e dei reagenti sono uguali (figura 7). L'equilibrio chimico assume pertanto una posizione intermedia tra reagenti e prodotti.

4 IL VERSO DI SVOLGIMENTO DI UNA REAZIONE CHIMICA È DEFINITO DAL QUOZIENTE DI REAZIONE

Consideriamo una reazione chimica reversibile, che *non ha ancora raggiunto l'equilibrio* e di cui sia nota la costante di equilibrio. Per stabilire se la reazione ha la tendenza a procedere da sinistra a destra (formando altri prodotti) o in direzione opposta (formando altri reagenti), si deve calcolare il quoziente di reazione (simbolo Q). Il quoziente di reazione è una grandezza la cui espressione è analoga alla costante di equilibrio, ad eccezione del momento in cui le concentrazioni sono misurate all'equilibrio per K e in un istante t qualsiasi per Q.

Il **quoziente di reazione** (simbolo ***Q***) è il rapporto tra il prodotto delle concentrazioni molari (o delle pressioni parziali) dei prodotti e il prodotto delle concentrazioni molari (o delle pressioni parziali) dei reagenti, ciascuna elevata al proprio coefficiente stechiometrico, quando la reazione non ha ancora raggiunto l'equilibrio.

LE PAROLE

Quoziente (dall'avverbio latino *quotiens*, «quante volte») è il valore numerico che esprime il rapporto tra due grandezze.

Il quoziente di reazione può essere espresso pertanto in funzione della concentrazione molare dei componenti (simbolo $\boldsymbol{Q_c}$) o della loro pressione parziale (simbolo $\boldsymbol{Q_p}$).

Per la generica reazione reversibile in fase gassosa rappresentata dall'equazione:

$$aA_{(g)} + bB_{(g)} \rightleftharpoons cC_{(g)} + dD_{(g)}$$

il quoziente di reazione espresso in funzione delle concentrazioni molari (Q_c) dei reagenti e dei prodotti è rappresentato dalla seguente relazione:

$$Q_c = \frac{[C]_t^c \cdot [D]_t^d}{[A]_t^a \cdot [B]_t^b}$$

L'indice t indica l'istante, compreso tra l'inizio della reazione e il raggiungimento dell'equilibrio, a cui corrispondono i valori delle concentrazioni molari dei componenti della reazione. All'**equilibrio** le concentrazioni che compaiono nell'espressione del Q_c sono *uguali* a quelle presenti nell'espressione di K_c e pertanto il valore numerico del Q_c è *uguale* a quello della K_c:

$$\text{all'equilibrio: } Q_c = K_c$$

Per prevedere quindi se la reazione, a un dato istante t, procede da sinistra a destra o in direzione opposta si deve confrontare il valore del Q_c con quello di K_c:

- $\boldsymbol{Q_c < K_c}$: le concentrazioni dei prodotti sono troppo basse e quelle dei reagenti troppo alte; per raggiungere l'equilibrio i reagenti devono trasformarsi nei prodotti e quindi la reazione deve procedere da *sinistra verso destra*;

- $Q_c = K_c$: il sistema di reazione ha raggiunto l'equilibrio; le concentrazioni dei reagenti e dei prodotti non variano e la reazione *non tenderà a svolgersi né in un senso né nell'altro*;
- $Q_c > K_c$: le concentrazioni dei prodotti sono troppo alte e quelle dei reagenti troppo basse; per raggiungere l'equilibrio i prodotti devono trasformarsi nei reagenti e quindi la reazione deve procedere da *destra verso sinistra* (figura 8).

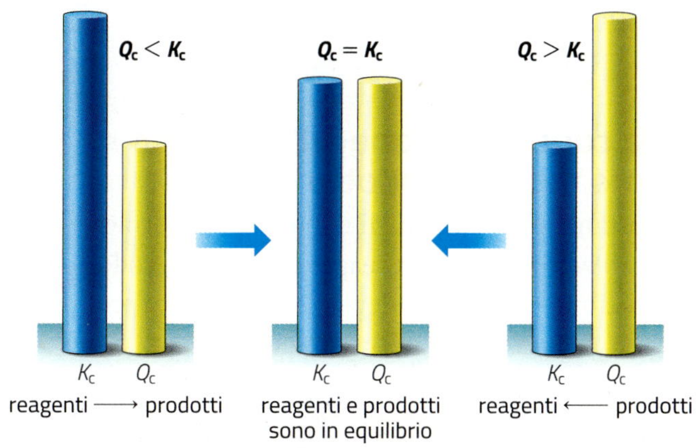

Figura 8 La previsione della direzione di una reazione reversibile Per stabilire la direzione nella quale si sposta una reazione si devono confrontare i valori di Q_c e K_c.

PROBLEMA MODELLO

Stabilire la direzione in cui si sposta un sistema per raggiungere l'equilibrio

In un reattore da 1 L sono presenti 0,2 moli di diossido di azoto NO_2 e 0,4 moli di tetraossido di diazoto N_2O_4:

$$2\,NO_{2(g)} \rightleftharpoons N_2O_{4(g)}$$

Alla temperatura di 298 K, la K_c è uguale a 46 $(\text{mol/L})^{-1}$. Stabilisci in quale direzione si sposta il sistema per raggiungere l'equilibrio.

L'IDEA

Per prevedere se una reazione in un dato istante procede da sinistra a destra o viceversa, dobbiamo calcolare dapprima il quoziente di reazione Q_c e successivamente confrontare il valore di Q_c con il valore di K_c.

LA SOLUZIONE

Il quoziente di reazione Q_c della reazione di analisi del diossido di azoto si calcola con la seguente relazione:

$$Q_c = \frac{[N_2O_4]}{[NO_2]^2} = \frac{0{,}4\ \text{mol/L}}{(0{,}2\ \text{mol/L})^2} = 10\,(\text{mol/L})^{-1}$$

LA CONCLUSIONE

Confrontiamo ora il valore di Q_c con il valore K_c:

$$Q_c = 10 \qquad K_c = 46$$

Il valore numerico di Q_c (10) è minore del valore di K_c (46) per cui le concentrazioni dei prodotti sono basse e quelle dei reagenti sono alte. La reazione tende pertanto a raggiungere l'equilibrio trasformando una data quantità di NO_2 in N_2O_4, procedendo così verso **destra**.

PROBLEMA SIMILE

In un reattore da 1 L sono presenti 0,0025 moli di SO_2, 0,035 moli di NO_2, 0,0021 moli di NO e 0,004 moli di SO_3:

$$SO_{2(g)} + NO_{2(g)} \rightleftharpoons NO_{(g)} + SO_{3(g)}$$

Alla temperatura di 460 °C la K_c ha un valore uguale a 85,0. Stabilisci in quale direzione si sposta il sistema per raggiungere l'equilibrio.

Calcolo della concentrazione all'equilibrio di un reagente o di un prodotto

Il valore della costante di equilibrio di una reazione permette di calcolare la concentrazione all'equilibrio di un reagente o di un prodotto quando sono note le concentrazioni all'*equilibrio* degli altri reagenti o prodotti.

PROBLEMA MODELLO

Calcolare le concentrazioni di un componente di un sistema all'equilibrio

Nella reazione di analisi del tetraossido di diazoto, il valore di K_c è uguale a $8,75 \cdot 10^{-2}$ mol/L:

$$N_2O_{4(g)} \rightleftharpoons 2\,NO_{2(g)}$$

All'equilibrio la concentrazione di N_2O_4 è $1,72 \cdot 10^{-2}$ mol/L.
Calcola la concentrazione all'equilibrio di NO_2.

L'IDEA

Rappresentiamo l'espressione della costante di equilibrio in funzione delle concentrazioni molari:

$$K_c = \frac{[NO_2]^2}{[N_2O_4]}$$

LA SOLUZIONE

Sostituiamo K_c e la concentrazione di N_2O_4 con i dati sperimentali:

$$8,75 \cdot 10^{-2}\ \text{mol/L} = \frac{[NO_2]^2}{1,72 \cdot 10^{-2}\ \text{mol/L}}$$

LA CONCLUSIONE

Risolvendo per $[NO_2]$ si ha:

$$[NO_2]^2 = 8,75 \cdot 10^{-2}\ \text{mol/L} \cdot 1,72 \cdot 10^{-2}\ \text{mol/L} = 1,51 \cdot 10^{-3}\ \text{mol}^2/\text{L}^2$$

Estraiamo la radice quadrata, determinando così la concentrazione di NO_2:

$$[NO_2] = \sqrt{1,51 \cdot 10^{-3}\ (\text{mol/L})^2} = 3,88 \cdot 10^{-2}\ \text{mol/L}$$

PROBLEMA SIMILE

Nella reazione di sintesi del pentacloruro di fosforo alla temperatura di 200 °C il valore di K_p è $1{,}2 \cdot 10^{-3}$ atm^{-1}:

$$PCl_{3(g)} + Cl_{2(g)} \rightleftharpoons PCl_{5(g)}$$

All'equilibrio le pressioni parziali di PCl_3 e di Cl_2 sono rispettivamente 2,3 atm e 3,5 atm.
Calcola la pressione parziale di PCl_5.

Calcolo della concentrazione all'equilibrio dei reagenti e dei prodotti

Il valore della costante di equilibrio permette di calcolare la *concentrazione all'equilibrio* dei reagenti e dei prodotti, quando sono note le concentrazioni *iniziali* dei reagenti.

Poiché le variazioni di concentrazione o di pressione parziale di ciascun componente sono legate alla *stechiometria* della reazione, il modo piú facile di procedere consiste nel:

a. *costruire* una **tabella di equilibrio** che evidenzia le concentrazioni iniziali dei reagenti, le variazioni di concentrazione e le concentrazioni all'equilibrio in termini di un'unica incognita x;
b. *sostituire* i termini delle concentrazioni nell'espressione di K_c ottenendo un'equazione algebrica contenente la x;
c. *risolvere* l'equazione in funzione di x:
   - estraendo la radice quadrata di entrambi i membri dell'equazione se la parte destra dell'equazione è un *quadrato perfetto*;
   - altrimenti rappresentando l'equazione nella forma:

   $$ax^2 + bx + c = 0$$

   e applicando la formula di risoluzione dell'equazione di secondo grado:

   $$x = \frac{-b \pm \sqrt{b^2 - 4ac}}{2a}$$

d. *calcolare* la concentrazione dei componenti all'equilibrio.

PROBLEMA MODELLO

Calcolare le concentrazione di tutti i componenti di un sistema all'equilibrio

Nella reazione di analisi del tetraossido di diazoto la concentrazione iniziale di N_2O_4 è 0,1 mol/L:

$$N_2O_{4(g)} \rightleftharpoons 2\,NO_{2(g)}$$

Alla temperatura di 100 °C la K_c è uguale a 0,26.
Calcola la concentrazione all'equilibrio di N_2O_4 e NO_2.

L'IDEA

Costruiamo la tabella dell'equilibrio specificando le concentrazioni iniziali, indicando con x le variazioni di concentrazione e definendo le concentrazioni all'equilibrio dei reagenti e dei prodotti:

	$N_2O_{4(g)}$ $\rightleftharpoons$	$2\ NO_{2(g)}$
moli iniziali	0,1	0
variazione moli	$-x$	$2x$
moli all'equilibrio	$0{,}1-x$	$2x$

Rappresentiamo l'espressione della costante di equilibrio K_c:

$$K_c = \frac{[NO_2]^2}{[N_2O_4]}$$

LA SOLUZIONE

Sostituiamo K_c con il dato sperimentale e i termini di concentrazione con i valori delle concentrazioni molari all'equilibrio:

$$0{,}26 = \frac{(2x)^2}{(0{,}1-x)} \qquad 0{,}26 = \frac{4x^2}{(0{,}1-x)}$$

- Risolviamo l'equazione in funzione di x rappresentandola nella forma:

$$ax^2 + bx + c = 0 \qquad 4x^2 = 0{,}26 \cdot (0{,}1 - x)$$

$$4x^2 = 0{,}026 - 0{,}26x \qquad 4x^2 + 0{,}26x - 0{,}026 = 0$$

- Semplifichiamo dividendo entrambi i membri dell'equazione per 4:

$$x^2 + 0{,}065x - 0{,}0065 = 0$$

- Risolviamo l'equazione di secondo grado:

$$x = \frac{-b \pm \sqrt{b^2 - 4ac}}{2a}$$

- Sostituendo con i valori numerici, calcoliamo i due valori di x:

$$x = \frac{-0{,}065 \pm \sqrt{0{,}065^2 + 4 \cdot 0{,}0065}}{2}$$

$$x_1 = \frac{0{,}108}{2} = 0{,}054 \qquad x_2 = -\frac{0{,}238}{2} = -0{,}119$$

LA CONCLUSIONE

Dei due valori trovati solo il valore di x_1 è plausibile perché il valore di x_2 è negativo e quindi impossibile. Calcoliamo le concentrazioni dei valori all'equilibrio sostituendo x con il valore trovato:

$[N_2O_4] = 0{,}1 - x = 0{,}1 - 0{,}054$ mol/L $= 0{,}046$ mol/L

$[NO_2] = 2x = 2 \cdot 0{,}054$ mol/L $= 0{,}108$ mol/L

PROBLEMA SIMILE

Nella seguente reazione di analisi le concentrazioni iniziali di BrCl, Br_2 e Cl_2 sono uguali a 0,04 mol/L:

$$2\ BrCl \rightleftharpoons Br_2 + Cl_2$$

Alla temperatura di 180 °C $K_c = 0{,}145$. Calcola la concentrazione all'equilibrio di BrCl, Br_2 e Cl_2.

PER SAPERNE DI PIÙ

La relazione tra la variazione di energia libera e la costante di equilibrio

La tendenza di una reazione a procedere *spontaneamente* dipende dal valore della **variazione dell'energia libera ΔG**. Una reazione è spontanea quando il valore della variazione di energia libera ΔG (definita dalla differenza tra l'energia libera dei prodotti e quella dei reagenti) è negativo:

$\Delta G = G_{prodotti} - G_{reagenti}$ $\quad \Delta G < 0 \quad$ **reazione spontanea**

Con il procedere di una reazione, i reagenti si trasformano nei prodotti e l'energia libera del sistema *diminuisce*. Il valore dell'energia libera in un dato *istante* dipende quindi dalla concentrazione dei prodotti e dei reagenti presenti nel sistema e di conseguenza dal **quoziente di reazione *Q***. Le due grandezze, variazione dell'energia libera e quoziente di reazione, possono essere legate tra loro mediante la seguente relazione:

$$\Delta G = \Delta G^\circ + RT \ln Q$$

In questa equazione:

- ΔG° è la variazione dell'energia libera della reazione nelle condizioni standard;
- R è la costante universale dei gas ($R = 8{,}31\ \text{J} \cdot \text{K}^{-1} \cdot \text{mol}^{-1}$);
- T è la temperatura assoluta espressa in kelvin.

Quando il sistema raggiunge l'*equilibrio* chimico, le concentrazioni dei reagenti e dei prodotti sono costanti e quindi la variazione di energia libera è uguale a zero e il quoziente di reazione è uguale alla costante di equilibrio K:

$$\Delta G = 0 \quad \text{e} \quad Q = K$$

All'equilibrio la relazione che lega la variazione dell'energia libera e il quoziente di reazione si rappresenta quindi nella forma:

$$\Delta G^\circ = -R \cdot T \cdot \ln K$$

Il valore numerico di ΔG° può essere:

- **negativo**: la reazione procede spontaneamente verso **destra** e quindi il valore di ln K deve essere *positivo* ($K > 1$): l'equilibrio chimico è spostato verso i *prodotti*;
- uguale a **zero**: la reazione non ha la tendenza a decorrere né in una direzione né nella direzione opposta e, quindi, il valore di ln K deve essere uguale a zero ($K = 1$);
- **positivo**: la reazione procede spontaneamente verso **sinistra** e quindi il valore di ln K deve essere *negativo* ($K < 1$): l'equilibrio è spostato verso i *reagenti*.

In altri termini, le considerazioni espresse evidenziano come *aumentando* il valore di ΔG° *diminuisca* il corrispondente valore della costante di equilibrio (tabella **A**).

Tabella A Relazione tra il valore di ΔG° e il valore della costante di equilibrio K_p di alcune reazioni

Reazione	ΔG° (kJ/mol)	K_p
$C_2H_2 + 3\,H_2 \rightleftarrows 2\,CH_4$	−308	$1{,}0 \cdot 10^{57}$
$CO + 2\,H_2 \rightleftarrows CH_3OH$	−25,3	$1{,}7 \cdot 10^{7}$
$3\,H_2 + N_2 \rightleftarrows 2\,NH_3$	328	$4{,}7 \cdot 10^{-54}$

5 IL PRINCIPIO DI LE CHÂTELIER DEFINISCE LA POSIZIONE DELL'EQUILIBRIO QUANDO CAMBIANO LE CONDIZIONI DEL SISTEMA

Lo stato di equilibrio raggiunto da una reazione chimica non cambia fino a quando le condizioni del sistema (*concentrazione di uno dei componenti, volume o pressione e temperatura*) rimangono invariate. Se in una reazione chimica che ha raggiunto l'equilibrio si modificano le condizioni del sistema, la reazione si sposta o verso i reagenti o verso i prodotti in modo da poter raggiungere un nuovo stato di equilibrio.

La direzione in cui si sposta l'equilibrio è prevista dal **principio di Le Châtelier** o principio dell'equilibrio mobile.

> Un sistema chimico all'equilibrio reagisce alle variazioni a cui è sottoposto in modo da annullarne gli effetti e raggiungere un nuovo stato di equilibrio.

Esaminiamo ora gli effetti che si verificano quando in un sistema all'equilibrio si hanno variazioni della concentrazione dei reagenti o dei prodotti, della pressione o della temperatura.

A COLPO D'OCCHIO

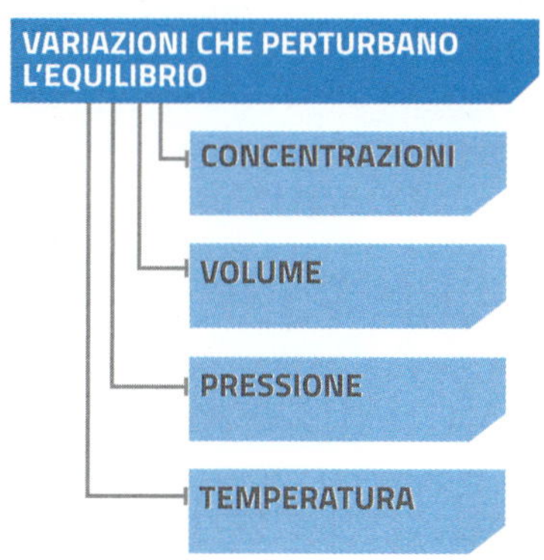

L'effetto sull'equilibrio della variazione della concentrazione di uno dei componenti

Consideriamo una generica reazione reversibile che ha raggiunto l'equilibrio:

$$aA + bB \rightleftharpoons cC + dD$$

e rappresentiamo la costante di equilibrio in funzione dei valori delle concentrazioni molari dei reagenti e dei prodotti:

$$K_c = \frac{[C]^c \cdot [D]^d}{[A]^a \cdot [B]^b}$$

A COLPO D'OCCHIO

EQUILIBRIO SI SPOSTA A DESTRA SE
- AUMENTA LA CONCENTRAZIONE DEI REAGENTI
- DIMINUISCE LA CONCENTRAZIONE DEI PRODOTTI

- *Aggiungendo* al sistema in equilibrio una certa quantità di un **reagente** (A o B) o *sottraendo* una certa quantità di un **prodotto** (C o D), la velocità della reazione diretta (simbolo v_d) diventa *maggiore* della velocità della reazione inversa (simbolo v_i). Il sistema reagisce alla variazione effettuata trasformando i reagenti in prodotti e quindi con il procedere della reazione la concentrazione dei reagenti e la velocità della reazione diretta *diminuiscono*, mentre *aumentano* la *concentrazione dei prodotti* e la *velocità della reazione inversa*. Quando le due velocità sono di nuovo uguali si ha una nuova posizione dell'equilibrio, spostato verso i **prodotti**.

Un aumento della concentrazione dei reagenti o una diminuzione della concentrazione dei prodotti sposta l'equilibrio a destra.

Le concentrazioni dei singoli componenti assumono *nuovi valori*, tali comunque da lasciare *invariato* il valore di K_c, se la temperatura è rimasta costante (figura 9).

Figura 9 **Aggiunta di un reagente o sottrazione di un prodotto da un sistema in equilibrio** Aggiungendo una data quantità di un reagente (*R*) o sottraendo una certa quantità di prodotto (*P*), la velocità v_d diventa maggiore della velocità v_i: il sistema reagisce trasformando i reagenti in prodotti.

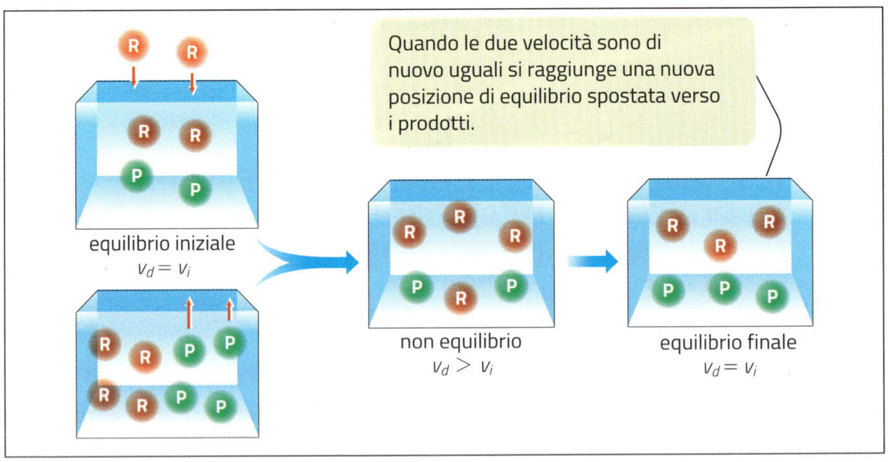

A COLPO D'OCCHIO

EQUILIBRIO SI SPOSTA A SINISTRA SE
- DIMINUISCE LA CONCENTRAZIONE DEI REAGENTI
- AUMENTA LA CONCENTRAZIONE DEI PRODOTTI

- *Aggiungendo* al sistema in equilibrio una certa quantità di un **prodotto** (C o D), o *sottraendo* una certa quantità di un **reagente** (A o B), la velocità della reazione inversa v_i diventa maggiore della velocità della reazione diretta v_d. Il sistema reagisce alla variazione effettuata trasformando i prodotti in reagenti e quindi, con il procedere della reazione, la concentrazione dei prodotti e la velocità della reazione inversa *diminuiscono*, mentre *aumentano* la *concentrazione dei reagenti* e la *velocità della reazione diretta*. Quando le due velocità sono di nuovo uguali la posizione dell'equilibrio si è spostata verso i **reagenti**.

Un aumento della concentrazione dei prodotti o una diminuzione della concentrazione dei reagenti sposta l'equilibrio a sinistra.

Le concentrazioni dei singoli componenti assumono *nuovi valori*, tali comunque da lasciare *invariato* il valore di K_c se la temperatura è rimasta costante (figura **10**).

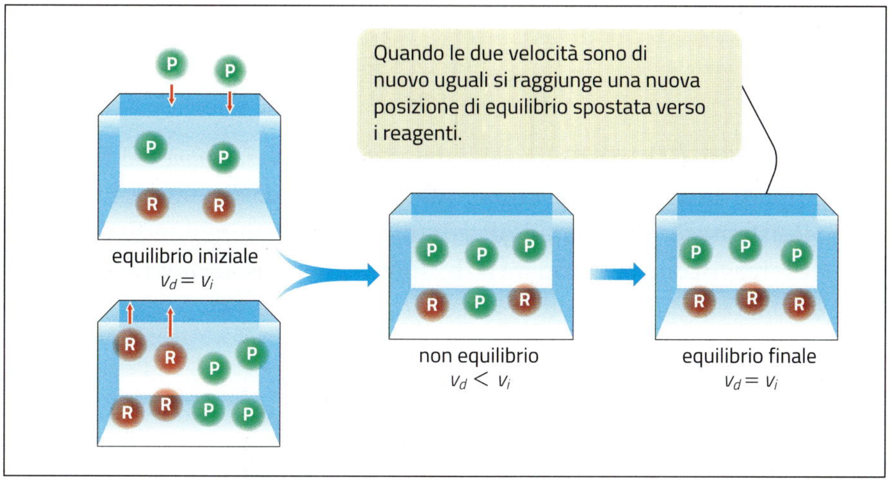

Figura 10 Aggiunta di un prodotto o sottrazione di un reagente da un sistema in equilibrio Aggiungendo a un sistema in equilibrio una data quantità di un prodotto (*P*) o sottraendo una certa quantità di un reagente (*R*), la velocità v_i diventa maggiore della velocità v_d: il sistema reagisce trasformando i prodotti in reagenti.

Specifichiamo ora tutti gli spostamenti possibili dell'equilibrio chimico a seguito di aggiunta o di sottrazione di reagenti o di prodotti:

- per la seguente generica reazione chimica (figura **11**):

$$aA + bB \rightleftarrows cC + dD$$

- per la reazione di ossidazione del diossido di zolfo SO_2 rappresentata dalla seguente equazione (tabella **5**):

$$2\,SO_{2(g)} + O_{2(g)} \rightleftarrows 2\,SO_{3(g)}$$

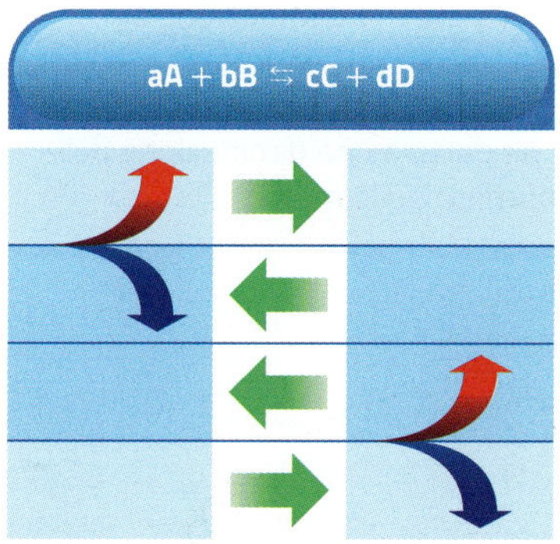

Figura 11 Spostamenti della posizione dell'equilibrio Spostamenti della posizione dell'equilibrio (frecce verdi) a seguito di un aumento di concentrazione (frecce rosse verso l'alto) o di una diminuzione di concentrazione (frecce blu verso il basso) di reagenti e prodotti.

L'effetto sull'equilibrio della variazione di pressione o di volume

Una variazione di pressione o di volume in un sistema all'equilibrio ha effetto significativo solo quando si abbia una **variazione** del numero delle moli e, a ogni modo, quando:

- tutti i componenti sono in **fase gassosa**;
- un *reagente solido* si decompone formando un **prodotto aeriforme**.

Reazione	Variazione di concentrazione	Spostamento della posizione dell'equilibrio
$2\,SO_{2(g)} + O_{2(g)} \rightleftarrows 2\,SO_{3(g)}$	aumento di $[SO_2]$ o $[O_2]$	verso destra
	aumento di $[SO_3]$	verso sinistra
	sottrazione di $[SO_2]$ o $[O_2]$	verso sinistra
	sottrazione di $[SO_3]$	verso destra

Tabella 5 Effetti della variazione della concentrazione sulla posizione dell'equilibrio nella reazione di sintesi del triossido di zolfo Nella tabella è indicata anche la direzione in cui si sposta l'equilibrio.

a. Prendiamo in esame una reazione *omogenea* in fase *gassosa*, la reazione di analisi del pentacloruro di fosforo, che avviene con una **variazione** del numero delle moli ($\Delta n = 1$):

$$PCl_{5(g)} \rightleftharpoons PCl_{3(g)} + Cl_{2(g)}$$

La costante di equilibrio in funzione delle pressioni parziali dei componenti è data dalla seguente equazione:

$$K_p = \frac{(p_{PCl_3}) \cdot (p_{Cl_2})}{(p_{PCl_5})}$$

- *Aumentando* la pressione del sistema si ha una *riduzione* del volume e quindi un aumento del numero di moli per unità di volume. In tal caso il sistema reagirà in modo da annullare la variazione effettuata, PCl_3 e Cl_2 reagiscono per formare PCl_5, diminuendo cosí il *numero totale* delle moli: l'equilibrio si sposta verso *i reagenti* (figura **12**).

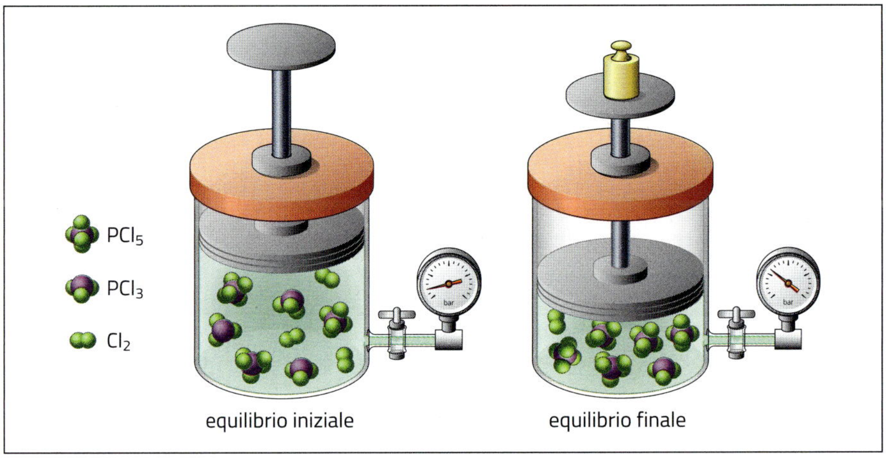

Figura 12 Effetto dell'aumento della pressione sull'equilibrio Un aumento di pressione con conseguente diminuzione di volume su un sistema all'equilibrio con $\Delta n > 0$ favorisce la reazione che porta a una diminuzione del numero delle moli.

- *Diminuendo* la pressione del sistema si ha un *aumento* del volume e quindi una *diminuzione* del numero di moli per unità di volume. In tal caso PCl_5 si decompone formando PCl_3 e Cl_2, aumentando così il numero totale delle moli: l'equilibrio si sposta verso *i prodotti* (figura **13**).

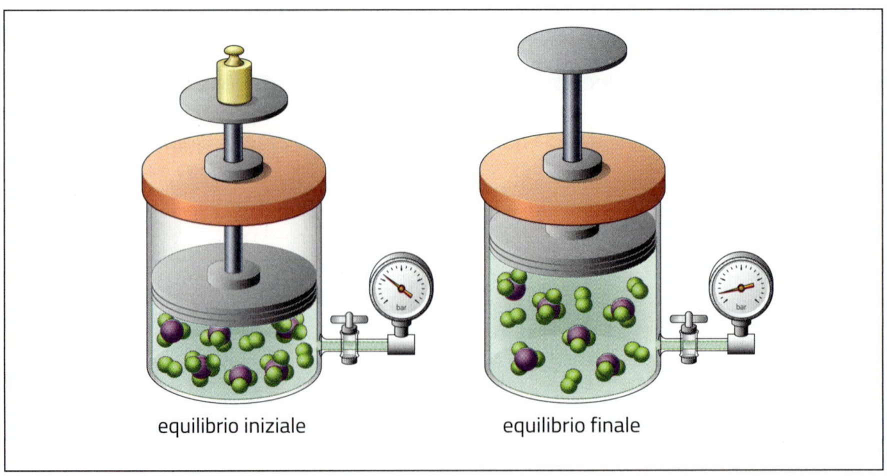

Figura 13 Effetto della diminuzione della pressione sull'equilibrio Una diminuzione di pressione con conseguente aumento di volume su un sistema all'equilibrio con $\Delta n > 0$ favorisce la reazione che porta a un aumento del numero delle moli.

Si può quindi affermare che, nelle reazioni in fase gassosa in cui si abbia una *variazione del numero delle moli*.

Un aumento di pressione sposta l'equilibrio nella direzione in cui si ha una diminuzione del numero delle moli; una diminuzione di pressione sposta l'equilibrio nella direzione in cui si ha un aumento del numero delle moli.

b. Prendiamo ora in esame una reazione *omogenea* in fase *gassosa*, la reazione di sintesi dello ioduro di idrogeno, che avviene **senza variazione** del numero di moli ($\Delta n = 0$):

$$H_{2(g)} + I_{2(g)} \rightleftharpoons 2\,HI_{(g)}$$

In una reazione in fase gassosa i valori di K_p e K_c sono legati dalla relazione:

$$K_p = K_c \cdot (R \cdot T)^{\Delta n}$$

Nella reazione di sintesi dello ioduro di idrogeno **non** si ha variazione del numero di moli, quindi il fattore $(R \cdot T)^{\Delta n}$ è uguale a 1 e di conseguenza il valore di K_p diventa uguale a quello di K_c:

Per $\Delta n = 0$ si ha $(R \cdot T)^{\Delta n} = 1$ e quindi $K_p = K_c$

Poiché K_c dipende solo dalla *temperatura* e non dalla pressione, è evidente che una *variazione di pressione* (e quindi di volume) in un sistema all'equilibrio non ha **nessun effetto** sulla posizione dell'equilibrio.

c. Consideriamo ora un sistema in equilibrio in fase **eterogenea**. In tal caso la variazione della pressione ha effetto significativo solo sui componenti *gassosi*, ma **non** ha nessun effetto sui componenti solidi e liquidi puri perché il volume (e di conseguenza la concentrazione) di un solido o di un liquido *non dipende dalla pressione*, ma solo dalla densità, che dipende dalla temperatura.
La reazione tra il carbonio e il vapore acqueo è una reazione in fase eterogenea:

$$C_{(s)} + 2\,H_2O_{(g)} \rightleftharpoons CO_{2(g)} + 2\,H_{2(g)}$$

Non prendendo in esame il carbonio, che è allo stato solido, il valore di Δn è uguale a 1 e possiamo prevedere che:

- un *aumento* di pressione ovvero una diminuzione di volume favorisce la reazione inversa in quanto fa diminuire il numero delle moli e quindi l'equilibrio si sposta verso i *reagenti*;
- una *diminuzione* di pressione ovvero un aumento di volume sposta l'equilibrio verso i *prodotti* in quanto la reazione diretta aumenta il numero delle moli.

PER SAPERNE DI PIÙ
PDF *Laboratorio*
Il principio di Le Châtelier

d. Prendiamo infine in esame un sistema all'equilibrio in cui **il volume rimane costante** e aumentiamo la pressione aggiungendo un gas inerte (argon) oppure un gas che non partecipa alla reazione: tale aggiunta non fa variare la concentrazione molare dei reagenti o dei prodotti e, quindi, la posizione dall'equilibrio rimane **invariata**.
Solo se il gas aggiunto è un *reagente* o un *prodotto* della reazione, il rapporto tra le concentrazioni dei componenti varia e di conseguenza anche la *posizione* dell'equilibrio.

PER SAPERNE DI PIÙ

La reazione reversibile tra l'emoglobina e l'ossigeno

Il trasporto dell'ossigeno dai polmoni ai tessuti è operato dal sangue. Il sangue è un tessuto connettivo costituito dal plasma e dagli elementi figurati (globuli rossi, globuli bianchi e piastrine). Il plasma è un fluido costituito prevalentemente da acqua e in misura minore da proteine (albumine, globuline e fibrinogeno). L'ossigeno, molecola apolare e quindi poco solubile nel plasma, è trasportato dall'emoglobina (simbolo Hb), una proteina presente nei globuli rossi. L'emoglobina è una proteina coniugata, di forma globulare, a struttura quaternaria, costituita da quattro subunità. Ciascuna subunità è costituita da una molecola polipeptidica (globina) e da un gruppo atomico (eme) formato da una molecola di protoporfirina e da un cofattore metallico, lo ione ferro (II). Tra l'ossigeno e lo ione ferro dell'emoglobina avviene una reazione reversibile con formazione del complesso molecolare ossiemoglobina $Hb(O_2)_4$:

$$Hb + 4O_{2(g)} \rightleftharpoons Hb(O_2)_4$$

A livello dei polmoni, lo ione ferro Fe^{2+}, legandosi con l'ossigeno si ossida a ione ferro Fe^{3+}. A livello dei tessuti lo ione Fe^{3+}, rilasciando l'ossigeno, si riduce a ione Fe^{2+}.

La capacità dell'emoglobina di legare o rilasciare ossigeno dipende dalla pressione parziale dell'ossigeno:

a. nei polmoni la pressione parziale dell'ossigeno è alta e quindi l'emoglobina si lega all'ossigeno saturandosi completamente (a una molecola di emoglobina si legano quattro molecole di ossigeno):

$$Hb + 4O_2 \longrightarrow Hb(O_2)_4$$

b. nei tessuti la pressione parziale dell'ossigeno è molto bassa e quindi l'emoglobina rilascia l'ossigeno che diffonde nel plasma e da qui nelle cellule dei tessuti:

$$Hb(O_2)_4 \longrightarrow Hb + 4O_2$$

L'effetto sull'equilibrio della variazione di temperatura

Il *valore* numerico della costante di equilibrio non dipende dalle variazioni di concentrazione e di pressione (o volume), ma solo dalla *temperatura*. La variazione di temperatura in un sistema chimico all'equilibrio modifica pertanto sia il *valore* di K_c sia la *posizione* dell'*equilibrio*. Per stabilire l'effetto di tale variazione deve essere nota la natura termica della reazione.

a. La reazione di sintesi del triossido di zolfo è una reazione **esotermica** rappresentata dalla seguente equazione:

$$2\,SO_{2(g)} + O_{2(g)} \rightleftharpoons 2\,SO_{3(g)} \qquad (\Delta H° = -192\ kJ)$$

Osservando i valori sperimentali di K_c a diverse temperature risulta evidente che, *aumentando* la *temperatura*, K_c *diminuisce* (tabella **6**).
Il sistema reagisce pertanto alla variazione effettuata assorbendo il calore che viene fornito e favorendo la reazione inversa, con conseguente *aumento della concentrazione dei reagenti* e spostamento *a sinistra* dell'equilibrio.
Se il sistema all'equilibrio viene raffreddato, la *temperatura* diminuisce ed è favorita la reazione diretta con un *aumento della concentrazione dei prodotti* e l'equilibrio si sposta a destra.

Tabella 6 Variazione di K_c nella reazione di sintesi di SO_3 in funzione della temperatura

t (°C)	K_c $(mol/L)^{-1}$
25	$27 \cdot 10^{25}$
600	$6 \cdot 10^{2}$
730	$1{,}6 \cdot 10^{2}$

Nelle reazioni di equilibrio esotermiche ($\Delta H < 0$) un aumento di temperatura sposta l'equilibrio a sinistra, mentre una diminuzione di temperatura lo sposta verso i prodotti.

b. La reazione di analisi del tetraossido di diazoto è una reazione **endotermica** rappresentata dalla seguente equazione:

$$N_2O_{4(g)} \rightleftharpoons 2\,NO_{2(g)} \qquad (\Delta H° = 58\ kJ)$$

Osservando i valori sperimentali di K_c a diverse temperature risulta evidente che, *aumentando la temperatura*, K_c *aumenta* (tabella **7**).

Tabella 7 Variazione di K_c nella reazione di decomposizione di N_2O_4 in funzione delle temperatura

t (°C)	K_c (mol/L)
10	$6{,}6 \cdot 10^{-6}$
25	$4{,}5 \cdot 10^{-3}$
100	$260 \cdot 10^{-3}$

Il sistema reagisce pertanto alla variazione effettuata assorbendo il calore che viene fornito e favorendo la reazione diretta, con conseguente *aumento della concentrazione dei prodotti* e spostamento a *destra* dell'equilibrio (figura **14**).

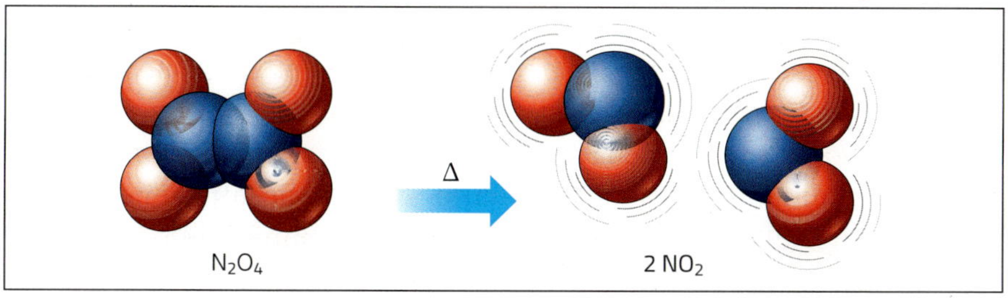

Figura 14 Effetto dell'aumento della temperatura sull'equilibrio In una reazione di equilibrio endotermica, un aumento di temperatura favorisce la reazione diretta.

Se il sistema all'equilibrio viene raffreddato la temperatura diminuisce ed è favorita la reazione inversa, con un *aumento della concentrazione dei reagenti* e uno spostamento a *sinistra* dell'equilibrio.

Nelle reazioni di equilibrio endotermiche ($\Delta H > 0$), un aumento di temperatura sposta l'equilibrio verso i prodotti, mentre una diminuzione di temperatura lo sposta a sinistra.

Rappresentiamo ora tutti gli spostamenti possibili dell'equilibrio chimico e la variazione del valore della costante di equilibrio per una reazione esotermica e per una reazione endotermica (tabella **8**).

Reazione	Variazione di temperatura	Spostamento della posizione dell'equilibrio	Variazione della costante di equilibrio
Esotermica	aumento	verso sinistra	diminuisce
	diminuzione	verso destra	aumenta
Endotermica	aumento	verso destra	aumenta
	diminuzione	verso sinistra	diminuisce

Tabella 8 Spostamento dell'equlibrio nelle reazioni esotermiche ed endotermiche Una reazione esotermica è favorita da una diminuzione di temperatura; una reazione endotermica è favorita da un aumento della temperatura.

6 LA PRESENZA DI UN CATALIZZATORE IN UN SISTEMA ALL'EQUILIBRIO

La presenza di un catalizzatore in un sistema all'equilibrio *non modifica la posizione dell'equilibrio* perché il suo effetto si manifesta in ugual misura sia sulla velocità della reazione diretta sia sulla velocità di reazione inversa (figura **15**). Infatti, poiché la reazione diretta e la reazione inversa passano attraverso lo **stesso** complesso attivato, un catalizzatore abbassa l'energia di attivazione per entrambe le reazioni. In altri termini, la presenza di un catalizzatore in una reazione reversibile permette di arrivare *all'equilibrio in un tempo minore.*

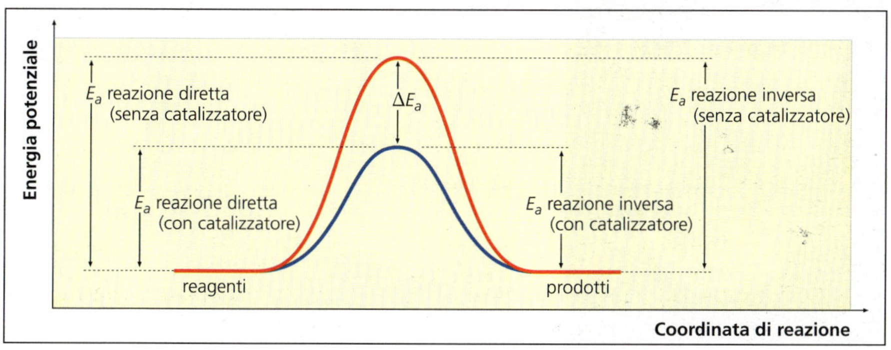

Figura 15 L'effetto del catalizzatore in una reazione chimica Profilo di reazione di una reazione non catalizzata (curva rossa) e di una reazione catalizzata (curva blu). Il catalizzatore abbassa l'energia di attivazione sia della reazione diretta sia di quella inversa, non modificando in tal modo la posizione dell'equilibrio.

7 NELLE REAZIONI A COMPLETAMENTO L'EQUILIBRIO È SPOSTATO A DESTRA

Una reazione chimica reversibile raggiunge l'equilibrio quando la velocità della reazione inversa diventa **uguale** alla velocità della reazione diretta. L'equilibrio può essere realizzato solo se reagenti e prodotti possono reagire in processi opposti, da sinistra verso destra e da destra verso sinistra.

Ma se uno dei prodotti della reazione, a mano a mano che si forma, viene eliminato e quindi sottratto all'equilibrio, la sua concentrazione non aumenta, con il risultato che la **velocità inversa** sarà sempre molto bassa e *non diventerà uguale* alla velocità della reazione diretta.

In tal caso l'equilibrio è tutto spostato a destra e i reagenti si trasformano *completamente* nei prodotti.

- La reazione chimica tra lo zinco e una soluzione di acido cloridrico porta alla formazione di cloruro di zinco e idrogeno:

$$Zn_{(s)} + 2\,HCl_{(aq)} \longrightarrow ZnCl_{2(aq)} + H_{2(g)}\uparrow$$

  Se la reazione avviene in un sistema aperto l'idrogeno, poco solubile in acqua, a mano a mano che si forma, si allontana dal sistema: la sua concentrazione in soluzione rimane molto bassa, la reazione inversa procede molto lentamente e l'equilibrio si sposta verso destra (figura **16A**).

- La reazione tra soluzioni acquose di cloruro di bario e di acido solforico porta alla formazione di solfato di bario e acido cloridrico:

$$BaCl_{2(aq)} + H_2SO_{4(aq)} \longrightarrow BaSO_{4(s)}\downarrow + 2\,HCl_{(aq)}$$

  Il solfato di bario prodotto dalla reazione è un composto insolubile in acqua, per cui a mano a mano che si forma, precipita e si sottrae all'equilibrio, con il risultato che la reazione inversa non avviene e l'equilibrio si sposta completamente verso destra (figura **16B**).

LE PAROLE

Il termine **precipitato** (dal latino *praecipitare*, «precipitare») indica il fenomeno chimico-fisico di separazione di una fase solida da una soluzione come conseguenza di una reazione chimica o della variazione di un parametro chimico–fisico come pH e temperatura.

Sono **reazioni a completamento** o **irreversibili** quelle in cui l'equilibrio è quasi completamente spostato a destra e che quindi presentano un valore molto alto della costante di equilibrio.

Le reazioni a completamento sono reazioni in cui un prodotto si sottrae continuamente all'equilibrio. Il prodotto può essere un gas *volatile* che si allontana da un sistema aperto oppure un composto *insolubile* in acqua che precipita.

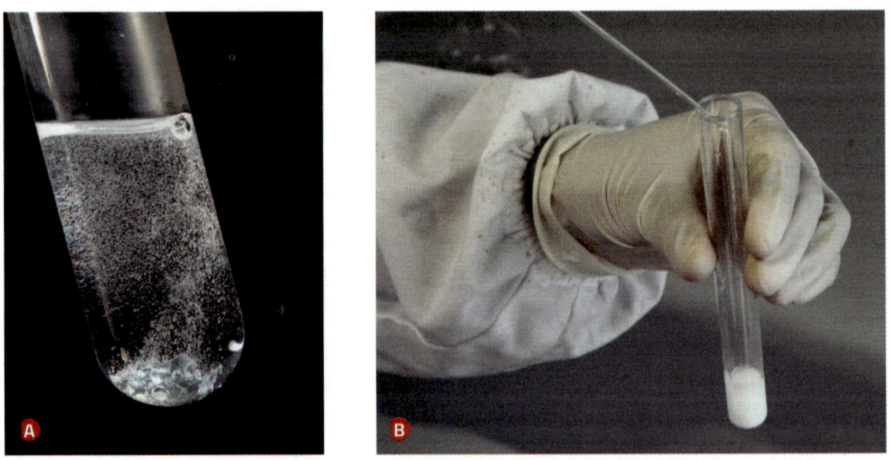

Figura 16 Nelle reazioni in cui i prodotti si allontanano dal sistema l'equilibrio è spostato a destra A L'idrogeno prodotto nella reazione tra zinco e acido cloridrico si allontana dal sistema mano a mano che si forma. B Il solfato di bario è un composto insolubile in acqua, per cui precipitando si sottrae all'equilibrio.

FACCIAMO IL PUNTO

LO SAI? RIPASSA CON LO SMARTPHONE

Che cosa si intende per reazioni irreversibili e reversibili?

Sono reazioni **irreversibili** o *complete* quelle che avvengono in una direzione e che, a reazione avvenuta, presentano un'elevata concentrazione di prodotti e una concentrazione irrilevante dei reagenti.
Sono reazioni **reversibili** o *incomplete* quelle che avvengono contemporaneamente in entrambi i sensi e che, a reazione avvenuta, presentano quantità apprezzabili sia di reagenti sia di prodotti.

Quando una reazione raggiunge l'equilibrio?

Una reazione chimica reversibile raggiunge l'equilibrio quando le concentrazioni dei reagenti e dei prodotti rimangono costanti nel tempo, e la velocità della reazione diretta è uguale a quella della reazione inversa.
In una reazione chimica all'equilibrio, il rapporto tra il prodotto delle concentrazioni molari dei prodotti e il prodotto delle concentrazioni molari dei reagenti, ciascuna elevata a un esponente uguale al proprio coefficiente stechiometrico, è uguale a una costante il cui valore dipende solo dalla temperatura (**legge di azione di massa**).

$$K = \frac{[C]^c \cdot [D]^d}{[A]^a \cdot [B]^b}$$

Come si esprime la costante di equilibrio?

Il valore della costante di equilibrio, espresso in funzione della concentrazione molare, è indicato con il simbolo $\boldsymbol{K_c}$; in funzione della pressione parziale (per le reazioni omogenee in fase gassosa) è indicato con il simbolo $\boldsymbol{K_p}$.
In una reazione chimica reversibile in fase eterogenea, la costante di equilibrio è espressa prendendo in considerazione solo i componenti gassosi.

Come è possibile stabilire se l'equilibrio sarà spostato verso i reagenti o verso i prodotti?

Per $K > 1$ la concentrazione dei prodotti è maggiore di quella dei reagenti, e quindi l'equilibrio chimico è spostato a destra.

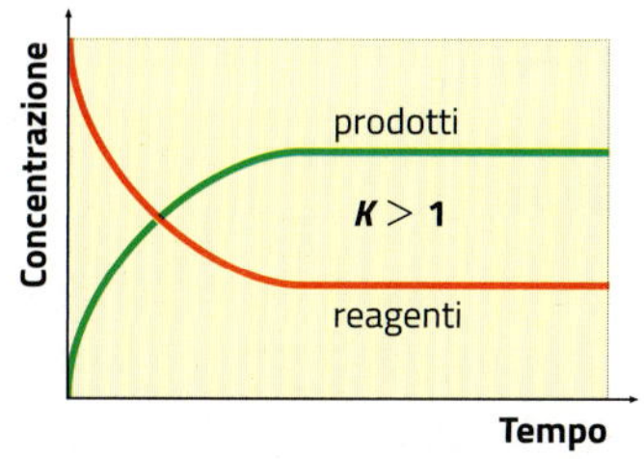

Per $K < 1$ la concentrazione dei prodotti è minore di quella dei reagenti, e quindi l'equilibrio chimico è spostato a sinistra.

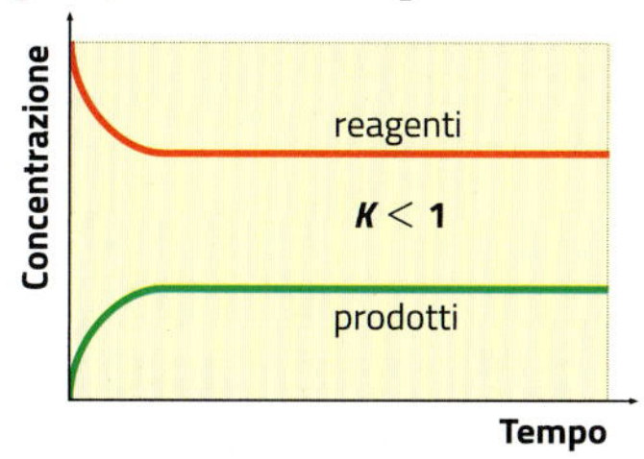

Per $K = 1$ le concentrazioni dei prodotti sono uguali a quelli dei reagenti.

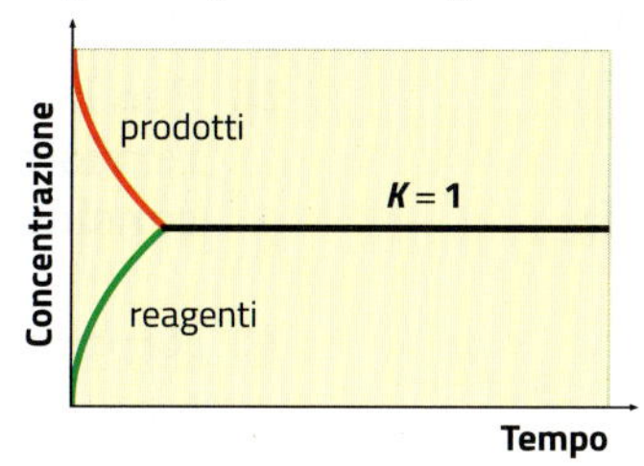

Come è possibile stabilire in quale verso si svolgerà una reazione?

Mediante il calcolo del quoziente di reazione Q si può prevedere il verso nel quale la reazione è destinata a svolgersi.
Il **quoziente di reazione** (simbolo $\boldsymbol{Q}$) è il rapporto tra il prodotto delle concentrazioni molari dei prodotti e il prodotto delle concentrazioni molari dei reagenti, ciascuna elevata al proprio coefficiente stechiometrico, quando la reazione non è ancora all'equilibrio.

$$Q_c = \frac{[C]_t^c \cdot [D]_t^d}{[A]_t^a \cdot [B]_t^b}$$

Per $Q_c < K_c$ le concentrazioni dei prodotti sono minori di quelle dei reagenti e il sistema deve procedere da sinistra verso destra.
Per $Q_c > K_c$ le concentrazioni dei prodotti sono maggiori di quelle dei reagenti e il sistema procede da destra verso sinistra.
Per $Q_c = K_c$ la reazione è all'equilibrio e non tenderà a svolgersi né in un senso né nell'altro.

Qual è l'interpretazione termodinamica dell'equilibrio chimico?

La variazione di energia libera ΔG e la costante di equilibrio sono legate tra loro mediante una relazione che, quando viene raggiunto l'equilibrio, si presenta nella forma:

$$\Delta G_c = - R \cdot T \cdot ln\, K$$

Se il ΔG_c è negativo, K è maggiore di 1 e la reazione procede verso destra. Se il ΔG_c è positivo, K è minore di 1 e la reazione procede verso sinistra. Se il ΔG_c è uguale a zero, K è uguale a 1 e la reazione è all'equilibrio.

Che cosa prevede il principio di Le Châtelier?

Quando in una reazione chimica all'equilibrio si modificano le condizioni del sistema, questo reagisce alle variazioni effettuate sui suoi componenti in modo da annullare gli effetti (**principio di Le Châtelier**).
Un aumento della *concentrazione dei prodotti* o una diminuzione della concentrazione dei reagenti sposta l'equilibrio a sinistra; un aumento della concentrazione dei reagenti o una diminuzione della concentrazione dei prodotti a destra.
Un aumento di *pressione* sposta l'equilibrio nella direzione in cui si ha una diminuzione del numero delle moli, mentre una diminuzione di pressione sposta l'equilibrio nella direzione in cui si ha un aumento del numero delle moli.
La variazione di *temperatura* modifica sia il valore di K che la posizione dell'equilibrio: nelle reazioni *esotermiche* un aumento di temperatura sposta l'equilibrio a sinistra, mentre una diminuzione di temperatura lo sposta verso i prodotti; nelle reazioni *endotermiche* un aumento di temperatura sposta l'equilibrio verso i prodotti, mentre una diminuzione di temperatura lo sposta a sinistra.
Un *catalizzatore* in un sistema all'equilibrio non modifica la posizione dell'equilibrio.

ESERCIZI

ZTE ONLINE Mettiti alla prova con 20 esercizi interattivi

VERIFICA LE TUE CONOSCENZE

LA COSTANTE DI EQUILIBRIO K_c

1 **Con riferimento alla costante di equilibrio K_c**
a. definisci la relazione che la esprime;
b. precisa da quale fattore dipende il suo valore numerico;
c. specifica l'unità di misura.

2 **Rappresenta la costante di equilibrio K_c delle seguenti reazioni:**
a. $N_{2(g)} + 2\,O_{2(g)} \rightleftharpoons 2\,NO_{2(g)}$
b. $3\,O_{2(g)} \rightleftharpoons 2\,O_{3(g)}$
c. $SO_{2(g)} + NO_{2(g)} \rightleftharpoons SO_{3(g)} + NO_{(g)}$
d. $CH_{4(g)} + 4\,F_{2(g)} \rightleftharpoons CF_{4(g)} + 4\,HF_{(g)}$

3 **Indica la K_c per la seguente reazione:**

$$4\,NH_{3(g)} + 3\,O_{2(g)} \rightleftharpoons 2\,N_{2(g)} + 6\,H_2O_{(g)}$$

Ⓐ $K_c = \dfrac{[N_2]^2 \cdot [H_2O]^6}{[NH_3]^4 \cdot [O_2]^3}$
Ⓑ $K_c = \dfrac{[N_2]^2}{[NH_3]^4}$
Ⓒ $K_c = \dfrac{[NH_3]^4 \cdot [O_2]^3}{[N_2]^2 \cdot [H_2O]^6}$
Ⓓ $K_c = \dfrac{[H_2O]^6}{[O_2]^3}$

4 **Indica la reazione a cui corrisponde la seguente costante di equilibrio K_c:**

$$K_c = \frac{[CO]^2 \cdot [O_2]}{[CO_2]^2}$$

Ⓐ $2\,CO_{2(g)} \rightleftharpoons 2\,CO_{(g)} + O_{2(g)}$
Ⓑ $CO_{2(g)} \rightleftharpoons 2\,CO_{(g)} + O_{2(g)}$
Ⓒ $2\,CO_{(g)} + O_{2(g)} \rightleftharpoons 2\,CO_{2(g)}$
Ⓓ $CO_{(g)} + O_{2(g)} \rightleftharpoons CO_{2(g)}$

5 **Il valore della costante di equilibrio K_c si calcola in base ai valori delle concentrazioni**
Ⓐ all'equilibrio dei reagenti e dei prodotti.
Ⓑ iniziali dei reagenti e dei prodotti.
Ⓒ all'equilibrio dei reagenti.
Ⓓ all'equilibrio dei prodotti.

LA COSTANTE DI EQUILIBRIO K_p

6 **Definisci la relazione che lega le costanti di equilibrio K_p e K_c, precisa il valore di R e giustifica in quale condizione il valore numerico di K_p e K_c è uguale.**

7 **Rappresenta la costante di equilibrio K_p delle seguenti reazioni:**
a. $CH_{4(g)} + H_2O_{(g)} \rightleftharpoons CO_{(g)} + 3\,H_{2(g)}$
b. $4\,NH_{3(g)} + 5\,O_{2(g)} \rightleftharpoons 4\,NO_{(g)} + 6\,H_2O_{(g)}$
c. $2\,NO_{(g)} + Cl_{2(g)} \rightleftharpoons 2\,NOCl_{(g)}$

8 **Indica la costante di equilibrio K_p per la seguente reazione:**

$$2\,CO_{(g)} + O_{2(g)} \rightleftharpoons 2\,CO_{2(g)}$$

Ⓐ $K_p = \dfrac{(p_{CO_2})^2}{(p_{CO})^2 \cdot (p_{O_2})}$
Ⓑ $K_p = \dfrac{(p_{CO_2})^2}{(p_{CO}) \cdot (p_{CO_2})^2}$
Ⓒ $K_p = \dfrac{(p_{CO})^2 \cdot (p_{O_2})}{(p_{CO_2})^2}$
Ⓓ $K_p = \dfrac{(p_{CO_2})^2}{(p_{CO}) \cdot (p_{O_2})}$

9 **Indica la reazione a cui corrisponde la seguente costante di equilibrio K_p:**

$$K_p = \frac{(p_{NO_2})^4 \cdot (p_{O_2})}{(p_{N_2O_5})^2}$$

Ⓐ $2\,N_2O_{5(g)} \rightleftharpoons 4\,NO_{2(g)} + O_{2(g)}$
Ⓑ $N_2O_{5(g)} \rightleftharpoons 4\,NO_{2(g)} + O_{2(g)}$
Ⓒ $4\,NO_{2(g)} + O_{2(g)} \rightleftharpoons 2\,N_2O_{5(g)}$
Ⓓ $N_2O_{5(g)} \rightleftharpoons NO_{2(g)} + O_{2(g)}$

GLI EQUILIBRI ETEROGENEI

10 **Perché nella costante di equilibrio delle reazioni in fase eterogenea non sono presi in considerazione i liquidi puri e i solidi?**

11 **Rappresenta le K_c e K_p delle seguenti reazioni:**
a. $Sn_{(s)} + 2\,Cl_{2(g)} \rightleftharpoons SnCl_{4(g)}$
b. $2\,C_{(s)} + 3\,H_{2(g)} \rightleftharpoons C_2H_{6(g)}$
c. $3\,Fe_2O_{3(s)} + H_{2(g)} \rightleftharpoons H_2O_{(g)} + 2\,Fe_3O_{4(s)}$

12 **La reazione di decomposizione del carbonato di calcio è rappresentata dall'equilibrio:**

$$CaCO_{3(s)} \overset{\Delta}{\rightleftharpoons} CaO_{(s)} + CO_{2(g)}$$

Si tratta di una reazione
Ⓐ in fase omogenea.
Ⓑ in fase eterogenea.
Ⓒ esotermica.
Ⓓ di combustione.

13 **Indica l'espressione che rappresenta la costante di equilibrio K_c per la reazione:**

$$2\,KClO_{3(s)} \rightleftharpoons 2\,KCl_{(s)} + 3\,O_{2(g)}$$

Ⓐ $K_c = [O_2]^3$
Ⓑ $K_c = \dfrac{[KCl]^2}{[KClO_3]^2}$
Ⓒ $K_c = \dfrac{[KCl]^2 \cdot [O_2]^3}{[KClO_3]^2}$
Ⓓ $K_c = [KCl] \cdot [O_2]^3$

IL QUOZIENTE DI REAZIONE

14 **Confronta i diversi valori (minore, maggiore, uguale) del quoziente di reazione rispetto alla costante di equilibrio per prevedere in quale direzione si sposterà una reazione chimica per raggiungere l'equilibrio.**

15 **In una reazione, il valore del quoziente di reazione Q in un dato istante è minore della costante di equilibrio *K*. La reazione**
Ⓐ procede da sinistra verso destra.
Ⓑ procede da destra verso sinistra.
Ⓒ è all'equilibrio.
Ⓓ è esotermica.

16 **Rappresenta il quoziente di reazione Q_p per la seguente reazione reversibile:**

$$4\ Fe_{(s)} + 3\ O_{2(g)} \rightleftharpoons 2\ Fe_2O_{3(s)}$$

RELAZIONE TRA $\Delta G°$ E LA COSTANTE DI EQUILIBRIO

17 **Definisci la relazione che lega la variazione dell'energia libera standard di reazione con il quoziente di reazione e precisa il valore numerico della costante *R*.**

18 **Prendi in esame diversi valori (negativo, uguale a zero e positivo) di $\Delta G°$ e precisa in quale direzione si sposta la posizione di equilibrio di una reazione.**

19 **In una reazione chimica il valore di $\Delta G°$ è positivo. La reazione procede verso:**
Ⓐ destra e il valore di ln *K* è positivo.
Ⓑ sinistra e il valore di ln *K* è positivo.
Ⓒ sinistra e il valore di ln *K* è negativo.
Ⓓ destra e il valore di ln *K* è negativo.

IL PRINCIPIO DI LE CHÂTELIER

20 **Descrivi le modalità con cui un sistema chimico all'equilibrio reagisce all'aumento o alla diminuzione di concentrazione di un reagente.**

21 **Considera la seguente reazione:**

$$CO_{2(g)} + H_{2(g)} \rightleftharpoons CO_{(g)} + H_2O_{(g)}$$

Stabilisci come si modifica l'equilibrio
a. aumentando le moli di H_2;
b. diminuendo le moli di CO;
c. diminuendo le moli di CO_2.

22 **La reazione di sintesi dell'ammoniaca è rappresentata dal seguente equilibrio:**

$$N_{2(g)} + 3\ H_{2(g)} \rightleftharpoons 2\ NH_{3(g)}$$

Mantenendo costante la pressione e aggiungendo ammoniaca
Ⓐ l'equilibrio si sposta verso destra.
Ⓑ l'equilibrio si sposta verso sinistra.
Ⓒ il valore della costante di equilibrio aumenta.
Ⓓ la posizione dell'equilibrio non cambia.

23 **La reazione di analisi dell'ossicloruro di azoto è rappresentata dal seguente equilibrio:**

$$2\ NOCl_{(g)} \rightleftharpoons 2\ NO_{(g)} + Cl_{2(g)}$$

In che modo l'equilibrio si sposta verso sinistra?

24 **La reazione di sintesi dello ioduro di idrogeno è rappresentata dal seguente equilibrio:**

$$H_{2(g)} + I_{2(g)} \rightleftharpoons 2\ HI_{(g)}$$

Aumentando la concentrazione di I_2, che cosa accade al valore della costante di equilibrio K_c?

25 **Stabilisci quale effetto esercita un aumento di pressione nelle seguenti reazioni che hanno raggiunto l'equilibrio:**
a. $2\ H_{2(g)} + 2\ NO_{(g)} \rightleftharpoons N_{2(g)} + 2\ H_2O_{(g)}$
b. $2\ NO_{2(g)} \rightleftharpoons 2\ NO_{(g)} + O_{2(g)}$

26 **Considera le seguenti reazioni che hanno raggiunto l'equilibrio:**
a. $N_2O_{(g)} + NO_{2(g)} \rightleftharpoons 3\ NO_{(g)}$ $(\Delta H > 0)$
b. $2\ NO_{(g)} + Cl_{2(g)} \rightleftharpoons 2\ NOCl_{(g)}$ $(\Delta H < 0)$

Quali effetti produce un aumento o una diminuzione della temperatura sulla posizione dell'equilibrio e sul valore di K_c?

27 **Determina quale effetto ha un aumento di temperatura sulla posizione dell'equilibrio delle seguenti reazioni:**
a. $N_{2(g)} + O_{2(g)} \rightleftharpoons 2\ NO_{(g)}$ $(\Delta H = 181\ kJ)$
b. $4\ HBr_{(g)} + O_{2(g)} \rightleftharpoons 2\ H_2O_{(g)} + 2\ Br_{2(g)}$ $(\Delta H = -276\ kJ)$

28 **Il valore della costante di equilibrio di una reazione aumenta all'aumentare della temperatura per una reazione**
Ⓐ esotermica.
Ⓑ endotermica.
Ⓒ di sintesi.
Ⓓ di combustione.

29 **Precisa le condizioni ottimali per aumentare la quantità di un prodotto per una reazione endotermica e con Δn maggiore di zero.**

VERIFICA LE TUE ABILITÀ

30 Nella reazione di analisi del pentacloruro di fosforo all'equilibrio, l'analisi chimica ha rilevato la presenza di 0,21 mol/L di PCl_5, di 0,32 mol/L di PCl_3 e di 0,32 mol/L di Cl_2. Calcola la costante di equilibrio K_c.

31 Considera la seguente reazione:

$$CO_{(g)} + H_2O_{(g)} \rightleftharpoons CO_{2(g)} + H_{2(g)}$$

All'equilibrio, l'analisi chimica ha rilevato la presenza di 0,2 mol/L di CO, di 0,5 mol/L di H_2O, di 0,32 mol/L di H_2 e di 0,42 mol/L di CO_2. Calcola la costante di equilibrio K_c.

32 In un reattore da 1 L sono state introdotte 2,0 moli di $NH_{3(g)}$. Quando si raggiunge il seguente equilibrio:

$$2\,NH_{3(g)} \rightleftharpoons N_{2(g)} + 3\,H_{2(g)}$$

è presente 1,0 mol di NH_3. Qual è il valore della costante di equilibrio?

Ⓐ 0,42 Ⓒ 1,5
Ⓑ 0,75 Ⓓ 1,7

33 La reazione di analisi del tetrossido di diazoto è rappresentata dal seguente equilibrio:

$$N_2O_{4(g)} \rightleftharpoons 2\,NO_{2(g)}$$

Alla temperatura di 27 °C la costante di equilibrio K_c è $6{,}68 \cdot 10^{-3}$ mol/L. Calcola il valore di K_p.

34 Alla temperatura di 500 K, la K_c della reazione di analisi del pentacloruro di fosforo è $2{,}24 \cdot 10^{-3}$ mol/L. Calcola il valore di K_p.

35 Alla temperatura di 600 °C, la K_p della reazione di ossidazione del diossido di zolfo è 96 atm^{-1}. Calcola il valore di K_c.

36 La reazione di analisi del diossido di carbonio è rappresentata dal seguente equilibrio:

$$2\,CO_{2(g)} \rightleftharpoons 2\,CO_{(g)} + O_{2(g)}$$

Alla temperatura di 827 °C la K_c è uguale a 26,2 mol/L. Il valore di K_p (espresso in atm) alla stessa temperatura è uguale a:

Ⓐ $2{,}9 \cdot 10^{-1}$ Ⓒ $3{,}88 \cdot 10^{-1}$
Ⓑ $1{,}78 \cdot 10^{-3}$ Ⓓ $2{,}36 \cdot 10^{3}$

37 La reazione di decomposizione del cloruro di ammonio è rappresentata dal seguente equilibrio:

$$NH_4Cl_{(s)} \rightleftharpoons NH_{3(g)} + HCl_{(g)}$$

In un reattore da 5 L, alla temperatura di 500 °C, sono presenti 2 moli di NH_3, 2 moli di HCl e 1 mole di NH_4Cl. Calcola K_c.

38 Rappresenta l'equazione chimica per le reazioni di equilibrio che hanno la seguente K_c:

a. $K_c = [H_2O]$ b. $K_c = \dfrac{[CO_2]}{[O_2]}$

39 In un reattore sono presenti H_2, I_2 e HI tutti alla stessa concentrazione di 0,002 mol/L:

$$H_{2(g)} + I_{2(g)} \rightleftharpoons 2\,HI_{(g)}$$

Alla temperatura di 783 K, la K_c della reazione è uguale a 46. Stabilisci se, in queste condizioni, HI tenderà ad aumentare o a diminuire.

40 N_2O_4 e NO_2 esercitano, all'interno di un reattore, una pressione rispettivamente di 2,4 atm e 1,2 atm:

$$N_2O_{4(g)} \rightleftharpoons 2\,NO_{2(g)}$$

Alla temperatura di 298 K, la K_p della reazione è uguale a $9{,}8 \cdot 10^{-1}$ atm. Stabilisci se, in queste condizioni, la pressione di NO_2 tenderà ad aumentare o a diminuire.

41 Considera la reazione di ossidazione del diossido di zolfo. All'equilibrio, le concentrazioni di SO_2 e O_2 sono uguali a 0,005 mol/L e K_c è uguale a 85 $(mol/L)^{-1}$. Calcola la concentrazione di SO_3.

42 Considera la reazione di analisi del pentacloruro di fosforo. All'equilibrio, la concentrazione di PCl_5 è uguale a 0,015 mol/L e K_c è uguale a 0,041 mol/L.
Calcola la concentrazione di PCl_3 e Cl_2.

43 Considera la reazione di analisi dello ioduro di idrogeno. All'equilibrio, le concentrazioni di H_2 e I_2 sono uguali a $2 \cdot 10^{-4}$ mol/L e K_c è uguale a $1{,}4 \cdot 10^{-2}$.
Calcola la concentrazione di HI.

44 In un reattore da 1 L si introducono 0,075 moli di CO_2 e 0,044 moli di H_2. Alla temperatura di 1500 K si ha la seguente reazione:

$$CO_{2(g)} + H_{2(g)} \rightleftharpoons CO_{(g)} + H_2O_{(g)}$$

Quando si raggiunge l'equilibrio, sono presenti 0,045 moli di CO_2. Calcola il valore di K_c.

45 Considera la reazione di sintesi dello ioduro

di idrogeno. Le concentrazioni iniziali di H_2 e I_2 sono entrambe di 1 mol/L e, all'equilibrio, il valore di K_c è 50. Calcola quanti grammi di HI sono presenti all'equilibrio.

46 **La reazione di analisi dello ioduro di idrogeno è rappresentata dalla seguente equazione:**

$$2\,HI_{(g)} \rightleftharpoons H_{2(g)} + I_{2(g)}$$

Alla temperatura di 25 °C il sistema raggiunge l'equilibrio e la variazione di energia libera standard è uguale a 16,74 kJ.
Calcola il valore di K_p.

47 **Considera la seguente reazione:**

$$CO_{(g)} + H_2O_{(g)} \rightleftharpoons CO_{2(g)} + H_{2(g)}$$

Alla temperatura di 987 °C, il sistema raggiunge l'equilibrio e la K_p è $6{,}3 \cdot 10^{-1}$. Calcola $\Delta G°$.

48 **Considera il seguente equilibrio:**

$$C_{(s)} + CO_{2(g)} \rightleftharpoons 2\,CO_{(g)}$$

Aumentando la concentrazione di carbonio

Ⓐ la posizione dell'equilibrio si sposta a destra.
Ⓑ la costante di equilibrio aumenta.
Ⓒ la posizione di equilibrio non cambia.
Ⓓ la costante di equilibrio diminuisce.

49 **La reazione di ossidazione del diossido di zolfo è una reazione di equilibrio esotermica. Stabilisci l'effetto di un aumento di temperatura sulla concentrazione dell'ossigeno.**

50 **Considera la seguente reazione:**

$$2\,NO_{(g)} + H_{2(g)} \rightleftarrows N_2O_{(g)} + H_2O_{(g)} \;(\Delta H = -364\text{ kJ})$$

Stabilisci quale effetto determina sull'equilibrio della reazione:

a. un aumento di temperatura;
b. un aumento di pressione;
c. una diminuzione delle moli di N_2O;
d. la presenza di un catalizzatore.

51 **La reazione di analisi del monossido di azoto è endotermica. All'equilibrio, diminuendo la temperatura**

Ⓐ aumenta la velocità della reazione diretta.
Ⓑ l'equilibrio si sposta verso destra.
Ⓒ aumenta l'energia di attivazione.
Ⓓ l'equilibrio si sposta verso sinistra.

52 **Considera la seguente reazione all'equilibrio:**

$$CCl_{4(l)} + 4\,HCl_{(g)} \rightleftharpoons CH_{4(g)} + 4\,Cl_{2(g)}$$

Aumentando la concentrazione di CCl_4

Ⓐ aumentano le moli di CH_4.
Ⓑ aumentano le moli di CH_4 e Cl_2.
Ⓒ le concentrazioni di CH_4 e Cl_2 non variano.
Ⓓ diminuiscono le moli di CH_4 e Cl_2.

53 **La reazione di ossidazione del diossido di azoto è esotermica. All'equilibrio, diminuendo la temperatura**

Ⓐ aumenta la velocità della reazione diretta.
Ⓑ l'equilibrio si sposta verso destra.
Ⓒ aumenta l'energia di attivazione.
Ⓓ l'equilibrio si sposta verso sinistra.

54 **La reazione di ossidazione del diossido di zolfo è esotermica. L'equilibrio può essere spostato a sinistra**

Ⓐ diminuendo la pressione e la temperatura.
Ⓑ aumentando la pressione e la temperatura.
Ⓒ diminuendo la pressione e aumentando la temperatura.
Ⓓ aumentando la pressione e diminuendo la temperatura.

55 **La reazione di ossidazione del monossido di azoto è esotermica. All'equilibrio, la concentrazione di NO_2 può essere aumentata**

Ⓐ aumentando le moli di NO.
Ⓑ aumentando la temperatura del sistema.
Ⓒ diminuendo le moli di O_2.
Ⓓ aumentando il volume del sistema.

56 **Prendi in esame i seguenti due sistemi all'equilibrio:**

a. la reazione di sintesi del bromuro di idrogeno;
b. la reazione di sintesi dell'ammoniaca.

A temperatura costante, un aumento di pressione provoca lo spostamento

Ⓐ di entrambi gli equilibri verso destra.
Ⓑ di entrambi gli equilibri verso sinistra.
Ⓒ dell'equilibrio **a** verso destra e dell'equilibrio **b** verso sinistra.
Ⓓ dell'equilibrio **b** verso destra e non ha alcun effetto sull'equilibrio **a**.

57 **La reazione di analisi del pentacloruro di fosforo è una reazione di equilibrio. Se, a temperatura e volume costanti, viene aggiunto azoto, la posizione dell'equilibrio**

Ⓐ si sposta verso destra.
Ⓑ si sposta verso sinistra.
Ⓒ non cambia.
Ⓓ si può spostare verso destra o verso sinistra.

TEST YOURSELF

58 **The synthesis reaction of hydrogen iodide is represented by the following reaction:**

$$H_{2(g)} + I_{2(g)} \rightleftharpoons 2\,HI_{(g)}$$

At equilibrium, the chemical analysis has detected the presence of 5.28 mol/L of H_2, of 0.12 mol/L of I_2 and of 5.64 mol/L of HI. Calculate the equilibrium constant, K_c.

59 **Consider the ammonia synthesis. When the reaction reaches equilibrium at 500 K, the partial pressures for each component are: $P_{NH_3} = 0.15$ atm, $P_{N_2} = 1.2$ atm and $P_{H_2} = 0.81$ atm. Calculate K_p.**

60 **The analysis reaction for nitrogen dioxide is represented by the following equilibrium:**

$$2\,NO_{2(g)} \rightleftharpoons 2\,NO_{(g)} + O_{2(g)}$$

At 494 °C, K_p is 0.363 atm. Calculate the value of K_c.

61 **0.5 moles of N_2O_4 are introduced into a 1 L-reactor. The analysis reaction is represented by the following equation:**

$$N_2O_{4(g)} \rightleftharpoons 2\,NO_{2(g)}$$

At equilibrium, 0.427 moles of N_2O_4 are present. Calculate K_c.

62 **Consider the following equilibrium:**

$$H_{2(g)} + Cl_{2(g)} \rightleftharpoons 2\,HCl_{(g)}$$

Determine what happens to the equilibrium after:

a. a decrease in H_2 moles;
b. an increase in HCl moles;
c. an increase in Cl_2 moles.

VERSO I GIOCHI DELLA CHIMICA

63 **Per una data reazione i dati sperimentali evidenziano che, aumentando la temperatura, la costante di equilibrio non cambia. Ammettendo che il $\Delta H°$ e il $\Delta S°$ siano indipendenti dalla temperatura si deduce che la reazione è:**

Ⓐ endotermica.
Ⓑ esotermica.
Ⓒ atermica.
Ⓓ di combustione.

[Finale nazionale 2015]

64 **Prendi in esame il seguente equilibrio:**

$$A_{(g)} + B_{(g)} \rightleftharpoons C_{(g)}$$

A una data temperatura la costante di equilibrio è 0,877. Indica per quale valore della concentrazione molare di B, all'equilibrio, si ha [C] = [A].

Ⓐ 1,07 Ⓑ 1,55 Ⓒ 1,14 Ⓓ 2,13

[Finale nazionale 2016]

VERSO L'UNIVERSITÀ

65 **Una bollicina di gas si sposta verso l'alto dal fondo di un bicchiere di bibita frizzante termicamente in equilibrio. Che cosa succede al gas della bollicina quando questa si sposta verso l'alto?**

Ⓐ La pressione diminuisce e il volume aumenta.
Ⓑ La pressione aumenta e il volume diminuisce.
Ⓒ La temperatura e la pressione aumentano.
Ⓓ La temperatura e il volume aumentano.
Ⓔ Il volume e la temperatura diminuiscono.

[dalla prova di ammissione a Veterinaria, 2013]

66 **Si dice che una reazione raggiunge lo stato di equilibrio chimico quando**

Ⓐ la velocità della reazione diretta è uguale alla velocità della reazione inversa.
Ⓑ inizia ad avvenire la reazione inversa.
Ⓒ la velocità della reazione diretta inizia a diminuire.
Ⓓ la velocità della reazione inversa inizia a diminuire.
Ⓔ la velocità della reazione diretta si riduce a zero.

[dalla prova di ammissione a Veterinaria, 2008]

VERSO L'ESAME: LE TUE COMPETENZE

IPOTIZZA

67 **In un reattore di 2 L sono presenti 0,3 moli di SO_2, 0,16 moli di Cl_2 e 0,5 moli di SO_2Cl_2:**

$$SO_2Cl_{2(g)} \rightleftharpoons SO_{2(g)} + Cl_{2(g)}$$

Alla temperatura di 298 K, la K_c della reazione è uguale a 0,011 mol/L. Stabilisci in quale direzione si sposta il sistema per raggiungere l'equilibrio.

COLLEGA E CALCOLA

68 **In un reattore da 2 L all'equilibrio sono presenti 0,1 moli di PCl_3 e 0,2 moli di Cl_2. Alla temperatura di 700 K, K_c della reazione di analisi è uguale a 10 mol/L. Calcola la concentrazione di PCl_5.**

IPOTIZZA

69 **In un reattore di 5 L sono presenti 0,12 moli di PCl_5, 0,9 moli di PCl_3 e 0,45 moli di Cl_2. Alla temperatura di 298 K, la K_c della reazione è uguale a 0,56 mol/L. Stabilisci in quale direzione si sposta la reazione di analisi del pentacloruro di fosforo per raggiungere l'equilibrio.**

COLLEGA E CALCOLA

70 **In un reattore da 5 L e alla temperatura di 400 °C è presente 1 mole di NH_3. In seguito alla reazione di analisi dell'ammoniaca, all'equilibrio sono presenti 0,086 moli di N_2. Calcola il valore di K_c.**

COLLEGA E CALCOLA

71 **In un reattore da 3 L all'equilibrio sono introdotti 14,01 g di N_2 e 16 g di O_2. Alla temperatura di 2000 K, K_c della reazione di sintesi del monossido di azoto è uguale a $2{,}05 \cdot 10^{-4}$. Calcola i grammi di NO all'equilibrio.**

COLLEGA E CALCOLA

72 **Considera la reazione di sintesi dello ioduro di idrogeno. Alla temperatura di 490 °C, il sistema raggiunge l'equilibrio ed è costituito da 0,316 mol/L di H_2, 1,316 mol/L di I_2 e 4,638 mol/L di HI. Calcola il valore di $\Delta G°$.**

DEDUCI

73 **Considera il seguente equilibrio:**

$$CH_{4(g)} + 2\,H_2S_{(g)} \rightleftharpoons CS_{2(g)} + 4\,H_{2(g)} \quad (\Delta H > 0)$$

Stabilisci quale effetto determina sull'equilibrio della reazione:

a. un aumento delle moli di H_2;
b. una diminuzione delle moli di H_2S;
c. un aumento della temperatura;
d. una diminuzione di volume.

DEDUCI

74 **Considera il seguente equilibrio:**

$$3\,Fe_{(s)} + 4\,H_2O_{(g)} \rightleftharpoons Fe_3O_{4(s)} + 4\,H_{2(g)}$$

Stabilisci quale effetto determina sull'equilibrio della reazione:

a. un aumento di moli di ferro;
b. una diminuzione di moli di Fe_3O_4;
c. un aumento di moli di H_2O;
d. la presenza di un catalizzatore.

IPOTIZZA

75 **Considera il seguente equilibrio:**

$$CH_{4(g)} + H_2O_{(g)} \rightleftharpoons CO_{(g)} + 3\,H_{2(g)} \quad (\Delta H < 0)$$

Stabilisci quali variazioni causeranno lo spostamento dell'equilibrio verso destra.

IPOTIZZA E ARGOMENTA

76 **La sintesi dell'ammoniaca dai suoi elementi costitutivi è una reazione spontanea, ma a temperatura ambiente e pressione atmosferica è così lenta che un anno è insufficiente per ottenere quantità apprezzabili di prodotto.**

a. Rappresenta e bilancia la reazione di sintesi dell'ammoniaca, mostrando che è esotermica.
b. Nel 1918 Haber ricevette il premio Nobel per la chimica per aver messo a punto la sintesi dell'ammoniaca. Haber utilizzò un catalizzatore e una temperatura superiore a 400 °C per aumentare la velocità di reazione, ma questo metodo aveva un effetto indesiderato: quale? Motiva la risposta.
c. Bosch nel 1931 ottenne il premio Nobel per la chimica per aver perfezionato il processo di sintesi dell'ammoniaca, facendolo avvenire ad alta pressione.
Come e perché l'aumento di pressione risolse il problema del metodo di Haber?

LEGGI E SPIEGA

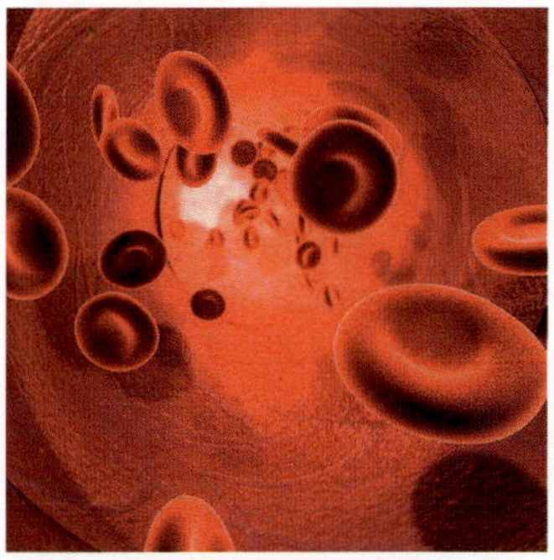

77 **I globuli rossi contengono la proteina emoglobina, che lega e trasporta l'ossigeno. Quando il sangue arriva ai tessuti periferici e agli organi (muscoli, pelle, encefalo ecc.), l'ossigeno si dissocia dall'emoglobina ed entra nelle cellule, dove è continuamente consumato nella reazione con gli zuccheri o i grassi per produrre energia: un processo noto come respirazione cellulare. Il sangue refluo dagli organi periferici contiene, quindi, meno ossigeno e più emoglobina libera. Nei polmoni l'aria cede l'ossigeno di cui è ricca (O_2 rappresenta circa il 21% dei gas atmosferici) al sangue, dove il gas si accumula e si associa all'emoglobina.
Spiega il processo descritto utilizzando il principio dell'equilibrio chimico di Le Châtelier.**

SEI PRONTO PER LA VERIFICA?

IN 1 ORA

Dopo aver studiato i contenuti dei **capitoli 17, 18 e 19**, svolgi la prova nel **tempo massimo di un'ora**.

CONOSCENZE E ABILITÀ

1 **Calcola la quantità di calore (in kJ) assorbita da 2 kg di rame ($c = 0{,}38$ J/g °C) per innalzare la sua temperatura da 18 °C a 600 °C.**

(5 punti se hai risposto correttamente) ...../5

2 **Indica quale delle seguenti relazioni caratterizza una reazione spontanea a qualunque temperatura:**

Ⓐ $\Delta H < 0, \quad \Delta S < 0$
Ⓑ $\Delta H > 0, \quad \Delta S < 0$
Ⓒ $\Delta H < 0, \quad \Delta S > 0$
Ⓓ $\Delta H > 0, \quad \Delta S > 0$

(5 punti se hai risposto correttamente) ...../5

3 **Nella reazione: $2\ HI_{(g)} \rightarrow H_{2(g)} + I_{2(g)}$ la concentrazione di HI diminuisce di 0,5 mol in 100 secondi. Calcola la velocità di reazione.**

(8 punti se hai risposto correttamente) ...../8

4 **In quale di queste reazioni (di cui è nota la K_c) i prodotti sono favoriti rispetto ai reagenti?**

Ⓐ $K_c = 950$
Ⓑ $K_c = 1{,}2 \cdot 10^{-4}$
Ⓒ $K_c = 3{,}89 \cdot 10^{4}$
Ⓓ $K_c = 794$

(12 punti se hai risposto correttamente) ...../12

5 **In un recipiente da 5 L a 520 °C vengono introdotte 2 mol di H_2 e 2 mol di I_2. Sapendo che all'equilibrio la K_c della reazione:**

$$H_{2(g)} + I_{2(g)} \rightleftharpoons 2\ HI_{(g)}$$

è uguale a 0,0156, calcola la concentrazione di HI e di I_2 all'equilibrio.

(12 punti se hai risposto correttamente) ...../12

6 **Quali fattori modificano il valore della costante di equilibrio?**

(10 punti se hai risposto correttamente) ...../10

7 **La costante specifica di velocità *k* di una reazione:**

Ⓐ diminuisce col procedere della reazione.
Ⓑ dipende dalla temperatura.
Ⓒ aumenta con l'aumentare della concentrazione dei prodotti.
Ⓓ diminuisce con la diminuzione della concentrazione dei reagenti.

(8 punti se hai risposto correttamente) ...../8

I primi 60 punti valgono per il raggiungimento degli obiettivi minimi. Per fare di più, rispondi alle seguenti domande.

COMPETENZE

8 **L'equazione termochimica per la reazione di combustione del pentano C_5H_{12} è la seguente:**

$$C_5H_{12(g)} + 8\ O_{2(g)} \longrightarrow 5\ CO_{2(g)} + 6\ H_2O_{(l)} \qquad (\Delta H° = -3520\ \text{kJ})$$

Calcola l'entalpia standard di formazione del pentano.

(10 punti se hai risposto correttamente) ...../10

9 **La reazione: $2\ C_{(s)} + O_{2(g)} \rightarrow 2\ CO_{(g)}$ avviene alla temperatura di 25 °C e alla pressione di 1 atm. Calcola il $\Delta G°$.**

(10 punti se hai risposto correttamente) ...../10

10 **Data la reazione:**

$$2\ SO_{3(g)} + CO_{2(g)} \rightleftharpoons CS_{2(g)} + 4\ O_{2(g)} \qquad (\Delta H > 0)$$

determina dove si sposta l'equilibrio:

a. aumentando le moli di CO_2;
b. aumentando la temperatura;
c. aumentando il volume;
d. aumentando le moli di O_2;
e. in presenza di un catalizzatore.

(10 punti se hai risposto correttamente) ...../10

11 **Determina quale effetto ha un aumento di temperatura sulla reazione:**

$$2\ H_2O_{(g)} \rightleftharpoons H_{2(g)} + O_{2(g)} \qquad (\Delta H = 484\ \text{kJ/mol})$$

che ha raggiunto l'equilibrio.

(10 punti se hai risposto correttamente) ...../10

PUNTEGGIO TOTALE ...../100

CAPITOLO

20

GLI ACIDI E LE BASI

1 LA REAZIONE DI DISSOCIAZIONE IONICA CONSISTE NELLA FORMAZIONE DI IONI DI CARICA OPPOSTA

Molti composti chimici inorganici (acidi, basi e sali) quando sono presenti in soluzione acquosa si trovano sotto forma di ioni.

> La reazione mediante la quale acidi, basi e sali solubili in acqua si dissociano in ioni di carica elettrica opposta si chiama **dissociazione ionica**.

Esaminiamo le modalità della reazione di dissociazione ionica degli acidi, delle basi e dei sali.

Gli **acidi** sono composti *molecolari polari*, che presentano una *parziale* separazione di cariche elettriche, indicate con i simboli δ+ e δ– (figura **1**).

Ammettiamo di versare un acido (HCl) in acqua, che è un composto molecolare *polare* (figura **2**).

Le molecole di acqua si legano con interazioni intermolecolari (legami dipolo-dipolo) ai due atomi (idrogeno e cloro) uniti da un legame covalente polare (figura **3**). Ne consegue un aumento della polarizzazione del legame fino a quando l'elettrone dall'atomo meno elettronegativo (idrogeno) si trasferisce completamente all'atomo più elettronegativo (cloro).

La separazione delle cariche elettriche diventa *totale* e si ha la formazione di due ioni (processo di **ionizzazione**). L'acqua circonda completamente i

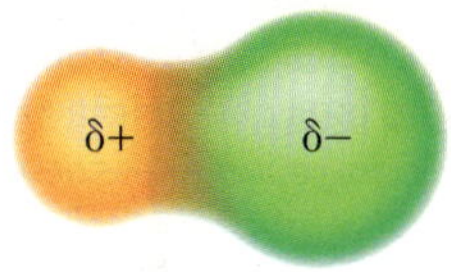

Figura 1 Gli acidi sono composti molecolari polari Tra due atomi di un generico acido legati da un legame covalente eteropolare esiste una parziale separazione di cariche elettriche.

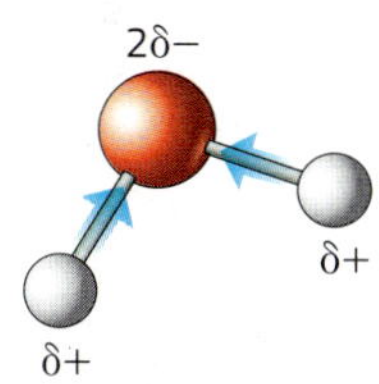

Figura 2 La molecola d'acqua è polare La polarità nella molecola dell'acqua è determinata dalla parziale separazione di cariche elettriche.

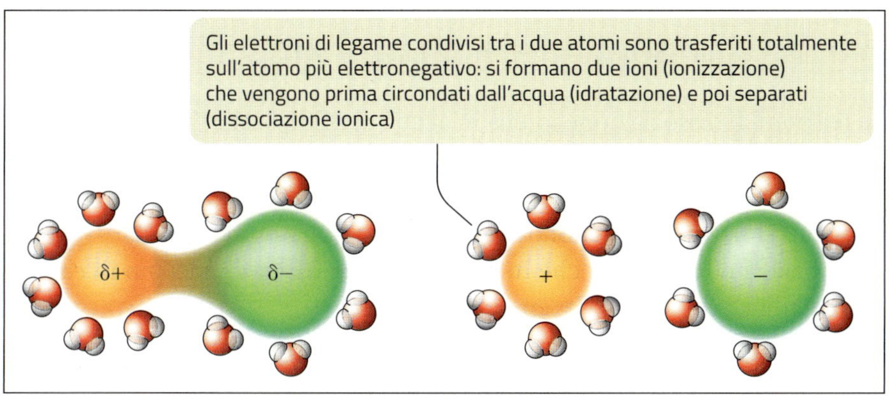

Figura 3 La reazione di dissociazione ionica Le molecole di acqua si legano con legami dipolo-dipolo ai due atomi dell'acido accentuando la separazione delle cariche elettriche.

TI RICORDI?

Il **legame ione-dipolo** è una forza di attrazione elettrostatica che si stabilisce tra uno ione e una molecola polare.

due ioni legandosi a essi con legami *ione-dipolo (*processo di **idratazione**). I due ioni, infine, sono completamente separati (processo di **dissociazione ionica**).

L'acqua quindi prima ionizza e poi dissocia l'acido. Le reazioni di dissociazione ionica dell'acido cloridrico HCl e dell'acido nitrico HNO_3 si rappresentano con le seguenti equazioni chimiche:

$$HCl_{(aq)} \longrightarrow H^+_{(aq)} + Cl^-_{(aq)} \qquad HNO_{3(aq)} \longrightarrow H^+_{(aq)} + NO^-_{3(aq)}$$

Le **basi** e i **sali**, essendo costituiti da atomi con un'*elevata* differenza di elettronegatività, sono composti *ionici* che nello stato solido si presentano sotto forma di ioni. Introducendo questi composti in acqua, le molecole di acqua (molecole polari) si legano con legami ione-dipolo sia agli ioni positivi sia a quelli negativi (processo di **idratazione**). Gli ioni infine si separano completamente (processo di **dissociazione ionica**) (figura 4).

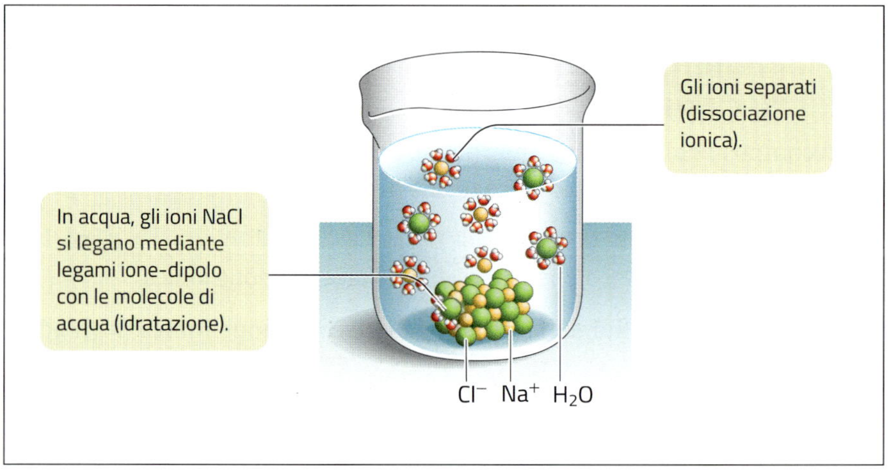

Figura 4 La dissociazione ionica del cloruro di sodio In acqua, un composto ionico va prima incontro a idratazione e poi a dissociazione ionica.

Le reazioni di dissociazione ionica dell'idrossido di sodio NaOH, dell'idrossido di calcio $Ca(OH)_2$, del cloruro di calcio $CaCl_2$ e del solfato di litio Li_2SO_4 si rappresentano con le seguenti equazioni chimiche:

$$NaOH_{(aq)} \longrightarrow Na^+_{(aq)} + OH^-_{(aq)}$$

$$Ca(OH)_{2(aq)} \longrightarrow Ca^{2+}_{(aq)} + 2\ OH^-_{(aq)}$$

$$CaCl_{2(aq)} \longrightarrow Ca^{2+}_{(aq)} + 2\ Cl^-_{(aq)}$$

$$Li_2SO_{4(aq)} \longrightarrow 2\ Li^{2+}_{(aq)} + SO^{2-}_{4(aq)}$$

Le reazioni di dissociazione ionica in acqua di acidi, basi e sali evidenziano i tipi di ioni presenti in acqua:

- gli **acidi** sono composti che in soluzione acquosa si dissociano in ioni idrogeno (H^+) e in anioni monoatomici (Cl^-) o poliatomici (NO_3^-);
- le **basi** sono composti che in soluzione acquosa si dissociano in cationi metallici (Na^+, Ca^{2+}) e in ioni idrossido (OH^-);
- i **sali** sono composti che in soluzione acquosa si dissociano in cationi metallici (Li^+, Ca^{2+}) e in anioni monoatomici (Cl^-) o poliatomici (SO_4^{2-}).

LE PAROLE

Il termine **acidi** (dal latino *acidus*, «pungente») indica composti che in acqua danno soluzioni con pH minore di 7.

LE PAROLE

Il termine **basi** (dal latino *basis*, «base») indica composti dal carattere caustico e corrosivo; considerati per l'appunto, le basi di partenza per la preparazione dei sali.

2 I COMPOSTI CHE IN ACQUA SI DISSOCIANO IN IONI SONO ELETTROLITI

Le soluzioni di composti (acidi, basi e sali) che in acqua si dissociano in ioni conducono la corrente elettrica (*soluzioni elettrolitiche*).

Gli acidi, le basi e i sali che in acqua, essendo dissociati in ioni, conducono la corrente elettrica sono definiti **elettroliti**.

Gli elettroliti, a seconda del loro grado di dissociazione, sono distinti in *forti* e *deboli*. I composti che in acqua non si dissociano in ioni sono **non elettroliti**.

Le soluzioni contenenti elettroliti conducono corrente, a differenza delle soluzioni in cui sono disciolti non elettroliti (figura **5**).

Figura 5 **Elettroliti e non elettroliti** L'acqua distillata e una soluzione di glucosio (non elettroliti) non conducono corrente. Invece, NaCl è un elettrolita forte e le soluzioni in cui è disciolto conducono corrente.

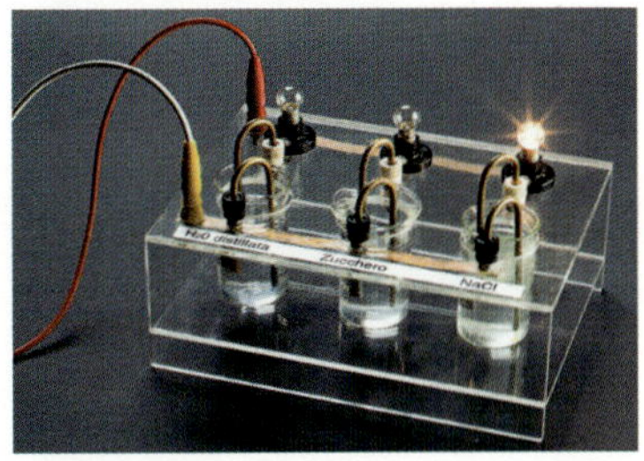

Elettroliti forti

Un elettrolita è **forte** quando in soluzione acquosa è completamente dissociato in ioni.

Sono elettroliti forti i sali solubili, gli acidi inorganici fortemente polarizzati e le basi solubili dei metalli alcalini e dei metalli alcalino-terrosi (tabella **1**).

La reazione di dissociazione ionica di un generico elettrolita forte (simbolo AB) è una reazione *completa*, rappresentata dalla seguente equazione (figura **6A**):

$$AB_{(aq)} \longrightarrow A^+_{(aq)} + B^-_{(aq)}$$

Tabella 1 **Acidi e basi che si comportano da elettroliti forti**

Acidi	Basi
HNO_3	$LiOH$
H_2SO_4	$NaOH$
$HClO_4$	KOH
HCl	$Mg(OH)_2$
HBr	$Ca(OH)_2$
HI	$Ba(OH)_2$

Elettroliti deboli

Un elettrolita è **debole** quando in soluzione acquosa è parzialmente dissociato in ioni.

Sono elettroliti deboli alcuni acidi inorganici e le basi poco solubili dei metalli di transizione e di post-transizione. La reazione di dissociazione ionica di un elettrolita debole è una reazione *incompleta*, con l'equilibrio spostato a sinistra, rappresentata dalla seguente equazione (figura **6B**):

$$AB_{(aq)} \rightleftarrows A^+_{(aq)} + B^-_{(aq)}$$

A COLPO D'OCCHIO

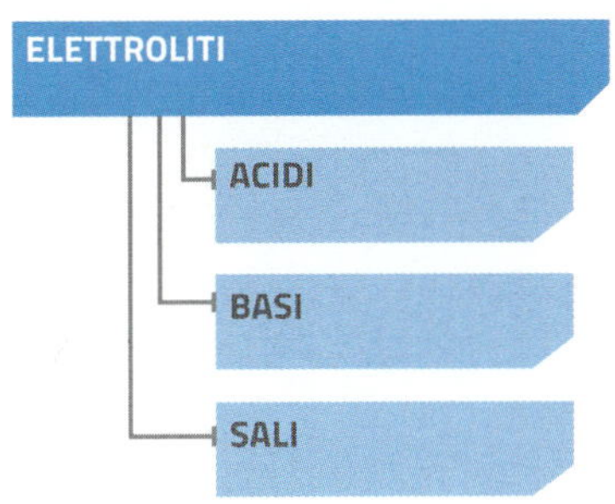

Non elettroliti

Un **non elettrolita** è un composto che in acqua non è dissociato in ioni.

Sono non elettroliti alcuni composti organici (alcoli) e alcune biomolecole (monosaccaridi, disaccaridi, glicerolo) che in acqua sono presenti sotto forma di *molecole* (figura **6C**).

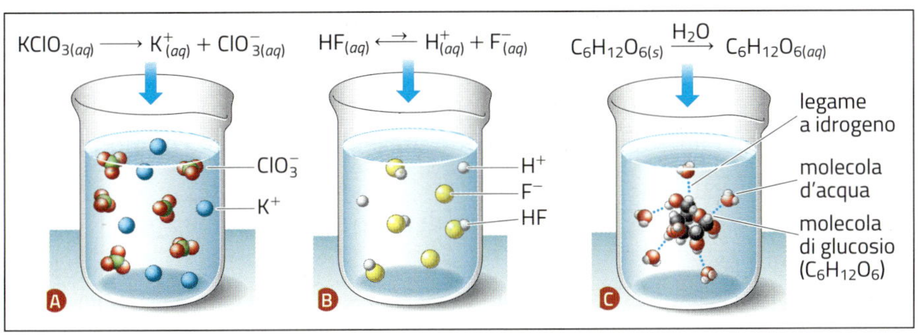

Figura 6 **Elettroliti forti, deboli e non elettroliti** A-B La reazione di dissociazione ionica è completa per un elettrolita forte ($KICO_3$) e incompleta per un elettrolita debole (HF). C Il glucosio è un solido molecolare che in acqua è presente sotto forma di molecole. Il glucosio, quindi, è un non elettrolita.

PROBLEMA MODELLO

Rappresentare le reazioni di dissociazione ionica

Rappresenta la reazione di dissociazione ionica in acqua per i seguenti composti: acido perclorico $HClO_4$, acido carbonico H_2CO_3, idrossido di bario $Ba(OH)_2$, idrossido ferrico $Fe(OH)_3$, fluoruro di calcio CaF_2, nitrato di alluminio $Al(NO_3)_3$, glucosio $C_6H_{12}O_6$, metanolo CH_3OH.

L'IDEA

L'acido perclorico, l'idrossido di bario, il fluoruro di calcio e il nitrato di alluminio sono tutti elettroliti forti. L'acido carbonico e l'idrossido ferrico sono elettroliti deboli. Il glucosio e il metanolo sono non elettroliti.

LA SOLUZIONE

1. Gli elettroliti forti sono completamente dissociati in ioni positivi e negativi: la reazione di dissociazione ionica è completa. Nello specifico:
   - l'acido perclorico è dissociato nello ione idrogeno H^+ e nello ione perclorato ClO_4^-:

$$HClO_{4(aq)} \longrightarrow H^+_{(aq)} + ClO^-_{4(aq)}$$

   - l'idrossido di bario è dissociato nello ione bario Ba^{2+} e in due ioni idrossido OH^-:

$$Ba(OH)_2 \longrightarrow Ba^{2+}_{(aq)} + 2\ OH^-_{(aq)}$$

   - il fluoruro di calcio è dissociato nello ione calcio Ca^{2+} e in due ioni fluoruro F^-:

$$CaF_{2(aq)} \longrightarrow Ca^{2+}_{(aq)} + 2\ F^-_{(aq)}$$

   - il nitrato di alluminio è dissociato nello ione alluminio Al^{3+} e in tre ioni nitrato NO_3^-:

$$Al(NO_3)_3 \longrightarrow Al^{3+} + 3\ NO^-_{3(aq)}$$

2. Gli elettroliti deboli sono parzialmente dissociati in ioni: la reazione di dissociazione ionica è incompleta e l'equilibrio è spostato a sinistra. Nello specifico:
   - l'acido carbonico H_2CO_3 è dissociato nello ione idrogeno H^+ e nello ione carbonato CO_3^{2-}:

$$H_2CO_{3(aq)} \rightleftharpoons 2\ H^+_{(aq)} + CO^{2-}_{3(aq)}$$

   - l'idrossido ferrico $Fe(OH)_3$ è dissociato nello ione ferrico Fe^{3+} e in tre ioni idrossido OH^-:

$$Fe(OH)_{3(aq)} \rightleftharpoons Fe^{3+}_{(aq)} + 3\ OH^-_{3(aq)}$$

3. I non elettroliti, pur essendo solubili in acqua, non si dissociano in ioni e pertanto per essi non si può rappresentare la reazione di dissociazione ionica. I non elettroliti in acqua sono presenti sotto forma di molecole.

PROBLEMA SIMILE

Rappresenta l'equazione della reazione di dissociazione ionica per i seguenti composti:

a. H_2SO_4, HBr b. LiOH, $Al(OH)_3$ c. FeI_2, $Mg(NO_3)_2$

3 GLI ACIDI E LE BASI SI IDENTIFICANO PER LE DIVERSE PROPRIETÀ

Gli acidi e le basi sono tra le sostanze più diffuse presenti in natura e le proprietà che permettono di identificare una sostanza come acido oppure come base sono le seguenti:

- gli **acidi** hanno un tipico sapore *aspro*, sono *elettroliti*, colorano di *rosso* la cartina al tornasole e *neutralizzano* le soluzioni delle basi (figura **7A**);
- le **basi**, nel passato note come *alcali* (dall'arabo *al-qualy*, «ceneri») possiedono un tipico sapore *amaro*, sono *elettroliti*, colorano di *blu* la cartina al tornasole e *neutralizzano* le soluzioni degli acidi (figura **7B**).

Figura 7 Le proprietà degli acidi e delle basi Gli acidi e le basi conducono entrambi l'elettricità, ma presentano importanti differenze.

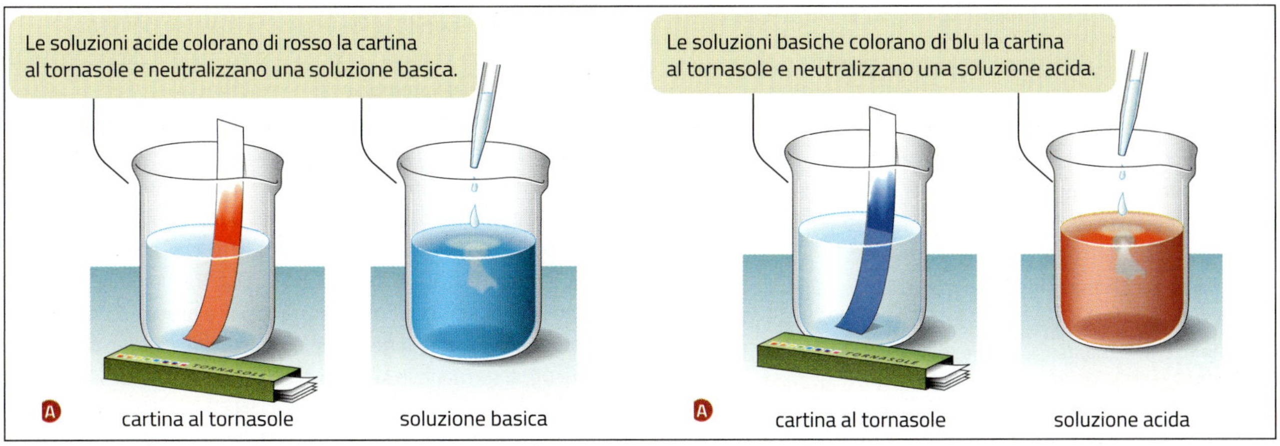

Gli acidi e le basi sono ampiamente presenti negli alimenti e nei prodotti di uso comune.

Tra gli *acidi* ricordiamo l'acido acetico (presente nell'aceto) e l'acido citrico (presente nei limoni). Composti acidi importanti a livello industriale sono l'acido solforico (o vetriolo) utilizzato nelle batterie per autoveicoli e l'acido nitrico usato per la raffinazione di metalli.

Tra le *basi* ricordiamo il bicarbonato di sodio e l'idrossido di magnesio (o magnesia), usati per neutralizzare l'acidità di stomaco; l'ammoniaca, che sotto forma di soluzione acquosa è utilizzata per l'igiene della casa; l'ipoclorito di sodio (o candeggina) usato per il bucato; i sali di acidi grassi (o saponi) utilizzati come detergenti.

Composti basici importanti a livello industriale sono l'idrossido di sodio (o soda caustica), per la preparazione di detersivi e coloranti, e il carbonato di sodio (o soda), per la produzione di vetri e vernici (figura **8**).

A COLPO D'OCCHIO

ACIDI
- SAPORE ASPRO
- SONO ELETTROLITI
- CARTINA AL TORNASOLE ROSSA
- NEUTRALIZZANO LE BASI

A COLPO D'OCCHIO

BASI
- SAPORE AMARO
- SONO ELETTROLITI
- CARTINA AL TORNASOLE BLU
- NEUTRALIZZANO GLI ACIDI

Figura 8 Acidi e basi nella vita quotidiana A Il limone, l'aceto e anche i pomodori contengono sostanze acide. B Il sapone di Marsiglia contiene sostanze basiche.

PER SAPERNE DI PIÙ

Acidi e basi nei viventi

Sono diversi i composti a carattere acido o basico presenti nel nostro organismo e con ruoli biologici fondamentali per il metabolismo cellulare.

Tra gli acidi ricordiamo l'acido cloridrico, l'acido lattico e l'acido carbonico.

L'**acido cloridrico** è prodotto dalle cellule parietali delle ghiandole gastriche dello stomaco. Svolge una funzione rilevante per la digestione delle proteine, in quanto favorisce la conversione di un enzima inattivo, il pepsinogeno, nella forma attiva di pepsina, la quale ha il compito di idrolizzare i polipeptidi in oligopeptidi.

$$\text{pepsinogeno} \xrightarrow{HCl} \text{pepsina} \qquad \text{polipeptidi} \xrightarrow{\text{pepsina}} \text{oligopeptidi}$$

L'idrolisi degli oligopeptidi in amminoacidi è svolta successivamente dalla tripsina secreta dal pancreas.

L'**acido lattico** è il prodotto finale del metabolismo anaerobico del glucosio nelle cellule muscolari in seguito a un'attività fisica intensa (figura).

Il processo è distinto in due vie metaboliche, la glicolisi e la fermentazione lattica. La *glicolisi* si svolge nel citoplasma e comporta la demolizione del glucosio (molecola a sei atomi di carbonio) in due molecole di acido piruvico (molecola a tre atomi di carbonio) e la liberazione di energia sotto forma di due molecole di ATP. Segue la *fermentazione lattica* in cui l'acido piruvico (in assenza di ossigeno) è ridotto ad acido lattico che si accumula nei muscoli, dando la sensazione di fatica. A causa della sua tossicità, l'acido lattico viene prelevato dal sangue e portato al fegato dove viene convertito in glucosio.

L'**acido carbonico** si forma nel plasma del sangue durante il trasporto del diossido di carbonio CO_2 dalle cellule dei tessuti agli alveoli polmonari. Il diossido di carbonio, uno dei prodotti finali dell'ossidazione del glucosio, diffondendo dalle cellule dei tessuti ai capillari sanguigni, reagisce con l'acqua formando acido carbonico H_2CO_3. La reazione è catalizzata dall'enzima anidrasi carbonica. L'acido carbonico, essendo un acido debole e instabile, si dissocia in ioni idrogeno H^+ e ioni bicarbonato HCO_3^-. Quando il sangue, tramite l'arteria polmonare, raggiunge i polmoni, lo ione idrogeno e lo ione bicarbonato ricostituiscono l'acido carbonico, che si decompone in acqua e diossido di carbonio:

$$CO_2 + H_2O \overset{AC}{\rightleftharpoons} H_2CO_3 \rightleftharpoons H^+ + HCO_3^-$$

Il diossido di carbonio infine diffonde dal sangue agli alveoli polmonari e da qui, tramite le vie respiratorie, verso l'esterno.

Composti con comportamento basico sono il bicarbonato di sodio, i sali biliari e l'ammoniaca.

Il **bicarbonato di sodio**, o idrogenocarbonato di sodio, presente nel succo pancreatico secreto dal pancreas, ha il compito di *neutralizzare* nel duodeno (intestino tenue) l'acidità del chimo proveniente dallo stomaco. La presenza nel duodeno di un ambiente leggermente basico favorisce l'attività di diversi enzimi pancreatici (amilasi pancreatica, lipasi pancreatica, tripsina) che completano la digestione di carboidrati, trigliceridi e proteine.

I **sali biliari**, presenti nella bile prodotta dalle cellule del fegato (epatociti), si formano in seguito alla reazione tra acidi biliari (il più noto è l'acido colico) e cationi metallici (Na^+). I sali biliari svolgono un ruolo importante nell'*emulsionare* i trigliceridi in modo da favorire l'attività catalitica della lipasi pancreatica.

L'**ammoniaca** è il prodotto finale del catabolismo degli amminoacidi (monomeri delle proteine). A causa della sua tossicità, l'ammoniaca è trasformata in *urea* nel fegato. Infine i nefroni del rene eliminano l'urea in seguito alla produzione di urina. Nel sangue, l'ammoniaca si forma dal gruppo amminico degli amminoacidi, è fondamentale per il funzionamento del *sistema tampone proteico* controllato dall'albumina, che impedisce le variazioni del pH del sangue.

Figura L'acido lattico si forma nelle cellule muscolari Durante un'intensa attività fisica l'atleta trasforma il glucosio presente nelle cellule muscolari in acido lattico.

4 LA TEORIA DI ARRHENIUS: GLI ACIDI IN ACQUA LIBERANO IONI H^+, LE BASI IONI OH^-

Nel 1887, il chimico svedese Svante Arrhenius (figura **9**) formulò la prima teoria relativa agli acidi e alle basi con riferimento al loro comportamento chimico e alla loro composizione. Arrhenius si basò sull'osservazione che gli acidi (simbolo **HA**) e le basi (simbolo **BOH**) in soluzione sono elettroliti e che gli acidi contengono almeno un atomo di *idrogeno* mentre le basi contengono almeno un gruppo *idrossido*. Giunse così alle seguenti definizioni:

Un **acido** è una specie chimica che in soluzione acquosa si dissocia liberando ioni idrogeno H^+.

$$HA_{(aq)} \longrightarrow H^+_{(aq)} + A^-_{(aq)}$$

Una **base** è una specie chimica che in soluzione acquosa si dissocia liberando ioni idrossido OH^-.

$$BOH_{(aq)} \longrightarrow B^+_{(aq)} + OH^-_{(aq)}$$

Figura 9 **Svante Arrhenius**
Per la sua teoria, nel 1903 Arrhenius ricevette il premio Nobel per la chimica.

In tal modo, il carattere acido fu associato da Arrehnius a un eccesso di ioni H^+ rispetto a quelli presenti nell'acqua pura e il carattere basico a un eccesso di ioni OH^- rispetto a quelli presenti nell'acqua pura.

Di questo eccesso sarebbe responsabile la dissociazione in soluzione di un acido (HCl, HNO_3) o di una base (NaOH, $Ca(OH)_2$), rappresentata con le seguenti equazioni (figura **10**):

acidi $HCl_{(aq)} \longrightarrow H^+_{(aq)} + Cl^-_{(aq)}$ $HNO_{3(aq)} \longrightarrow H^+_{(aq)} + NO^-_{3(aq)}$

basi $NaOH_{(aq)} \longrightarrow Na^+_{(aq)} + OH^-_{(aq)}$ $Ca(OH)_{2(aq)} \longrightarrow Ca^{2+}_{(aq)} + 2\,OH^-_{(aq)}$

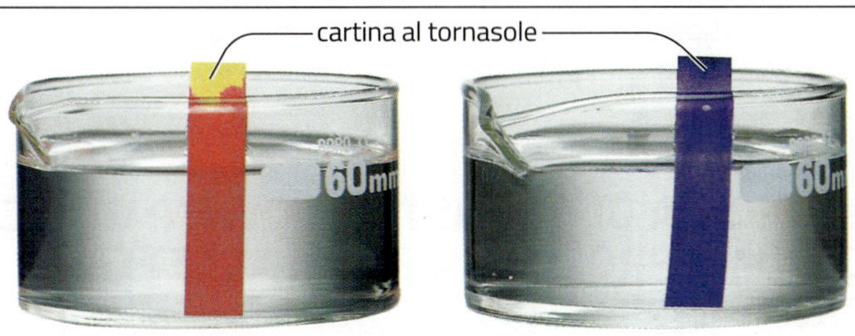

Figura 10 **Acidi e basi in soluzione**
Gli acidi in soluzione acquosa liberano ioni H^+, le basi ioni OH^-.

Le basi, a seconda del numero di gruppi OH^- che possono liberare in soluzione, si chiamano *monobasiche, dibasiche, tribasiche.*

$NaOH_{(aq)}$	$Ca(OH)_2$	$Fe(OH)_{3(aq)}$
base monobasica	base dibasica	base tribasica

Le definizioni di Arrhenius comprendono molti acidi (idracidi e ossiacidi) e molte basi (idrossidi dei metalli alcalini e alcalino-terrosi), tuttavia non consentono di spiegare il comportamento acido di alcuni composti (CO_2, SO_2) che non possiedono atomi di idrogeno e il comportamento basico di alcuni composti (NH_3, CaO) che non possiedono gruppi idrossido.

TI RICORDI?

I metalli **alcalini** sono gli elementi del primo gruppo (tranne l'idrogeno); gli **alcalino-terrosi** sono gli elementi del secondo gruppo.

Il **comportamento acido** del diossido di carbonio e del diossido di zolfo si giustifica ammettendo che i due ossidi acidi reagiscano con l'acqua per dare rispettivamente l'acido carbonico H_2CO_3 e l'acido solforoso H_2SO_3:

$$CO_{2(g)} + H_2O_{(l)} \longrightarrow H_2CO_{3(aq)}$$

$$SO_{2(g)} + H_2O_{(l)} \longrightarrow H_2SO_{3(aq)}$$

i quali successivamente si dissociano liberando ioni idrogeno secondo le seguenti equazioni:

$$H_2CO_{3(aq)} \longrightarrow H^+_{(aq)} + HCO^-_{3(aq)}$$

$$H_2SO_{3(aq)} \longrightarrow H^+_{(aq)} + HSO^-_{3(aq)}$$

Il **comportamento basico** dell'ammoniaca e dell'ossido di calcio si giustifica ammettendo che reagiscano con l'acqua formando l'idrossido di ammonio NH_4OH e l'idrossido di calcio $Ca(OH)_2$:

$$NH_{3(g)} + H_2O_{(l)} \longrightarrow NH_4OH_{(aq)}$$

$$CaO_{(s)} + H_2O_{(l)} \longrightarrow Ca(OH)_{2(aq)}$$

i quali infine si dissociano liberando ioni idrossido secondo le seguenti equazioni:

$$NH_4OH_{(aq)} \longrightarrow NH^+_{4(aq)} + OH^-_{(aq)}$$

$$Ca(OH)_{2(aq)} \longrightarrow Ca^{2+}_{(aq)} + 2\ OH^-_{(aq)}$$

La spiegazione del comportamento acido o basico dei suddetti composti permette di usare ancora le definizioni di acido e di base di Arrhenius, ma modificate nel modo seguente:

Un **acido** è una specie chimica che in soluzione acquosa aumenta la concentrazione degli ioni idrogeno.

Una **base** è una specie chimica che in soluzione acquosa aumenta la concentrazione degli ioni idrossido.

Figura 11 Johannes Nicolaus Brønsted Il chimico danese formulò la teoria acido-base nel 1923, indipendentemente dal britannico Thomas Martin Lowry.

5 LA TEORIA DI BRØNSTED-LOWRY: GLI ACIDI CEDONO PROTONI, LE BASI ACCETTANO PROTONI

Le definizioni di acido e di base di Arrhenius sono le più semplici ma possono valere solo per le *soluzioni acquose*. Nel 1923 il chimico danese Johannes Brønsted (figura 11) e il chimico inglese Thomas Lowry (contemporaneamente ma separatamente l'uno dall'altro) formularono una teoria molto più ampia e soddisfacente di quella di Arrhenius, *senza collegarla al solvente acqua*.

Nella teoria di Brønsted-Lowry il comportamento di un composto come acido (simbolo HA) o base (simbolo B) è descritto in termini di **trasferimento** (cessione o acquisto) di protoni H^+.

Un **acido** è una specie chimica, molecolare o ionica, capace di cedere un protone.

$$HA \rightleftharpoons H^+ + A^-$$

LE PAROLE

Il termine **protone** (dal greco *protos*, «primo» e *on*, «che esiste») indica una particella elementare subatomica di carica positiva. Il protone formalmente corrisponde allo ione idrogeno H^+.

Una **base** è una specie chimica, molecolare o ionica, capace di accettare un protone.

$$B + H^+ \rightleftharpoons BH^+$$

Le coppie coniugate acido-base

Il trasferimento di un protone da un acido a una base presuppone la contemporanea presenza e disponibilità di un composto che lo ceda e di un composto che lo accetti. Un composto quindi non può comportarsi da acido se non in presenza di una base e viceversa.

L'acido A_1, cedendo un protone, si trasforma nella sua *base coniugata* B_1 e la base B_2, accettando il protone, si trasforma nel suo *acido coniugato* A_2. La reazione che descrive il processo di trasferimento di un protone si rappresenta con la generica equazione di equilibrio:

$$\underset{\substack{\text{acido}\\ A_1}}{HA} + \underset{\substack{\text{base}\\ B_2}}{B} \rightleftharpoons \underset{\substack{\text{acido coniugato}\\ A_2}}{BH^+} + \underset{\substack{\text{base coniugata}\\ B_1}}{A^-}$$

Nelle reazioni di equilibrio di Brønsted-Lowry non esistono dunque acidi e basi, ma sempre e solo coppie coniugate acido-base:

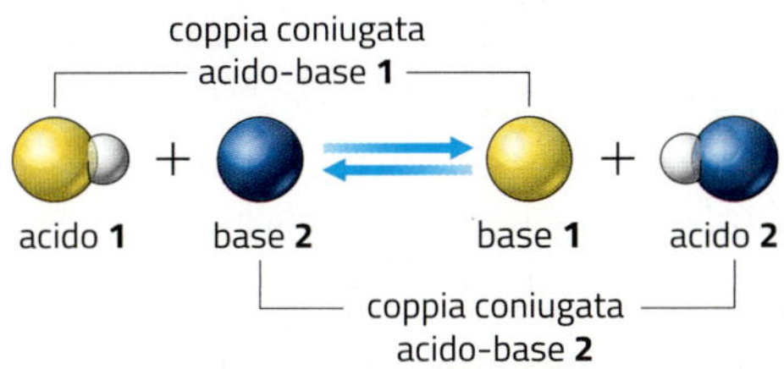

Una **coppia coniugata acido-base** è costituita da due specie chimiche che differiscono per un protone.

6 NELLA REAZIONE DI PROTOLISI SI TRASFERISCE UN PROTONE

La reazione che descrive il processo di trasferimento di un protone da un acido a una base si chiama **reazione di protolisi**.

La reazione di protolisi può avvenire in presenza o in assenza di solvente.

Reazioni di protolisi in acqua

Il *cloruro di idrogeno* HCl in acqua si comporta da acido cedendo un protone all'acqua che, accettandolo, si comporta da base.

Il cloruro di idrogeno si trasforma nella base coniugata Cl^- (ione cloruro) e l'acqua nell'acido coniugato H_3O^+ (ione ossonio):

$$\underset{A_1}{HCl_{(g)}} + \underset{B_2}{H_2O_{(l)}} \rightleftharpoons \underset{A_2}{H_3O_{(aq)}} + \underset{B_1}{Cl^-_{(aq)}}$$

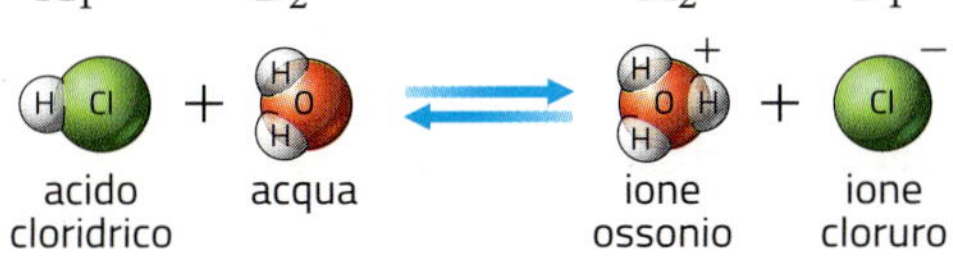

L'*ammoniaca* NH_3 in acqua si comporta da base accettando un protone dall'acqua che, cedendolo, si comporta da acido. NH_3 si trasforma nell'acido coniugato NH_4^+ (ione ammonio) e l'acqua nella base coniugata OH^- (ione idrossido):

$$\underset{B_1}{NH_{3(g)}} + \underset{A_2}{H_2O_{(l)}} \rightleftharpoons \underset{A_1}{NH^+_{4\,(aq)}} + \underset{B_2}{OH^-_{(aq)}}$$

L'*idrossido di sodio* NaOH in acqua si dissocia nello ione sodio Na^+ e nello ione idrossido OH^- secondo la seguente equazione:

$$NaOH_{(aq)} \longrightarrow Na^+_{(aq)} + OH^-_{(aq)}$$

Lo *ione idrossido* si comporta da base accettando un protone dallo ione ossonio H_3O^+ che, cedendolo, si comporta da acido:

$$\underset{B_1}{OH^-_{(aq)}} + \underset{A_2}{H_3O^+_{(aq)}} \rightleftharpoons \underset{B_2}{H_2O_{(l)}} + \underset{A_1}{H_2O_{(l)}}$$

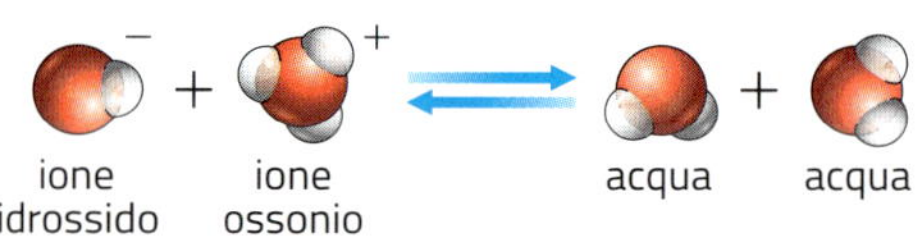

Qualunque composto che contenga ioni idrossido si comporta da base.

L'*ossido di calcio* CaO in acqua si dissocia nello ione calcio Ca^{2+} e nello ione ossido O^{2-} secondo la seguente equazione:

$$CaO_{(aq)} \longrightarrow Ca^{2+}_{(aq)} + O^{2-}_{(aq)}$$

Lo *ione ossido* si comporta da base accettando un protone dall'acqua che, cedendolo, si comporta da acido:

$$\underset{B_1}{O^{2-}_{(aq)}} + \underset{A_2}{H_2O_{(l)}} \rightleftharpoons \underset{B_2}{H_2O_{(l)}} + \underset{A_1}{H_2O_{(l)}}$$

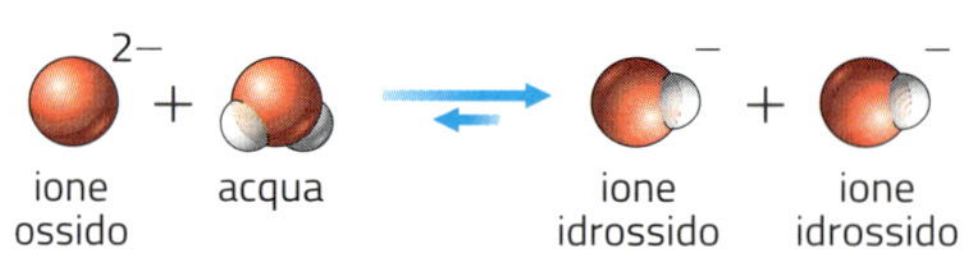

Qualunque composto che contenga ioni ossido si comporta da base.

Reazione di protolisi non in acqua

L'ammoniaca e il cloruro di idrogeno, entrambi sotto forma di gas, si comportano rispettivamente da base (accettando un protone) e da acido (cedendo un protone), formando il cloruro di ammonio allo stato solido (figura **12**):

$$NH_{3(g)} + HCl_{(g)} \rightleftharpoons NH_4Cl_{(s)}$$

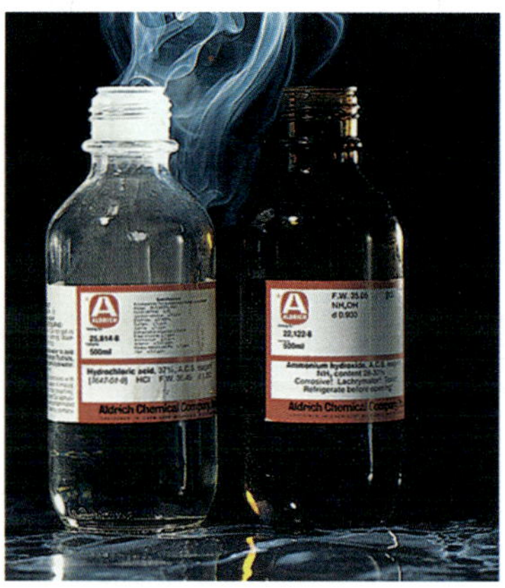

Figura 12 La reazione tra l'ammoniaca e il cloruro di idrogeno in fase gassosa Dalla reazione tra NH_3 e HCl in fase gassosa si forma una nube bianca costituita da microcristalli di cloruro di ammonio (NH_4Cl).

PROBLEMA MODELLO

Rappresentare l'equazione di protolisi

Rappresenta l'equazione di protolisi tra lo ione bicarbonato HCO_3^- e lo ione cromato CrO_4^{2-} precisando le coppie coniugate acido-base.

L'IDEA

Esaminando la formula chimica dei due ioni è evidente che solo lo ione bicarbonato è poliatomico e con un atomo di idrogeno ionizzabile, per cui questo rappresenta l'acido e di conseguenza lo ione cromato è la base.

LA SOLUZIONE

Lo ione HCO_3^- cedendo un protone si trasforma nella sua base coniugata CO_3^{2-}, viceversa lo ione CrO_4^{2-} accettando un protone si trasforma nel suo acido coniugato $HCrO_4^-$. L'equazione di protolisi è quindi la seguente:

$$HCO_3^- + CrO_4^{2-} \rightleftharpoons CO_3^{2-} + HCrO_4^-$$

LA CONCLUSIONE

Le coppie coniugate acido-base sono pertanto:

$$HCO_3^- / CO_3^{2-} \quad e \quad HCrO_4^- / CrO_4^{2-}$$

PROBLEMA SIMILE

Rappresenta la reazione di protolisi tra lo ione solfato acido e lo ione fosfato identificando le coppie coniugate acido-base.

7 I COMPOSTI ANFOTERI POSSONO COMPORTARSI SIA DA ACIDI SIA DA BASI

Consideriamo di nuovo le reazioni di protolisi acido-base dell'acido cloridrico e dell'ammoniaca con l'acqua:

$$HCl_{(aq)} + H_2O_{(l)} \rightleftharpoons H_3O^+_{(aq)} + Cl^-_{(aq)}$$

$$NH_{3(aq)} + H_2O_{(l)} \rightleftharpoons NH^+_{4(aq)} + OH^-_{(aq)}$$

L'acqua nella reazione con l'acido cloridrico si comporta da **base** e nei confronti dell'ammoniaca si comporta da **acido**.

Si definiscono **anfotere** o **anfiprotiche** le specie chimiche (molecolari o ioniche) che si comportano da acido in presenza di una base e da base in presenza di un acido.

Il comportamento anfotero dell'**acqua** come accettore o donatore di protoni si può così rappresentare:

$$OH^- \xleftarrow[\text{(acido)}]{-H^+} H_2O \xrightarrow[\text{(base)}]{+H^+} H_3O^+$$

Quindi nell'acqua si verifica una reazione di protolisi definita dal trasferimento di un protone da una molecola di acqua, che si comporta da *acido*, a un'altra che si comporta da *base*:

$$\underset{A_1}{H_2O_{(l)}} + \underset{B_2}{H_2O_{(l)}} \rightleftharpoons \underset{A_2}{H_3O^+_{(aq)}} + \underset{B_1}{HO^-_{(aq)}}$$

LE PAROLE

Il termine **anfotero** (dal greco *anfoteros*, «l'uno e l'altro») indica un composto che si comporta sia da acido sia da base. Tra i composti organici sono anfoteri gli alcoli e gli amminoacidi.

Tale reazione è da considerarsi quindi una reazione di **autoprotolisi** che, formando due ioni, può definirsi di *autoionizzazione*.

Anche l'**ammoniaca** liquida $NH_{3(l)}$ è un composto anfotero in quanto una molecola di ammoniaca, comportandosi da acido, forma lo ione ammide NH_2^- e l'altra molecola di ammoniaca, comportandosi da base, forma lo ione ammonio NH_4^+; entrambi gli ioni sono sciolti in ammoniaca (simbolo am):

$$\underset{A_1}{NH_{3(l)}} + \underset{B_2}{NH_{3(l)}} \rightleftharpoons \underset{A_2}{NH^+_{4(am)}} + \underset{B_1}{NH^-_{2(am)}}$$

La reazione è da considerarsi quindi una reazione di *autoionizzazione*:

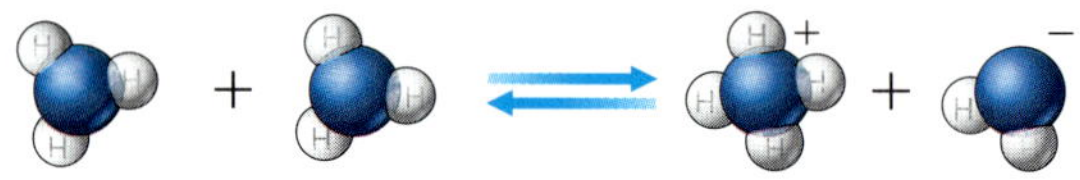

TI RICORDI?

Gli **anioni poliatomici** sono gruppi di due o più atomi uniti tra di loro mediante legami covalenti polari e con una o più cariche elettriche negative.

Hanno comportamento anfotero anche gli **anioni poliatomici** che derivano dalla dissociazione graduale di acidi poliprotici (H_2S, H_2CO_3, H_3PO_4).

Lo ione bicarbonato HCO_3^-, che deriva dalla dissociazione dell'acido carbonico H_2CO_3, con l'acqua:

- si comporta da *acido* cedendo un protone e trasformandosi nello ione carbonato secondo l'equazione:

$$\underset{A_1}{HCO^-_{3(aq)}} + \underset{B_2}{H_2O_{(l)}} \rightleftharpoons \underset{A_2}{H_3O^+_{(aq)}} + \underset{B_1}{CO^{2-}_{3(aq)}}$$

- si comporta da *base* accettando un protone e trasformandosi nell'acido carbonico secondo l'equazione:

$$\underset{B_1}{HCO^-_{3(aq)}} + \underset{A_2}{H_2O_{(l)}} \rightleftharpoons \underset{B_2}{OH^-_{(aq)}} + \underset{A_1}{H_2CO_{3(aq)}}$$

Quindi lo ione bicarbonato HCO_3^- è l'acido nella coppia coniugata HCO_3^-/CO_3^{2-} ed è la base nella coppia coniugata HCO_3^-/H_2CO_3:

$$CO_3^{2-} \xleftarrow[\text{(acido)}]{-H^+} HCO_3^- \xrightarrow[\text{(base)}]{+H^+} H_2CO_3$$

PER SAPERNE DI PIÙ

Grotte, gusci e gas serra

Esiste un equilibrio tra diossido di carbonio, acido carbonico, bicarbonato e carbonato:

$$H_2O_{(l)} + CO_{2(g)} \rightleftharpoons H_2CO_{3(aq)} \rightleftharpoons 2H^+ + CO^{2-}_{3(aq)} \rightleftharpoons H^+ + HCO^-_{3(aq)}$$

Tale equilibrio mette i relazione litosfera, biosfera e atmosfera.

Il calcare è una roccia sedimentaria che contiene calcite e/o aragonite, minerali composti di carbonato di calcio ($CaCO_3$). Esistono calcari di origine chimica e organogena.

Alla prima categoria appartengono stalattiti e stalagmiti, che si formano nelle grotte carsiche per deposizione di carbonati insolubili dall'acqua piovana, ricca di diossido di carbonio.

Alla seconda categoria appartengono le rocce formatesi dal deposito di gusci di organismi marini (protisti, coralli, molluschi) sui fondali oceanici. Tuttavia, le attività antropiche (trasporti, riscaldamento, produzione di energia elettrica) incrementano la concentrazione atmosferica di CO_2 che, oltre ad aumentare l'effetto serra, provoca acidificazione degli oceani: tale processo ostacola la deposizione dei carbonati e mette così a rischio l'ecosistema marino.

8 GLI ACIDI SI CLASSIFICANO IN FORTI E DEBOLI SECONDO LA LORO TENDENZA A CEDERE PROTONI

La maggiore o minore tendenza a cedere un protone permette di classificare gli acidi di Brønsted-Lowry come forti o deboli.

Un **acido** è **forte** se ha un'alta tendenza a cedere un protone.

Quanto *maggiore* è la *tendenza* dell'acido a cedere un protone, tanto più l'equilibrio di dissociazione è spostato a *destra*, tanto più l'acido è **forte**:

$$HA \rightleftharpoons H^+ + A^-$$

Sono acidi **forti** l'acido nitrico, l'acido solforico, l'acido perclorico e gli acidi alogenidrici (tranne l'acido fluoridrico). Naturalmente le rispettive *basi coniugate* non hanno tendenza ad accettare un protone e sono quindi *basi molto deboli* (tabella **2**).

Tabella 2 Gli acidi forti e le rispettive basi coniugate deboli

Acidi forti	Basi coniugate deboli
HNO_3	NO_3^-
H_2SO_4	HSO_4^-
$HClO_4$	ClO_4^-
HCl	Cl^-
HBr	Br^-
HI	I^-

Un **acido** è **debole** se ha una bassa tendenza a cedere un protone.

Quanto *minore* è la *tendenza* dell'acido a cedere un protone, tanto più l'equilibrio di dissociazione è spostato a *sinistra*, tanto più l'acido è **debole**:

$$HA \rightleftharpoons H^+ + A^-$$

Sono acidi **deboli**:
- tutti gli acidi inorganici tranne gli acidi forti (alcuni acidi deboli sono l'acido carbonico e l'acido cianidrico);
- tutti gli acidi carbossilici, acidi organici in cui è presente il gruppo atomico $-COOH$ (per esempio, l'acido formico $HCOOH$ e l'acido acetico CH_3COOH);
- gli anioni poliatomici contenenti un atomo di idrogeno ionizzabile (per esempio, lo ione diidrogenofosfato $H_2PO_4^-$ e lo ione idrogenosolfuro HS^-);
- il catione poliatomico NH_4^+ (ione ammonio).

Ovviamente tanto più debole è un acido, tanto più forte è la sua base coniugata (tabella **3**).

Tabella 3 Alcuni acidi deboli e le rispettive basi coniugate

Acidi deboli	Basi coniugate forti
H_2CO_3	HCO_3^-
HCN	CN^-
$HCOOH$	$HCOO^-$
CH_3COOH	CH_3COO^-
$H_2PO_4^-$	HPO_4^{2-}
HS^-	S^{2-}
NH_4^+	NH_3

La costante di dissociazione acida definisce la forza di un acido

Prendiamo in esame una reazione di protolisi di un generico acido HA con l'acqua come base, cioè accettore di protoni.

La reazione di *dissociazione* è rappresentata dal seguente equilibrio:

$$HA_{(aq)} + H_2O_{(l)} \rightleftharpoons H_3O^+_{(aq)} + A^-_{(aq)}$$

Dato che la forza dell'acido è determinata dalla *posizione* di questo equilibrio, il parametro che ne esprime la misura *quantitativa* è la costante di equilibrio K_c.

Per gli **acidi forti**, completamente dissociati, l'equilibrio è tutto spostato a *destra* per cui il valore di K_c è *molto alto*. La dissociazione di acidi forti **non** raggiunge l'equilibrio e la reazione è rappresentata dalla seguente equazione:

$$HA_{(aq)} + H_2O_{(l)} \longrightarrow H_3O^+_{(aq)} + A^-_{(aq)}$$

TI RICORDI?

La **costante di equilibrio** di una reazione è un rapporto: al numeratore si pone il prodotto delle concentrazioni molari dei prodotti all'equilibrio, elevate ai coefficienti stechiometrici; al denominatore si pone il prodotto delle concentrazioni molari dei reagenti all'equilibrio, elevate ai coefficienti stechiometrici.

Per gli **acidi deboli**, parzialmente dissociati, l'equilibrio è spostato a *sinistra* per cui il valore della costante di equilibrio K_c è *basso*. La reazione è rappresentata dalla seguente equazione:

$$HA_{(aq)} + H_2O_{(l)} \rightleftarrows H_3O^+_{(aq)} + A^-_{(aq)}$$

La costante di equilibrio K_c è data dalla relazione:

$$K_c = \frac{[H_3O^+]\cdot[A^-]}{[HA]\cdot[H_2O]}$$

Essendo l'acido debole, cioè poco dissociato, sono poche le molecole di acqua protonate (H_3O^+). Ne consegue che la concentrazione molare dell'acqua indissociata $[H_2O]$ si può ritenere costante e quindi questo valore può essere inglobato nella costante K_c, ottenendo in tal modo una nuova costante chiamata **costante di dissociazione acida** (simbolo $\boldsymbol{K_a}$) o costante di ionizzazione acida o costante di acidità (tabella **4**):

$$K_c \cdot [H_2O] = K_a$$

Sostituendo nella relazione precedente si ottiene:

$$K_a = \frac{[H_3O^+]\cdot[A^-]}{[HA]}$$

Per l'acido carbonico H_2CO_3 e l'acido cianidrico HCN le equazioni di dissociazione e i relativi valori di K_a alla temperatura di 25 °C sono:

$$H_2CO_{3(aq)} + H_2O_{(l)} \rightleftarrows HCO^-_{3(aq)} + H_3O^+_{(aq)}$$

$$K_{a(H_2CO_3)} = \frac{[HCO_3^-]\cdot[H_3O^+]}{[H_2CO_3]} = 4{,}2 \cdot 10^{-7}$$

$$HCN_{(aq)} + H_2O_{(aq)} \rightleftarrows CN^-_{(aq)} + H_3O^+_{(aq)}$$

$$K_{a(HCN)} = \frac{[CN^-]\cdot[H_3O^+]}{[HCN]} = 4{,}9 \cdot 10^{-10}$$

Dai valori di K_a risulta che l'acido cianidrico è *più debole* dell'acido carbonico.

Tabella 4 Valori della costante di dissociazione acida K_a dei più comuni acidi deboli alla temperatura di 25 °C La forza di un acido aumenta andando verso l'alto.

Acido		K_a
Acido iodico	HIO_3	$1{,}7 \cdot 10^{-1}$
Acido solforoso	H_2SO_3	$1{,}5 \cdot 10^{-2}$
Ione idrogenosolfato	HSO_4^-	$1{,}1 \cdot 10^{-2}$
Acido cloroso	$HClO_2$	$1{,}0 \cdot 10^{-2}$
Acido fosforico	H_3PO_4	$7{,}5 \cdot 10^{-3}$
Acido fluoridrico	HF	$3{,}5 \cdot 10^{-4}$
Acido nitroso	HNO_2	$4{,}5 \cdot 10^{-4}$
Acido formico	HCOOH	$1{,}8 \cdot 10^{-4}$
Acido acetico	CH_3COOH	$1{,}8 \cdot 10^{-5}$
Acido carbonico	H_2CO_3	$4{,}2 \cdot 10^{-7}$
Acido solfidrico	H_2S	$1{,}0 \cdot 10^{-7}$

Acido		K_a
Ione diidrogenofosfato	$H_2PO_4^-$	$6{,}3 \cdot 10^{-8}$
Ione idrogenosolfito	HSO_3^-	$6{,}2 \cdot 10^{-8}$
Acido ipocloroso	HClO	$3{,}0 \cdot 10^{-8}$
Acido borico	H_3BO_3	$7{,}3 \cdot 10^{-10}$
Ione ammonio	NH_4^+	$5{,}6 \cdot 10^{-10}$
Acido cianidrico	HCN	$4{,}9 \cdot 10^{-10}$
Ione idrogenocarbonato	HCO_3^-	$5{,}6 \cdot 10^{-11}$
Ione idrogenofosfato	HPO_4^{2-}	$4{,}8 \cdot 10^{-13}$
Ione idrogenosolfuro	HS^-	$1{,}0 \cdot 10^{-14}$
Acqua	H_2O	$1{,}0 \cdot 10^{-14}$

Gli acidi monoprotici e poliprotici

Gli acidi, a seconda del numero di ioni di idrogeno ovvero di protoni che possono cedere a una base, si distinguono in:

- acidi **monoprotici**, se possono cedere un solo protone (alcuni acidi monoprotici sono l'acido fluoridrico HF e l'acido nitroso HNO_2). Le reazioni di protolisi dell'acido fluoridrico e dell'acido nitroso sono le seguenti:

$$HF_{(aq)} + H_2O_{(l)} \rightleftharpoons H_3O^+_{(aq)} + F^-_{(aq)}$$
$$HNO_{2(aq)} + H_2O_{(l)} \rightleftharpoons H_3O^+_{(aq)} + NO^-_{2(aq)}$$

- acidi **poliprotici**, se possono cedere più di un protone. Nello specifico si chiamano diprotici (H_2S, H_2CO_3), triprotici (H_3PO_4), tetraprotici (H_4SiO_4), a seconda che siano capaci di cedere due, tre o quattro protoni.

Gli acidi poliprotici si dissociano *gradualmente*. Le reazioni di prima dissociazione e di seconda dissociazione dell'acido carbonico sono rappresentate dalle seguenti equazioni:

prima dissociazione $$H_2CO_{3(aq)} + H_2O_{(l)} \rightleftharpoons H^+_{(aq)} + HCO^-_{3(aq)}$$
acido carbonico — ione bicarbonato

seconda dissociazione $$HCO^-_{3(aq)} + H_2O_{(l)} \rightleftharpoons H^+_{(aq)} + CO_3^{2-}$$
ione bicarbonato — ione carbonato

A ogni stadio di dissociazione corrisponde una ben definita costante: di prima dissociazione K_{a1}, di seconda dissociazione K_{a2}, di terza dissociazione K_{a3}. Le costanti di dissociazione successive alla prima hanno valori via via *minori* perché l'acido, ionizzandosi, acquista una carica negativa che ostacola sempre più la cessione del protone successivo (tabella **5**). Risulta quindi:

$$K_{a3} < K_{a2} < K_{a1}$$

Acido	Formula	K_{a1}	K_{a2}	K_{a3}
Acido carbonico	H_2CO_3	$4{,}2 \cdot 10^{-7}$	$4{,}8 \cdot 10^{-11}$	
Acido fosforico	H_3PO_4	$7{,}5 \cdot 10^{-3}$	$6{,}3 \cdot 10^{-8}$	$4{,}4 \cdot 10^{-13}$

Tabella 5 Valori di K_a dell'acido carbonico e dell'acido fosforico. È più facile sottrarre un protone a un acido che a un suo anione, per cui la K_a è maggiore per la prima dissociazione che per le successive.

9 LE BASI SI CLASSIFICANO IN FORTI E DEBOLI SECONDO LA LORO TENDENZA AD ACCETTARE PROTONI

La maggiore o minore tendenza ad accettare un protone permette di classificare le basi in forti o deboli.

Una **base** è **forte** se ha un'alta tendenza ad accettare un protone.

Quanto *maggiore è la tendenza* di una base ad accettare un protone, tanto più l'equilibrio di protonazione è spostato a *destra* e tanto più la base è **forte**:

$$B + H^+ \rightleftharpoons BH^+$$

Sono basi **forti** lo ione ammide, lo ione ossido e lo ione idrossido .

- Lo *ione ammide* NH_2^- deriva dall'autoionizzazione dell'ammoniaca. Accettando un protone dallo ione ammonio si trasforma in ammoniaca:

$$\underset{B_1}{NH^-_{2(am)}} + \underset{A_2}{NH^+_{4(am)}} \rightleftarrows \underset{A_1}{NH_{3(l)}} + \underset{B_2}{NH_{3(l)}}$$

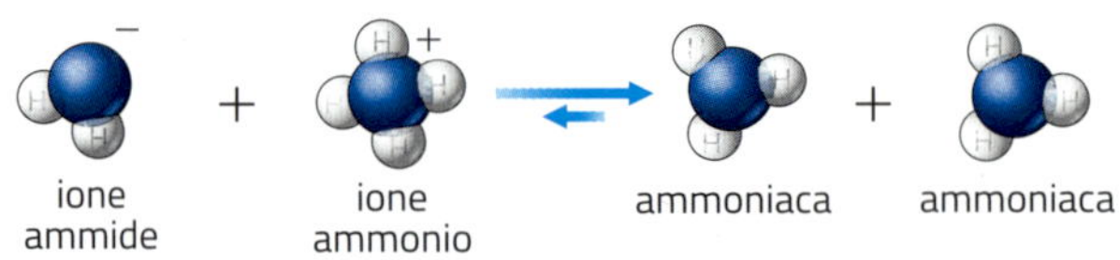

- Lo *ione ossido* O^{2-} deriva dalla dissociazione in acqua degli ossidi dei metalli alcalini e dei metalli alcalino-terrosi (tranne il berillio). Accettando un protone dell'acqua si trasforma nello ione idrossido OH^-:

$$\underset{B_1}{O^{2-}_{(aq)}} + \underset{A_2}{H_2O_{(l)}} \rightleftarrows \underset{A_1}{OH^-_{(aq)}} + \underset{B_2}{OH^-_{(aq)}}$$

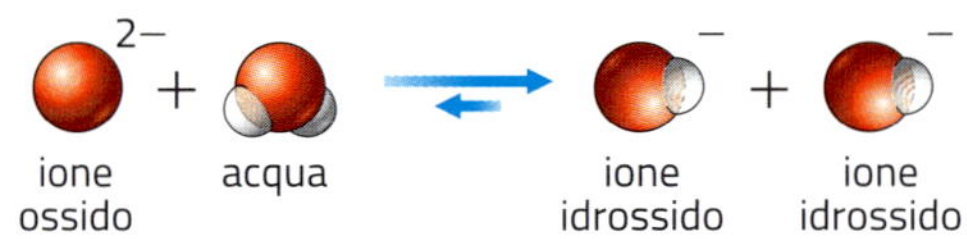

- Lo *ione idrossido* OH^- deriva dalla dissociazione in acqua degli idrossidi dei metalli alcalini e dei metalli alcalino-terrosi (tranne il berillio). Accettando un protone dallo ione ossonio forma l'acqua:

$$\underset{B_1}{OH^-_{(aq)}} + \underset{A_2}{H_3O^+_{(aq)}} \rightleftarrows \underset{A_1}{H_2O_{(l)}} + \underset{B_2}{H_2O_{(l)}}$$

I rispettivi *acidi coniugati* non hanno tendenza a cedere un protone e sono quindi *acidi molto deboli* (tabella **6**).

Tabella 6 Basi forti e rispettivi acidi coniugati deboli

Basi forti	Acidi coniugati deboli
NH_2^-	NH_3
O^{2-}	OH^-
OH^-	H_2O

Una **base** è **debole** se ha una bassa tendenza ad accettare un protone.

Quanto *minore* è la *tendenza* della base ad accettare un protone, tanto più l'equilibrio di protonazione è spostato a *sinistra*, tanto più la base è **debole**:

$$B + H^+ \rightleftarrows BH^+$$

Sono basi **deboli**:

- l'ammoniaca e l'idrazina N_2H_4;
- le ammine, basi organiche in cui è presente il gruppo atomico $-NH_2$ (le ammine più comuni sono: la metilammina CH_3NH_2 e l'etilammina $CH_3CH_2NH_2$);
- lo ione ossido e lo ione idrossido dei metalli di transizione (zinco, rame) e post-transizione (alluminio, stagno);
- le basi coniugate di acidi forti sono, per esempio, lo ione nitrato, lo ione idrogenosolfato e lo ione cloruro (tabella **7**).

Tabella 7 Alcune basi deboli e i rispettivi acidi coniugati forti

Basi deboli	Acidi coniugati forti
NH_3	NH_4^+
N_2H_4	$N_2H_5^+$
CH_3NH_2	$CH_3NH_3^+$
$CH_3CH_2NH_2$	$CH_3CH_2NH_3^+$
NO_3^-	HNO_3
HSO_4^-	H_2SO_4
Cl^-	HCl

La costante di dissociazione basica definisce la forza di una base

Prendiamo in esame una reazione di protolisi di una generica base B nella quale l'acido, ovvero il donatore di protoni, sia l'*acqua*. La reazione di protonazione in acqua è rappresentata dal seguente equilibrio:

$$B_{(aq)} + H_2O_{(l)} \rightleftharpoons BH^+_{(aq)} + OH^-_{(aq)}$$

Poiché la forza della base è determinata dalla *posizione* di questo equilibrio, il parametro che ne esprime la misura quantitativa è la costante di equilibrio $\boldsymbol{K_c}$.

Per le **basi forti** l'equilibrio è tutto spostato a *destra* e quindi il valore di K_c è *molto alto*. Le basi forti **non** danno, pertanto, reazioni di equilibrio:

$$B_{(aq)} + H_2O_{(l)} \longrightarrow BH^+_{(aq)} + OH^-$$

Per le **basi deboli** l'equilibrio è spostato a *sinistra*, per cui il valore della costante di equilibrio K_c è *basso*:

$$B_{(aq)} + H_2O_{(l)} \rightleftharpoons BH^+_{(aq)} + OH^-_{(aq)}$$

La costante di equilibrio K_c è data dalla relazione:

$$K_c = \frac{[BH^+]\cdot[OH^-]}{[B]\cdot[H_2O]}$$

Trattandosi di basi deboli, sono poche le molecole di acqua che cedono il protone, per cui la concentrazione dell'acqua indissociata si può ritenere costante e il suo valore può essere inglobato nella costante K_c. Si ottiene una nuova costante chiamata **costante di dissociazione basica** (simbolo $\boldsymbol{K_b}$) o costante di ionizzazione basica o costante di basicità (tabella **8**):

$$K_c \cdot [H_2O] = K_b$$

Sostituendo nella relazione precedente si ottiene la seguente relazione:

$$K_b = \frac{[BH^+]\cdot[OH^-]}{[B]}$$

Tabella 8 Valori della costante di dissociazione basica K_b di alcune basi deboli alla temperatura di 25 °C La forza della base aumenta andando verso l'alto. I valori di K_b diventono più grandi.

Base		K_b
Ione fosfato	PO_4^{3-}	$5{,}8 \cdot 10^{-3}$
Etilammina	$C_2H_5NH_2$	$6{,}6 \cdot 10^{-4}$
Metilammina	CH_3NH_2	$4{,}4 \cdot 10^{-4}$
Ione carbonato	CO_3^{2-}	$2{,}1 \cdot 10^{-4}$
Trimetilammina	$(CH_3)_3N$	$6{,}5 \cdot 10^{-5}$
Ione cianuro	CN^-	$1{,}6 \cdot 10^{-5}$
Ammoniaca	NH_3	$1{,}8 \cdot 10^{-5}$
Idrazina	N_2H_4	$1{,}7 \cdot 10^{-6}$
Ione ipoclorito	ClO^-	$2{,}9 \cdot 10^{-7}$
Ione solfito	SO_3^{2-}	$1{,}6 \cdot 10^{-7}$

Base		K_b
Ione idrogenosolfuro	HS^-	$1{,}0 \cdot 10^{-7}$
Ione idrogenocarbonato	HCO_3^-	$2{,}4 \cdot 10^{-8}$
Idrossilammina	NH_2OH	$6{,}6 \cdot 10^{-9}$
Anilina	$C_6H_5NH_2$	$4{,}3 \cdot 10^{-10}$
Ione nitrito	NO_2^-	$2{,}2 \cdot 10^{-11}$
Ione fluoruro	F^-	$1{,}5 \cdot 10^{-11}$
Ione clorito	ClO_2^-	$1{,}0 \cdot 10^{-12}$
Ione idrogenosolfito	HSO_3^-	$8{,}3 \cdot 10^{-13}$
Acqua	H_2O	$1{,}0 \cdot 10^{-14}$

Per lo ione bicarbonato HCO_3^- e lo ione cianuro CN^- le equazioni di equilibrio e i relativi valori di K_b alla temperatura di 25 °C sono:

$$HCO^-_{3(aq)} + H_2O_{(l)} \rightleftarrows H_2CO_{3(aq)} + OH^-_{(aq)} \qquad K_b = \frac{[H_2CO_3]\cdot[OH^-]}{[HCO_3^-]} = 2{,}4\cdot10^{-8}$$

$$CN^-_{(aq)} + H_2O_{(l)} \rightleftarrows HCN_{(aq)} + OH^- \qquad K_b = \frac{[HCN]\cdot[OH^-]}{[CN^-]} = 1{,}6\cdot10^{-5}$$

Dai valori di K_b risulta che lo ione bicarbonato è una base *più debole* dello ione cianuro.

Le basi monoprotiche e poliprotiche

Analogamente agli acidi, anche le basi, a seconda del numero dei protoni che possono accettare da un acido, sono distinte in:

- basi **monoprotiche**, se possono accettare un solo protone (alcune basi monoprotiche sono l'ammoniaca NH_3, lo ione ipoclorito ClO^- e lo ione cianuro CN^-). Le reazioni di protonazione dell'ammoniaca e dello ione ipoclorito sono rappresentate dalle seguenti equazioni:

$$NH_{3(aq)} + H_2O_{(l)} \rightleftarrows NH^+_{4(aq)} + OH^-_{(aq)}$$

$$ClO^-_{(aq)} + H_2O_{(l)} \rightleftarrows HClO_{(aq)} + OH^-_{(aq)}$$

- basi **poliprotiche**, se possono accettare più di un protone. Nello specifico le basi poliprotiche si chiamano diprotiche (S^{2-}), triprotiche (PO_4^{3-}), tetraprotiche (SiO_4^{4-}), a seconda che siano capaci di accettare due, tre o quattro protoni. Le basi poliprotiche accettano protoni gradualmente. Le reazioni di prima protonazione e di seconda protonazione dello ione solfuro sono rappresentate dalle seguenti equazioni:

prima protonazione

$$\underset{\text{ione solfuro}}{S^{2-}_{(aq)}} + H_2O_{(l)} \rightleftarrows \underset{\text{ione idrogeno solfuro}}{HS^-_{(aq)}} + OH^-_{(aq)}$$

seconda protonazione

$$\underset{\text{ione solfuro idrogeno}}{HS^-_{(aq)}} + H_2O_{(l)} \rightleftarrows \underset{\text{acido solfidrico}}{H_2S_{(aq)}} + OH^-$$

A ogni equazione di protonazione corrisponde un ben definito valore di K_b (tabella **9**). Dai valori di K_b risulta:

$$K_{b3} < K_{b2} < K_{b1}$$

Tabella 9 Valori di K_b dello ione solfuro e dello ione fostato Lo ione solfuro è una base diprotica, lo ione fostato triprotica. È più facile protonare basi con più cariche negative che con una sola, per cui la K_b è maggiore per la prima reazione di protolisi che per le successive.

Base	Formula	K_{b1}	K_{b2}	K_{b3}
Ione solfuro	S^{2-}	1,0	$1{,}0\cdot10^{-7}$	
Ione fosfato	PO_4^{3-}	$5{,}8\cdot10^{-3}$	$1{,}6\cdot10^{-7}$	$1{,}3\cdot10^{-12}$

10 I VALORI DI K_a E K_b SONO LEGATI DAL PRODOTTO IONICO DELL'ACQUA

Nelle reazioni di equilibrio di Brønsted-Lowry a un acido corrisponde una base coniugata e a una base corrisponde un acido coniugato.

Risultati sperimentali evidenziano che *maggiore* è il valore di K_a, ovvero più forte è l'acido, *minore* è il valore della K_b, ovvero più debole è la base coniugata e viceversa (figura **13**). A temperatura costante, il *prodotto* della costante di dissociazione di un *acido debole* K_a e della costante di dissociazione della sua *base coniugata* K_b è una costante detta **prodotto ionico dell'acqua** (simbolo $\boldsymbol{K_w}$):

$$K_a \cdot K_b = K_w$$

Alla temperatura di 25 °C:

$$K_w = 1{,}0 \cdot 10^{-14}$$

È evidente che noto uno dei due valori, K_a o K_b, si può determinare l'altro valore mediante le seguenti relazioni:

$$K_a = \frac{K_w}{K_b} \qquad K_b = \frac{K_w}{K_a}$$

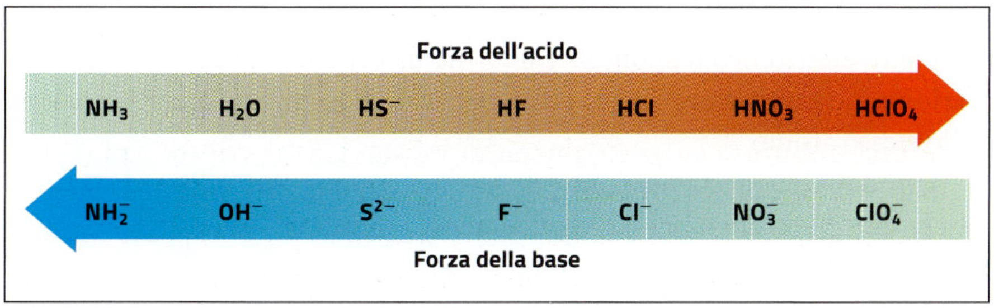

Figura 13 Forza di acidi e basi coniugati Aumentando la forza di un acido, diminuisce la forza della sua base coniugata.

I valori di K_a e K_b delle coppie coniugate acido-base permettono di prevedere se l'equilibrio di una reazione di protolisi è spostato a favore di prodotti (destra) o dei reagenti (sinistra).

Consideriamo la reazione di dissociazione dell'acido acetico CH_3COOH in acqua e riportiamo i corrispondenti valori di K_a e K_b:

$$\underset{K_a = 1{,}8 \cdot 10^{-5}}{CH_3COOH_{(l)}} + \underset{K_b = 1{,}0 \cdot 10^{-14}}{H_2O_{(l)}} \rightleftharpoons \underset{K_b = 5{,}6 \cdot 10^{-10}}{CH_3COO^-_{(aq)}} + \underset{K_a = 1{,}0}{H_3O^+_{(aq)}}$$

Dall'analisi dei valori di K_a e K_b si evidenzia che:

- la K_a di H_3O^+ è *maggiore* della K_a di CH_3COOH e quindi il primo ha maggiore tendenza a cedere il protone;
- la K_b dello ione acetato CH_3COO^- è *maggiore* della K_b di H_2O e quindi il primo ha maggiore tendenza ad accettare il protone.

Risulta pertanto che l'equilibrio della reazione è spostato a *sinistra* (verso i reagenti).

In una reazione di protolisi la posizione dell'equilibrio è spostata dove si trovano l'acido e la base più deboli, che hanno i valori minori di K_a e K_b.

11 LA TEORIA DI LEWIS: GLI ACIDI ACCETTANO UN DOPPIETTO ELETTRONICO, LE BASI LO CONDIVIDONO

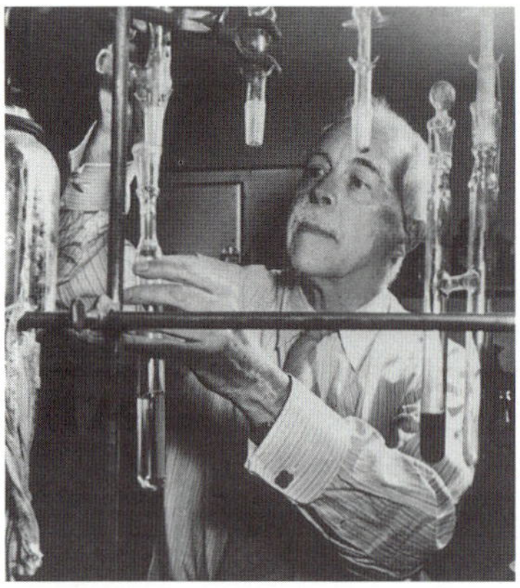

Figura 14 **Gilbert Newton Lewis** Il chimico statunitense elaborò anche una teoria sui legami covalenti. Nonostante l'importanza dei suoi studi, non ricevette mai il premio Nobel.

La teoria di Brønsted-Lowry su acidi e basi rappresenta sicuramente un'estensione rispetto alla teoria di Arrhenius, ma non è sufficiente a spiegare il comportamento di tutte le reazioni acido-base. Esistono infatti reazioni che sono da considerare reazioni acido-base pur non implicando il trasferimento di un protone.

Una definizione più generale e più ampia di acido e di base fu pertanto formulata nel 1923 dal chimico statunitense Gilbert Newton Lewis (figura 14) che propose una teoria in cui il comportamento acido o basico non è più legato al trasferimento di un protone, ma è spiegato con la condivisione di un *doppietto elettronico* tra un acido e una base.

Un **acido** è una specie chimica, ionica o molecolare, che può accettare un doppietto elettronico.

Una **base** è una specie chimica, ionica o molecolare, che può condividere un doppietto elettronico.

Tra l'acido (simbolo A) con un orbitale vuoto, e la base (simbolo B), con un doppietto elettronico disponibile, si forma un **legame covalente di coordinazione,** cioè un legame in cui i due elettroni di legame vengono condivisi dallo stesso atomo.

TI RICORDI?

Il **legame covalente di coordinazione** consiste nella condivisione di un doppietto elettronico tra un atomo e uno ione negativo che fornisce entrambi gli elettroni e un atomo e uno ione positivo che accetta i due elettroni.

Il prodotto di questa reazione è denominato **composto di coordinazione** o *complesso di coordinazione* o semplicemente *complesso*:

$$\underset{\text{acido}}{A} + \underset{\text{base}}{|B} \longrightarrow \underset{\text{complesso}}{A-B}$$

Tutti gli acidi di Brønsted-Lowry, ovvero tutte le specie chimiche che cedono un protone, e tutte le basi di Brønsted-Lowry, cioè specie chimiche che accettano un protone, sono anche acidi e basi di Lewis.

La reazione tra l'acido cloridrico e l'acqua:

- è una *reazione acido-base di Brønsted-Lowry*; l'acido cloridrico si comporta da acido perché cede un protone H^+ all'acqua, che accettandolo si comporta da base:

$$\underset{A_1}{HCl_{(aq)}} + \underset{B_2}{H_2O_{(l)}} \rightleftharpoons \underset{A_2}{H_3O^+_{(aq)}} + \underset{B_1}{Cl^-_{(aq)}}$$

- è una *reazione acido-base di Lewis*; lo ione idrogeno si comporta da acido accettando un doppietto elettronico che viene condiviso dall'acqua, che si comporta da base:

$$\underset{\text{acido}}{H^+} + \underset{\text{base}}{H_2O} \rightleftharpoons \underset{\text{complesso}}{H_3O^+}$$

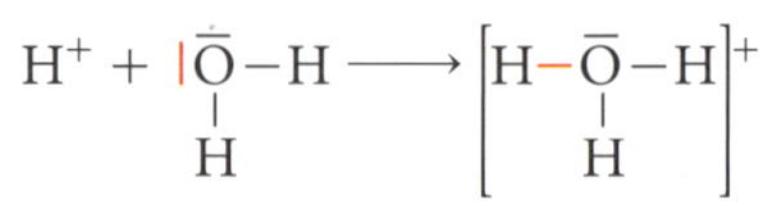

La reazione tra l'ammoniaca e l'acqua:

- è una *reazione acido-base di Brønsted-Lowry*; l'ammoniaca si comporta da base perché accetta un protone dall'acqua, che cedendolo si comporta da acido:

$$\underset{B_1}{NH_{3(aq)}} + \underset{A_2}{H_2O_{(l)}} \rightleftharpoons \underset{A_1}{NH^+_{4(aq)}} + \underset{B_2}{OH^-_{(aq)}}$$

- è una *reazione acido-base di Lewis*; l'ammoniaca si comporta da base condividendo un doppietto elettronico con lo ione idrogeno H^+, che accettandolo si comporta da acido:

$$\underset{\text{base}}{NH_{3(aq)}} + \underset{\text{acido}}{H^+_{(aq)}} \rightleftharpoons \underset{\text{complesso}}{NH^+_{4(aq)}}$$

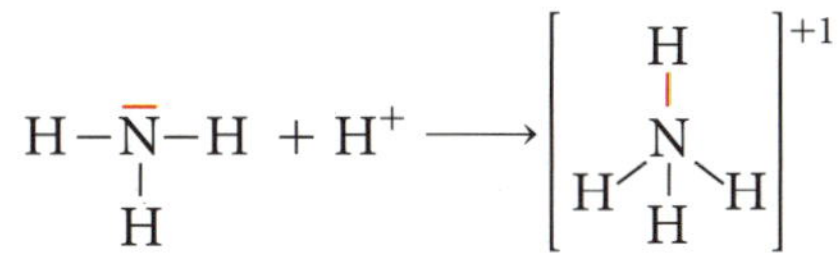

Nella teoria di Lewis sono considerati **acidi**:

- le molecole con **ottetti incompleti**, costituite da atomi di boro o di alluminio legati con legami covalenti polari ad atomi di alogeni (BF_3, $AlCl_3$);
- i **cationi dei metalli di transizione** (Zn^{2+}, Fe^{3+}) o di **post-transizione** (Sn^{2+}), che formano legami covalenti di coordinazione con ioni negativi (Cl^-, CN^-) o con molecole con un doppietto elettronico disponibile (H_2O, NH_3).

Il tricloruro di alluminio, $AlCl_3$, molecola con ottetto incompleto e quindi con un orbitale vuoto, si comporta da acido. Lo ione cloruro è uno ione con un doppietto elettronico disponibile che si comporta da base. Tra il tricloruro di alluminio e lo ione cloruro si verifica una reazione acido-base di Lewis con formazione di un complesso, lo ione tetracloruro di alluminio:

$$\underset{\text{acido}}{AlCl_3} + \underset{\text{base}}{Cl^-} \longrightarrow \underset{\text{complesso}}{AlCl_4^-}$$

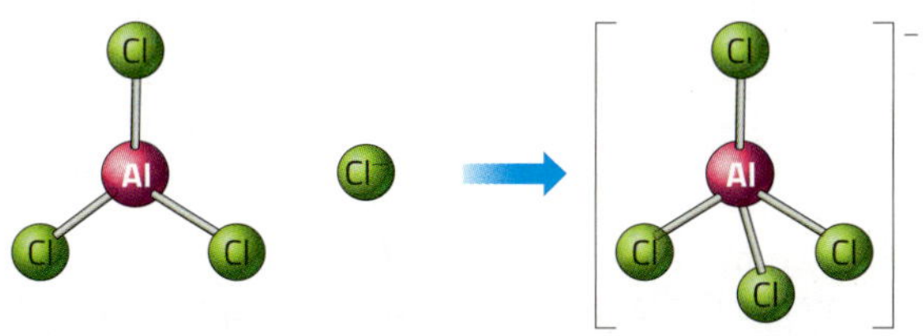

Tra lo ione zinco Zn^{2+}, catione di un metallo di transizione con comportamento acido, e l'ammoniaca, molecola con un doppietto elettronico disponibile e con comportamento basico, si verifica una reazione acido-base di Lewis con formazione dello ione complesso tetramminozinco:

$$\underset{\text{acido}}{Zn^{2+}} + \underset{\text{base}}{4\,NH_{3(l)}} \rightleftharpoons \underset{\text{complesso}}{[Zn(NH_3)_4]^{2+}_{(aq)}}$$

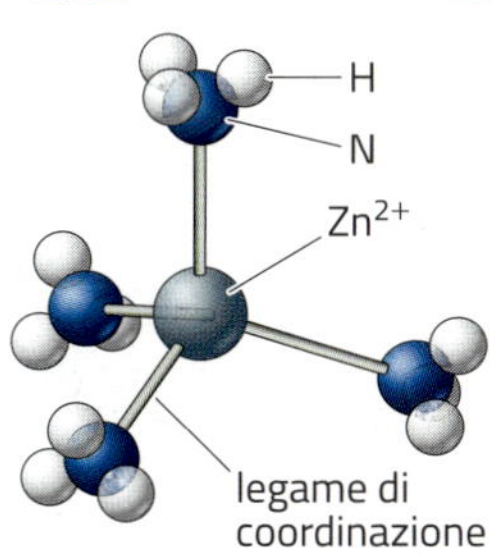

LABORATORIO

Costante di dissociazione di un acido debole

L'obiettivo

Determinare la costante di dissociazione acida dell'acido acetico.

I concetti

Gli acidi deboli (simbolo HA) in soluzione acquosa hanno bassa tendenza a cedere un protone, per cui la reazione di dissociazione dell'acido in acqua è rappresentata dal seguente equilibrio:

$$HA_{(aq)} + H_2O_{(l)} \rightleftarrows H_3O^+_{(aq)} + A^-_{(aq)}$$

Dato che la forza dell'acido è determinata dalla posizione di questo equilibrio il parametro che ne esprime la misura quantitativa è la costante di equilibrio, ovvero la K_a:

$$K_a = \frac{[H_3O^+] \cdot [A^-]}{[HA]}$$

I materiali

Pipette, cilindro graduato da 10 mL, indicatore universale, provette, spruzzetta con acqua distillata; soluzione 0,1 M di acido acetico CH_3COOH.

L'esperimento

1. Versa in una provetta 1 mL di soluzione di acido acetico 0,1 M e aggiungi 9 mL di acqua distillata. Preleva poi 1 mL di quest'ultima soluzione, versala in una provetta e aggiungi 9 mL di acqua distillata; si ha così una soluzione 0,001 M.
2. Versa in due provette rispettivamente 1,5 mL della soluzione 0,1 M di acido acetico e 1,5 mL della soluzione 0,001 M di acido acetico e aggiungi a ogni provetta una goccia di indicatore universale.
   Agita, osserva i colori e confrontali con quelli della scala cromatica di riferimento.
3. Noto il valore del pH e quello della concentrazione degli ioni H^+ si può determinare il valore di K_a con la relazione:

$$K_a = \frac{[H_3O^+]^2}{[CH_3COOH]}$$

Le competenze

Perché il valore di K_a è uguale nelle due soluzioni?

FACCIAMO IL PUNTO

LO SAI? RIPASSA CON LO SMARTPHONE

In che cosa consiste la reazione di dissociazione ionica?

La **reazione di dissociazione ionica** è il processo mediante il quale acidi, basi e sali solubili in acqua si dissociano, generando ioni di segno opposto.
Nel caso di molecole polari come quelle degli acidi, la dissociazione avviene perché le molecole d'acqua formano con esse legami intermolecolari e polarizzano i legami, fino ad arrivare alla totale separazione di carica.
Successivamente le molecole d'acqua circondano gli ioni, formando con essi legami ioni-dipolo (**idratazione**) fino a separare completamente gli ioni (**dissociazione ionica**).
Le basi e i sali sono composti ionici e quindi si ha direttamente il processo di idratazione, seguito dalla dissociazione.

Che cosa sono gli elettroliti?

Gli **elettroliti** sono composti chimici (acidi, basi e sali) che in acqua si dissociano in ioni di carica elettrica opposta; un elettrolita completamente dissociato è forte, un elettrolita parzialmente dissociato è debole. Le soluzioni contenenti elettroliti conducono corrente elettrica.

Quando un acido o una base si definiscono forti e quando deboli?

Gli acidi si distinguono in forti e deboli a seconda della maggiore o minore tendenza a *cedere* un protone; le basi sono forti o deboli a seconda della maggiore o minore tendenza ad *accettare* un protone. La forza di un acido è espressa dalla K_a, quella di una base dalla K_b.

Da Arrhenius a Lewis: che cosa distingue gli acidi e le basi?

	ACIDO	BASE
ARRHENIUS (1887)	Molecola polare (HA) che in soluzione acquosa si dissocia liberando ioni idrogeno H^+	Composto ionico (BOH) che in soluzione acquosa si dissocia liberando ioni idrossido OH^-
BRØNSTED-LOWRY (1923)	Molecola o ione (HA) capace di cedere un protone H^+ a una base B trasformandosi nella base coniugata A^-	Molecola o ione (B) capace di accettare un protone H^+ da un acido HA trasformandosi nell'acido coniugato BH^+
LEWIS (1923)	Molecola o ione (A) con un orbitale vuoto che può accettare un doppietto elettronico da una base B	Molecola o ione (B) con un doppietto elettronico disponibile che può essere condiviso con un acido A

ESERCIZI

ZTE ONLINE
Mettiti alla prova
con 20 esercizi interattivi

VERIFICA LE TUE CONOSCENZE

LA REAZIONE DI DISSOCIAZIONE IONICA

1 **Descrivi la reazione di dissociazione ionica di un acido precisando il significato dei termini *ionizzazione*, *idratazione* e *dissociazione*.**

2 **Indica il composto che in acqua si dissocia in tre ioni per unità formula:**
Ⓐ $LiCl_{(aq)}$
Ⓑ $Li_2S_{(aq)}$
Ⓒ $LiOH_{(aq)}$
Ⓓ $LiClO_{(aq)}$

3 **Indica il numero di ioni in cui è dissociato in acqua il nitrato di potassio:**
Ⓐ 3 Ⓑ 2 Ⓒ 5 Ⓓ 4

4 **Rappresenta l'equazione di dissociazione in acqua per i seguenti composti:**
a. $HBr_{(aq)}$
b. $KOH_{(aq)}$
c. $Na_2S_{(aq)}$
d. $H_2S_{(aq)}$
e. $Ba(OH)_{2(aq)}$
f. $Mg(NO_2)_{2(aq)}$

5 **Analizza la distinzione tra elettroliti forti ed elettroliti deboli.**

6 **Indica quale, tra i seguenti composti, è un non elettrolita:**
Ⓐ NaF
Ⓑ HI
Ⓒ CCl_4
Ⓓ LiOH

7 **Indica il composto che in acqua si comporta da elettrolita forte:**
Ⓐ H_2CO_3
Ⓑ H_3PO_4
Ⓒ HClO
Ⓓ H_2SO_4

LA TEORIA DI ARRHENIUS

8 **Giustifica il comportamento acido del diossido di carbonio e il comportamento basico dell'ossido di calcio in acqua.**

9 **Secondo la teoria di Arrhenius un acido è una sostanza che**
Ⓐ può cedere ioni idrogeno.
Ⓑ in acqua si dissocia liberando ioni idrogeno.
Ⓒ reagisce con una base per formare un sale.
Ⓓ può cedere un protone a una sostanza che lo accetta e si comporta da base.

10 **Rappresenta la dissociazione in acqua dei seguenti acidi:**
a. $HIO_{(aq)}$ b. $H_2MnO_{4(aq)}$ c. $H_3AsO_{4(aq)}$

11 **Secondo la teoria di Arrhenius una sostanza si comporta da base se**
Ⓐ condivide un doppietto elettronico con un acido.
Ⓑ cede ioni OH^-.
Ⓒ in acqua si dissocia liberando ioni OH^-.
Ⓓ accetta ioni H^+ dall'acqua.

12 **Rappresenta la dissociazione in acqua delle seguenti basi:**
a. $AgOH_{(aq)}$ b. $Ni(OH)_{2(aq)}$ c. $Al(OH)_{3(aq)}$

LA TEORIA DI BRØNSTED-LOWRY

13 **Spiega la diversa terminologia – ione idrogeno e protone – utilizzata nella teoria di Arrhenius e nella teoria di Brønsted-Lowry.**

14 **Esamina la relazione che si stabilisce tra un acido e la sua base coniugata.**

15 **Giustifica il comportamento anfotero dell'acqua e rappresenta l'equazione di autoprotolisi.**

16 **Identifica nelle seguenti reazioni di protolisi le coppie coniugate acido-base:**
a. $NH_3 + H_3O^+ \rightleftharpoons NH_4^+ + H_2O$
b. $HCN + NH_2^- \rightleftharpoons CN^- + NH_3$
c. $HS^- + OH^- \rightleftharpoons S^{2-} + H_2O$
d. $HBrO + H_2O \rightleftharpoons H_3O^+ + BrO^-$
e. $HF + OH^- \rightleftharpoons F^- + H_2O$
f. $H_2PO_4^- + CO_3^{2-} \rightleftharpoons HPO_4^{2-} + HCO_3^-$

17 **Indica, per i seguenti acidi, la corrispondente base coniugata:**
a. HNO_2 c. H_3O^+ e. HSO_4^-
b. NH_4^+ d. HS^- f. HCl

18 **Indica, per le seguenti basi coniugate, il corrispondente acido:**
a. HSO_3^- c. HPO_4^{2-} e. NH_2^-
b. CO_3^{2-} d. CN^- f. OH^-

19 **Secondo la teoria di Brønsted-Lowry una sostanza si comporta da acido in acqua se**
Ⓐ si dissocia liberando ioni H^+.
Ⓑ accetta un protone dall'acqua.
Ⓒ cede un protone all'acqua.
Ⓓ accetta un doppietto elettronico da una base.

20 **Per la teoria di Brønsted-Lowry, lo ione $H_2PO_4^-$ in soluzione acquosa si comporta**
Ⓐ esclusivamente da acido.
Ⓑ esclusivamente da base.
Ⓒ sia da acido sia da base.
Ⓓ solo da acido forte.

ACIDI FORTI E DEBOLI

21 **Descrivi la differenza tra acidi forti e deboli.**

22 **Disponi in ordine di forza crescente i seguenti acidi:**
a. acido fluoridrico;
b. acido solfidrico;
c. acido cloroso;
d. acido cianidrico.

23 **Quale, tra i seguenti acidi, ha il valore di K_a minore?**
Ⓐ $H_3SiO_4^-$
Ⓑ $HSiO_4^{3-}$
Ⓒ H_4SiO_4
Ⓓ $H_2SiO_4^{2-}$

24 **In quale, tra le seguenti coppie, un acido forte è seguito da un acido debole?**
Ⓐ $HClO_4$, HNO_3
Ⓑ H_3PO_4, H_2SO_4
Ⓒ HCl, H_2CO_3
Ⓓ H_2SO_3, HNO_2

25 **I seguenti acidi hanno uguale concentrazione. Qual è l'acido più dissociato?**
Ⓐ $H_2S_{(aq)}$; $K_a = 1{,}0 \cdot 10^{-7}$
Ⓑ $NH^+_{4(aq)}$; $K_a = 5{,}6 \cdot 10^{-10}$
Ⓒ $HNO_{2(aq)}$; $K_a = 4{,}5 \cdot 10^{-4}$
Ⓓ $HSO^-_{4(aq)}$; $K_a = 1{,}1 \cdot 10^{-2}$

26 **Indica l'acido più forte in acqua.**
Ⓐ Acido carbonico
Ⓑ Acido cianidrico
Ⓒ Acido nitrico
Ⓓ Acido solfidrico

BASI FORTI E DEBOLI

27 **Analizza la distinzione tra basi forti e deboli.**

28 **Giustifica, secondo la teoria di Brønsted-Lowry, il comportamento basico dell'ossido di litio e dell'idrossido di litio.**

29 **In quale, tra le seguenti coppie, una base forte è seguita da una base debole?**
Ⓐ $Ca(OH)_2$, K_2O
Ⓑ ZnO, LiOH
Ⓒ Na_2O, CuOH
Ⓓ $Sn(OH)_2$, Al_2O_3

30 **Indica, tra le seguenti basi con uguale concentrazione, quella più forte:**
Ⓐ ClO^-
Ⓑ F^-
Ⓒ CN^-
Ⓓ CO_3^{2-}

31 **Disponi in ordine di forza crescente le seguenti basi:**
a. anilina;
b. metilammina;
c. ammoniaca;
d. idrazina.

32 **Indica quale, tra le seguenti basi, ha il valore di K_b minore:**
Ⓐ $HP_2O_7^{3-}$
Ⓑ $H_3P_2O_7^-$
Ⓒ $P_2O_7^{4-}$
Ⓓ $H_2P_2O_7^{2-}$

33 **Indica la base più forte in acqua:**
Ⓐ $Zn(OH)_2$
Ⓑ $Pb(OH)_2$
Ⓒ $Fe(OH)_2$
Ⓓ $Ca(OH)_2$

LA RELAZIONE TRA K_a E K_b

34 **Rappresenta l'equazione tra la costante di dissociazione di un acido debole e la costante di dissociazione della sua base coniugata.**

35 **La K_a dello ione ammonio è $5{,}6 \cdot 10^{-10}$, la K_b dell'ammoniaca (base coniugata) è $1{,}8 \cdot 10^{-5}$. Calcola il prodotto ionico dell'acqua.**

36 **Quale tra le seguenti affermazioni è errata?**
Ⓐ L'acido coniugato di una base debole è un acido forte.
Ⓑ La base coniugata di un acido debole è una base forte.
Ⓒ Più debole è un acido, più forte è la sua base coniugata.
Ⓓ Più forte è una base, più forte è il suo acido coniugato.

LA TEORIA DI LEWIS

37 **Giustifica la formazione dello ione ossonio H_3O^+ nella reazione acido-base di Lewis.**

38 **Prendi in esame la seguente reazione acido-base di Lewis:**

$$Al^{3+}_{(aq)} + 6\,H_2O_{(l)} \longrightarrow [Al(H_2O)_6]^{3+}_{(aq)}$$

Giustifica la formazione dello ione complesso.

39 **Identifica nelle seguenti equazioni gli acidi e le basi di Lewis:**
a. $Ag^+_{(aq)} + H_2O_{(l)} \longrightarrow [Ag(H_2O)_2]^+_{(aq)}$
b. $BF_3 + F^- \longrightarrow BF_4^-$
c. $4CO_{(g)} + Ni^{2+}_{(aq)} \longrightarrow [Ni(CO)_4]^{2+}_{(aq)}$
d. $AlH_3 + H^- \longrightarrow AlH_4^-$
e. $NH_2^- + H^+ \longrightarrow NH_3$

40 **Secondo la teoria di Lewis una sostanza si comporta da base se**

Ⓐ cede un protone a un'altra sostanza.
Ⓑ accetta un protone da un'altra sostanza.
Ⓒ condivide un doppietto elettronico con un'altra sostanza.
Ⓓ cede un doppietto elettronico a un'altra sostanza.

VERIFICA LE TUE ABILITÀ

41 **Indica il composto ionico che in acqua si dissocia in quattro ioni per unità formula:**

a. $(NH_4)_2CO_{3(aq)}$
b. $K_3PO_{4(aq)}$
c. $Hg_2Cl_{2(aq)}$
d. $Mn_2(SO_3)_{3(aq)}$

42 **Indica il numero di ioni in cui è dissociato in acqua il cianuro di ammonio.**

43 **Rappresenta l'equazione di dissociazione ionica per i seguenti composti:**

a. H_2CrO_4
b. $Ca_3(PO_4)_2$
c. $Mg(HS)_2$
d. $(NH_4)_2SO_4$
e. $H_2Cr_2O_7$
f. $Ba(CN)_2$

44 **Rappresenta l'equazione di dissociazione ionica per i seguenti composti:**

a. bicarbonato di alluminio;
b. solfato acido di ammonio;
c. bisolfuro ferrico;
d. dicromato stannico.

45 **Indica quale, tra i seguenti composti, in acqua è un elettrolita e rappresentane l'equazione di dissociazione ionica.**

Ⓐ Na_2SO_4
Ⓑ $SiCl_4$
Ⓒ $C_{12}H_{22}O_{11}$
Ⓓ $Ca(OH)_2$
Ⓔ HCN
Ⓕ $Ba(NO_3)_2$
Ⓖ C_2H_6
Ⓗ SiO_2

46 **Indica quale, tra i seguenti composti, in acqua ha un comportamento basico:**

Ⓐ $N_2O_{5(aq)}$
Ⓑ $Na_2O_{(aq)}$
Ⓒ $Cl_2O_{(aq)}$
Ⓓ $NaCl_{(aq)}$

47 **Secondo la teoria di Arrhenius, quale tra le seguenti affermazioni è errata?**

Ⓐ L'ammoniaca è una base.
Ⓑ Una base è una sostanza che si dissocia in acqua liberando ioni idrossido.
Ⓒ Il tricloruro di boro è una base.
Ⓓ Una base è una sostanza che in acqua aumenta la concentrazione degli ioni OH^-.

48 **Quale, tra i seguenti composti, in acqua ha un comportamento acido?**

Ⓐ $SO_{3(aq)}$
Ⓑ $K_2S_{(aq)}$
Ⓒ $KCN_{(aq)}$
Ⓓ $Na_2SO_{4(aq)}$

49 **Completa le seguenti reazioni di protolisi e identifica le coppie coniugate acido-base:**

a. $NH_2^- + H_2O \rightleftarrows$ ....
b. $HS^- + HBr \rightleftarrows$ ....
c. $HClO_4 + H_2O \rightleftarrows$ ....
d. $HCO_3^- + NH_4^+ \rightleftarrows$ ....
e. $NO_2^- + H_2O \rightleftarrows$ ....

50 **Rappresenta per i seguenti ioni poliatomici due equilibri di protolisi in acqua evidenziando il loro comportamento anfotero e identificando per ciascun equilibrio le coppie coniugate acido-base:**

a. $H_2PO_4^-$
b. HSO_4^-

51 **Considera la reazione di protolisi in acqua dell'acido iodidrico e identifica le due coppie coniugate acido-base.**

52 **Per la teoria di Bronsted-Lowry, quale tra i seguenti ioni in soluzione acquosa può agire sia da acido sia da base?**

Ⓐ Ione dicromato acido
Ⓑ Ione idrossido
Ⓒ Ione ammonio
Ⓓ Ione ammide

53 **Considera i seguenti acidi: H_2CO_3, HClO, HCN e H_2SO_3. Disponi le corrispondenti basi coniugate in ordine di forza crescente.**

54 **Rappresenta l'equazione di protolisi in acqua per i seguenti acidi: HSO_4^-, HF e NH_4^+.**

55 **Rappresenta la costante di dissociazione acida K_a per i seguenti acidi in soluzione acquosa: $H_2PO^-_{4(aq)}$, $HBrO_{(aq)}$ e $HS^-_{(aq)}$.**

56 **Una soluzione acquosa 0,1 M di HNO_2 è dissociata per il 6,5%. Calcola la K_a dell'acido.**

57 **Se un acido HA, in soluzione acquosa, è piú forte di un acido HB, si deduce che**

Ⓐ la base B^- è più debole di A^-.
Ⓑ l'acido HA è meno dissociato di HB.
Ⓒ i due acidi sono ugualmente ionizzati.
Ⓓ la base A^- è più debole di B^-.

58 **Rappresenta le equazioni di prima, seconda e terza dissociazione in acqua per l'acido fosforoso.**

59 **Considera le seguenti basi coniugate: HCO_3^-, SO_3^{2-}, NO_2^- e F^-. Disponi i corrispondenti acidi in ordine di forza crescente.**

60 **Considera la reazione di protolisi tra l'acido clorico e l'idrazina. L'acido clorico agisce da**
Ⓐ donatore di un doppietto elettronico.
Ⓑ donatore di un protone.
Ⓒ accettore di un protone.
Ⓓ accettore di un doppietto elettronico.

61 **Rappresenta l'equazione di protolisi in acqua per le seguenti basi:**
a. $CO_{3(aq)}^{2-}$
b. $NaOH_{(s)}$
c. $BaO_{(s)}$

62 **Rappresenta la costante di dissociazione basica K_b per le seguenti basi in soluzione acquosa:**
a. ClO_2^- b. SO_3^{2-} c. NH_3

63 **Rappresenta le equazioni di prima e seconda protonazione per lo ione solfito in soluzione acquosa.**

64 **I seguenti acidi sono in ordine di forza crescente: $HClO < H_2S < HNO_2 < HClO_2$. Qual è la base più debole?**
Ⓐ NO_2^- Ⓑ HS^- Ⓒ ClO_2^- Ⓓ ClO^-

65 **Considera l'equazione di protolisi tra lo ione idrogenocarbonato e l'ammoniaca. Lo ione idrogenocarbonato agisce da:**
Ⓐ donatore di un protone.
Ⓑ accettore di un protone.
Ⓒ donatore di un doppietto elettronico.
Ⓓ accettore di un doppietto elettronico.

66 **La K_a dell'acido ipocloroso è $3{,}5 \cdot 10^{-8}$. Calcola la K_b della sua base coniugata.**

67 **La K_b dello ione fluoruro è $1{,}3 \cdot 10^{-11}$. Calcola la K_a dell'acido fluoridrico.**

68 **Considera la seguente reazione di protolisi:**

$$HCO_{3(aq)}^- + H_2O_{(l)} \rightleftharpoons H_3O_{(aq)}^+ + CO_{3(aq)}^{2-}$$

Stabilisci se la posizione dell'equilibrio è spostata verso i reagenti o verso prodotti.

69 **Identifica gli acidi e le basi di Lewis e completa le seguenti equazioni:**
a. $H_{(aq)}^+ + Cl_{(aq)}^- \longrightarrow$ ....
b. $NH_{3(aq)} + H_{(aq)}^+ \longrightarrow$ ....
c. $AlBr_3 + Br^- \longrightarrow$ ....
d. $SO_3 + O^{2-} \longrightarrow$ ....
e. $CO_2 + OH^- \longrightarrow$ ....

70 **Nella reazione acido-base di Lewis tra il diossido di zolfo e lo ione idrossido**
Ⓐ il diossido di zolfo si comporta da acido accettando un protone dallo ione idrossido.
Ⓑ lo ione idrossido si comporta da base condividendo un protone con il diossido di zolfo.
Ⓒ lo ione idrossido si comporta da base condividendo un doppietto elettronico con il diossido di zolfo.
Ⓓ il diossido di zolfo si comporta da acido condividendo un doppietto elettronico con lo ione idrossido.

71 **Rappresenta, mediante le formule molecolari e di struttura, la reazione acido-base di Lewis tra l'ammoniaca e il trifluoruro di boro.**

72 **Rappresenta la formula dei seguenti ioni complessi.**
a. ione esamminocromo(III)
b. ione tetracianocuprato(I)
c. ione tetraquozinco
d. ione tetrafluoroplatinato(II)

73 **Assegna il nome ai seguenti ioni complessi:**
a. $[Cd(NH_3)_4]^{2+}$ c. $[CoF_4]^{2-}$
b. $[Cr(H_2O)_6]^{3+}$ d. $[Cu(CN)_2]^-$

74 **Rappresenta la geometria dei seguenti ioni complessi:**
a. $[Ag(NH_3)_2]^+$ c. $[CoCl_4]^{2-}$
b. $[Fe(H_2O)_6]^{3+}$ d. $[Ni(CN)_4]^{2-}$

TEST YOURSELF

75 **How many ions are released into the water after the dissociation of a formula unit of sodium carbonate?**

76 **According to Brønsted-Lowry's theory, a base is stronger if**
Ⓐ its conjugate acid is stronger.
Ⓑ its conjugate acid is weaker.
Ⓒ it releases more OH^- ions.
Ⓓ it accepts more H_3O^+ ions.

77 **According to Brønsted-Lowry's theory, NaOH behaves as a base because**
Ⓐ it releases OH^- ions in water completely.
Ⓑ OH^- ions of the hydroxide accept protons from water.
Ⓒ it increases the concentration of OH^- ions in water.
Ⓓ OH^- ions donate pairs of electrons to H_3O^+.

78 In water, the stronger the acid,

Ⓐ the lower its acid dissociation constant.
Ⓑ the higher the number of ionizable hydrogen atoms in its molecule.
Ⓒ the weaker its conjugate base.
Ⓓ the stronger its conjugate base.

79 **Represent the equations of first, second and third dissociation for the boric acid, H_3BO_3, in aqueous solution.**

80 **An aqueous solution is made of 1.25 g of NH_3 in 1 L solution and 1.39% of the base is dissociate. Calculate K_b.**

VERSO I GIOCHI DELLA CHIMICA

81 **Secondo la teoria di Brønsted-Lowry, l'idrossido di sodio NaOH in acqua si comporta da base forte poiché:**

Ⓐ si dissocia completamente liberando ioni OH^-.
Ⓑ i suoi ioni OH^- accettano protoni dallo ione ossonio che si comporta da acido.
Ⓒ liberando ioni OH^- fa aumentare la loro concentrazione.
Ⓓ i suoi ioni OH^- accettano protoni dall'acqua che si comporta da acido.

[Finale nazionale 2012]

82 **Indica la serie di anioni che in acqua manifesta proprietà anfiprotiche:**

Ⓐ HS^-, $H_2PO_4^-$, HCO_3^-, SO_4^{2-}
Ⓑ HS^-, $H_2PO_4^-$, CO_3^{2-}, HSO_4^-
Ⓒ HPO_4^{2-}, HCO_3^-, PO_4^{3-}, HSO_4^-
Ⓓ HS^-, $H_2PO_4^-$, HCO_3^-, HSO_4^-

[Finale nazionale 2010]

83 **Considera i seguenti acidi: HCl, HNO_3, $HClO_4$. Indica quale acido è più forte in acqua.**

Ⓐ HCl perché il cloro è molto elettronegativo.
Ⓑ HNO_3 perché all'azoto sono legati tre atomi di ossigeno.
Ⓒ $HClO_4$ perché al cloro sono legati quattro atomi di ossigeno.
Ⓓ Hanno tutti la stessa forza.

[Finale nazionale 2011]

84 **Indica l'acido e la base più forti in acqua:**

Ⓐ H_3O^+ e OH^-
Ⓑ $HClO_4$ e KOH
Ⓒ HNO_3 e LiOH
Ⓓ H_2SO_4 e NaOH

[Finale nazionale 2011]

85 **Indica lo ione che può comportarsi solo da acido:**

Ⓐ NH_4^+
Ⓑ PO_3^{3-}
Ⓒ HPO_3^{2-}
Ⓓ HSO_4^-

[Finale nazionale 2011]

86 **Un elettrolita debole in acqua**

Ⓐ non è mai completamente dissociato.
Ⓑ si dissocia completamente solo se la soluzione è molto concentrata.
Ⓒ si dissocia completamente solo se la soluzione è molto diluita.
Ⓓ non può dissociarsi mai per più del 10%.

[Finale nazionale 2011]

87 **L'acido nitroso in acqua alla temperatura di 25 °C ha una K_a uguale a $5,1 \cdot 10^{-4}$. L'acido nitroso in acqua si comporta da**

Ⓐ acido debole.
Ⓑ acido forte.
Ⓒ ossidante.
Ⓓ riducente.

[Finale nazionale 2012]

88 **Indica la serie di acidi che riporta gli acidi in ordine di acidità crescente:**

Ⓐ $H_3BO_3 < H_3PO_3 < HClO_3$
Ⓑ $HClO_3 < H_3BO_3 < H_3PO_3$
Ⓒ $H_3PO_3 < HClO_3 < H_3BO_3$
Ⓓ $H_3BO_3 < HClO_3 < H_3PO_3$

[Finale nazionale 2013]

89 **Indica il composto che in acqua si comporta da elettrolita debole:**

Ⓐ NaCl
Ⓑ HCl
Ⓒ NaOH
Ⓓ HCN

[Finale nazionale 2013]

90 **Secondo la teoria di Brønsted-Lowry, una sostanza (HA) si comporta da acido quando:**

Ⓐ cede un protone a un'altra che si comporta da base.
Ⓑ in acqua si dissocia completamente in ioni H^+ e A^-.
Ⓒ reagisce con una base per formare un sale.
Ⓓ accetta un doppietto elettronico da un'altra che si comporta da base.

[Finale nazionale 2013]

VERSO L'UNIVERSITÀ

91 **In una soluzione diluita di un acido forte monoprotico, tipo HCl, abbiamo una $[H^+] = 0{,}001 mol/L$. Qual è la concentrazione degli ioni $[OH^-]$ espressa in mol/L?**

Ⓐ 10^{-11}
Ⓑ 10^{-14}
Ⓒ 10^{-3}
Ⓓ 10^{-7}
Ⓔ 10^{-12}

[dalla prova di ammissione a Medicina e Chirurgia, 2008]

92 **Sono elettroliti forti in acqua:**

Ⓐ tutti gli idrossidi.
Ⓑ tutti i sali solubili.
Ⓒ tutti gli acidi.
Ⓓ tutte le anidridi.
Ⓔ tutte le basi.

[dalla prova di ammissione a Medicina e Chirurgia, 2007]

93 **Il prodotto ionico dell'acqua K_w è, a temperatura costante,**

Ⓐ 7
Ⓑ 10^{14}
Ⓒ 10^{-14}
Ⓓ 10^{-5}
Ⓔ 0

[dalla prova di ammissione a Medicina e Chirurgia, 2006]

VERSO L'ESAME: LE TUE COMPETENZE

CLASSIFICA E IPOTIZZA

94 **La forza di un acido o di una base si può misurare calcolando K_a o K_b; come si vede dalla tabella sottostante, tuttavia, i valori di queste costanti sono diversi a seconda del solvente.**

a. Classifica gli acidi come forti o deboli nelle due condizioni sperimentali.

b. In un solvente acido forte come acido solforico (H_2SO_4), i valori di K_a dell'acido acetico e dell'acido fluoridrico sarebbero superiori o inferiori a quelli misurati in acqua? La forza acida di questi composti sarebbe, quindi, maggiore o minore che in acqua?

c. Ipotizza una spiegazione per le differenze che si manifestano nei vari solventi.

Acidi	K_a in acqua	K_a in ammoniaca
acido perclorico ($HClO_4$)	> 1	> 1
acido cloridrico (HCl)	> 1	> 1
acido acetico (CH_3COOH)	$1{,}7 \cdot 10^{-5}$	> 1
acido fluoridrico (HF)	6,7 · 10-4	> 1

RAPPRESENTA E ARGOMENTA

95 **Indica, tra i seguenti diagrammi di Eulero-Venn, qual è la migliore rappresentazione delle relazioni tra gli acidi secondo Arrhenius (insieme A), Brønsted-Lowry (insieme B) e Lewis (insieme C) e motiva la risposta.**

a.
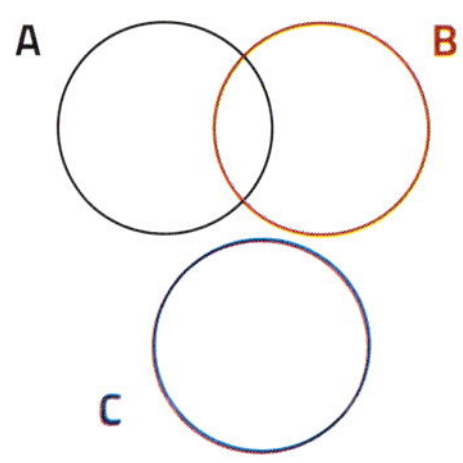

b.
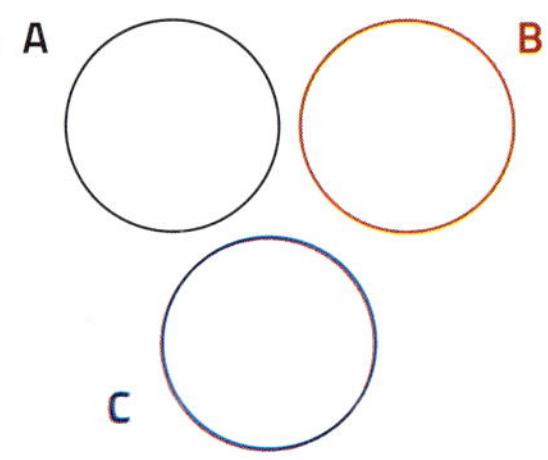

c.
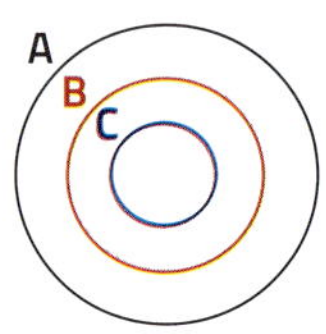

d.
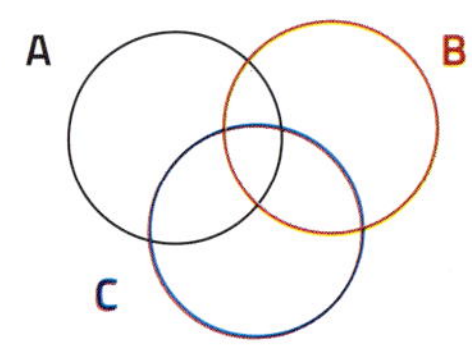

e.
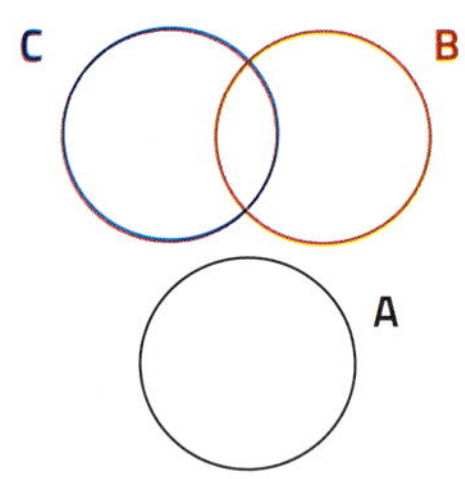

f.
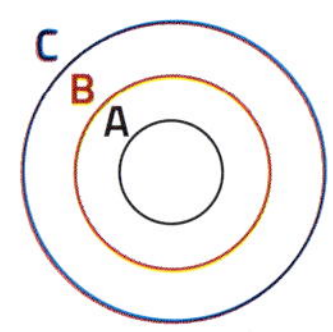

g.
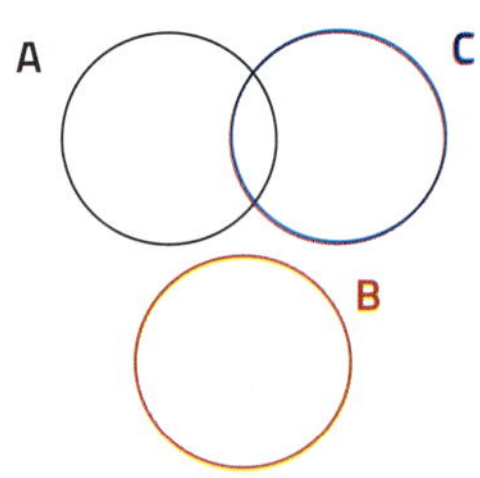

h.
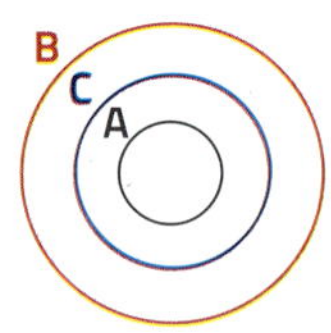

CAPITOLO

21 GLI EQUILIBRI IN SOLUZIONE ACQUOSA

1 LA REAZIONE DI DISSOCIAZIONE DELL'ACQUA È UNA REAZIONE DI AUTOIONIZZAZIONE

L'acqua, anche se *pura*, rivela una ridottissima *conducibilità elettrica*. Di conseguenza, in essa devono essere presenti, sia pure in minima quantità, ioni che derivano da un equilibrio di *autoionizzazione*. Poiché l'acqua è un *elettrolita debolissimo*, l'equilibrio è molto spostato a sinistra e la reazione di dissociazione si rappresenta con la seguente equazione:

$$H_2O \rightleftarrows H^+ + OH^-$$

Lo ione idrogeno H^+ è molto instabile e reattivo: esso tende a legarsi con un legame covalente di coordinazione a un'altra molecola di acqua, formando lo **ione ossonio** o idrossonio, H_3O^+ (figura **1**).

$$H^+ + H_2O \longrightarrow H_3O^+$$

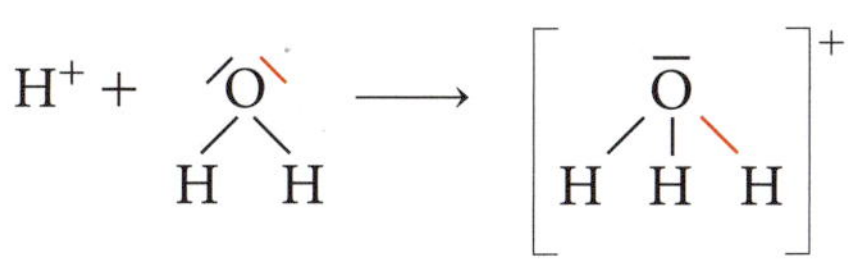

La reazione di autoionizzazione dell'acqua è quindi una reazione acido-base di Brønsted-Lowry: una molecola di acqua si comporta da acido cedendo un protone H^+ e forma lo ione idrossido OH^-, mentre l'altra molecola di acqua si comporta da base accettando un protone H^+ e forma lo ione ossonio H_3O^+ (figura **2**).

$$\underset{A_1}{H_2O_{(l)}} + \underset{B_2}{H_2O_{(l)}} \rightleftarrows \underset{A_2}{H_3O^+_{(aq)}} + \underset{B_1}{OH^-_{(aq)}}$$

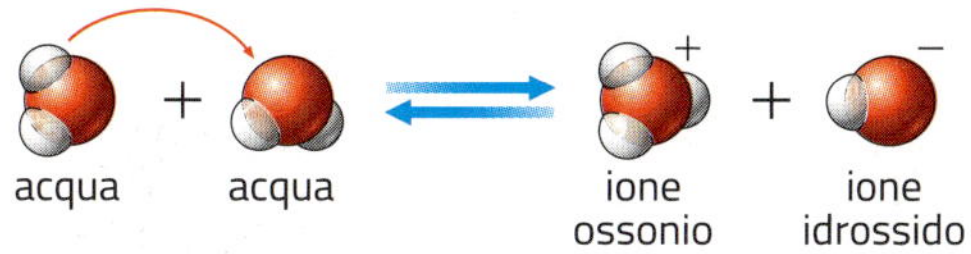

Figura 2 Reazione di autoionizzazione dell'acqua L'autoionizzazione dell'acqua è una reazione acido-base di Brønsted-Lowry in cui l'acqua ha un comportamento anfotero.

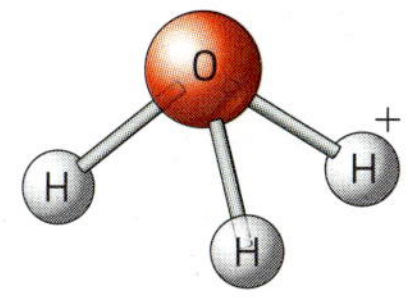

Figura 1 Modello molecolare dello ione ossonio Legandosi a una molecola d'acqua, lo ione idrogeno genera lo ione ossonio H_3O^+.

LE PAROLE

Lo **ione ossonio** (o **idrossonio**) è indicato anche con il nome *ione idronio*, termine ormai superato.

Lo ione ossonio H_3O^+ e lo ione idrossido OH^- si legano mediante *legami a idrogeno* con quattro e tre molecole di acqua rispettivamente, risultando così idratati (figura 3).

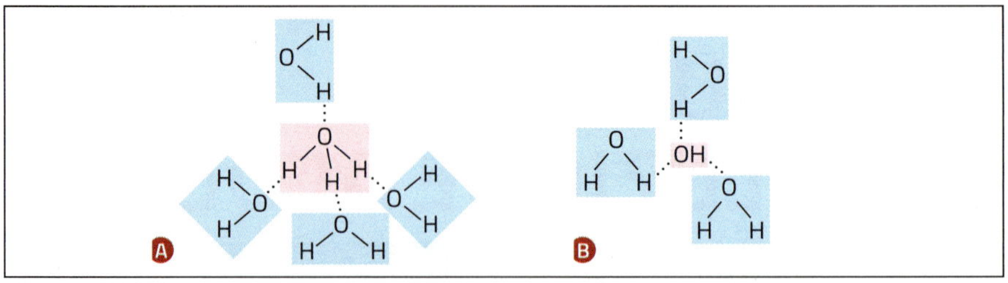

Figura 3 La forma idratata degli ioni ossonio e idrossido Nella forma idratata, A lo ione ossonio forma legami a idrogeno con quattro molecole d'acqua, B lo ione idrossido con tre.

La **reazione di autoionizzazione** o di *autoprotolisi* dell'acqua si può quindi rappresentare con un simbolismo più realistico con la seguente equazione:

$$2\,H_2O_{(l)} \rightleftarrows H_3O^+_{(aq)} + OH^-_{(aq)}$$

Il prodotto ionico dell'acqua

La reazione di autoionizzazione dell'acqua è una reazione di equilibrio rappresentata dalla seguente equazione:

$$2\,H_2O \rightleftarrows H_3O^+_{(aq)} + OH^-_{(aq)}$$

La costante di equilibrio K_c è data dalla relazione:

$$\frac{[H_3O^+]\cdot[OH^-]}{[H_2O]^2} = K_c$$

Poiché l'acqua è un elettrolita debolissimo, il numero delle molecole d'acqua *dissociate* è irrilevante rispetto al numero delle molecole *indissociate*; in altri termini, la concentrazione dell'acqua indissociata all'equilibrio si può considerare uguale alla concentrazione iniziale dell'acqua:

$$[H_2O]_{ind.} = [H_2O]_{iniz.}$$

Di conseguenza, il valore della concentrazione dell'acqua indissociata può considerarsi *costante* ed essere inglobato nella costante K_c:

$$[H_3O^+]\cdot[OH^-] = K_c\cdot[H_2O]^2$$

LE PAROLE

Nella notazione K_w, il simbolo w, a pedice della costante, indica che ci si riferisce all'acqua (in inglese *water*).

Il prodotto tra due costanti è una nuova costante indicata con la notazione K_w:

$$K_c\cdot[H_2O]^2 = K_w$$

La relazione precedente diventa quindi:

$$[H_3O^+]\cdot[OH^-] = K_w$$

Questa espressione rappresenta il *prodotto ionico dell'acqua*.

Il **prodotto ionico dell'acqua** è il prodotto della concentrazione degli ioni H_3O^+ e degli ioni OH^-.

Il valore del prodotto ionico dell'acqua è il valore di una costante di equilibrio e quindi dipende solo dalla *temperatura*. Alla temperatura di 25 °C:

$$K_w = 1{,}0\cdot10^{-14}\ M^2$$

La reazione di autoionizzazione dell'acqua è endotermica ($\Delta H > 0$): a un aumento della temperatura corrisponde un *aumento* della concentrazione dei prodotti e, di conseguenza, del valore del *prodotto ionico dell'acqua* (tabella **1**).

Nell'acqua pura la concentrazione degli ioni H_3O^+ è uguale alla concentrazione degli ioni OH^-:

$$[H_3O^+] = [OH^-]$$

Il valore della concentrazione dei due ioni può essere dedotto facilmente dall'espressione del prodotto ionico dell'acqua, ne consegue:

$$[H_3O^+] = [OH^-] = \sqrt{1,0 \cdot 10^{-14}} = 1,0 \cdot 10^{-7}\ M$$

Quindi, alla temperatura di 25 °C:

$$[H_3O^+] = 1,0 \cdot 10^{-7}\ M \quad [OH^-] = 1,0 \cdot 10^{-7}\ M$$

Tabella 1 Il prodotto ionico dell'acqua Il valore del prodotto ionico dell'acqua aumenta all'aumentare della temperatura.

Temperatura (°C)	K_w (mol/L)^2
10	$3,0 \cdot 10^{-15}$
25	$1,0 \cdot 10^{-14}$
40	$3,0 \cdot 10^{-14}$
50	$5,5 \cdot 10^{-14}$

Valore della concentrazione degli ioni ossonio e idrossido in una soluzione

Il prodotto ionico dell'acqua ha il valore di $1,0 \cdot 10^{-14}$ (mol/L)^2 non solo nell'acqua pura, ma *in tutte le soluzioni* alla temperatura di 25 °C. Infatti, se aggiungiamo all'acqua pura un acido o una base le concentrazioni degli ioni H_3O^+ e OH^- non saranno più le stesse, ma varieranno in modo che il loro prodotto rimanga *uguale* al prodotto ionico dell'acqua, K_w.

- Se aggiungiamo all'acqua pura una **base,** la concentrazione degli ioni OH^- assumerà un valore maggiore di $1,0 \cdot 10^{-7}$ mol/L. La concentrazione degli ioni H_3O^+ può essere calcolata con la seguente relazione:

$$[H_3O^+] = \frac{K_w}{[OH^-]}$$

  Ammettiamo che, con l'aggiunta di una base all'acqua pura, la concentrazione degli ioni OH^- diventi uguale a $1,0 \cdot 10^{-4}$ mol/L. In questo caso la concentrazione degli ioni H_3O^+ sarà di $1,0 \cdot 10^{-10}$ mol/L:

$$[H_3O^+] = \frac{1,0 \cdot 10^{-14}}{1,0 \cdot 10^{-4}} = 1,0 \cdot 10^{-10}\ M$$

- Se aggiungiamo all'acqua pura un **acido**, la concentrazione degli ioni di H_3O^+ avrà un valore maggiore di $1,0 \cdot 10^{-7}$ mol/L. La concentrazione degli ioni OH^- si determina con la seguente relazione:

$$[OH^-] = \frac{K_w}{[H_3O^+]}$$

  Ammettiamo che, con l'aggiunta di un acido all'acqua pura, la concentrazione di H_3O^+ diventi uguale a $1,0 \cdot 10^{-5}$ mol/L. La concentrazione degli ioni OH^- sarà di $1,0 \cdot 10^{-9}$ mol/L:

$$[OH^-] = \frac{1,0 \cdot 10^{-14}}{1,0 \cdot 10^{-5}} = 1,0 \cdot 10^{-9}\ M$$

  Quindi l'*aumento* della concentrazione di uno ione (H_3O^+ o OH^-) determina la *diminuzione* della concentrazione dell'altro ione (OH^- o H_3O^+).

Il valore del prodotto ionico dell'acqua è costante non solo nell'acqua pura ma in una qualunque soluzione acquosa.

A COLPO D'OCCHIO

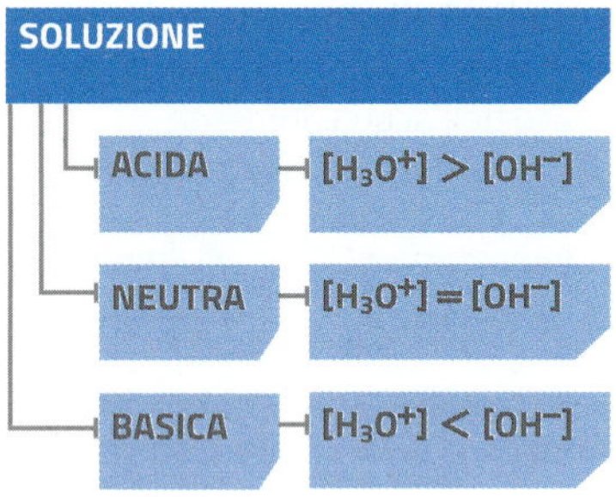

2 LE SOLUZIONI POSSONO ESSERE ACIDE, NEUTRE E BASICHE

I valori delle concentrazioni degli ioni H_3O^+ e degli ioni OH^- in una soluzione sono sempre legati dall'espressione del prodotto ionico dell'acqua. Poiché tale valore è costante, è evidente che le due concentrazioni sono inversamente proporzionali: aumentando la concentrazione di uno dei due ioni, la concentrazione dell'altro ione deve diminuire. Per questo motivo, si è stabilito di far riferimento alla concentrazione di un solo tipo di ione e, in particolare, alla concentrazione molare degli **ioni H_3O^+**. Una soluzione si definisce:

- **acida** quando la concentrazione di H_3O^+ è *maggiore* della concentrazione di OH^- e quindi maggiore di $1{,}0 \cdot 10^{-7}$ mol/L:

soluzione acida $[H_3O^+] > [OH^-]$ ovvero $[H_3O^+] > 1{,}0 \cdot 10^{-7}$ M

- **neutra** quando la concentrazione di H_3O^+ è *uguale* alla concentrazione di OH^- e quindi uguale a $1{,}0 \cdot 10^{-7}$ mol/L:

soluzione neutra $[H_3O^+] = [OH^-]$ ovvero $[H_3O^+] = 1{,}0 \cdot 10^{-7}$ M

- **basica** quando la concentrazione di H_3O^+ è *minore* della concentrazione di OH^- e quindi minore di $1{,}0 \cdot 10^{-7}$ mol/L:

soluzione basica $[H_3O^+] < [OH^-]$ ovvero $[H_3O^+] < 1{,}0 \cdot 10^{-7}$ M

Riportiamo di seguito i valori delle concentrazioni degli ioni H_3O^+ e degli ioni OH^- per i quali le soluzioni risultano acide, neutre e basiche (figura 4).

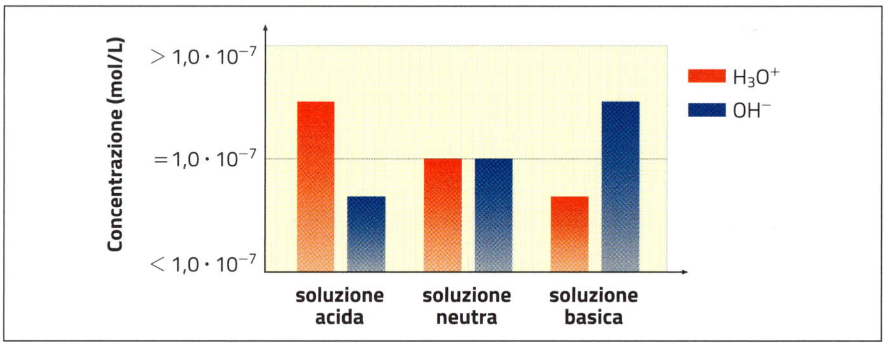

Figura 4 **Valori delle concentrazioni degli ioni H_3O^+ e OH^- in una soluzione** In una soluzione acida prevalgono gli ioni H_3O^+; in una soluzione neutra gli ioni H_3O^+ sono uguali agli ioni OH^-; in una soluzione basica prevalgono gli ioni OH^-.

Il grado di acidità o basicità di una soluzione: pH e pOH

Se esprimiamo il grado di acidità o basicità di una soluzione con la notazione esponenziale della concentrazione degli ioni H_3O^+, i valori possono variare in un intervallo molto ampio. Per ridurre questo intervallo, si preferisce esprimere la concentrazione degli ioni H_3O^+ *non* con potenze di 10, ma con una notazione definita **pH** dal chimico danese Søren Peter Sørensen.

Il **pH** di una soluzione è il logaritmo negativo in base 10 della concentrazione degli ioni H_3O^+, espressa in molarità (mol/L):

$$pH = -\log [H_3O^+]$$

Il pH, essendo un logaritmo, è un numero *adimensionale* e quindi non deve essere seguito da alcuna unità di misura. Vediamo ora come si calcola il valore del pH.

LE PAROLE

Nella notazione **pH**, la lettera *p* deriva dal termine tedesco *potenz*, «potenza» e la lettera H si riferisce al simbolo dell'idrogeno.

TI RICORDI?

Il **logaritmo** di un numero *n* in base 10 è l'esponente al quale si deve elevare la base 10 per ottenere il numero *n*.

Quando in una soluzione la concentrazione di H_3O^+ è espressa come *prodotto di* 1 *per una potenza in base* 10, il valore del pH corrisponde all'*esponente cambiato di segno*. Una soluzione in cui la concentrazione di H_3O^+ è 1 M ha un valore di pH uguale a 0:

$$pH = -\log [H_3O^+] = -\log 1 = 0$$

Una soluzione in cui la concentrazione di H_3O^+ è uguale a $1{,}0 \cdot 10^{-7}$ M ha un valore di pH uguale a 7:

$$pH = -\log [H_3O^+] = -\log 1{,}0 \cdot 10^{-7} = 7$$

Infine, una soluzione in cui la concentrazione di H_3O^+ è uguale a $1{,}0 \cdot 10^{-14}$ M ha un valore di pH uguale a 14:

$$pH = -\log [H_3O^+] = -\log 1{,}0 \cdot 10^{-14} = 14$$

Se la concentrazione di H_3O^+ di una soluzione ha il *primo fattore diverso* da 1, il valore del pH può invece essere determinato con l'aiuto di una calcolatrice scientifica che disponga della funzione *log*.

Una soluzione in cui la concentrazione di H_3O^+ è uguale a $2{,}0 \cdot 10^{-3}$ M ha un valore di pH uguale a 2,70:

$$pH = -\log [H_3O^+] = -\log 2{,}0 \cdot 10^{-3} = 2{,}70$$

Dal valore del pH si può calcolare la **concentrazione** degli ioni H_3O^+ mediante la relazione:

$$[H_3O^+] = 1{,}0 \cdot 10^{-pH}$$

Se una soluzione ha pH uguale a 3 la concentrazione degli ioni H_3O^+ è uguale a 0,001 mol/L:

$$[H_3O^+] = 1{,}0 \cdot 10^{-pH} = 1{,}0 \cdot 10^{-3} \text{ mol/L} = 0{,}001 \text{ mol/L}$$

Se una soluzione ha pH uguale a 4,2, il valore della concentrazione degli ioni H_3O^+ può essere determinato utilizzando una calcolatrice scientifica che disponga della funzione 10^x:

$$[H_3O^+] = 1{,}0 \cdot 10^{-4{,}2} \text{ mol/L} = 6{,}3 \cdot 10^{-5} \text{ mol/L}$$

Il grado di acidità o di basicità di una soluzione può essere espresso anche con riferimento alla concentrazione degli ioni idrossido OH^-. In tal caso si determina il *pOH*.

Il **pOH** di una soluzione è il logaritmo negativo in base 10 della concentrazione degli ioni OH^- espressa in molarità (mol/L):

$$pOH = -\log [OH^-]$$

Noto il valore del pOH, è possibile calcolare la concentrazione degli ioni OH^- con la relazione:

$$[OH^-] = 1{,}0 \cdot 10^{-pOH}$$

Nella *maggior parte* delle soluzioni acquose la concentrazione degli ioni H_3O^+ o degli ioni OH^- è compresa tra i valori di 1,0 M e $1{,}0 \cdot 10^{-14}$ M, per cui in base alle relazioni precedenti i valori del pH o del pOH sono compresi generalmente tra 0 e 14. L'insieme di questi valori costituisce la scala del pH o del pOH (Figura **5**).

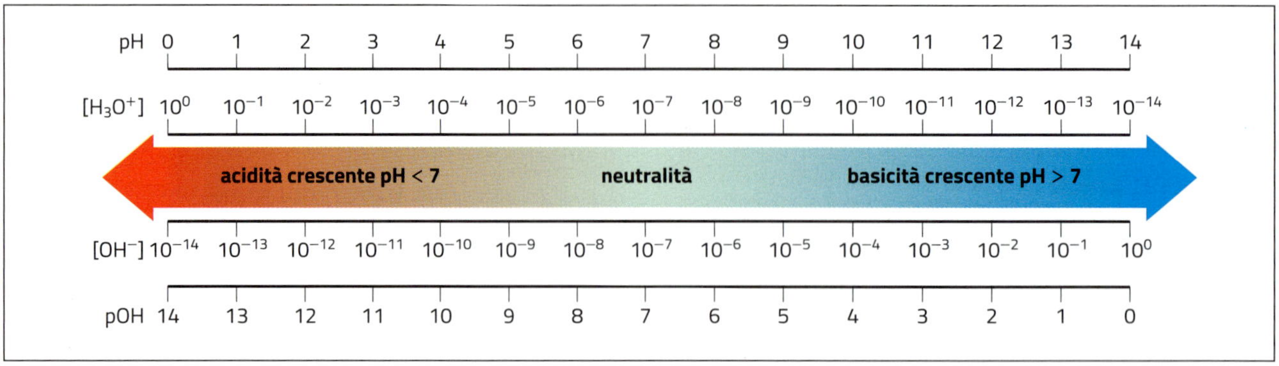

Figura 5 Scala del pH e del pOH La scala riporta i valori del pH e del pOH corrispondenti alle diverse concentrazioni di ioni H_3O^+ e OH^-. Da notare che, al variare di un'unità di pH, la concentrazione degli ioni H_3O^+ (o degli ioni OH^-) varia di 10 volte.

I valori del pH e del pOH alla temperatura di 25 °C sono legati dalla seguente relazione:

$$pH + pOH = 14$$

Se conosciamo solo uno dei due valori, pH o pOH, possiamo determinare l'altro valore di una qualunque soluzione acida o basica (figura **6**):

$$pH = 14 - pOH \qquad pOH = 14 - pH$$

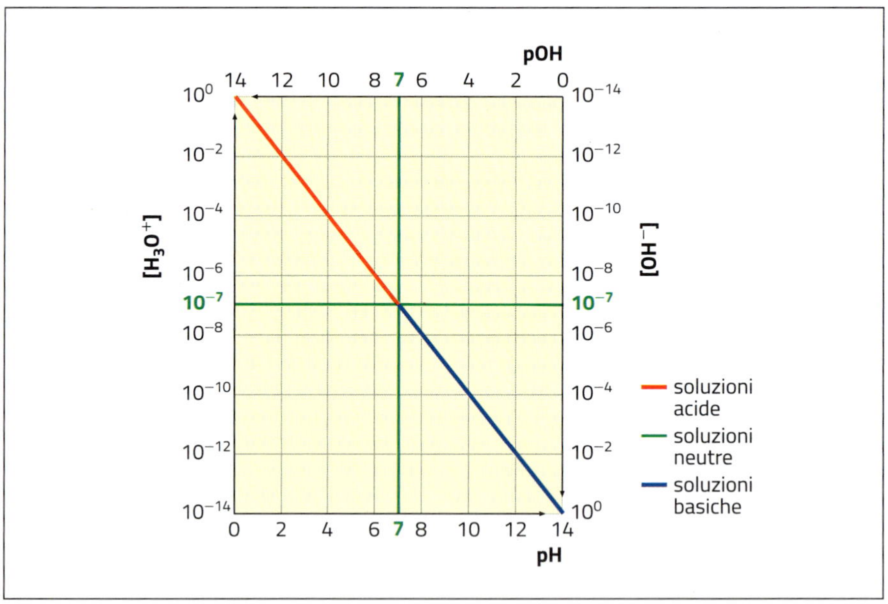

Figura 6 Relazioni tra le concentrazioni di ioni H_3O^+ e OH^- e i valori di pH e pOH In ogni soluzione il prodotto delle concentrazioni degli ioni H_3O^+ e degli ioni OH^- è uguale a $1{,}0 \cdot 10^{-14}$, mentre la somma del pH e del pOH è 14.

Dall'esame dei valori della concentrazione di H_3O^+ e del pH si può notare che all'aumentare della concentrazione degli H_3O^+ il pH diminuisce: se il valore della concentrazione di H_3O^+ *aumenta* da 10^{-2} a 10^{-1}, il pH *diminuisce* da 2 a 1. Da sottolineare che una diminuzione del pH di *una* unità corrisponde a un aumento di *10 volte* della concentrazione degli ioni H_3O^+.

L'acidità e la basicità di una soluzione sono espressi da valori minori o maggiori di 7.

Una soluzione è acida se il pH è minore di 7, neutra se il pH è uguale a 7, basica se il pH è maggiore di 7.

Il pH di una soluzione di un acido o di una base forte

Gli **acidi forti monoprotici** ($HClO_4$, HNO_3, HCl, HBr, HI) sono *completamente* dissociati in ioni, per cui la concentrazione molare degli ioni H_3O^+ *coincide* con la concentrazione molare iniziale dell'acido (simbolo C_a):

$$[H_3O^+] = [C_a]_{iniziale}$$

Noto quindi il valore della concentrazione molare iniziale dell'acido, possiamo quindi calcolare direttamente il pH della soluzione:

$$pH = -\log [H_3O^+]$$

Anche le **basi forti** sono *completamente* dissociate in ioni. Se è nota la concentrazione molare iniziale della base (simbolo C_b), è quindi possibile determinare la concentrazione molare degli ioni OH^-. A seconda del tipo di base (alcalini o alcalino-terrosi) il valore di OH^- si calcola in modo diverso.

Per le basi forti dei **metalli alcalini**, che dissociandosi liberano *una mole* di ioni OH^-, la concentrazione degli ioni OH^- *coincide* con la concentrazione iniziale della base:

$$[OH^-] = [C_b]_{iniziale}$$

Per le basi forti dei **metalli alcalino-terrosi** (tranne il berillio), che dissociandosi liberano *due moli* di ioni OH^-, la concentrazione molare degli ioni OH^- è il *doppio* della concentrazione iniziale della base:

$$[OH^-] = 2\,[C_b]_{iniziale}$$

Nota la concentrazione molare della base e di conseguenza la concentrazione degli ioni OH^-, si può calcolare il pH secondo due modalità.

a. Si determina prima la concentrazione degli ioni H_3O^+ e quindi il pH:

$$[H_3O^+] = \frac{K_w}{[OH^-]} \qquad pH = -\log[H_3O^+]$$

b. Si calcola prima il pOH e successivamente il pH:

$$pOH = -\log[OH^-] \qquad pH = 14 - pOH$$

PROBLEMA MODELLO

Calcolare il pH di una soluzione di un acido forte

Una soluzione contiene 9,5 g di HNO_3 in 450 mL di soluzione. Calcola il pH.

L'IDEA

L'equazione di dissociazione dell'acido nitrico (acido forte completamente dissociato in acqua) evidenzia che da 1 mole di acido si libera 1 mole di ioni H_3O^+:

$$HNO_{3(l)} + H_2O_{(l)} \longrightarrow H_3O^+_{(aq)} + NO^-_{3(aq)}$$

quindi la concentrazione molare degli ioni H_3O^+ corrisponde alla concentrazione molare iniziale dell'acido:

$$[H_3O^+] = [HNO_3]$$

LA SOLUZIONE

Determiniamo il numero delle moli (n) dell'acido nitrico ($M = 63$ g/mol):

$$n = \frac{m\ (g)}{M\ (g/mol)} = \frac{9,5\ g}{63\ g/mol} = 0,15\ mol$$

Definiamo la concentrazione molare della soluzione dell'acido nitrico:

$$M = \frac{n\ (\text{mol})}{V\ (\text{L})} = \frac{0,15\ \text{mol}}{0,45\ \text{L}} = 0,33\ \text{mol/L}$$

LA CONCLUSIONE

Determiniamo ora il pH della soluzione:

$$pH = -\log\ [H_3O^+] = -\log 0,33 = 0,48$$

PROBLEMA SIMILE

Una soluzione contiene 6,5 g di $Mg(OH)_2$ in 220 mL di soluzione. Calcola il pH.

PROBLEMA MODELLO

Calcolare la quantità di una base forte in soluzione a partire dal pH

Una soluzione di $Ba(OH)_2$ ha il pH uguale a 12,7. Calcola i grammi di $Ba(OH)_2$ presenti in 220 mL di soluzione.

L'IDEA

L'equazione di dissociazione ionica dell'idrossido di bario (base forte completamente dissociata) evidenzia che da 1 mole di base si liberano 2 moli di ioni OH^-:

$$Ba(OH)_{2(aq)} \longrightarrow Ba^{2+}_{(aq)} + 2\ OH^-_{(aq)}$$

quindi la concentrazione molare di $Ba(OH)_2$ è la metà della concentrazione molare degli ioni OH^-.

LA SOLUZIONE

Noto il valore del pH, calcoliamo il pOH:

$$pOH = 14 - pH = 14 - 12,7 = 1,3$$

Determiniamo ora la concentrazione molare degli ioni OH^-:

$$[OH^-] = 10^{-pOH} = 10^{-1,3} = 0,05\ \text{mol/L}$$

La concentrazione molare dell'idrossido di bario è la metà della concentrazione molare degli ioni OH^-:

$$[Ba(OH_2)] = \frac{0,05\ \text{mol/L}}{2} = 0,025\ \text{mol}$$

Definiamo il numero delle moli dell'idrossido di bario in 220 mL di soluzione:

$$n = M\ (\text{mol/L}) \cdot V\ (\text{L}) = 0,025\ \text{mol/L} \cdot 0,22\ \text{L} = 5,5 \cdot 10^{-3}\ \text{mol}$$

LA CONCLUSIONE

Determiniamo la massa molare M della base ($M = 171$ g/mol) e calcoliamo i grammi dell'idrossido di bario:

$$m = n\ (\text{mol}) \cdot M\ (\text{g/mol}) = 5,5 \cdot 10^{-3}\ \text{mol} \cdot 171\ \text{g/mol} = 0,94\ \text{g}$$

PROBLEMA SIMILE

Una soluzione di NaOH ha il pH uguale a 12,2. Calcola i grammi di NaOH in 650 mL di soluzione.

Il pH di una soluzione di un acido o di una base debole

Quando in una soluzione sono presenti acidi o basi deboli, dissociati *parzialmente*, la concentrazione degli ioni H_3O^+ o degli ioni OH^- è *minore* della concentrazione iniziale (espressa in mol/L) dell'acido (C_a) o della base(C_b).

Per determinare il pH di acidi o basi deboli occorre quindi prendere in esame il valore della costante di dissociazione dell'acido K_a o della base K_b, e di conseguenza la **concentrazione** degli ioni H_3O^+ o OH^-.

I valori della concentrazione di H_3O^+ e degli ioni OH^- si calcolano con le seguenti relazioni:

$$[H_3O^+] = \sqrt{K_a \cdot C_a}$$

$$[OH^-] = \sqrt{K_b \cdot C_b}$$

Se sono noti la concentrazione degli ioni H_3O^+ o degli ioni OH^- si può stabilire la concentrazione iniziale dell'acido (C_a) o della base (C_b):

$$C_a = \frac{[H_3O^+]}{K_a} \qquad C_b = \frac{[OH^-]^2}{K_b}$$

PER CAPIRE MEGLIO
Videolezione
Calcolare il pH di una soluzione

PROBLEMA MODELLO

Calcolare il pH di una soluzione di un acido debole

Una soluzione di HNO_2 ($K_a = 4{,}5 \cdot 10^{-4}$) contiene 4,5 g in 110 mL di soluzione. Calcola il pH.

L'IDEA

Per il calcolo del pH della soluzione si deve determinare la concentrazione molare dell'acido nitroso, un acido debole che in acqua è parzialmente dissociato in ioni.

$$HNO_{2(aq)} + H_2O_{(l)} \rightleftarrows H_3O^+_{(aq)} + NO^-_{2(aq)}$$

LA SOLUZIONE

Calcoliamo quindi il numero delle moli (n) dell'acido nitroso ($M = 47$ g/mol):

$$n = \frac{m\,(\text{g})}{M\,(\text{g/mol})} = \frac{4{,}5\ \text{g}}{47\ \text{g/mol}} = 0{,}095\ \text{mol}$$

determiniamo la concentrazione molare dell'acido:

$$\text{M} = \frac{n\ (\text{mol})}{V\ (\text{L})} = \frac{0{,}095\ \text{mol}}{0{,}11\ \text{L}} = 0{,}86\ \text{mol/L}$$

Calcoliamo ora la concentrazione molare degli ioni H_3O^+ con la relazione:

$$[H_3O^+] = \sqrt{K_a \cdot C_a} = \sqrt{(4{,}5 \cdot 10^{-4}) \cdot 0{,}86}\ \text{mol/L} = 1{,}97 \cdot 10^{-2}\ \text{mol/L}$$

LA CONCLUSIONE

Nota la concentrazione molare degli ioni H_3O^+, è possibile definire il pH con la notazione:

$$pH = -\log\,[H_3O^+] = -\log 1{,}97 \cdot 10^{-2} = 1{,}70$$

PROBLEMA SIMILE

Una soluzione di un'ammina, la metilammina CH_3NH_2 ($K_b = 3{,}6 \cdot 10^{-4}$), contiene 2 g di base in 1 L di soluzione. Calcola il pH.

La determinazione sperimentale del pH di una soluzione

La determinazione sperimentale del pH di una soluzione può essere effettuata con gli indicatori, le cartine indicatrici e il piaccametro.

Gli **indicatori** sono acidi organici deboli che nella forma indissociata (simbolo **HIn**) sono di un colore *diverso* dalla forma dissociata (simbolo **In$^-$**).

Il rosso di metile è un indicatore che nella forma indissociata è di colore *rosso* e nella forma dissociata di colore *giallo*. Essendo un acido debole, la reazione di dissociazione ha l'equilibrio spostato a sinistra ed è rappresentata dall'equazione:

$$HIn_{(aq)} + H_2O_{(l)} \rightleftarrows H_3O^+_{(aq)} + In^-_{(aq)}$$

In presenza di una soluzione **acida** l'indicatore diventerà rosso. Il colore rosso della soluzione è giustificato dall'elevata concentrazione di ioni H_3O^+ che, reagendo con la forma dissociata dell'indicatore In^-, spostano l'equilibrio della reazione a *sinistra*, verso la forma indissociata (figura **7A**):

$$[HIn] > [In^-]$$

In presenza di una soluzione **basica** l'indicatore diventerà giallo. Il colore giallo della soluzione è giustificato dall'elevata concentrazione in soluzione di ioni OH^- che, reagendo con gli ioni H_3O^+, formano acqua. La diminuzione degli ioni H_3O^+ determina uno spostamento dell'equilibrio della reazione a *destra*, verso la forma dissociata (figura **7C**):

$$[HIn] < [In^-]$$

Se la concentrazione delle molecole dell'indicatore HIn è uguale alla concentrazione degli ioni In^- la soluzione assumerà un colore intermedio tra quello della forma indissociata e quello della forma dissociata (per l'indicatore *rosso di metile* la soluzione assumerà il colore arancione, figura **7B**):

$$[HIn] = [In^-]$$

Figura 7 Il rosso di metile assume colori diversi a seconda del pH della soluzione Il pH di viraggio del rosso di metile è 5,2.

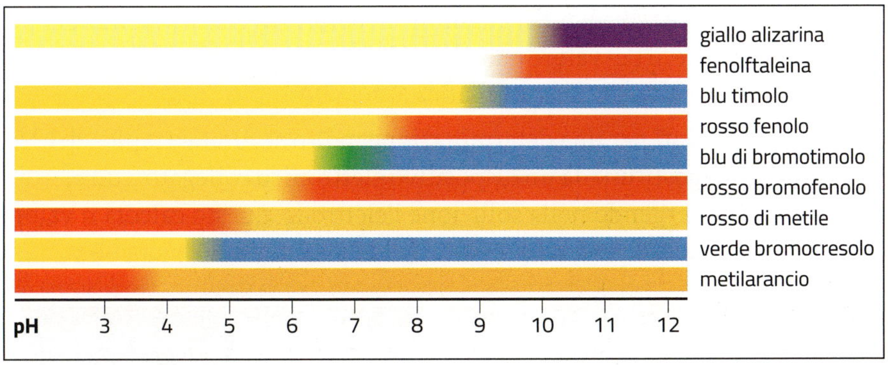

Figura 8 **I colori degli indicatori** Colori assunti dai più comuni indicatori al variare del pH di una soluzione.

Il cambiamento di colore dell'indicatore, detto *viraggio*, dipende dal valore del pH della soluzione (figura **8**).

> Il valore del pH di una soluzione che corrisponde alla variazione di colore dell'indicatore si chiama **pH di viraggio**.

Per l'indicatore rosso di metile il pH di viraggio è uguale a 5,2.

In conclusione, in una soluzione un acido organico debole *indica* se il pH della soluzione è minore, uguale o maggiore di un determinato valore (tabella **2**).

> Si chiamano **indicatori di pH** gli acidi deboli che, aggiunti in piccole quantità a una soluzione, assumono un diverso colore a seconda del pH della soluzione.

Tabella 2 **Valori del pH di viraggio e colori di HIn e In⁻ dei più comuni indicatori** Per valori inferiori al pH di viraggio, il colore si riferisce alla forma indissociata HIn; per valori superiori a quelli di viraggio, il colore è relativo all'indicatore nella forma dissociata In^-.

Indicatore	pH di viraggio	Colore di HIn (pH soluzione < pH di viraggio)	Colore di In^- (pH soluzione > pH di viraggio)
violetto di metile	1,2	giallo	blu
metilarancio	3,8	rosso	giallo
rosso di metile	5,2	rosso	giallo
blu di bromotimolo	6,8	giallo	blu
fenolftaleina	9,1	incolore	rosso
giallo alizarina	11	giallo	rosso/arancione

Per determinare il pH di una soluzione in modo preciso e rapido si può utilizzare l'*indicatore universale*.

> L'**indicatore universale** è una soluzione costituita da diversi indicatori.

Aggiungendo alla soluzione alcune gocce dell'indicatore universale, la soluzione assume un colore diverso a seconda del pH, il cui valore può essere misurato confrontando il colore della soluzione con una scala cromatica.

PER VEDERE LA CHIMICA
Video *In laboratorio*
Estraiamo un indicatore... dal cavolo rosso

> Le **cartine indicatrici** sono striscette di carta imbevute in un indicatore (cartina indicatrice acido-base) oppure più indicatori (cartina indicatrice universale).

- La *cartina indicatrice acido-base* è imbevuta dell'indicatore *tornasole* (pH di viraggio uguale a 6,5). È utilizzata per stabilire semplicemente se una soluzione è acida o basica: immersa nella soluzione, la cartina assume un colore rosso (pH < 7) o un colore blu (pH > 7).

- La *cartina indicatrice universale* assume un colore diverso a seconda del pH della soluzione, il cui valore può essere determinato confrontando il colore della cartina con una scala cromatica (figura **9A**).

I **piaccametri**, usati per una determinazione molto accurata e rapida del pH, sono strumenti costituiti da un dispositivo elettronico collegato a un elettrodo di vetro; immergendo nella soluzione l'elettrodo, questo calcola il valore del pH corrispondente e lo rappresenta sul display digitale (figura **9B**).

Figura 9 Misurare il pH
A La cartina indicatrice universale.
B I piaccametri sono usati per la determinazione accurata del pH.

PER CAPIRE MEGLIO
PDF *Laboratorio*
Costruzione di una scala cromatica del pH

3 ACIDI E BASI SI NEUTRALIZZANO A VICENDA

Torniamo a esaminare le reazioni acido-base (reazioni che avvengono in *acqua*) per analizzare specificatamente gli aspetti quantitativi in termini di *volume* e di *concentrazione* della soluzione acida e basica. La reazione è descritta dalla seguente equazione:

$$\text{acido} + \text{base} \longrightarrow \text{sale} + \text{acqua}$$

Supponiamo di prendere in esame una soluzione di un acido *forte* monoprotico, l'acido cloridrico HCl, e la soluzione di una base *forte* monobasica (in cui è presente un solo gruppo OH), l'idrossido di sodio NaOH. Le due soluzioni hanno *uguale* volume e la *stessa* concentrazione. L'acido cloridrico e l'idrossido di sodio, essendo degli elettroliti forti, sono *completamente* dissociati in ioni.

Nella soluzione di acido cloridrico sono presenti ioni ossonio H_3O^+ e ioni cloruro Cl^-:

$$HCl_{(aq)} + H_2O_{(l)} \longrightarrow H_3O^+_{(aq)} + Cl^-_{(aq)}$$

Nella soluzione di idrossido di sodio sono presenti ioni sodio Na^+ e ioni idrossido OH^-:

$$NaOH_{(aq)} \longrightarrow Na^+_{(aq)} + OH^-_{(aq)}$$

Trattandosi di due soluzioni con *uguale* volume e la *stessa* concentrazione si ha che il numero degli ioni H_3O^+ presenti nella soluzione acida è uguale al numero degli ioni OH^- della soluzione basica:

$$[H_3O^+] = [OH^-]$$

Aggiungendo la soluzione di HCl alla soluzione di NaOH, si ha che gli ioni Na^+ e Cl^- rimangono in soluzione sotto forma di ioni idratati (ioni spettatori), mentre gli ioni H_3O^+ e OH^- reagiscono per formare acqua. La reazione è quindi descritta dalla seguente equazione:

$$H_3O^+_{(aq)} + OH^-_{(aq)} \longrightarrow 2\ H_2O_{(l)}$$

Poiché tutti gli ioni H_3O^+ reagiscono con gli ioni OH^- la soluzione risulta **neutra** (figura **10**).

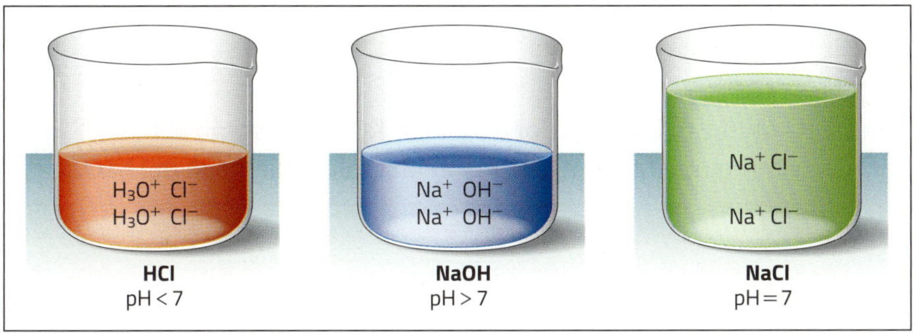

Figura 10 Reazione di neutralizzazione Le soluzioni di HCl e NaOH hanno uguale volume e la stessa concentrazione: nella prima si ha un eccesso di ioni H_3O^+ (pH < 7), nella seconda di ioni OH^- (pH > 7). Aggiungendo la soluzione di HCl a quella di ioni NaOH, gli ioni H_3O^+ e OH^- reagiscono formando acqua (gli ioni Na^+ e Cl^- sono ioni spettatori); la soluzione ottenuta è neutra (pH = 7).

Per la completa neutralizzazione occorre che il *numero* degli ioni H_3O^+ della soluzione acida sia quindi *uguale* a quello degli ioni OH^- della soluzione basica. In altri termini, la neutralizzazione dipende dalla concentrazione delle due soluzioni ma anche dalla *stechiometria* della reazione.

La reazione tra una soluzione di acido solforico (H_2SO_4) e una soluzione di idrossido di potassio (KOH) è descritta dalla seguente equazione:

$$H_2SO_{4(aq)} + 2\ KOH_{(aq)} \longrightarrow K_2SO_{4(aq)} + 2\ H_2O_{(l)}$$

La stechiometria della reazione evidenzia che occorrono *due moli* di KOH per neutralizzare *una mole* di H_2SO_4. Se ammettiamo che le due soluzioni abbiano la stessa concentrazione, è necessario un *volume doppio* della soluzione di KOH per neutralizzare la soluzione di H_2SO_4.

Le **reazioni di neutralizzazione** sono reazioni tra una soluzione di un acido e la soluzione di una base in quantità equimolare (con uguale numero di moli).

PER CAPIRE MEGLIO
PDF *Laboratorio*
Reazione di neutralizzazione

LE PAROLE

Il termine **neutralizzazione** (dal latino *neuter*, «né l'uno né l'altro» e *agere*, «fare») indica una reazione chimica tra la soluzione di un acido e la soluzione di una base.

PROBLEMA MODELLO

Calcolare i volumi di neutralizzazione

Calcola il volume di una soluzione 0,64 M di idrossido di sodio (NaOH) necessario per la neutralizzazione completa di 350 mL di una soluzione 0,52 M di acido solforico (H_2SO_4).

L'IDEA

La reazione di neutralizzazione è rappresentata dalla seguente equazione:

$$2\ NaOH_{(aq)} + H_2SO_{4(aq)} \longrightarrow Na_2SO_{4(aq)} + 2\ H_2O_{(l)}$$

Per neutralizzare una mole di H_2SO_4 occorrono quindi due moli di NaOH.

LA SOLUZIONE

Calcoliamo il numero di moli (n) di H_2SO_4 nella soluzione:

$$n_{(H_2SO_4)} = M\ (mol/L) \cdot V\ (L) = 0,52\ mol/L \cdot 0,35\ L = 0,18\ mol$$

In base alla stechiometria della reazione, per la neutralizzazione completa della soluzione di acido solforico (H_2SO_4) occorre un numero *doppio* di moli di NaOH:

$$n_{(NaOH)} = 2n_{(H_2SO_4)} = 2 \cdot 0,18 \text{ mol} = 0,36 \text{ mol}$$

LA CONCLUSIONE

Calcoliamo infine il volume della soluzione di NaOH:

$$V_{(NaOH)} = \frac{n \text{ (mol)}}{\text{M (mol/L)}} = \frac{0,36 \text{ mol}}{0,64 \text{ mol/L}} = 0,563 \text{ L} = 563 \text{ mL}$$

PROBLEMA SIMILE

Calcola il volume di una soluzione 0,6 M di KOH necessario per neutralizzare completamente 220 mL di una soluzione 0,6 M di H_2SO_4.

L'equivalente chimico

Analizziamo di nuovo la reazione di neutralizzazione tra una soluzione di NaOH (base *monobasica*) e una soluzione di HCl (acido *monoprotico*). In questa reazione:

- 1 mole di NaOH libera 1 mole di ioni OH^-

$$NaOH_{(aq)} \longrightarrow Na^+_{(aq)} + OH^-_{(aq)}$$

- 1 mole di HCl libera 1 mole di ioni H^+

$$HCl_{(aq)} \longrightarrow H^+_{(aq)} + Cl^-_{(aq)}$$

Quindi occorre *una mole* di NaOH per neutralizzare *una mole* di HCl:

$$NaOH_{(aq)} + HCl_{(aq)} \longrightarrow NaCl_{(aq)} + H_2O_{(l)}$$

Consideriamo ora la reazione tra una soluzione di NaOH e una soluzione di H_2SO_4 (acido *diprotico*). In questa reazione:

- 1 mole di NaOH libera 1 mole di ioni OH^-

$$NaOH_{(aq)} \longrightarrow Na^+_{(aq)} + OH^-_{(aq)}$$

- 1 mole di H_2SO_4 libera 2 moli di ioni H^+:

$$H_2SO_{4(aq)} \longrightarrow 2\,H^+_{(aq)} + SO^{2-}_{4(aq)}$$

In questa equazione occorrono *due moli* di NaOH per neutralizzare *una mole* di H_2SO_4:

$$2\,NaOH_{(aq)} + H_2SO_{4(aq)} \longrightarrow Na_2SO_{4(aq)} + 2\,H_2O_{(l)}$$

In altri termini, occorre *una mole* di NaOH per neutralizzare *mezza mole* di H_2SO_4.

L'**equivalente chimico di un acido** è la quantità di un acido (una mole, mezza mole, un terzo di mole) neutralizzata da una mole di ioni OH^-.

L'**equivalente chimico di una base** è la quantità di una base (una mole, mezza mole, un terzo di mole) neutralizzata da una mole di ioni H^+.

Risulta quindi che un equivalente chimico (simbolo **eq**) di un acido monoprotico o di una base monobasica è una mole, di un acido diprotico o di una base dibasica è mezza mole, di un acido triprotico o di una base tribasica è un terzo di mole (tabella **3**).

Acido	Equivalente chimico	Base
monoprotico	1 mole	monobasica
diprotico	1/2 mole	dibasica
triprotico	1/3 mole	tribasica

Tabella 3 **L'equivalente chimico**
Le quantità espresse in moli di un equivalente chimico di acidi e basi.

La massa equivalente

L'equivalente chimico è una quantità di materia con una massa ben definita.

La massa di un equivalente chimico si chiama **massa equivalente** (simbolo m_{eq}).

La massa equivalente di un **acido** (o di una **base**) è data dal rapporto tra la massa molare *M* e il numero di moli (simbolo ***n***) degli ioni H^+ (o degli ioni OH^-) che una mole di acido (o di base) libera dissociandosi in soluzione:

$$m_{eq(acido)} = \frac{M}{n_{(ioni\ H^+)}} \qquad m_{eq(base)} = \frac{M}{n_{(ioni\ OH^-)}}$$

Dato che la massa molare *M* si esprime in grammi per mole (g/mol) e il numero delle moli degli ioni H^+ o OH^- in **equivalenti per mole** (simbolo **eq/mol**) si ha che la massa equivalente si esprime in **grammi per equivalente** (simbolo **g/eq**) (tabella **4**).

Acido	*M* (g/mol)	m_{eq} (g/eq)	Base	*M* (g/mol)	m_{eq} (g/eq)
HNO_3	63	63	NaOH	40	40
H_2SO_4	98	49	$Ca(OH)_2$	74	37
H_3PO_4	98	32,6	$Al(OH)_3$	78	26

Tabella 4 **La massa equivalente**
Il valore della massa molare *M* e della corrispondente massa equivalente m_{eq} di alcuni acidi e basi.

La massa equivalente di un **sale** è data dal rapporto tra la massa molare *M* e il numero delle cariche positive dei cationi (o il numero delle cariche negative degli anioni) che derivano dalla dissociazione di una mole di sale in soluzione:

$$m_{eq} = \frac{M}{\text{numero cariche positive (o negative)}}$$

Per il cloruro di sodio e il nitrato di magnesio la massa equivalente assume i seguenti valori:

$$NaCl_{(aq)} \longrightarrow Na^+_{(aq)} + Cl^-_{(aq)} \quad \text{(cariche positive = 1)}\ m_{eq} = \frac{58}{1} = 58\ g/eq$$

$$Mg(NO_3)_{2(aq)} \longrightarrow Mg^{2+}_{(aq)} + 2\ NO^-_{3(aq)} \quad \text{(cariche positive = 2)}\ m_{eq} = \frac{114}{2} = 57\ g/eq$$

La normalità

Nelle reazioni di neutralizzazioni acido-base gli ioni H^+ di una soluzione acida reagiscono con un ugual numero di ioni OH^- di una soluzione basica. Risulta, quindi, più opportuno esprimere la concentrazione di una soluzione acida o basica non in termini di moli ma di equivalenti.

Il **numero di equivalenti** di soluto (simbolo n_{eq}) in una soluzione è dato dal rapporto tra la massa di soluto m (espressa in grammi) e la massa equivalente m_{eq} (espressa in g/eq):

$$n_{eq} = \frac{m_{(soluto)}}{m_{eq(soluto)}}$$

Il numero di equivalenti in una soluzione rappresenta una nuova unità chimica per esprimere la concentrazione di una soluzione.

Si definisce **normalità** (simbolo **N**) il numero di equivalenti di soluto presenti in 1 L di soluzione:

$$N = \frac{\text{numero equivalenti soluto (eq)}}{\text{volume soluzione (L)}} = \frac{n_{eq}}{V(L)}$$

La normalità si esprime quindi in **equivalenti per litro** (simbolo **eq/L**).

Una soluzione 0,2 N (si legge «0,2 normale») di acido solforico H_2SO_4 (m_{eq} = 49 g/eq) contiene 0,2 equivalenti, ovvero 9,8 g (m = 0,2 eq · 49 g/eq), di H_2SO_4 in 1 L di soluzione.

Indicando con $n_{(H^+, OH^-)}$ il numero di moli di H^+ (o OH^-) rilasciati in soluzione da una mole di acido (o di base), la normalità (N) e la molarità (M) di una soluzione sono legate dalle seguenti relazioni:

$$N = M \cdot n_{(H^+, OH^-)} \qquad M = \frac{N}{n_{(H^+, OH^-)}}$$

TI RICORDI?

La **molarità** (M) di una soluzione indica il numero di moli (n) di soluto in 1 L di soluzione:

$$M = \frac{\text{moli soluto (mol)}}{\text{volume soluzione (L)}}$$

PROBLEMA MODELLO

Calcolare la normalità

Una soluzione contiene 3,5 g di acido carbonico (H_2CO_3), in 420 mL di soluzione. Calcola la normalità.

L'IDEA

La normalità di una soluzione è data dal numero di equivalenti in 1 L di soluzione. Il numero di equivalenti è definito dal rapporto tra la massa del soluto (in grammi) e la massa equivalente: occorre quindi calcolare prima la massa equivalente dell'acido carbonico, poi il numero di equivalenti e infine la normalità.

LA SOLUZIONE

La reazione di dissociazione dell'acido carbonico, H_2CO_3, è rappresentata dalla seguente equazione:

$$H_2CO_{3(aq)} \longrightarrow 2\,H^+_{(aq)} + CO^{2-}_{3(aq)}$$

Una mole di H_2CO_3 (M = 62 g/mol) libera quindi due moli di ioni idrogeno H^+. La massa equivalente è data dal rapporto:

$$m_{eq} = \frac{M\ (g/mol)}{n_{(H^+)}} = \frac{62\ g/mol}{2\ mol/eq} = 31\ g/eq$$

Definiamo ora il numero di equivalenti di acido carbonico:

$$n_{eq} = \frac{m\,(g)}{m_{eq}\,(g/eq)} = \frac{3,5\ g}{31\ g/eq} = 0,113\ eq$$

LA CONCLUSIONE

Calcoliamo, infine, la normalità della soluzione dividendo il numero di equivalenti di H_2CO_3 per il volume espresso in litri della soluzione ($V = 420$ mL $= 0{,}42$ L):

$$N = \frac{n_{eq}}{V\,(\mathrm{L})} = \frac{0{,}113\ \mathrm{eq}}{0{,}42\ \mathrm{L}} = 0{,}27\ \mathrm{eq/L}$$

PROBLEMA SIMILE

Calcola i grammi di acido nitrico (HNO_3) presenti in 350 mL di una soluzione 0,25 N.

La titolazione acido-base

Le reazioni di neutralizzazione tra la soluzione di un acido e la soluzione di una base possono essere utilizzate per determinare la concentrazione o *titolo* di una delle due soluzioni.

Si considerino due soluzioni, A (a volume noto) e B (a concentrazione nota), di due sostanze diverse in grado di reagire tra loro.

Si dice **titolazione** l'analisi volumetrica che consente di determinare la *concentrazione* (o *titolo*) di A misurando il volume di B necessario e sufficiente a portare a completamento la reazione. In caso di reazione acido-base, l'analisi prende il nome di titolazione acido-base.

La titolazione acido-base si esegue aggiungendo piccole quantità di una soluzione basica (o acida) a concentrazione nota (detta *soluzione titolante*) alla soluzione acida (o basica) a concentrazione non nota. L'aggiunta della soluzione titolante alla soluzione da titolare si esegue con una buretta e termina quando si raggiunge il *punto di equivalenza* o *punto di viraggio*.

Il **punto di equivalenza** di una titolazione è raggiunto quando il numero degli equivalenti dell'acido è *uguale* al numero degli equivalenti della base.

$$n_{eq(\mathrm{acido})} = n_{eq(\mathrm{base})}$$

Il raggiungimento del punto di equivalenza è indicato dal viraggio di un opportuno indicatore aggiunto alla soluzione da titolare (figura **11**).

PER CAPIRE MEGLIO
PDF *Laboratorio*
Titolazione acido-base

LE PAROLE

Il termine **titolazione** (dal latino *titulus*, «titolo di rango», e *agere*, «fare») indica un metodo di analisi che permette di determinare la concentrazione di una soluzione mediante la misura del volume di una soluzione a titolo noto.

PER VEDERE LA CHIMICA
Video *In laboratorio*
La titolazione acido-base

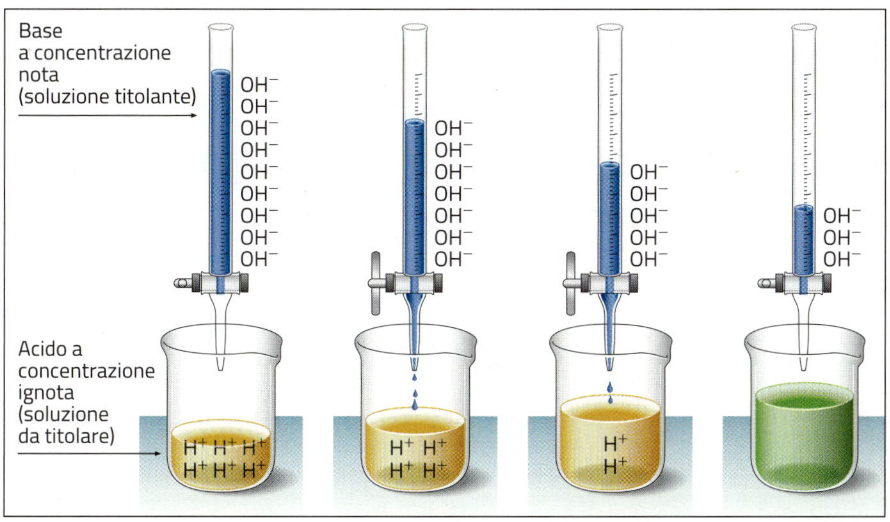

Figura 11 Titolazione di un acido con una base La soluzione della base nella buretta è aggiunta lentamente alla soluzione dell'acido contenuto nel becher, fino al raggiungimento del punto di equivalenza. Se si utilizza l'indicatore blu di bromotimolo il punto di equivalenza corrisponde al colore verde (pH di viraggio).

Poiché il numero di equivalenti di una soluzione di un acido o di una base è dato dalla relazione:

$$n_{eq} = \mathrm{N(eq/L)} \cdot V\mathrm{(L)}$$

PER SAPERNE DI PIÙ
PDF *Approfondimento*
Le curve di titolazione di acidi e di basi deboli

Se sostituiamo i corrispondenti valori nell'equazione precedente otteniamo l'uguaglianza:

$$\mathrm{N_A} \cdot V_\mathrm{A} = \mathrm{N_B} \cdot V_\mathrm{B}$$

dalla quale si può determinare la concentrazione non nota ($\mathrm{N_A}$ o $\mathrm{N_B}$):

$$\mathrm{N_A} = \frac{\mathrm{N_B} \cdot V_\mathrm{B}}{V_\mathrm{A}} \qquad \mathrm{N_B} = \frac{\mathrm{N_A} \cdot V_\mathrm{A}}{V_\mathrm{B}}$$

PER SAPERNE DI PIÙ

Le curve di titolazione di acidi e di basi forti

Il raggiungimento del punto di equivalenza, evidenziato dal viraggio di un indicatore, può essere dedotto determinando il valore del pH dopo ogni aggiunta della soluzione titolante alla soluzione da titolare.

Si chiama **curva di titolazione** il grafico dei valori del pH in relazione al volume di soluzione titolante aggiunta.

Titolazione di un acido forte con una base forte

Ipotizziamo di dover titolare una soluzione di acido cloridrico HCl, **acido forte**, con una soluzione di idrossido di sodio NaOH, **base forte**.

Riportiamo in un grafico il volume (in mL) di NaOH (soluzione titolante) che viene aggiunto alla soluzione di HCl (soluzione da titolare) e il relativo valore del pH (determinato con il piaccametro). All'inizio il pH ha un valore basso, perché la soluzione da titolare è acida. Via via che si aggiunge la base il valore del pH aumenta lentamente, fino a quando non si arriva vicino al punto di viraggio. In prossimità del punto di viraggio anche piccole aggiunte di base provocano un rapido aumento del pH. In seguito a nuove aggiunte di base il pH continua ad aumentare ma in modo molto lento. Dalla curva di titolazione si deduce che il punto di equivalenza è raggiunto per un valore del pH uguale a 7 e che il pH cambia rapidamente da un valore di 3,5 a un valore di 10,5 (figura **A**). Per rilevare il *punto di equivalenza* l'indicatore più adatto potrebbe essere il blu di bromotimolo il cui viraggio (da giallo a blu) si verifica per un valore di **pH uguale a 7**.

La curva di titolazione di un acido forte con una base forte avente la stessa concentrazione è *simmetrica* e il punto di equivalenza corrisponde a un valore di pH uguale a 7 (soluzione neutra).

Titolazione di una base forte con un acido forte

La titolazione di una **base forte** (NaOH) con un **acido forte** (HCl), avente la stessa concentrazione, porta alla formazione di una curva di titolazione sempre simmetrica ma *invertita*. All'inizio il pH ha un valore alto (la soluzione da titolare è basica), ma via via che si aggiunge l'acido il pH diminuisce, prima lentamente, poi rapidamente vicino al punto di viraggio e infine di nuovo in modo lento. Dalla curva di titolazione si deduce che il punto di equivalenza è raggiunto per un valore del pH uguale a 7 (figura **B**).

La curva di titolazione di una base forte con un acido forte avente la stessa concentrazione è simmetrica e il punto di equivalenza corrisponde a un valore di pH uguale a 7 (soluzione neutra).

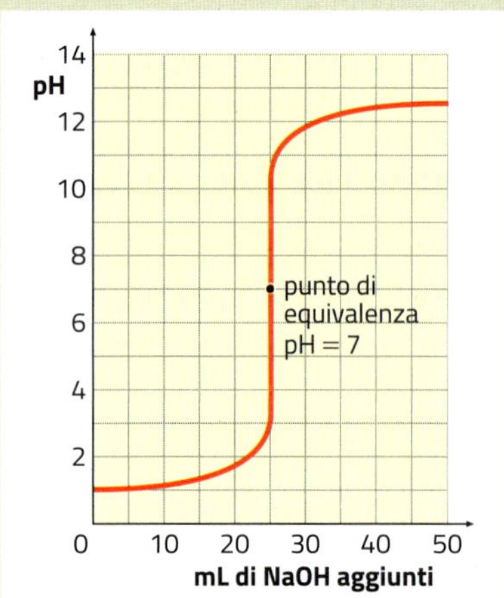

Figura A Curva di titolazione dell'acido forte HCl con la base forte NaOH Il punto di equivalenza si raggiunge a pH = 7.

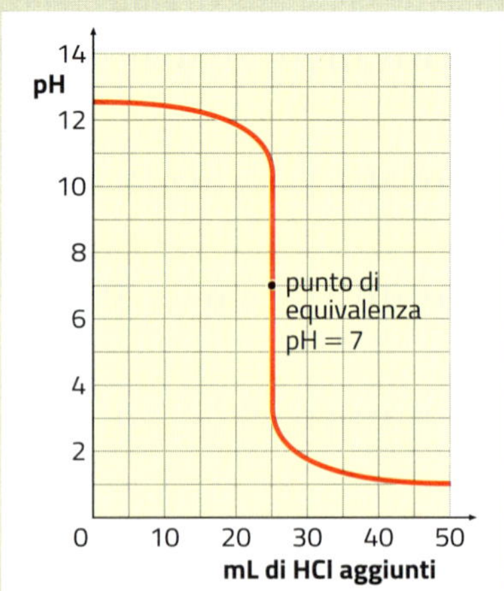

Figura B Curva di titolazione della base forte NaOH con l'acido forte HCl Analogamente al caso precedente, il punto di equivalenza si raggiunge a pH = 7.

4 ANCHE UN SALE IN ACQUA PUÒ DETERMINARE LA VARIAZIONE DEL pH

L'acidità o la basicità di una soluzione è stata definita in funzione della presenza di acidi o basi, ma anche i **sali** in acqua possono rendere l'ambiente *acido* o *basico* a seconda della loro natura (figura **12**).

Figura 12 La soluzione di un sale in acqua può essere acida, neutra o basica L'indicatore blu di bromotimolo conferisce un colore specifico alla soluzione di un sale e ne evidenzia il pH.

L'idrolisi salina è il processo per cui la soluzione di un sale in acqua determina la variazione del pH.

I sali sono composti ionici in cui lo ione positivo è il catione di una base e lo ione negativo è l'anione di un acido. In acqua, tutti i sali solubili sono elettroliti *forti* e quindi dissociati completamente in cationi e anioni. Il comportamento degli ioni in acqua è però diverso a seconda che l'acido o la base da cui provengono sia forte o debole.

- I cationi di basi forti e gli anioni degli acidi forti si legano alle molecole dell'acqua (**processo di idratazione**) senza reagire con essa (*ioni neutri*). In questo caso l'equilibrio tra gli ioni H_3O^+ e gli ioni OH^- dell'acqua *non viene alterato* e le soluzioni risultano **neutre**.
- Gli anioni poliatomici idrogenosolfato HSO_4^- e diidrogenofosfato $H_2PO_4^-$ e il catione poliatomico NH_4^+ (ione ammonio) reagiscono con le molecole di acqua (**reazione di idrolisi**) cedendo protoni (*ioni acidi*). In questo caso l'equilibrio tra gli ioni H_3O^+ e OH^- dell'acqua *viene alterato* e le soluzioni risultano **acide**.
- Gli anioni di acidi deboli reagiscono con le molecole di acqua (**reazione di idrolisi**) accettando protoni (*ioni basici*): di conseguenza, l'equilibrio tra gli ioni H_3O^+ e OH^- dell'acqua *viene alterato* e le soluzioni risultano **basiche** (tabella **5**).

LE PAROLE

Il termine **idrolisi** (dal greco *hydro*, «acqua», e *lisis*, «dissoluzione») indica una reazione chimica in cui una molecola è scissa in due molecole più piccole da parte dell'acqua.

TI RICORDI?

Quelle **acido-base** sono reazioni di equilibrio, che può essere spostato verso la dissociazione acida o verso la dissociazione basica per una stessa coppia coniugata: pertanto, la base coniugata di un acido forte è una base debole, mentre l'acido coniugato di una base debole è un acido forte.

Tabella 5 Proprietà acido-base di alcuni ioni in soluzione acquosa Il comportamento degli ioni in soluzione acquosa dipende dall'acido o dalla base da cui derivano.

Ioni	Anioni di acidi forti	Anioni di acidi deboli	Cationi di basi forti	Anioni poliatomici	Cationi poliatomici
Neutri	Cl^- Br^- I^- NO_3^- SO_4^{2-} ClO_4^-		Li^+ Na^+ K^+ Ca^{2+} Sr^{2+} Ba^{2+}		
Acidi				HSO_4^- $H_2PO_4^-$	NH_4^+
Basici		F^- S^{2-} CN^- NO_2^- CO_3^{2-} PO_4^{3-} HS^- HCO_3^- CH_3COO^-			

Esaminiamo ora alcune soluzioni di sali in cui il pH può assumere un valore acido, basico o rimanere neutro. Ricordiamo che i sali si possono considerare il prodotto della reazione tra un acido e una base.

Sale derivante da una base debole e da un acido forte

Il cloruro di ammonio NH_4Cl è un sale costituito dal catione di una **base debole**, NH_3, e dall'anione di un **acido forte**, HCl. In soluzione, il cloruro di ammonio si dissocia completamente in ioni secondo l'equazione:

$$NH_4Cl_{(aq)} \longrightarrow NH^+_{4(aq)} + Cl^-_{(aq)}$$

Lo ione ammonio NH_4^+ (ione acido) è l'acido coniugato forte della base debole NH_3; di conseguenza, lo ione ammonio cede un protone all'acqua (reazione di *idrolisi*) formando ioni H_3O^+:

$$NH^+_{4(aq)} + H_2O_{(l)} \rightleftarrows NH_{3(aq)} + H_3O^+_{(aq)} \qquad \text{reazione di idrolisi}$$

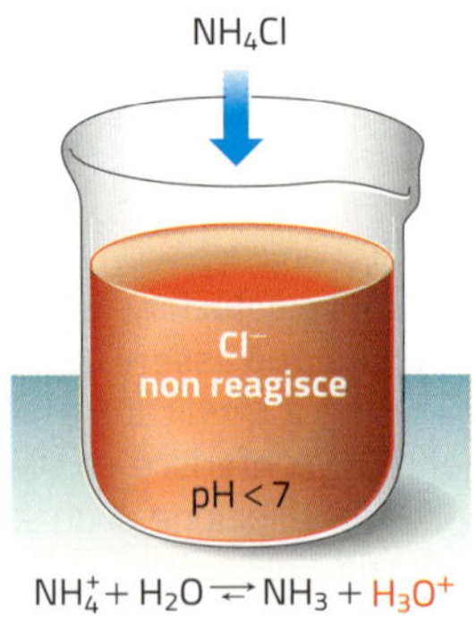

Figura 13 Reazione di idrolisi acida La soluzione di un sale, NH_4Cl, che deriva da un acido forte, HCl, e da una base debole, NH_4OH, presenta un eccesso di ioni H_3O^+.

Lo ione cloruro Cl^- (ione neutro) è invece la base coniugata debole dell'acido forte HCl e si lega alle molecole di acqua senza reagire con essa (processo di *idratazione*, figura **13**).

La soluzione, presentando un eccesso di ioni H_3O^+, risulta quindi acida (pH < 7).

La soluzione di un sale che deriva da un acido forte e da una base debole è acida (**idrolisi acida**).

La concentrazione degli ioni H_3O^+ presenti nella soluzione è data dalla relazione:

$$[H_3O^+] = \sqrt{\frac{K_w \cdot C_s}{K_b}}$$

K_w è il prodotto ionico dell'acqua, C_s è la concentrazione del sale (in mol/L) e K_b è la costante di dissociazione della base da cui deriva il sale (nello specifico NH_3).

Minore è la costante di dissociazione della base, più l'equilibrio della reazione di idrolisi è spostato a *destra* e, di conseguenza, *maggiori* sono la concentrazione degli ioni H_3O^+ e l'acidità della soluzione.

Sale derivante da una base forte e da un acido debole

Il bicarbonato di sodio $NaHCO_3$ è un sale costituito dal catione di una **base forte**, NaOH, e dall'anione di un **acido debole**, H_2CO_3. In soluzione, il bicarbonato di sodio si dissocia completamente in ioni secondo l'equazione:

$$NaHCO_{3(aq)} \longrightarrow Na^+_{(aq)} + HCO^-_{3(aq)}$$

Lo ione Na^+ (ione neutro) è l'acido coniugato debole della base forte NaOH e si lega alle molecole di acqua senza reagire con essa (processo di *idratazione*).

Lo ione HCO_3^- (ione basico) è invece la base coniugata forte dell'acido debole H_2CO_3 e accetta un protone dall'acqua (reazione di *idrolisi*) liberando ioni OH^- (figura **14**):

$$HCO^-_{3(aq)} + H_2O_{(l)} \rightleftarrows H_2CO_{3(aq)} + OH^- \qquad \text{reazione di idrolisi}$$

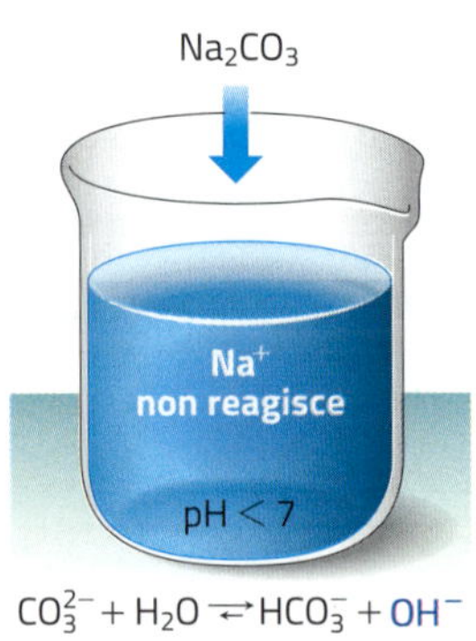

Figura 14 Rreazione di idrolisi basica La soluzione di un sale, $NaHCO_3$, che deriva da un acido debole, H_2CO_3, e da una base forte, NaOH, presenta un eccesso di ioni OH^-.

La soluzione, presentando un eccesso di ioni OH^-, risulta quindi basica (pH > 7).

La soluzione di un sale che deriva da un acido debole e da una base forte è basica (**idrolisi basica**).

La concentrazione degli ioni OH^- presenti nella soluzione è data dalla relazione:

$$[OH^-] = \sqrt{\frac{K_w \cdot C_s}{K_a}}$$

K_a è la costante di dissociazione dell'acido da cui deriva il sale (nello specifico H_2CO_3).

Minore è la costante di dissociazione, più l'equilibrio della reazione di idrolisi è spostato a *destra* e, di conseguenza, *maggiori* sono la concentrazione degli ioni OH^- e la basicità della soluzione.

Sale derivante da una base debole e da un acido debole

L'acetato di ammonio, CH_3COONH_4, è un sale costituito dal catione di una **base debole**, NH_3, e dall'anione di un **acido debole**, CH_3COOH.

In soluzione, l'acetato di ammonio si dissocia completamente in ioni secondo l'equazione:

$$CH_3COONH_{4(aq)} \longrightarrow CH_3COO^-_{(aq)} + NH^+_{4(aq)}$$

Lo ione acetato CH_3COO^- (ione basico) è la base coniugata forte dell'acido debole CH_3COOH e accetta un protone dall'acqua (reazione di *idrolisi*) liberando ioni OH^-:

$$CH_3COO^-_{(aq)} + H_2O_{(l)} \rightleftarrows CH_3COOH_{(aq)} + OH^-_{(aq)} \quad \text{reazione di idrolisi}$$

Lo ione ammonio NH_4^+ (ione acido) è invece l'acido coniugato forte della base debole NH_3 e cede un protone all'acqua (reazione di *idrolisi*) liberando ioni H_3O^+:

$$NH^+_{4(aq)} + H_2O_{(l)} \rightleftarrows NH_{3(aq)} + H_3O^+_{(aq)} \quad \text{reazione di idrolisi}$$

Poiché entrambi gli ioni si *idrolizzano*, il pH dipende dalle quantità di ioni H_3O^+ e OH^- nella soluzione e, quindi, dai rispettivi valori di K_a e K_b.

La soluzione di un sale che deriva da un acido debole e da una base debole può essere acida ($K_a > K_b$), neutra ($K_a = K_b$) o basica ($K_a < K_b$).

Nella soluzione in esame la K_b dell'ammoniaca e la K_a dell'acido acetico hanno lo stesso valore ($K_a = K_b = 1{,}8 \cdot 10^{-5}$). Di conseguenza, l'equilibrio delle due reazioni di idrolisi è spostato allo stesso modo: le quantità degli ioni H_3O^+ e OH^- che ne derivano sono quindi uguali, la soluzione risulta neutra. In conclusione, non si ha idrolisi (figura **15**).

Per determinare il pH di soluzioni di sali che derivano da acidi deboli e basi deboli si calcola la concentrazione degli ioni H_3O^+:

$$[H_3O^+] = \sqrt{\frac{K_w \cdot K_a}{K_b}}$$

PER SAPERNE DI PIÙ
PDF *Approfondimento*
La costante di idrolisi

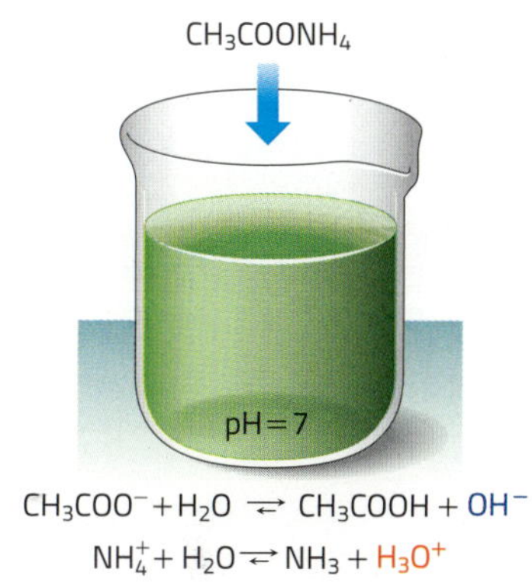

Figura 15 Soluzione di un sale derivante da una base debole e da un acido debole La soluzione di un sale, CH_3COONH_4, che deriva da un acido debole, CH_3COOH, e da una base debole, NH_3, presenta un numero uguale dei due ioni in quanto K_a è uguale a K_b: la soluzione è neutra.

PER CAPIRE MEGLIO
PDF *Laboratorio*
Idrolisi salina

Sale derivante da una base forte e da un acido forte

Il cloruro di sodio, NaCl, è un sale costituito dal catione di una **base forte**, NaOH, e dall'anione di un **acido forte**, HCl. In soluzione, il cloruro di sodio si dissocia completamente in ioni secondo l'equazione:

$$NaCl_{(aq)} \longrightarrow Na^+_{(aq)} + Cl^-_{(aq)}$$

Figura 16 Nella soluzione di un sale derivante da una base forte e da un acido forte non si ha idrolisi

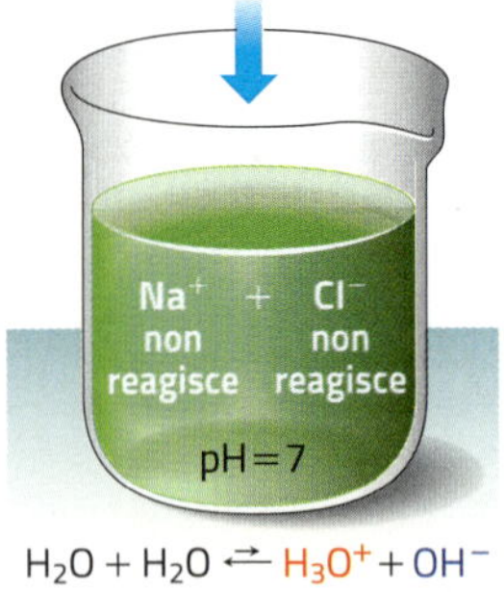

Lo ione sodio Na^+ (ione neutro) è l'acido coniugato debole della base forte NaOH e lo ione cloruro Cl^- (ione neutro) è la base coniugata debole dell'acido forte HCl. I due ioni si legano alle molecole di acqua senza reagire con essa (processo di *idratazione*).

Nella soluzione, l'equilibrio tra le concentrazioni degli ioni H_3O^+ e OH^- derivanti dalla dissociazione dell'acqua non viene modificato; quindi, il pH rimane uguale a 7 e la soluzione risulta neutra (figura **16**).

La soluzione di un sale che deriva da un acido forte e da una base forte è neutra (non si ha idrolisi).

PROBLEMA MODELLO

Calcolare il pH di una soluzione di una soluzione contenente un sale

Calcola il pH di una soluzione contenente 5,5 g di acetato di potassio CH_3COOK in 350 mL di soluzione ($K_a = 1{,}8 \cdot 10^{-5}$).

L'IDEA

L'acetato di potassio CH_3COOK è un sale costituito dal catione di una base forte, KOH, e dall'anione di un acido debole, CH_3COOH. In soluzione, l'acetato di potassio si dissocia completamente in ioni secondo l'equazione:

$$CH_3COOK_{(aq)} \longrightarrow CH_3COO^-_{(aq)} + K^+_{(aq)}$$

Lo ione potassio K^+ (ione neutro) si lega all'acqua senza reagire con essa (processo di idratazione). Lo ione acetato CH_3COO^- (ione basico) accetta il protone dell'acqua formando ioni OH^- (idrolisi basica):

$$CH_3COO^-_{(aq)} + H_2O_{(l)} \rightleftarrows CH_3COOH_{(aq)} + OH^-_{(aq)}$$

La soluzione presenta un eccesso di ioni OH^- ed è quindi **basica**.

LA SOLUZIONE

Determiniamo il numero delle moli dell'acetato di potassio ($M = 98$ g/mol):

$$n_{(CH_3COOK)} = \frac{m\,(g)}{M\,(g/mol)} = \frac{5{,}5\,g}{98\,g/mol} = 0{,}056\,mol$$

Definiamo la concentrazione molare M della soluzione:

$$M = \frac{n\,(mol)}{V\,(L)} = \frac{0{,}056\,mol}{0{,}35\,L} = 0{,}16\,mol/L$$

Calcoliamo la concentrazione degli ioni OH^-:

$$[OH^-] = \sqrt{\frac{K_w \cdot C_s}{K_a}} = \sqrt{\frac{1{,}0 \cdot 10^{-14} \cdot 0{,}16}{1{,}8 \cdot 10^{-5}}} = \sqrt{8{,}9 \cdot 10^{-11}} = 9{,}4 \cdot 10^{-6}$$

LA CONCLUSIONE

Dalla concentrazione degli ioni OH^- possiamo ricavare il pOH e quindi il pH:

$$pOH = -\log[OH^-] = -\log 9{,}4 \cdot 10^{-6} = 5{,}03$$
$$pH = 14 - pOH = 14 - 5{,}03 = 8{,}97$$

PROBLEMA SIMILE

Calcola il pH di una soluzione 0,2 M di cianuro di sodio.

5 LE SOLUZIONI TAMPONE SI OPPONGONO ALLE VARIAZIONI DI pH

L'aggiunta di *piccole quantità* di un acido o di una base forte a una soluzione comporta forti variazioni di pH. Tuttavia, in molte soluzioni di laboratorio e in tutte le soluzioni fisiologiche (sangue, urina, saliva, liquido lacrimale, succo gastrico, latte materno) è indispensabile che il pH non subisca variazioni apprezzabili.

Si definisce **soluzione tampone** una soluzione che si oppone alla variazione del pH conseguente all'aggiunta di piccole quantità di solvente (diluizione), di un acido o di una base forte.

Una soluzione tampone può essere costituita da:

- un acido debole e da un sale costituito dal catione di una base forte e dall'anione dell'acido debole (tampone *acido*);
- una base debole e da un sale costituito dal catione della base debole e dall'anione di un acido forte (tampone *basico*).

La capacità di una soluzione tampone di mantenere il valore del pH costante è dovuta all'equilibrio tra la forma indissociata dell'acido (o della base) e il corrispondente anione (o catione).

Esaminiamo il meccanismo con cui agisce un **tampone acido** costituito da una soluzione di acido acetico CH_3COOH e acetato di sodio CH_3COONa.

L'acido acetico (acido debole) in acqua è poco dissociato e, quindi, l'equilibrio con il suo anione (ione acetato, CH_3COO^-) è spostato a sinistra:

$$CH_3COOH_{(aq)} + H_2O_{(l)} \rightleftarrows CH_3COO^-_{(aq)} + H_3O^+_{(aq)}$$

L'acetato di sodio (elettrolita forte) in acqua è completamente dissociato in ioni acetato e ioni sodio Na^+:

$$CH_3COONa_{(aq)} \longrightarrow CH_3COO^-_{(aq)} + Na^+_{(aq)}$$

L'aggiunta di un acido o di una base a questa soluzione determinerà una minima variazione di pH.

- Se aggiungiamo alla soluzione piccole quantità di un *acido*, gli ioni H_3O^+ in eccesso, invece di diminuire il pH, reagiscono con gli **ioni acetato** del sale per formare acido acetico indissociato: l'equilibrio della reazione di dissociazione dell'acido si sposta a *sinistra* e la variazione del pH è minima (figura **17A**).
- Se aggiungiamo alla soluzione piccole quantità di una *base*, gli ioni OH^- in eccesso, invece di aumentare il pH, reagiscono con gli **ioni H_3O^+** per formare acqua: l'equilibrio della reazione di dissociazione dell'acido acetico si sposta a *destra* e la variazione del pH è minima (figura **17B**).

Esaminiamo ora il meccanismo con cui agisce un **tampone basico** costituito da una soluzione di ammoniaca e cloruro di ammonio.

L'ammoniaca (base debole) ha una bassa tendenza ad accettare un protone e quindi l'equilibrio dell'ammoniaca con il suo catione (ione ammonio, NH_4^+) è molto spostato a sinistra:

$$NH_{3(aq)} + H_2O_{(l)} \rightleftarrows NH^+_{4(aq)} + OH^-$$

TI RICORDI?

L'**acido acetico** è un acido carbossilico (acido organico) presente nell'aceto, una soluzione di acqua e acido acetico.

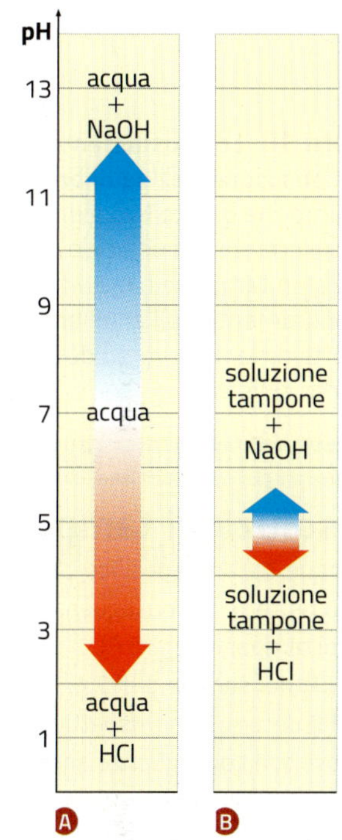

Figura 17 Il tampone acido limita le variazioni di pH A L'aggiunta di piccole quantità di un acido (HCl) o di una base (NaOH) all'acqua comporta forti variazioni del pH. B L'aggiunta delle stesse quantità a una soluzione tampone comporta una minima variazione del pH.

A COLPO D'OCCHIO

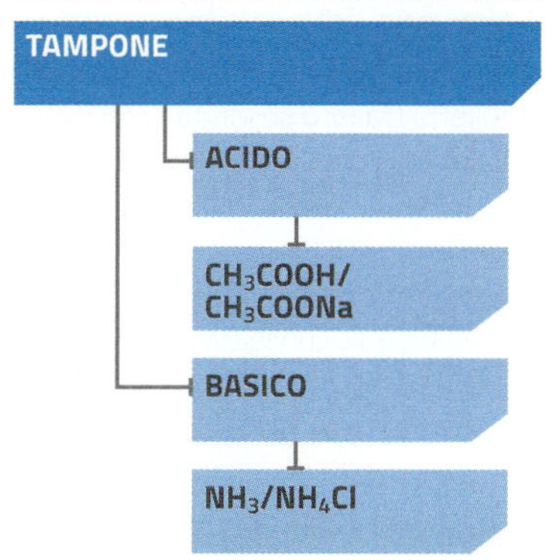

Il cloruro di ammonio (elettrolita forte) in acqua è completamente dissociato in ioni ammonio e ioni cloruro Cl^-:

$$NH_4Cl_{(aq)} \longrightarrow NH^+_{4(aq)} + Cl^-_{(aq)}$$

L'aggiunta di un acido o di una base a questa soluzione porterà a una minima variazione di pH.

- Se aggiungiamo alla soluzione piccole quantità di un *acido*, gli ioni H_3O^+ in eccesso reagiscono con gli ioni OH^- per formare acqua: l'equilibrio della reazione della base si sposta a *destra* e la variazione del pH è minima (figura **18A**).
- Se aggiungiamo alla soluzione piccole quantità di una *base*, gli ioni OH^- in eccesso reagiscono con gli ioni NH_4^+ del sale per formare ammoniaca e acqua: l'equilibrio della reazione si sposta a *sinistra* e la variazione del pH è minima (figura **18B**).

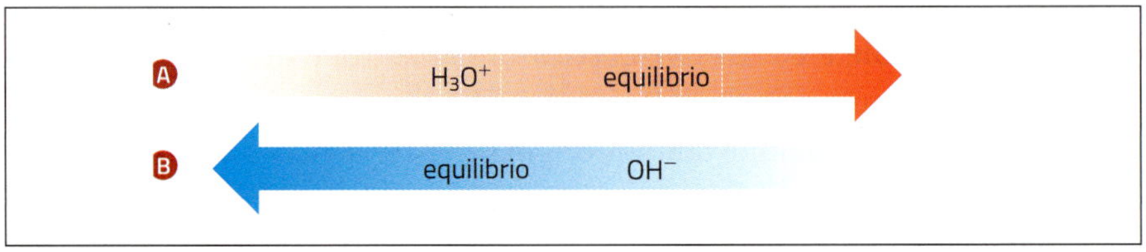

Figura 18 Lo spostamento della posizione dell'equilibrio in un tampone basico L'aggiunta di piccole quantità di un acido o di una base a un tampone basico causa lo spostamento dell'equilibrio rispettivamente A verso destra e B verso sinistra.

PR SAPERNE DI PIÙ

Le soluzioni tampone nel sangue

Il sangue ha uno specifico pH che può variare solo entro limiti molto ristretti. Di conseguenza, è fondamentale il ruolo delle soluzioni tampone (figura A).

Il pH del sangue è di 7,4. Valori di pH inferiori a 7 o superiori a 7,8 determinano rispettivamente le condizioni di *acidosi* e di *alcalosi*, con conseguenze anche molto gravi. L'acidosi inibisce le funzioni del sistema nervoso centrale, mentre l'alcalosi comporta l'ipereccitabilità del sistema nervoso centrale e periferico.

Nonostante nel sangue si verifichino numerose reazioni chimiche che producono ioni H_3O^+ o OH^-, il pH rimane *costante* per la presenza di sistemi tampone che si oppongono alla variazione del pH.

I principali sistemi tampone presenti nel sangue sono i sistemi tampone acido carbonico-ione bicarbonato e il sistema tampone proteico.

Il sistema tampone acido carbonico-ione bicarbonato

Il principale sistema tampone del sangue è costituito dall'*acido carbonico* H_2CO_3, acido debole, e dallo *ione bicarbonato* HCO_3^-, in equilibrio tra loro secondo l'equazione:

$$H_2CO_{3(aq)} + H_2O_{(l)} \rightleftharpoons H_3O^+_{(aq)} + HCO^-_{3(aq)}$$

Il tampone acido carbonico-ione bicarbonato agisce mediante il seguente meccanismo.

- Quando la concentrazione degli ioni H_3O^+ aumenta, il pH del sangue diminuisce. Gli ioni H_3O^+ in eccesso reagiscono con gli *ioni bicarbonato:* l'equilibrio della reazione si sposta a **sinistra** e non si ha la diminuzione del pH che determinerebbe l'acidosi.
- Quando la concentrazione degli ioni OH^- aumenta, il pH del sangue aumenta. Gli ioni OH^- in eccesso reagiscono con l'*acido carbonico*; l'equilibrio si sposta a **destra** e non si ha l'aumento del pH che determinerebbe l'alcalosi:

$$H_2CO_{3(aq)} + OH^-_{(aq)} \rightleftharpoons HCO^-_{3(aq)} + H_2O_{(l)}$$

Per il buon funzionamento di questo sistema tampone occorre un meccanismo che regoli la concentrazione di acido carbonico nel sangue. Questo meccanismo di regolazione avviene a livello dei polmoni mediante il seguente equilibrio:

$$H_2CO_{3(aq)} \rightleftharpoons CO_{2(g)} + H_2O_{(l)}$$

Se nel sangue è presente un eccesso di acido carbonico, l'equilibrio della reazione si sposta a destra e il diossido di carbonio è trasferito dal sangue ai polmoni, dai quali la CO_2 sarà eliminata dall'organismo con l'espirazione. Se nel sangue è presente invece una bassa concentrazione di acido carbonico, l'equilibrio si sposta a sinistra e il diossido di carbonio è trasferito dai polmoni al sangue.

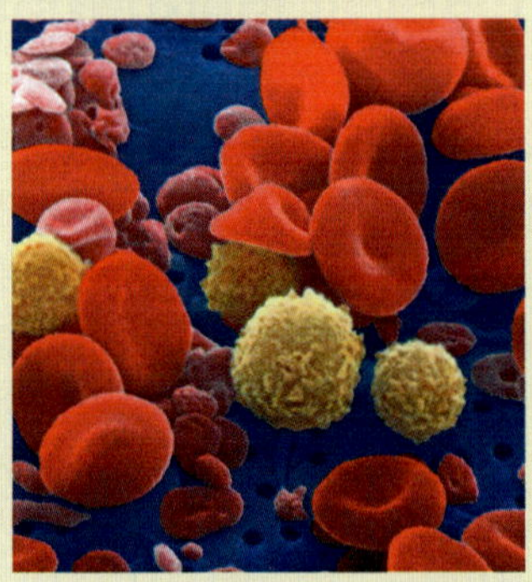

Figura A **Il sangue ha un pH lievemente basico** Il sistema tampone del sangue previene variazioni di pH, le cui conseguenze per l'organismo possono essere anche molto gravi.

Il pH delle soluzioni tampone

Un **tampone acido** è costituito da un acido debole, HA, e da un suo sale con una base forte. La reazione di dissociazione dell'acido è rappresentata da un'equazione con l'equilibrio molto spostato a sinistra:

$$HA_{(aq)} + H_2O_{(l)} \rightleftarrows H_3O^+_{(aq)} + A^-_{(aq)}$$

La costante di dissociazione acida K_a è data dalla relazione:

$$K_a = \frac{[H_3O^+]\cdot[A^-]}{[HA]}$$

Trattandosi di un acido debole, HA è poco dissociato. Possiamo quindi considerare la concentrazione dell'acido indissociato [HA] uguale alla *concentrazione iniziale dell'acido* (simbolo C_a). La concentrazione della sua base coniugata $[A^-]$ sarà invece uguale a quella dell'anione derivante dal sale, che, essendo completamente dissociato, corrisponde alla *concentrazione del sale* (simbolo C_s).

$$[HA] = C_a$$

$$[A^-] = C_s$$

Sostituendo, l'equazione della K_a si rappresenta nella forma:

$$K_a = \frac{[H_3O^+]\cdot C_s}{C_a}$$

e si ottiene:

$$[H_3O^+] = K_a \cdot \frac{C_a}{C_s}$$

PER CAPIRE MEGLIO
PDF *Laboratorio*
Soluzione tampone

Poiché la concentrazione di una soluzione è data dal rapporto tra il numero delle moli *n* e il volume *V* e dato che il volume della soluzione in cui si trovano l'acido e il sale è lo **stesso**, è evidente che il rapporto tra la concentrazione del sale e quella dell'acido corrisponde al rapporto tra il loro numero di moli. Di conseguenza la relazione precedente si può rappresentare nella forma:

$$[H_3O^+] = K_a \cdot \frac{n_a}{n_s}$$

Dalla concentrazione degli ioni H_3O^+ possiamo calcolare il pH con la relazione:

$$pH = -\log [H_3O^+]$$

Per un **tampone basico**, costituito da una base debole e da un suo sale con un acido forte, la concentrazione degli ioni OH^- è data dalla relazione:

$$[OH^-] = K_b \cdot \frac{n_b}{n_s}$$

Conoscendo il valore della concentrazione degli ioni OH^-, si può risalire al valore del pH con le seguenti relazioni:

$$pOH = -\log OH^-$$

$$pH = 14 - pOH$$

Il valore del pH di una soluzione tampone non dipende dal volume della soluzione ma dal rapporto tra le concentrazioni dell'acido (o della base) e del sale.

Per preparare una soluzione tampone per un definito valore di pH, dobbiamo quindi utilizzare una coppia acido debole-base coniugata forte (o base debole-acido coniugato forte) in cui il **pK_a** dell'acido (o il **pK_b** della base) sia vicino al pH richiesto.

Il pK_a di un acido (o il pK_b di una base) è il logaritmo negativo in base 10 della K_a dell'acido (o della K_b della base).

$$pK_a = -\log K_a \qquad pK_b = -\log K_b$$

PROBLEMA MODELLO

Calcolare il pH di una soluzione tampone

Una soluzione tampone è costituita da 220 mL di una soluzione 0,1 M di acido acetico CH_3COOH ($K_a = 1{,}8 \cdot 10^{-5}$) e da 170 mL di una soluzione 0,1 M di acetato di sodio CH_3COONa. Calcola il pH.

L'IDEA

Per il calcolo del pH della soluzione tampone dobbiamo prima definire il numero delle moli dell'acido e del sale e poi determinare la concentrazione degli ioni H_3O^+.

LA SOLUZIONE

Il numero delle moli dell'acido (n_a) e il numero delle moli del sale (n_s) si calcolano con la relazione:

$$n = \text{M (mol/L)} \cdot V\,\text{(L)}$$

Sostituendo con i valori dell'acido e del sale, otteniamo:

$$n_a = 0{,}1\ \text{mol/L} \cdot 0{,}22\ \text{L} = 0{,}022\ \text{mol}$$

$$n_s = 0{,}1\ \text{mol/L} \cdot 0{,}17\ \text{L} = 0{,}017\ \text{mol}$$

Determiniamo ora la concentrazione degli ioni H_3O^+:

$$[H_3O^+] = K_a \cdot \frac{n_a}{n_s} =$$

$$= 1{,}8 \cdot 10^{-5} \cdot \frac{0{,}022}{0{,}017} = 2{,}33 \cdot 10^{-5}\ \text{mol/L}$$

LA CONCLUSIONE

Calcoliamo infine il pH:

$$pH = -\log [H_3O^+] = -\log 2{,}33 \cdot 10^{-5} = 4{,}63$$

PROBLEMA SIMILE

Una soluzione tampone è costituita da 150 mL di una soluzione 0,1 M di acido solfidrico H_2S ($K_a = 1{,}0 \cdot 10^{-7}$) e da 100 mL di una soluzione 0,1 M di idrogenosolfuro di sodio NaHS.
Calcola il pH.

PROBLEMA MODELLO

Calcolare le variazioni di pH in una soluzione tampone

Calcola la variazione del pH (ΔpH) quando 35 mL di una soluzione 1 M di HCl si aggiungono a un litro di una soluzione tampone 0,1 M di NH_3 ($K_b = 1{,}8 \cdot 10^{-5}$) e 0,1 M di cloruro di ammonio, NH_4Cl.

L'IDEA

La determinazione della variazione del pH richiede il calcolo del pH iniziale e di quello finale. La soluzione tampone è costituita dai seguenti equilibri:

$$NH_{3(aq)} + H_2O_{(l)} \rightleftarrows NH^+_{4(aq)} + OH^-_{(aq)}$$

$$NH_4Cl_{(s)} \longrightarrow NH^+_{4(aq)} + Cl^-_{(aq)}$$

LA SOLUZIONE

Calcolo del pH iniziale Poiché si tratta di un tampone basico in cui le concentrazioni della base e del sale sono uguali, la concentrazione degli ioni OH^- è uguale alla costante di dissociazione basica K_b:

$$[OH^-] = K_b = 1{,}8 \cdot 10^{-5}$$

Calcoliamo il pOH e il pH:

$$pOH = -\log[OH^-] = -\log 1{,}8 \cdot 10^{-5} = 4{,}74$$

$$pH = 14 - pOH = 14 - 4{,}74 = 9{,}26$$

Calcolo del pH finale Aggiungendo alla soluzione tampone 35 mL di HCl ($n = 3{,}5 \cdot 10^{-2}$ mol), gli ioni H_3O^+ reagiscono con gli ioni OH^- (con formazione di acqua) e spostano verso destra la reazione di dissociazione basica, modificando il numero di moli di NH_3, che diminuiscono di una quantità equivalente:

$$[NH_3] = 0{,}1 - 3{,}5 \cdot 10^{-2} = 0{,}065 \text{ mol}$$

L'equilibrio della reazione della base si sposta a destra e la concentrazione degli ioni NH_4^+ aumenta della stessa quantità:

$$[NH_4^+] = 0{,}1 + 3{,}5 \cdot 10^{-2} = 0{,}135 \text{ mol}$$

La concentrazione degli ioni OH^- è data dalla relazione:

$$[OH^-] = K_b \cdot \frac{n_b}{n_s} = 1{,}8 \cdot 10^{-5} \cdot \left(\frac{0{,}065}{0{,}135}\right) = 8{,}6 \cdot 10^{-6}$$

Calcoliamo il pOH e infine il pH:

$$pOH = -\log[OH^-] = -\log 8{,}6 \cdot 10^{-6} = 5{,}06$$

$$pH = 14 - pOH = 14 - 5{,}06 = 8{,}94$$

LA CONCLUSIONE

La variazione del pH è data dalla differenza tra il pH inziale e quello finale:

$$\Delta pH = 9{,}26 - 8{,}94 = 0{,}32$$

PROBLEMA SIMILE

Una soluzione tampone, costituita da una soluzione 0,10 M di acido formico HCOOH ($K_a = 1{,}8 \cdot 10^{-4}$) e da una soluzione 0,10 M di formiato di sodio HCOONa, ha un valore di pH uguale a 3,74. Calcola la variazione del pH quando alla soluzione si aggiungono 0,01 mol di HCl.

6 IL PRODOTTO DI SOLUBILITÀ REGOLA GLI EQUILIBRI DEI SALI POCO SOLUBILI

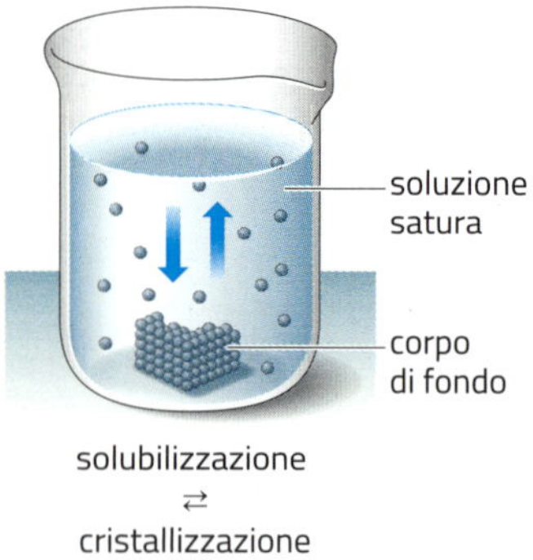

Figura 19 Equilibrio dinamico in una soluzione satura L'equilibrio tra il processo di solubilizzazione e quello di cristallizzazione è un equilibrio dinamico eterogeneo.

Prendiamo in esame un composto *ionico* AB, un sale o una base, *poco solubile*. Se ne introduciamo una piccola quantità in un grande volume di acqua, il composto si dissocia completamente in ioni secondo la seguente equazione:

$$AB_{(s)} \xrightarrow{\text{acqua}} A^{+}_{(aq)} + B^{-}_{(aq)}$$

Continuando ad aggiungere piccole quantità del composto, questo continuerà a dissociarsi e *aumenterà la concentrazione dei suoi ioni* in soluzione. La continua aggiunta di piccole quantità del composto porterà alla saturazione della soluzione: il solido in eccesso si depositerà come *corpo di fondo* e la concentrazione degli ioni in soluzione non aumenterà più.

Si realizza pertanto un **equilibrio dinamico** tra gli ioni del solido che vanno in soluzione (processo di *solubilizzazione*) e gli ioni della soluzione che si depositano come corpo di fondo (processo di *cristallizzazione*) (figura **19**). L'equilibrio che si stabilisce tra il solido ionico e gli ioni in soluzione è un **equilibrio eterogeneo** rappresentato dalla seguente equazione:

$$AB_{(s)} \overset{\text{acqua}}{\rightleftarrows} A^{+}_{(aq)} + B^{-}_{(aq)}$$

La costante d'equilibrio K_c è data da:

$$K_c = \frac{[A^+]\cdot[B^-]}{[AB]}$$

Ricordando che la concentrazione di un solido in un equilibrio eterogeneo è *costante*, possiamo inglobare il suo valore nella costante di equilibrio:

$$K_c \cdot [AB] = [A^+] \cdot [B^-]$$

Il prodotto tra due costanti è una nuova costante che prende il nome di *prodotto di solubilità*.

In una soluzione satura di un composto ionico poco solubile, a temperatura costante, il prodotto della concentrazione dei suoi ioni, ciascuna elevata al proprio coefficiente stechiometrico dell'equazione di dissociazione, è costante ed è uguale al **prodotto di solubilità** (K_{ps}):

$$K_{ps} = [A^+] \cdot [B^-]$$

Le reazioni di dissociazione ionica e l'espressione de K_{ps} per l'idrossido di alluminio $Al(OH)_3$ e per il fosfato di calcio $Ca_3(PO_4)_2$ sono:

$$Al(OH)_{3(s)} \overset{\text{acqua}}{\rightleftarrows} Al^{3+}_{(aq)} + 3\,OH^{-}_{(aq)} \qquad K_{ps} = [Al^{3+}] \cdot [OH^-]^3$$

$$Ca_3(PO_4)_{2(s)} \overset{\text{acqua}}{\rightleftarrows} 3\,Ca^{2+}_{(aq)} + 2\,PO^{3-}_{4(aq)} \qquad K_{ps} = [Ca^{2+}]^3 \cdot [PO_4^{3-}]^2$$

Il valore dei K_{ps} dipende direttamente dalla *solubilità* (simbolo ***s***) del composto ionico.

La **solubilità** (simbolo *s*) di un composto ionico (sale, base) è il numero di moli del composto in un litro di soluzione.

La solubilità di esprime pertanto in **mol/L**.

Quanto più piccolo è il valore del K_{ps} di un composto ionico, tanto minore è la sua solubilità (tabella **6**).

Composto	K_{ps}	Composto	K_{ps}
AgBr	$5{,}3 \cdot 10^{-13}$	CaF_2	$3{,}9 \cdot 10^{-11}$
AgCl	$1{,}8 \cdot 10^{-10}$	$Ca_3(PO_4)_2$	$2{,}07 \cdot 10^{-33}$
AgI	$1{,}7 \cdot 10^{-16}$	HgS	$4{,}0 \cdot 10^{-53}$
Ag_2S	$6{,}0 \cdot 10^{-51}$	MgF_2	$6{,}5 \cdot 10^{-9}$
Ag_2CrO_4	$1{,}5 \cdot 10^{-12}$	$Mg(OH)_2$	$5{,}6 \cdot 10^{-12}$
$Al(OH)_3$	$1{,}9 \cdot 10^{-33}$	$PbBr_2$	$6{,}3 \cdot 10^{-6}$
$BaCO_3$	$7{,}0 \cdot 10^{-9}$	$PbCl_2$	$1{,}6 \cdot 10^{-5}$
$BaSO_4$	$1{,}2 \cdot 10^{-10}$	$PbCrO_4$	$177 \cdot 10^{-14}$
$Ba_3(PO_4)_2$	$1{,}3 \cdot 10^{-29}$	PbI_2	$7{,}9 \cdot 10^{-8}$
$CaCO_3$	$4{,}9 \cdot 10^{-9}$	ZnS	$2{,}5 \cdot 10^{-22}$

Tabella 6 Costante del prodotto di solubilità K_{ps} I valori si riferiscono ad alcuni composti ionici poco solubili alla temperatura di 25 °C.

Prendiamo quindi in esame il cloruro d'argento e rappresentiamo la reazione di dissociazione ionica in acqua:

$$AgCl_{(s)} \xrightleftharpoons{\text{acqua}} Ag^+_{(aq)} + Cl^-_{(aq)}$$

L'equazione di dissociazione evidenzia che da 1 mole di AgCl si dissociano 1 mole di ioni argento Ag^+ e 1 mole di ioni cloruro Cl^-. Indicando con s la solubilità del sale, le concentrazioni degli ioni Ag^+ e Cl^- in soluzione sono uguali:

$$s = [Ag^+] = [Cl^-]$$

Poiché il valore del K_{ps} è rappresentato dall'espressione

$$K_{ps} = [Ag^+] \cdot [Cl^-]$$

sostituendo le concentrazioni dei due ioni con il valore di s, possiamo determinare il valore del K_{ps}:

$$K_{ps} = s^2$$

Con lo stesso procedimento, si può determinare la **solubilità** s di un solido ionico mediante il valore del prodotto di solubilità, mediante la relazione:

$$s = \sqrt{K_{ps}}$$

È importante precisare che entrambe le relazioni sono valide solo per i solidi ionici formati da cationi e anioni di **uguale** carica (come il solfato di bario e il fosfato di alluminio):

solfato di bario $BaSO_{4(s)} \xrightleftharpoons{\text{acqua}} Ba^{2+}_{(aq)} + SO^{2-}_{4(aq)}$

fosfato di alluminio $AlPO_{4(s)} \xrightleftharpoons{\text{acqua}} Al^{3+}_{(aq)} + PO^{3-}_{4(aq)}$

PROBLEMA MODELLO

Calcolare la solubilità

Calcola la solubilità (in g/L) di una soluzione satura di fluoruro di magnesio MgF_2 ($K_{ps} = 6{,}5 \cdot 10^{-9}$).

L'IDEA

L'equazione di dissociazione ionica del fluoruro di magnesio è:

$$MgF_{2(s)} \xrightleftharpoons{\text{acqua}} Mg^{2+}_{(aq)} + 2\ F^{-}_{(aq)}$$

Da 1 mole di MgF_2 si dissociano 1 mole di ioni magnesio Mg^{2+} e 2 moli di ioni fluoruro F^-. Di conseguenza, indicando con S la solubilità (in mol/L) del sale, le concentrazioni degli ioni in soluzione sono:

$$[Mg^{2+}] = s \qquad [F^-] = 2s$$

LA SOLUZIONE

Rappresentiamo l'espressione della costante del prodotto di solubilità:

$$K_{ps} = [Mg^{2+}] \cdot [F^-]^2$$

Sostituendo le concentrazioni dei due ioni con il valore di s, otteniamo l'equazione:

$$K_{ps} = s \cdot (2s)^2 = 4s^3$$

È possibile ora determinare la solubilità (in mol/L) del fluoruro di magnesio:

$$s = \sqrt[3]{\frac{K_{ps}}{4}} = \sqrt[3]{\frac{6{,}5 \cdot 10^{-9}}{4}} = 1{,}18 \cdot 10^{-3}\ \text{mol/L}$$

LA CONCLUSIONE

La solubilità (in g/L) di MgF_2 ($M = 62$ g/mol) è data dalla relazione:

$$s(\text{g/L}) = s\ (\text{mol/L}) \cdot M\ (\text{g/mol}) = (1{,}18 \cdot 10^{-3}\ \text{mol/L}) \cdot 62\ \text{g/mol} =$$
$$= 7{,}3 \cdot 10^{-2}\ \text{g/L}$$

PROBLEMA SIMILE

La solubilità del cloruro mercuroso Hg_2Cl_2 è uguale a $2 \cdot 10^{-4}$ g/L. Calcola il prodotto di solubilità del sale.

L'effetto dello ione comune

Nelle attività di laboratorio è spesso necessario *diminuire la solubilità* di composti poco solubili. Consideriamo una *soluzione satura* di cloruro d'argento, AgCl, che è rappresentata dal seguente equilibrio:

$$AgCl_{(s)} \xrightleftharpoons{\text{acqua}} Ag^{+}_{(aq)} + Cl^{-}_{(aq)}$$

La costante del prodotto di solubilità è data dalla seguente relazione:

$$K_{ps} = [Ag^+] \cdot [Cl^-]$$

Ipotizziamo ora di aumentare la concentrazione di uno dei due ioni (Ag^+ o Cl^-) aggiungendo alla soluzione un composto (acido o sale) *molto solubile* che contenga uno dei due ioni. In questo caso specifico, ammettiamo di aggiungere cloruro di sodio, NaCl, che si dissocia completamente nello ione Na^+ e nello ione cloruro Cl^-:

$$NaCl_{(s)} \xrightleftharpoons{\text{acqua}} Na^+_{(aq)} + Cl^-_{(aq)}$$

L'aggiunta del cloruro di sodio comporterà l'aumento della concentrazione degli ioni cloruro Cl^- e di conseguenza del K_{ps}.

Tuttavia, gli ioni Cl^- in eccesso si combineranno con gli ioni Ag^+ della soluzione, con formazione di AgCl insolubile, che precipita (*effetto dello ione comune*): l'equilibrio si sposta a *sinistra* e il valore di K_{ps} rimane costante. Lo ione comune, nel caso specifico lo ione Cl^-, fa *diminuire* la concentrazione degli ioni Ag^+ e quindi la solubilità del sale AgCl.

Questo principio è applicato agli impianti di depurazione delle acque per far *diminuire* la concentrazione di ioni metallici nocivi in acque inquinate: si favorisce la formazione di composti insolubili che, depositandosi nelle vasche di decantazione, possono essere poi eliminati (figura **20**).

Figura 20 L'effetto dello ione comune Nelle vasche di decantazione, per effetto dello ione comune, diminuisce la concentrazione di ioni metallici nocivi.

PROBLEMA MODELLO

Calcolare la solubilità in presenza di uno ione comune

Calcola la solubilità S (in mol/L) di una soluzione di ioduro di piombo (II) PbI_2 ($K_{ps} = 7{,}9 \cdot 10^{-9}$) in una soluzione 0,1 M di ioduro di sodio NaI.

L'IDEA

Rappresentiamo la dissociazione ionica dello ioduro di piombo (II) PbI_2:

$$PbI_{2(s)} \xrightleftharpoons{\text{acqua}} Pb^{2+}_{(aq)} + 2\,I^-_{(aq)}$$

Costruiamo la tabella dell'equilibrio, specificando le concentrazioni iniziali, indichiamo con x le variazioni di concentrazione e definiamo le concentrazioni all'equilibrio di reagenti e prodotti. In relazione alle concentrazioni iniziali risulta che quella dello ione Pb^{2+} è uguale a zero e quella dello ione I^- ha il valore della concentrazione della soluzione di NaI, ovvero uguale a 0,1 M.

	$PbI_{2(s)}$	⇄	$Pb^{2+}_{(aq)}$	$2\,I^-_{(aq)}$
moli iniziali	0		0	0,1
variazione delle moli			$+x$	$+2x$
moli all'equilibrio			x	$0{,}1 + 2x$

Rappresentiamo l'espressione del prodotto di solubilità K_{ps}:

$$K_{ps} = [Pb^{2+}] \cdot [I^-]^2$$

LA SOLUZIONE

Sostituendo i valori con quelli definiti nella tabella di equilibrio abbiamo:

$$K_{ps} = x \cdot (0{,}1 + 2x)^2$$

Indicando con S la solubilità del sale, la relazione diventa:

$$K_{ps} = s \cdot (0{,}1 + 2s)^2$$

Il valore di K_{ps} di PbI_2 ($7{,}9 \cdot 10^{-9}$) indica che il sale ha una solubilità molto bassa e quindi anche x (e ovviamente $2x$) ha un valore molto basso. In altri termini, il valore di $2x$ si può considerare irrilevante, essendo molto minore di 0,1. L'equazione precedente si può quindi rappresentare in questo modo:

$$K_{ps} = s \cdot (0{,}1)^2$$

LA CONCLUSIONE

Sostituendo a K_{ps} il valore di $7{,}9 \cdot 10^{-9}$, determiniamo il valore della solubilità S dello ioduro di piombo (II):

$$s = \frac{7{,}9 \cdot 10^{-9}}{(0{,}1)^2} = 7{,}9 \cdot 10^{-7} \text{ mol/L}$$

PROBLEMA SIMILE

Calcola la solubilità S (in mol/L) di una soluzione di $CaSO_4$ ($K_{ps} = 2{,}4 \cdot 10^{-5}$) in una soluzione 0,015 M di $CaCl_2$.

Le reazioni di precipitazione

In una soluzione, le concentrazioni dei due ioni di un sale sono legate al valore del prodotto di solubilità. Il valore dei K_{ps} permette di prevedere se si forma un **precipitato** quando una soluzione è versata in un'altra soluzione.

Per stabilire se si forma un precipitato si deve versare una soluzione in un'altra soluzione. Consideriamo una soluzione di cloruro di sodio e ipotizziamo di versarla in una soluzione di nitrato d'argento. I prodotti della reazione tra le due soluzioni sono il nitrato di sodio, un sale *molto solubile*, e il cloruro d'argento, un sale *poco solubile*. Il cloruro d'argento ha infatti un valore molto piccolo del prodotto di solubilità (K_{ps}=1,8 $\cdot$ 10^{-10}) e potrebbe dare origine a un *precipitato* (figura **21**).

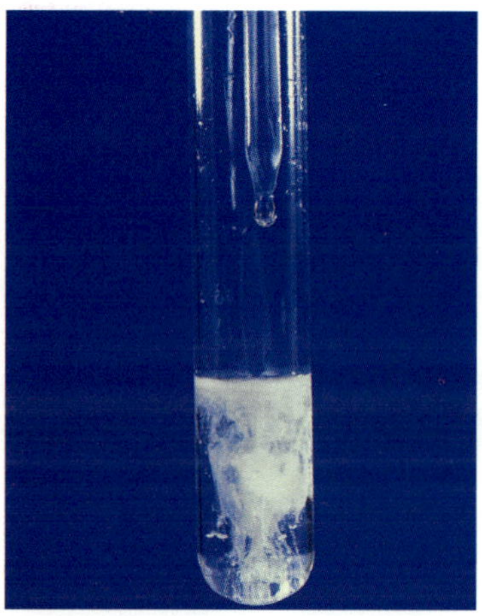

Figura 21 Un test per stabilire la presenza di ioni solfato in una soluzione Se versando $Ba(OH)_2$ si forma un precipitato bianco, la presenza degli ioni SO_4^{2-} è confermata.

La reazione di precipitazione è rappresentata dalla seguente equazione:

$$NaCl_{(aq)} + AgNO_{3(aq)} \longrightarrow NaNO_{3(aq)} + AgCl_{(s)}\downarrow$$

Se il prodotto delle concentrazioni degli ioni argento Ag^+ e cloruro Cl^- ha un valore:

- minore del prodotto di solubilità, la *soluzione non è satura* e gli ioni rimangono in soluzione;
- maggiore del prodotto di solubilità, la *soluzione è satura* e quindi un determinato numero di ioni si separerà dalla soluzione formando un **precipitato**.

La formazione di un precipitato si verifica solo se il prodotto dei valori delle concentrazioni degli ioni in soluzione supera il valore della costante del prodotto di solubilità.

PROBLEMA MODELLO

Stabilire quando si forma un precipitato

Si aggiungono 10 mL di una soluzione 0,025 M di nitrato di piombo (II) a 20 mL di una soluzione 0,015 M di cloruro di sodio. Stabilisci se si ha la formazione di un precipitato.

L'IDEA

La reazione che avviene tra le due soluzioni porta alla formazione del nitrato di sodio, un sale molto solubile, e del cloruro di piombo (II), un sale poco solubile con un valore del prodotto di solubilità molto piccolo ($K_{ps} = 1{,}6 \cdot 10^{-5}$):

$$Pb(NO_3)_{2(aq)} + 2\ NaCl_{(aq)} \longrightarrow 2\ NaNO_{3(aq)} + PbCl_{2(s)}\downarrow$$

Rappresentiamo l'equazione di equilibrio di $PbCl_2$:

$$PbCl_{2(s)} \xrightleftharpoons{\text{acqua}} Pb^{2+}_{(aq)} + 2\ Cl^{-}_{(aq)}$$

e l'espressione della costante del prodotto di solubilità:

$$K_{ps} = [Pb^{2+}] \cdot [Cl^{-}]^2$$

Per stabilire se si forma un precipitato di $PbCl_2$ dobbiamo prima calcolare le concentrazioni degli ioni di Pb^{2+} e Cl^{-}, poi calcolare il loro prodotto e confrontarlo con il valore dei K_{ps}.

LA SOLUZIONE

Determiniamo pertanto il numero delle moli degli ioni Pb^{2+} e Cl^{-}:

$$n_{(Pb^{2+})} = \text{M (mol/L)} \cdot V\text{ (L)} = 0{,}025\text{ mol/L} \cdot 0{,}01\text{ L} = 2{,}5 \cdot 10^{-4}\text{ mol}$$

$$n_{(Cl^{-})} = \text{M (mol/L)} \cdot V\text{ (L)} = 0{,}015\text{ mol/L} \cdot 0{,}02\text{ L} = 3 \cdot 10^{-4}\text{ mol}$$

Definiamo il volume V della soluzione:

$$V = 0{,}01\text{ L} + 0{,}02\text{ L} = 0{,}03\text{ L}$$

e calcoliamo le concentrazioni degli ioni:

$$[Pb^{2+}] = \frac{n\text{ (mol)}}{V\text{ (L)}} = \frac{2{,}5 \cdot 10^{-4}\text{ mol}}{0{,}03\text{ L}} = 8{,}3 \cdot 10^{-3}\text{ mol/L}$$

$$[Cl^{-}] = \frac{n\text{ (mol)}}{V\text{ (L)}} = \frac{3 \cdot 10^{-4}\text{ mol}}{0{,}03\text{ L}} = 0{,}01\text{ mol/L}$$

Determiniamo il prodotto tra le concentrazioni dei due ioni:

$$[Pb^{2+}]\ [Cl^{-}] = (8{,}3 \cdot 10^{-3}) \cdot (0{,}01)^2 = 8{,}3 \cdot 10^{-7}\ (\text{mol/L})^3$$

LA CONCLUSIONE

Il valore ottenuto ($8{,}3 \cdot 10^{-7}$) è minore del valore dei K_{ps} ($1{,}6 \cdot 10^{-5}$) e di conseguenza, non si ha formazione del precipitato.

PROBLEMA SIMILE

Si aggiungono 200 mL di una soluzione $4 \cdot 10^{-3}$ M di $AgNO_3$ a 200 mL di una soluzione $4 \cdot 10^{-3}$ M di KCl. Stabilisci se si ha la formazione di un precipitato.

LABORATORIO

Soluzione tampone

L'obiettivo

Preparare una soluzione tampone e verificarne l'efficienza.

I concetti

In molti processi chimici ed in tutte le soluzioni fisiologiche è necessario che il pH non subisca variazioni apprezzabili. I sistemi che si oppongono alle variazioni di pH sono le soluzioni tampone. Queste sono costituite, generalmente, da un acido debole e da un sale solubile derivante dallo stesso acido debole e da una base forte.

I materiali

Pipette graduate, provette graduate, indicatore universale, bacchetta di vetro, spruzzetta con acqua distillata.
Soluzioni 0,1 M di acido acetico CH_3COOH, di acetato di sodio CH_3COONa, di acido cloridrico HCl, di idrossido di sodio NaOH.

L'esperimento

1. Prepara tre provette contenenti ognuna 3 mL di acqua distillata e tre provette contenenti ciascuna una soluzione di 1,5 mL di acido acetico e 1,5 mL di acetato di sodio.
2. In ogni provetta aggiungi 2 gocce di indicatore universale. La prima coppia di provette, una di acqua distillata e l'altra della soluzione di acido acetico e acetato di sodio, serve come riferimento.
3. Aggiungi alla seconda coppia di provette 5 gocce di HCl. Agita bene e osserva il colore.
4. Aggiungi alla terza coppia di provette 5 gocce di NaOH. Agita bene e osserva il colore.
5. Confronta i colori ottenuti per le 6 provette con quelli della scala cromatica, prendendo nota per ogni soluzione del pH.
6. Riporta i valori in una tabella in cui, per l'acqua distillata e per la soluzione tampone, si indica il pH della provetta di riferimento, di quella con 5 gocce di HCl e di quella con 5 gocce di NaOH.

Le competenze

Giustifica i valori di pH nella soluzione di HCl e NaOH e nella soluzione tampone.

FACCIAMO IL PUNTO

LO SAI? RIPASSA CON LO SMARTPHONE

In che cosa consiste la reazione di dissociazione dell'acqua?

L'acqua è un elettrolita debolissimo e l'equilibrio della reazione di **autoionizzazione** è molto spostato a sinistra:

$$2\,H_2O_{(l)} \rightleftarrows H_3O^+_{(aq)} + OH^-_{(aq)}$$

Il prodotto della concentrazione degli ioni H_3O^+ e degli ioni OH^- è il prodotto ionico dell'acqua e alla temperatura di 25 °C è uguale a $1,0 \cdot 10^{-14}$. La concentrazione dei due ioni, nell'acqua pura, è $1,0 \cdot 10^{-7}$ mol/L.

Come si misura il grado di acidità di una soluzione?

Il grado di acidità o basicità di una soluzione è espresso da una grandezza, il **pH**, definita dal logaritmo negativo in base 10 della concentrazione degli ioni idrogeno (in mol/L):

$$pH = -\log_{10}[H_3O^+]$$

Una soluzione è acida se il pH < 7, neutra se il pH = 7, basica se il pH > 7.
Per determinare sperimentalmente il pH di una soluzione si utilizzano gli indicatori, che assumono un diverso colore a seconda del pH della soluzione.
Il valore del pH corrispondente alla variazione di colore dell'indicatore si chiama **pH di viraggio**.

Quando avviene una reazione di neutralizzazione?

La reazione di **neutralizzazione** si verifica tra la soluzione di un acido e la soluzione di una base in quantità equimolari. La reazione tra un acido forte e una base forte dà una soluzione neutra; tra un acido debole e una base forte dà una soluzione basica; tra un acido forte e una base debole dà una soluzione acida.

Che cos'è l'equivalente chimico?

La quantità (una mole, mezza mole, un terzo di mole) di un acido (o di una base) neutralizzata da una mole di ioni OH^- (o di ioni H^+) si chiama **equivalente chimico**. Il numero di equivalenti di soluto presenti in un litro di soluzione indica la normalità.

Che cos'è l'idrolisi salina?

L'**idrolisi salina** è il processo per cui la soluzione di un sale in acqua determina la variazione del pH. La soluzione di un sale che deriva: da un acido forte e da una base debole è acida; da un acido debole e da una base forte è basica; da un acido debole e da una base debole può essere acida ($K_a > K_b$), neutra ($K_a = K_b$) o basica ($K_a < K_b$); da un acido forte e da una base forte è neutra.

Quando una soluzione si dice tampone?

Una **soluzione tampone** si oppone alla variazione del pH per l'aggiunta di piccole quantità di un acido o di una base forte. Può essere costituita da un acido debole e da un sale con una base forte (tampone acido), oppure da una base debole e da un sale con un acido forte (tampone basico).

Che cosa sono gli equilibri di solubilità?

Gli **equilibri di solubilità** sono equilibri eterogenei che si stabiliscono tra un solido ionico e i suoi ioni in soluzione. A temperatura costante, il prodotto delle concentrazioni degli ioni, ciascuno elevato al proprio coefficiente stechiometrico dell'equazione di dissociazione, è uguale alla costante K_{ps}.

ESERCIZI

ZTE ONLINE
Mettiti alla prova
con 20 esercizi interattivi

VERIFICA LE TUE CONOSCENZE

IL PRODOTTO IONICO DELL'ACQUA

1 **Calcola la concentrazione (in mol/L) degli ioni H_3O^+ nelle soluzioni aventi i seguenti valori di concentrazione degli ioni OH^-:**
a. $[OH^-] = 1 \cdot 10^{-13}$ mol/L
b. $[OH^-] = 1 \cdot 10^{-14}$ mol/L

2 **Calcola la concentrazione (in mol/L) degli ioni OH^- nelle soluzioni aventi i seguenti valori di concentrazione degli ioni H_3O^+:**
a. $[H_3O^+] = 1 \cdot 10^{0}$ mol/L
b. $[H_3O^+] = 1 \cdot 10^{-6}$ mol/L

3 **Calcola la concentrazione degli ioni H_3O^+ nelle soluzioni aventi i seguenti valori di concentrazione degli ioni OH^-:**
a. $[OH^-] = 5 \cdot 10^{-14}$ M
b. $[OH^-] = 1{,}25 \cdot 10^{-12}$ M

4 **Calcola la concentrazione degli ioni OH^- nelle soluzioni aventi i seguenti valori della concentrazione degli ioni H_3O^+:**
a. $[H_3O^+] = 1{,}4 \cdot 10^{-8}$ M
b. $[H_3O^+] = 5 \cdot 10^{-11}$ M

SOLUZIONI ACIDE, NEUTRE E BASICHE

5 **Definisci una soluzione acida, neutra e basica con riferimento alla concentrazione degli OH^-.**

6 **Calcola il pH delle soluzioni aventi la seguente concentrazione degli ioni H_3O^+ e precisa se la soluzione è acida o basica:**
a. $[H_3O^+] = 7{,}8 \cdot 10^{-5}$ M
b. $[H_3O^+] = 8{,}2 \cdot 10^{-10}$ M

7 **Calcola il pOH delle soluzioni aventi le seguenti concentrazioni di H_3O^+ e precisa se la soluzione è acida o basica:**
a. $[H_3O^+] = 7{,}38 \cdot 10^{-9}$ M
b. $[H_3O^+] = 5{,}75 \cdot 10^{-5}$ M

8 **Calcola la concentrazione degli ioni H_3O^+ delle soluzioni aventi pH = 4 e pH = 6,42.**

9 **Calcola la concentrazione degli ioni H_3O^+ delle soluzioni aventi pOH = 3 e pOH = 9,5.**

10 **Calcola la concentrazione degli ioni OH^- nelle soluzioni aventi pH = 3 e pH = 10,3.**

11 **Indica a quale dei seguenti valori del pH alla temperatura di 25 °C si ha la massima concentrazione di ioni H_3O^+.**
Ⓐ 3 Ⓑ 3,5 Ⓒ 6 Ⓓ 6,5

12 **La soluzione A ha il pH di 3,8; la soluzione B ha la concentrazione degli ioni H_3O^+ uguale a $2 \cdot 10^{-7}$ M. Stabilisci quale è la soluzione:**
a. più acida;
b. con il pH maggiore.

IL pH DI SOLUZIONI DI ACIDI E BASI FORTI

13 **Calcola il pH di una soluzione:**
a. 0,01 M di HCl
b. 0,15 M di HNO_3

14 **Calcola il pH di una soluzione 0,1 M di $Ca(OH)_2$.**

15 **Calcola il pH di una soluzione 0,15 M di $Ba(OH)_2$.**

16 **Quale, tra le seguenti soluzioni alla concentrazione di $1 \cdot 10^{-3}$ mol/L, ha il valore di pH minore?**
Ⓐ $HClO_{(aq)}$
Ⓑ $HNO_{3(aq)}$
Ⓒ $HCN_{(aq)}$
Ⓓ $HNO_{2(aq)}$

IL pH DI SOLUZIONI DI ACIDI E BASI DEBOLI

17 **Calcola il pH di una soluzione 0,05 M di acido ipocloroso HClO ($K_a = 3{,}0 \cdot 10^{-8}$).**

18 **Calcola il pH di una soluzione di 0,1 M di anilina $C_6H_5NH_2$ ($K_b = 4{,}3 \cdot 10^{-10}$).**

19 **Calcola il pH di una soluzione 0,5 M di acido benzoico C_6H_5COOH ($K_a = 6{,}6 \cdot 10^{-5}$).**

20 **Calcola il pH di una soluzione 0,08 M di metilammina CH_3NH_2 ($K_b = 4{,}4 \cdot 10^{-4}$).**

GLI INDICATORI

21 **Descrivi le modalità per determinare sperimentalmente il pH con gli indicatori.**

22 Una soluzione ha colore giallo con il blu timolo (pH di viraggio 8,8 dal giallo al blu) e ha il colore blu con il blu di bromotimolo. Stabilisci il valore del pH.

23 Una soluzione ha colore giallo con il rosso fenolo (pH di viraggio 7,6 dal giallo al rosso) e ha colore rosso con il rosso di metile. Stabilisci se la soluzione è acida, neutra o basica.

24 Che cosa permette di stabilire l'uso di un solo indicatore acido-base?

LE REAZIONI DI NEUTRALIZZAZIONE

25 Analizza la reazione di neutralizzazione tra soluzioni equimolari di acido bromidrico e di idrossido di potassio.

26 Rappresenta la reazione di neutralizzazione tra una soluzione di idrossido di calcio e una soluzione di acido nitrico.

27 La soluzione risultante della reazione tra soluzioni equimolari di HCN e LiOH sarà acida, neutra o basica? Per quale motivo?

LA NORMALITÀ

28 Qual è l'unità di misura della massa equivalente?

29 Calcola la massa equivalente dei seguenti composti:

a. $H_2Cr_2O_7$
b. $Ni(OH)_3$
c. $Ca(CN)_2$
d. K_3PO_4

30 Indica il numero di equivalenti (n_{eq}) corrispondente a 0,32 mol di idrossido ferrico.

31 Calcola i grammi di HCl presenti in 200 mL di una soluzione 0,2 N.

LA TITOLAZIONE ACIDO-BASE

32 Giustifica perché il rosso fenolo è l'indicatore più idoneo nella titolazione tra l'acido formico (acido debole) e l'idrossido di potassio.

33 Per titolare 25 mL di una soluzione di KOH sono necessari 35 mL di soluzione di HCl 0,15 N. Calcola la normalità della soluzione di KOH.

34 Stabilisci l'indicatore acido-base più idoneo che potrebbe essere utilizzato nelle seguenti titolazioni:

a. $KOH_{(aq)}$ con $HClO_{4(aq)}$
b. $HNO_{2(aq)}$ con $NaOH_{(aq)}$
c. $NH_{3(aq)}$ con $HBr_{(aq)}$

35 Che cosa si verifica quando in una titolazione acido-base si raggiunge il punto di equivalenza?

36 L'indicatore più idoneo per titolare una soluzione di acido acetico (acido debole) con una soluzione di idrossido di sodio è:

Ⓐ metilarancio (pH di viraggio = 3,8).
Ⓑ rosso di metile (pH di viraggio = 5,2).
Ⓒ blu di bromotimolo (pH di viraggio = 6,8).
Ⓓ fenolftaleina (pH di viraggio = 9,1).

L'IDROLISI SALINA

37 Prendi in esame una soluzione di cianuro di ammonio e stabilisci se la soluzione è acida, neutra o basica. Giustifica la risposta.

38 Stabilisci se le soluzioni dei seguenti sali sono acide, neutre o basiche:

a. KNO_2; NaCN; NH_4HS
b. $CaBr_2$; HCOONa; $LiHCO_3$

39 Le soluzioni dei seguenti sali hanno pH maggiore di 7, uguale a 7 o minore di 7?

a. NH_4HCO_3; CH_3COONa; KBr
b. NH_4Cl; $Ca(HSO_3)_2$; $LiClO_4$

40 Quale tipo di soluzione forma il bicarbonato di sodio ($NaHCO_3$) in acqua?

41 Indica se le soluzioni dei sali $NaCl_{(aq)}$, $Na_2CO_{3(aq)}$ e $NH_4Cl_{(aq)}$ sono neutre, basiche o acide.

LE SOLUZIONI TAMPONE

42 Analizza il meccanismo con cui agisce la soluzione tampone costituita dall'acido borico e dal borato biacido di potassio.

43 Rappresenta le equazioni chimiche che evidenziano il comportamento tampone in ambiente basico (OH^-) e in ambiente acido (H_3O^+) della coppia di ioni $H_2PO^-_{4(aq)}/HPO^{2-}_{4(aq)}$.

44 Precisa quale tra le seguenti coppie non forma una soluzione tampone:

Ⓐ $H_2SO_4/NaHSO_4$
Ⓑ H_3PO_4/LiH_2PO_4
Ⓒ $HClO/Ca(ClO)_2$
Ⓓ $H_2S/Ba(HS)_2$

45 1 L di una soluzione tampone con pH uguale a 4 viene diluita con 10 L di acqua. Calcola il pH della nuova soluzione.

46 Tra le seguenti soluzioni tutte alla stessa concentrazione, indica quella che subisce la minore variazione di pH per aggiunta di 5 mL da HCl 0,1 M.

Ⓐ HNO_3/KNO_3
Ⓑ $H_2SO_4/NaHSO_4$
Ⓒ NH_3/NH_4HCO_3
Ⓓ H_2S/KHS

47 Indica la coppia acido-sale che in acqua non può dare una soluzione tampone:

Ⓐ H_2CO_3 e $NaHCO_3$
Ⓑ HCOOH e HCOONa
Ⓒ NH_3 e NH_4ClO_4
Ⓓ HCl e NH_4Cl

IL PRODOTTO DI SOLUBILITÀ

48 Il fosfato di bario è un sale poco solubile. Scrivi:

a. l'equazione di dissociazione ionica;
b. l'espressione del K_{ps};
c. l'espressione per il calcolo della solubilità.

49 Dati i seguenti solidi ionici poco solubili, scrivi l'equazione di dissociazione ionica e l'espressione del K_{ps}.

a. CaF_2
b. $Mg(OH)_2$
c. $Ca_3(PO_4)_2$
d. $PbCl_2$
e. $Al(OH)_3$
f. Ag_2CrO_4

50 Date le seguenti espressioni di K_{ps}, scrivi l'equazione di dissociazione ionica.

a. $K_{ps} = [Bi^{3+}]^2 [S^{2-}]^3$
b. $K_{ps} = [Cr^{3+}] [OH^-]^3$
c. $K_{ps} = [Ca^{2+}] [CO_3^{2-}]$

51 Rappresenta la reazione di dissociazione ionica del fluoruro di calcio ($K_{ps} = 3{,}9 \cdot 10^{-11}$) in una soluzione satura e calcola la concentrazione dello ione fluoruro quando la concentrazione dello ione calcio è uguale a $1{,}0 \cdot 10^{-3}$ M.

52 Scrivi la relazione che esprime la solubilità (S) del solfuro di argento.

EFFETTO DELLO IONE COMUNE

53 Giustifica l'effetto dello ione comune quando a una soluzione di acido carbonico si aggiunge una soluzione di bicarbonato di sodio.

54 Analizza l'effetto dello ione comune quando a una soluzione satura di fluoruro di litio viene aggiunta una soluzione di fluoruro di calcio.

LE REAZIONI DI PRECIPITAZIONE

55 Stabilisci quale precipitato si potrebbe formare versando una soluzione di nitrato di calcio in una soluzione di acido fosforico.

56 In una soluzione la concentrazione degli ioni argento è $4{,}8 \cdot 10^{-5}$ M e la concentrazione degli ioni cromato è $3{,}4 \cdot 10^{4}$ M. Stabilisci se è possibile la precipitazione del cromato di argento ($K_{ps} = 1{,}5 \cdot 10^{-12}$).

57 In soluzione, un solido ionico poco solubile può formare un precipitato quando il prodotto della concentrazione dei due ioni è

Ⓐ minore del prodotto di solubilità.
Ⓑ minore del prodotto ionico dell'acqua.
Ⓒ maggiore del prodotto di solubilità.
Ⓓ maggiore del prodotto ionico dell'acqua.

VERIFICA LE TUE ABILITÀ

58 Alla temperatura di 37 °C il valore di K_w è uguale a $2{,}4 \cdot 10^{-14}$ M^2. Calcola la concentrazione degli ioni H_3O^+ e OH^-.

59 Alla temperatura di 40 °C, il prodotto ionico dell'acqua K_w è $2{,}92 \cdot 10^{-14}$ M^2. A questa temperatura una soluzione acquosa ha la concentrazione molare di ioni $[H_3O^+]$ uguale a $1{,}0 \cdot 10^{-7}$ e, quindi, risulta

Ⓐ acida.
Ⓑ neutra.
Ⓒ poco basica.
Ⓓ molto basica.

60 La concentrazione molare di ioni H_3O^+ in una soluzione $2{,}50 \cdot 10^{-2}$ mol/L di $Ba(OH)_2$ ha il valore di

Ⓐ $5{,}00 \cdot 10^{-2}$ mol/L
Ⓑ $2{,}00 \cdot 10^{-2}$ mol/L
Ⓒ $2{,}00 \cdot 10^{-13}$ mol/L
Ⓓ $4{,}00 \cdot 10^{-13}$ mol/L

61 **Disponi le seguenti soluzioni secondo il pH crescente:**
a. $[H_3O^+] = 3{,}5 \cdot 10^{-3}$ M
b. $[OH^-] = 1 \cdot 10^{-7}$ M
c. $[H_3O^+] = 4{,}2 \cdot 10^{-8}$ M

62 **Disponi le seguenti soluzioni secondo il pOH crescente:**
a. $[OH^-] = 2{,}4 \cdot 10^{-1}$ M
b. $[H_3O^+] = 1 \cdot 10^{-7}$ M
c. $[OH^-] = 1 \cdot 10^{-11}$ M

63 **La soluzione A ha pH = 3,7 e la soluzione B pari a 4,7. Stabilisci:**
a. il rapporto delle concentrazioni degli ioni H_3O^+ nelle due soluzioni;
b. il rapporto delle concentrazioni degli ioni OH^-.

64 **Il valore della costante del prodotto ionico dell'acqua, alla temperatura di 25 °C, è $1 \cdot 10^{-14}$ M^2, mentre alla temperatura di 60 °C è $9{,}62 \cdot 10^{-14}$ M^2. Se la temperatura dell'acqua varia da 25 °C a 60 °C, il valore del suo pH**
Ⓐ varia da 7 a 6,5.
Ⓑ varia da 7 a 10.
Ⓒ varia da 7 a 3.
Ⓓ rimane 7.

65 **Il pH dell'acqua distillata, lasciata a contatto dell'aria, è maggiore, minore o uguale a 7?**

66 **Una soluzione contiene 7,8 g di $HClO_4$ in 300 mL di soluzione. Calcola il pH.**

67 **Una soluzione di HI ha pH uguale a 3,5. Calcola i grammi di HI presenti in 300 mL di soluzione.**

68 **Una soluzione contiene 30 g di $Ca(OH)_2$ in 1,5 L di soluzione. Calcola il pH.**

69 **Una soluzione di LiOH ha pH uguale a 12,5. Calcola i grammi di LiOH presenti in 250 mL di soluzione.**

70 **Una soluzione contiene 0,96 g di LiOH in 1,5 L. Calcola la concentrazione di ioni H_3O^+.**

71 **50 mL di una soluzione 1 M di HCl sono aggiunti a 1 L di acqua distillata. Calcola la variazione del pH (ΔpH).**

72 **Una soluzione contiene 0,14 g di KOH (M = 56 g/mol) in 250 mL di soluzione. Calcola il pH.**

73 **Una soluzione è stata preparata aggiungendo 50 mL di una soluzione 0,2 M di NaOH a 50 mL di acqua. Calcola il pH della soluzione.**

74 **Una soluzione 0,01 M di HCN si dissocia per il 2,5%. Calcola il pH.**

75 **Una soluzione di AgOH 0,1 M è dissociata per il 6%. Calcola:**
a. il pH della soluzione;
b. la K_b della base.

76 **Una soluzione contiene 1,25 g di etilammina $C_2H_5NH_2$ ($K_b = 6{,}6 \cdot 10^{-4}$) in 100 mL di soluzione. Calcola il pH.**

77 **Una soluzione 0,1 M di idrossido di zinco si dissocia per l'1%. Calcola il pH della soluzione.**

78 **Una soluzione di HIO si dissocia per l'1% e ha un pH uguale a 3. Calcola la concentrazione molare dell'acido.**

79 **Aggiungiamo qualche goccia di tornasole, fenolftaleina o metilarancio a soluzioni con le seguenti concentrazioni:**
a. $[OH^-] = 7{,}2 \cdot 10^{-12}$ M
b. $[H_3O^+] = 5{,}2 \cdot 10^{-10}$ M

Quali colori assumerebbero le soluzioni con ciascuno dei tre indicatori?

80 **Calcola il pH di viraggio:**
a. del blu di bromotimolo ($K_{in} = 1{,}58 \cdot 10^{-7}$);
b. dell'indicatore metilarancio ($K_{in} = 1{,}5 \cdot 10^{-4}$).

81 **Rappresenta l'equazione chimica tra quantità equimolari delle seguenti soluzioni, precisane la natura (acida, basica o neutra) e la posizione dell'equilibrio:**
a. $HNO_{2(aq)}$ con $KOH_{(aq)}$
b. $HBr_{(aq)}$ con $LiOH_{(aq)}$
c. $HClO_{4(aq)}$ con $NH_{3(aq)}$

82 **Una soluzione è costituita da 150 mL di una soluzione 0,1 M di HCl e da 200 mL di una soluzione 0,2 M di KOH. Calcola il pH.**

83 **Calcola il pH di una soluzione ottenuta aggiungendo 80 mL di una soluzione 0,2 M di NaOH a 100 mL di una 0,1 M di HCl.**

84 Una soluzione è stata preparata diluendo con acqua, fino a un volume complessivo di 2 L, 80 mL di una soluzione 6 M di acido fosforico. Calcola la molarità e la normalità della nuova soluzione.

85 A 200 mL di una soluzione di H_2SO_4 ($d = 1{,}14$ g/mL) al 20% *m*/*m* vengono aggiunti 500 mL di una soluzione 2 N di H_2SO_4. Calcola la normalità della nuova soluzione.

86 Quale volume di acqua deve essere aggiunto a 100 mL di una soluzione 0,6 N di H_2SO_4 per ottenere una soluzione 0,15 M?

87 Per titolare 400 mL di una soluzione di HCl occorrono 200 mL di una soluzione contenente 20 g di NaOH per litro. Calcola la molarità della soluzione dell'acido cloridrico.

88 Calcola il volume (in mL) di una soluzione di $Ba(OH)_2$ 0,245 M che occorre per titolare 29,4 mL di una soluzione di HCl 0,196 M.

89 Per titolare 50 mL di una soluzione di H_2SO_4, sono stati utilizzati 18,2 mL di una soluzione 0,1 M di NaOH. La concentrazione molare dell'acido è uguale a:

Ⓐ 0,036 Ⓒ 0,018
Ⓑ 0,072 Ⓓ 0,137

90 Considera i sali NH_4I, $KClO_4$ e Na_3PO_4. Per ciascuno di essi:

a. rappresenta l'equazione di dissociazione ionica in acqua;
b. classifica come acido, neutro o basico sia l'anione sia il catione;
c. rappresenta l'equazione di idrolisi e precisa se la soluzione sarà acida, basica o neutra.

91 Calcola il pH di una soluzione 4,5 M di KNO_2 ($K_a = 4{,}5 \cdot 10^{-4}$).

92 La concentrazione di una soluzione di NH_4Cl è $1{,}8 \cdot 10^{-1}$ M. Alla temperatura di 25 °C la soluzione è acida o basica?

93 Una soluzione 0,1 M di formiato di potassio ha pH minore di quello di una soluzione 0,1 M di acetato di potassio. Quale acido derivante dal sale è più forte?

94 Indica quale, tra le seguenti, è la soluzione con il pH maggiore.

Ⓐ $NaClO_{4(aq)}$ Ⓒ $Na_2CO_{3(aq)}$
Ⓑ $NaNO_{3(aq)}$ Ⓓ $NaBr_{(aq)}$

95 Una soluzione tampone è costituita da 100 mL di una soluzione di NH_3 $4 \cdot 10^{-3}$ M ($K_b = 1{,}8 \cdot 10^{-5}$) e da 100 mL di una soluzione di NH_4Cl $1 \cdot 10^{-3}$ M. Calcola il pH.

96 Una soluzione contenente 4,25 g di HCOONa è aggiunta a 750 mL di una soluzione di HCOOH 0,15 M ($K_a = 1{,}77 \cdot 10^{-4}$). Qual è il pH?

97 Indica la coppia acido-base più adatta per preparare una soluzione tampone a pH 7,5:

Ⓐ CH_3COOH/CH_3COO^-
Ⓑ $H_2PO_4^-/HPO_4^{2-}$
Ⓒ HSO_4^-/SO_4^{2-}
Ⓓ NH_4^+/NH_3

98 Per preparare una soluzione tampone $H_2CO_3/NaHCO_3$ con un valore di pH uguale a 6,3, quale valore deve avere il rapporto $[H_2CO_3]/[HCO_3^-]$?

99 Una soluzione tampone è preparata sciogliendo 0,25 mol di acido acetico ($K_a = 1{,}8 \cdot 10^{-5}$) e 0,4 mol di acetato di sodio in acqua in modo da ottenere 1,8 L di soluzione. Qual è il pH della soluzione risultante?

100 La solubilità di $Pb(IO_3)_2$ alla temperatura di 25 °C è di 0,022 g/L. Calcola il valore del prodotto di solubilità.

101 Calcola la solubilità in g/L alla temperatura di 25 °C di una soluzione satura di Ag_3PO_4 ($K_{ps} = 3{,}4 \cdot 10^{-14}$).

102 In una soluzione satura di PbI_2 esiste il seguente equilibrio:

$$PbI_{2(aq)} \rightleftharpoons Pb^{2+}_{(aq)} + 2\,I^-_{(aq)}$$

La posizione dell'equilibrio si sposta a sinistra aggiungendo una soluzione di:

Ⓐ $PbBr_{2(aq)}$ Ⓒ $PbCrO_{4(aq)}$
Ⓑ $Pb(NO_3)_{2(aq)}$ Ⓓ $PbCl_{2(aq)}$

103 Una soluzione è costituita da volumi uguali di $Ca(NO_3)_2$ 0,01 M e di H_2SO_4 0,01 M. Stabilisci se si ha la precipitazione di $CaSO_4$ ($K_{ps} = 4{,}9 \cdot 10^{-5}$).

TEST YOURSELF

104 A solution has a pOH of 6.13. Calculate its H_3O^+ and OH^- concentration.

105 A solution was prepared by adding 20 mL of a 0.1 M solution of NaOH to 300 mL of water. Calculate the grams of NaOH and the final pH.

106 Calculate how many mL of a 0.18 N HCl solution are required to titrate 25.4 mL of a 0.15 N NaOH solution.

107 A solution consists of 15 mL of a 0.01 M $BaCl_2$ solution and 25 mL of a 0.0025 M Na_2SO_4 solution. Determine if a precipitate of $BaSO_4$ is formed ($K_{sp} = 1.2 \cdot 10^{-10}$).

VERSO I GIOCHI DELLA CHIMICA

108 Indica i grammi di NaF che occorre aggiungere a 0,5 L di una soluzione di HF 0,05 M (K_a di HF $= 3{,}5 \cdot 10^{-4}$) per ottenere una soluzione con pH uguale a 3,14:

Ⓐ 2,10
Ⓑ 2,18
Ⓒ 3,15
Ⓓ 6,20

[Finale nazionale 2015]

109 Indica di quante volte aumenta la concentrazione di ioni H^+ se si raddoppia la concentrazione di un acido debole ($K_a = 1{,}0 \cdot 10^{-5}$):

Ⓐ 2,5
Ⓑ 1,4
Ⓒ 2
Ⓓ 3,5

[Finale nazionale 2015]

VERSO L'UNIVERSITÀ

110 Una proprietà che caratterizza le soluzioni tampone è che il valore del pH

Ⓐ non varia significativamente per aggiunte moderate di acidi o basi forti.
Ⓑ è sempre superiore a 11.
Ⓒ non varia mai.
Ⓓ è sempre inferiore a 3.
Ⓔ dipende solamente dalla concentrazione di acido.

[dalla prova di ammissione a Medicina e Chirurgia, 2016]

VERSO L'ESAME: LE TUE COMPETENZE

COLLEGA E CALCOLA

111 Una soluzione è stata preparata aggiungendo a 300 mL di acqua 20 mL di una soluzione di HCl 0,1 M. Calcola i grammi di HCl e il pH della soluzione.

COLLEGA E CALCOLA

112 Una soluzione è stata preparata aggiungendo 510 mL di acqua a 40 mL di una soluzione di NaOH ($d = 1{,}2$ g/mL) al 38% *m*/*m*. Calcola il pH.

COLLEGA E CALCOLA

113 Una soluzione di acido acetico CH_3COOH ($K_a = 1{,}8 \cdot 10^{-5}$) ha un valore di pH uguale a 4,6. Calcola la concentrazione molare iniziale dell'acido.

COLLEGA E CALCOLA

114 Una soluzione di ammoniaca ($K_b = 1{,}8 \cdot 10^{-5}$) ha un valore di pH uguale a 11,3. Calcola la concentrazione molare iniziale della base.

IPOTIZZA

115 Stabilisci quale colore assumerà una soluzione 0,1 M di acido formico HCOOH ($K_a = 1{,}8 \cdot 10^{-4}$) in seguito all'aggiunta dell'indicatore violetto di metile (pH di viraggio 1,2 dal giallo al blu).

COLLEGA E CALCOLA

116 Calcola quanti grammi di una soluzione di KOH al 10% *m*/*m* sono necessari per neutralizzare 400 mL di una soluzione 2,0 M di HNO_3.

COLLEGA E CALCOLA

117 Calcola la normalità di una soluzione di H_2SO_4 ($d = 1{,}07$ g/mL) al 10% *m*/*m*.

COLLEGA E CALCOLA

118 Calcola la % *m*/*m* di una soluzione 1,65 N di H_2SO_4 ($d = 1{,}05$ g/mL).

COLLEGA E CALCOLA

119 Una soluzione di H_2SO_4 ($d = 1{,}14$ g/mL) contiene 25 g di H_2SO_4 in 135 g di acqua. Calcola la % *m*/*m* e la normalità.

COLLEGA E CALCOLA

120 Calcola quanti mL di acqua devono essere aggiunti a 250 mL di una soluzione di H_3PO_4 ($d = 1{,}045$ g/mL) al 6% *m*/*m* per ottenere una soluzione 0,5 N.

COLLEGA E CALCOLA

121 **Calcola quale volume (in mL) di acqua deve essere aggiunto a 45 mL di una soluzione 2,1 M di $CuCl_2$ per ottenere una soluzione 3 N.**

COLLEGA E CALCOLA

122 **Per titolare 1200 mL di una soluzione di KOH occorrono 70 mL di una soluzione di HCl ($d = 1{,}1$ g/mL) al 30% *m*/*m*. Calcola la molarità della soluzione basica.**

COLLEGA E CALCOLA

123 **Una soluzione contiene 3,5 g di NH_4NO_3 in 750 mL di soluzione ($K_b = 1{,}8 \cdot 10^{-5}$). Calcola il pH.**

COLLEGA E CALCOLA

124 **Una soluzione contiene 2 g di CH_3COONa in 250 mL di soluzione ($K_a = 1{,}8 \cdot 10^{-5}$). Calcola il pH.**

COLLEGA E CALCOLA

125 **Si vuole preparare una soluzione tampone costituita da una soluzione di HF ($K_a = 3{,}5 \cdot 10^{-4}$) e da una soluzione di NaF, con un valore di pH uguale a 3. Calcola:**

a. la concentrazione degli ioni H_3O^+ del tampone;
b. il rapporto n_a/n_s;
c. quante moli di NaF bisogna aggiungere a 1 L di HF 0,1 M per preparare la soluzione tampone.

COLLEGA E CALCOLA

126 **Calcola la variazione del pH quando 0,01 mol di una soluzione di HCl sono aggiunte a:**

a. 1 L di acqua distillata;
b. una soluzione tampone costituita da una soluzione 0,1 M di CH_3COOH ($K_a = 1{,}8 \cdot 10^{-5}$) e da una soluzione 0,1 M di CH_3COONa.

COLLEGA E CALCOLA

127 **Il K_{ps} di $BaSO_4$ alla temperatura di 25 °C è uguale a $1{,}2 \cdot 10^{-10}$. Calcola quanti grammi del composto sono presenti in 100 mL di soluzione.**

COLLEGA E CALCOLA

128 **Il K_{ps} di $Fe(OH)_3$ alla temperatura di 25 °C è uguale a $1{,}1 \cdot 10^{-36}$. Calcola quanti grammi del composto sono presenti in 100 mL di soluzione.**

CALCOLA E CONFRONTA

129 **Calcola la solubilità in g/L di AgI ($K_{ps} = 1{,}7 \cdot 10^{-16}$)**

a. in acqua;
b. in una soluzione 0,15 M di NaI.

COLLEGA E CALCOLA

130 **Calcola la solubilità (in mol/L) di AgCl ($K_{ps} = 1{,}8 \cdot 10^{-10}$) in una soluzione 0,005 M di $AlCl_3$.**

DEDUCI

131 **Una soluzione è formata da 50 mL di una soluzione 0,02 M di $Pb(NO_3)_2$ e da 20 mL di una soluzione 0,02 M di $CaBr_2$. Stabilisci se si ha precipitazione di $PbBr_2$ ($K_{ps} = 6{,}3 \cdot 10^{-6}$).**

RICERCA E CONFRONTA

132 **Lo stomaco è un organo che contiene una soluzione acquosa di acido cloridrico e altre sostanze, detta succo gastrico.**
Il succo gastrico in condizioni fisiologiche ha pH superiore a 1, ma alcune condizioni patologiche come la gastrite possono determinare ipersecrezione gastrica e abbassare il valore del pH, con conseguente infiammazione e dolore allo stomaco.
Ipotizziamo che il succo gastrico presente nel lume dello stomaco sia sempre 150 mL con un un pH di 2,0 in condizioni fisiologiche e 0,50 in condizioni patologiche di ipersecrezione gastrica.

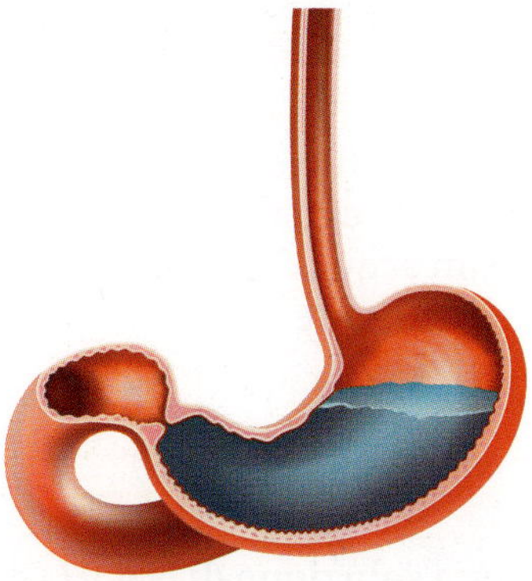

a. Se lo stomaco si svuotasse completamente, riversando il proprio contenuto nell'intestino, ogni ora a digiuno e dopo 3 ore da ognuno dei tre pasti principali, quale sarebbe il volume di succo gastrico prodotto dal corpo umano in 24 ore?
b. Fai una ricerca sul volume di succo gastrico giornalmente prodotto da un essere umano: il dato che hai calcolato è o non è dello stesso ordine di grandezza?
c. Calcola la quantità in grammi di HCl prodotta giornalmente in condizioni fisiologiche e patologiche di ipersecrezione gastrica: di quante volte aumenta la produzione di acido?

SEI PRONTO PER LA VERIFICA?

IN 1 ORA

Dopo aver studiato i contenuti dei **capitoli 20 e 21**, svolgi la prova nel **tempo massimo di un'ora**.

CONOSCENZE E ABILITÀ

1 **Rappresenta la reazione di protolisi in acqua tra lo ione idrogenocarbonato e lo ione cianuro e individuare le coppie coniugate acido-base.**

(4 punti se hai risposto correttamente) ...../4

2 **Quale delle seguenti specie chimiche in soluzione acquosa può agire da acido e da base secondo la teoria di Brønsted-Lowry?**

Ⓐ HCN Ⓑ HS^- Ⓒ NH_4^+ Ⓓ H_3O^+

(4 punti se hai risposto correttamente) ...../4

3 **Calcola la concentrazione molare degli ioni H_3O^+ in una soluzione $2{,}5 \cdot 10^{-2}$ M di $Ba(OH)_2$.**

(5 punti se hai risposto correttamente) ...../5

4 **500 mL di una soluzione acquosa di un acido forte, che ha pH uguale a 3, vengono diluiti fino a 1 L con acqua distillata. Il pH della soluzione risultante è:**

Ⓐ 1,5 Ⓑ 3 Ⓒ 3,3 Ⓓ 6

(6 punti se hai risposto correttamente) ...../6

5 **40 mL di una soluzione di NaOH ($d = 1{,}2$ g/mL) al 30% m/m sono aggiunti a 400 mL di acqua. Calcola il pH della soluzione.**

(7 punti se hai risposto correttamente) ...../7

6 **Una soluzione acquosa di CuOH 1 M si dissocia per il 10%. Calcola il pH della soluzione e il valore di K_b.**

(8 punti se hai risposto correttamente) ...../8

7 **Una soluzione è rossa con il rosso clorofenolo (pH di viraggio = 6 da giallo a rosso) ed è blu con il blutimolo (pH di viraggio = 9 da giallo a blu). Il valore del pH è:**

Ⓐ < 6 Ⓒ tra 6 e 9
Ⓑ 7 Ⓓ > 9

(8 punti se hai risposto correttamente) ...../8

8 **A 50 mL di una soluzione 4 M di H_3BO_3 vengono aggiunti 450 mL di soluzione 2 N di H_3BO_3. Calcola la normalità della nuova soluzione.**

(8 punti se hai risposto correttamente) ...../8

9 **Stabilisci quale delle seguenti soluzioni acquose 0,1 M ha il pH maggiore e rappresentare l'equazione di idrolisi.**

Ⓐ $NaCN_{(aq)}$ Ⓒ $NaClO_{(aq)}$
Ⓑ $NaNO_{2(aq)}$ Ⓓ $CH_3COONa_{(aq)}$

(10 punti se hai risposto correttamente) ...../10

I primi 60 punti valgono per il raggiungimento degli obiettivi minimi. Per fare di più, rispondi alle seguenti domande.

COMPETENZE

10 **Calcola la variazione di pH quando 20 mL di una soluzione 0,1 M di HCl si aggiungono a una soluzione tampone formata da 100 mL di una soluzione $2 \cdot 10^{-1}$ M di CH_3COOH ($K_a = 1{,}8 \cdot 10^{-5}$) e da 100 mL di una soluzione $1{,}5 \cdot 10^{-1}$ M di CH_3COONa.**

(10 punti se hai risposto correttamente) ...../10

11 **Quale tra i seguenti campioni di $Ba(OH)_{2(aq)}$ neutralizza 25 mL di $HCl_{(aq)}$ 0,20 M?**

Ⓐ 12,5 cm^3 0,10 M Ⓒ 25 cm^3 0,20 M
Ⓑ 25 cm^3 0,10 M Ⓓ 50 cm^3 0,20 M

(10 punti se hai risposto correttamente) ...../10

12 **Calcola la solubilità in g/L alla temperatura di 25 °C di una soluzione satura di Ag_2CrO_4 ($K_{ps} = 2{,}4 \cdot 10^{-12}$).**

(10 punti se hai risposto correttamente) ...../10

13 **Se in una soluzione si hanno ioni Cl^-, ioni Br^-, ioni I^- e ioni CN^- di uguale concentrazione, aggiungendo lentamente ioni Ag^+, precipiterà per primo:**

Ⓐ AgCl ($K_{ps} = 1{,}8 \cdot 10^{-10}$)
Ⓑ AgBr ($K_{ps} = 5{,}3 \cdot 10^{-13}$)
Ⓒ AgI ($K_{ps} = 1{,}7 \cdot 10^{-17}$)
Ⓓ AgCN ($K_{ps} = 1{,}2 \cdot 10^{-16}$)

(10 punti se hai risposto correttamente) ...../10

PUNTEGGIO TOTALE ...../100

CAPITOLO

22 LE REAZIONI DI OSSIDO-RIDUZIONE

1 LE OSSIDO-RIDUZIONI COMPORTANO LA VARIAZIONE DEL NUMERO DI OSSIDAZIONE DEGLI ELEMENTI COINVOLTI NELLA REAZIONE

Gli elementi chimici (tranne i gas nobili), quando sono allo stato atomico o sotto forma di molecole o di unità formula, hanno la tendenza a reagire per raggiungere una maggiore stabilità e di conseguenza una *minore energia*.

La condizione di maggiore stabilità può essere raggiunta tramite il *trasferimento parziale o totale di elettroni* e di conseguenza con una variazione (aumento o diminuzione) del numero di ossidazione degli atomi o ioni.

Con il termine **ossidazione** si indica un aumento del numero di ossidazione, con il termine **riduzione** si indica una diminuzione del numero di ossidazione.

Il numero di ossidazione (simbolo *n.o.*) è definito dal **numero di elettroni** di legame ceduti o acquistati (parzialmente o totalmente) da un atomo in una molecola o da uno ione in un'unità formula.

Quindi:

- un *aumento* del *n.o.* comporta una diminuzione di elettroni ovvero la *perdita* di elettroni;
- una *diminuzione* del *n.o.* determina un aumento del numero di elettroni ovvero l'*acquisto* di elettroni.

Un atomo o uno ione se perde elettroni si **ossida**, se invece acquista elettroni si **riduce**.

Consideriamo la reazione di sintesi dell'ossido di magnesio e assegniamo i numeri di ossidazione:

$$2\,\overset{0}{\mathrm{Mg}}_{(s)} + \overset{0}{\mathrm{O}}_{2(g)} \longrightarrow 2\,\overset{+2}{\mathrm{Mg}}\overset{-2}{\mathrm{O}}_{(s)}$$

In questa equazione:

- il numero di ossidazione del magnesio aumenta di 2 unità: il magnesio perde 2 elettroni e si ossida;

LE PAROLE

Il termine **ossidazione** (dal latino *oxydum*, «ossido») indica una reazione chimica in cui a un elemento o composto si addiziona ossigeno o si sottraggono atomi di idrogeno o elettroni.

LE PAROLE

Il termine **riduzione** (dal latino *reducere*, «condurre indietro») indica una reazione chimica in cui un elemento o un composto cede atomi di idrogeno o elettroni.

PER CAPIRE MEGLIO
Videolezione
Assegnare i numeri di ossidazione

TI RICORDI?

Per **calcolare il *n.o.*** occorre confrontare l'elettronegatività degli atomi legati: il legame tra atomi dello stesso elemento non contribuisce al calcolo del *n.o.*, per cui atomi allo stato elementare hanno *n.o.* = 0; in caso di legame tra elementi a diversa elettronegatività, ogni doppietto elettronico di legame contribuisce al calcolo del *n.o.* con +1 per l'elemento meno elettronegativo e con −1 per l'elemento più elettronegativo.

- il numero di ossidazione dell'ossigeno diminuisce di 2 unità: l'ossigeno acquista 2 elettroni e si riduce.

il magnesio si ossida

$$2\,\overset{0}{Mg}_{(s)} + \overset{0}{O}_{2(g)} \longrightarrow 2\,\overset{+2\,-2}{MgO}_{(s)}$$

l'ossigeno si riduce

Una reazione in cui si ha trasferimento (parziale o totale) di elettroni tra due atomi o ioni, con conseguente variazione del numero di ossidazione dei due atomi o ioni reagenti, è una **reazione di ossido-riduzione**.

A COLPO D'OCCHIO

REAZIONI DI OSSIDO-RIDUZIONE
- SINTESI
- ANALISI
- DECOMPOSIZIONE DEI CLORATI
- SCAMBIO SEMPLICE

Tra quelle già analizzate sono reazioni di ossido-riduzione le seguenti:
- sintesi di ossidi, idruri e sali di idracidi;
- analisi di ossidi basici, idruri covalenti, idracidi e sali di idracidi;
- decomposizione dei clorati;
- scambio semplice o spostamento tra un metallo e l'acqua o un acido o un sale di ossoacido.

2 UNA REAZIONE DI OSSIDO-RIDUZIONE È COSTITUITA DA DUE SEMIREAZIONI: L'OSSIDAZIONE E LA RIDUZIONE

La reazione di sintesi tra il sodio metallico Na e il cloro gassoso Cl_2 porta alla formazione di un solido cristallino, il cloruro di sodio (figura **1**).

Figura 1 **La reazione tra il sodio metallico e il cloro gassoso** Il sodio metallico (colore grigio) e il cloro gassoso (colore verde tenue) quando reagiscono formano il cloruro di sodio, solido ionico di colore bianco.

Rappresentiamo la reazione con la seguente equazione e assegniamo i numeri di ossidazione:

$$2\,\overset{0}{Na}_{(s)} + \overset{0}{Cl}_{2(g)} \longrightarrow 2\,\overset{+1\,-1}{NaCl}_{(s)}$$

In questa equazione:
- ciascun atomo di sodio perde un elettrone e di conseguenza il *n.o.* del sodio è aumentato di una unità;
- ciascun atomo di cloro acquista un elettrone e di conseguenza il *n.o.* del cloro è diminuito di una unità.

n.o. aumenta

ossidazione: perdita di e^-

$$2\,\overset{0}{Na}_{(s)} + \overset{0}{Cl}_{2(g)} \longrightarrow 2\,\overset{+1}{Na}\overset{-1}{Cl}_{(s)}$$

riduzione: acquisto di e^-

n.o. diminuisce

La reazione tra il sodio e il cloro è quindi una reazione di ossido-riduzione in cui si ha il trasferimento di un elettrone da un atomo di sodio (che lo perde) a un atomo di cloro (che lo acquista).

PER CAPIRE MEGLIO
Videolezione
Identificare le reazioni di ossido-riduzione (redox)

La reazione di ossido-riduzione è costituita da due *semireazioni*:

- la **semireazione di ossidazione** (simbolo **ox**) corrisponde a una *perdita* di elettroni, si identifica per un *aumento* del numero di ossidazione e si rappresenta con l'equazione:

$$2\,Na \longrightarrow 2\,Na^+ + 2\,e^- \qquad \text{(ox)}$$

- la **semireazione di riduzione** (simbolo **red**) corrisponde a un *acquisto* di elettroni, si identifica per una *diminuzione* del numero di ossidazione e si rappresenta con l'equazione:

$$Cl_2 + 2\,e^- \longrightarrow 2\,Cl^- \qquad \text{(red)}$$

Dai simboli utilizzati per indicare le due semireazioni, una reazione di ossido-riduzione è anche chiamata reazione **redox** (figura **2**).

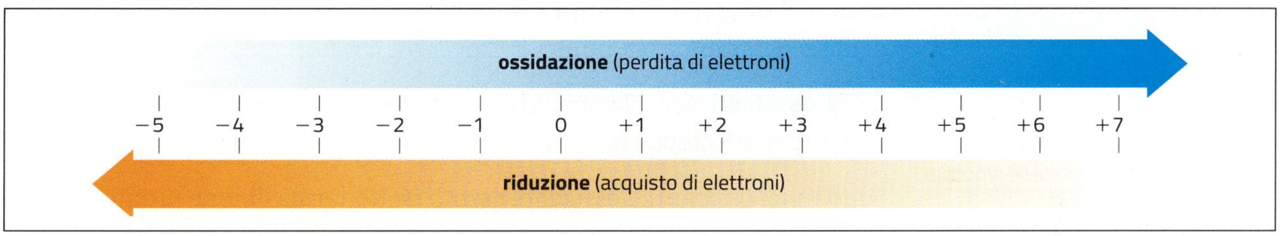

Figura 2 **Le variazioni del *n.o.* nelle reazioni di ossido-riduzione** Nella semireazione di ossidazione (ox), il *n.o.* aumenta; nella semireazione di riduzione (red), il *n.o.* diminuisce.

Il trasferimento di elettroni richiede la contemporanea presenza di un donatore e di un accettore di elettroni.

L'atomo o ione che perde elettroni si chiama **riducente**, l'atomo o ione che acquista elettroni si chiama **ossidante**.

Nella reazione tra il sodio e il cloro:

- il sodio, cedendo un elettrone, si comporta da **riducente** e **riduce** il cloro;
- il cloro, acquistando un elettrone, si comporta da **ossidante** e **ossida** il sodio.

PER VEDERE LA CHIMICA
Video *In laboratorio*
Le reazioni di ossido-riduzione

Il prodotto della reazione è il cloruro di sodio, con il sodio che si è ossidato e il cloro che si è ridotto:

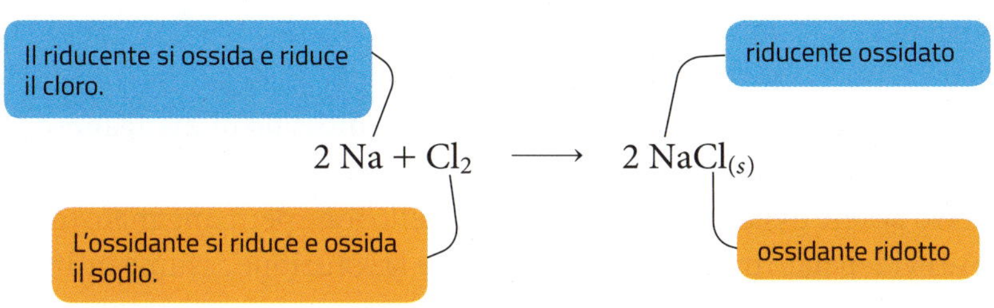

3 I RIDUCENTI SI OSSIDANO E GLI OSSIDANTI SI RIDUCONO

Nelle reazioni di ossido-riduzione sono sempre presenti un riducente (l'elemento che si ossida) e un ossidante (l'elemento che si riduce).

I **riducenti** sono elementi chimici con tendenza a perdere elettroni, aumentando il proprio *n.o.*

A COLPO D'OCCHIO

RIDUCENTI
- METALLI
- IDROGENO
- CARBONIO
- CO

Agenti riducenti molto noti sono: i metalli, l'idrogeno, il carbonio, il monossido di carbonio (CO).

I *metalli*, in particolare gli alcalini e gli alcalino-terrosi, tendono ad aumentare il loro stato di ossidazione, determinando la riduzione di altri elementi. I metalli si comportano da riducenti nelle reazioni di sintesi degli idruri ionici (nella quale determinano la riduzione dell'idrogeno) e degli ossidi basici (nella quale determinano la riduzione dell'ossigeno).

L'*idrogeno* si comporta da riducente nelle reazioni di sintesi degli idruri covalenti e degli idracidi. Rappresentiamo la reazione di sintesi dell'acqua e assegniamo i numeri di ossidazione:

$$\overset{0}{H}_{2(g)} + \overset{0}{O}_{2(g)} \longrightarrow 2\,\overset{+1}{H}_2\overset{-2}{O}$$

riducente ($H_{2(g)}$) — ossidante ($O_{2(g)}$)

Il *n.o.* dell'ossigeno diminuisce, quindi l'ossigeno è l'*ossidante* e si riduce; il *n.o.* dell'idrogeno aumenta, quindi l'idrogeno è il *riducente* e si ossida.

Gli **ossidanti** sono elementi chimici con tendenza ad acquistare elettroni, riducendo il proprio *n.o.*

A COLPO D'OCCHIO

OSSIDANTI
- OSSIGENO
- AZOTO (NO_3^-)
- CROMO ($Cr_2O_7^{2-}$)
- MANGANESE (MnO_4^-)

Sono tipici ossidanti: l'ossigeno, l'azoto (sotto forma di ione nitrato NO_3^-), il cromo (sotto forma di ione dicromato $Cr_2O_7^{2-}$), il manganese (sotto forma di ione permanganato MnO_4^-).

Rappresentiamo la reazione di sintesi del diossido di carbonio e assegniamo i numeri di ossidazione:

$$\overset{0}{C}_{(s)} + \overset{0}{O}_{2(g)} \longrightarrow \overset{+4}{C}\overset{-2}{O}_{2(g)}$$

riducente ($C_{(s)}$) — ossidante ($O_{2(g)}$)

Il *n.o.* del carbonio aumenta, quindi il carbonio è il *riducente* e si ossida; il *n.o.* dell'ossigeno diminuisce, quindi l'ossigeno è l'*ossidante* e si riduce.

L'azione ossidante del manganese, sotto forma di ione permanganato MnO_4^-, dipende dall'ambiente (acido o basico) della soluzione. Lo ione permanganato:

- in una soluzione acida (pH < 7) si riduce a ione manganese (II) Mn^{2+};
- in una soluzione basica (pH > 7) si riduce a diossido di manganese MnO_2 (*n.o.* = 4).

Il diverso potere ossidante della soluzione dello ione permanganato (di colore viola) è evidenziato dal differente colore che la soluzione assume in ambiente acido o basico (figura **3** alla pagina successiva).

PER CAPIRE MEGLIO
Video *In laboratorio*
Dimmi di che colore sei e ti dirò in che ambiente stai

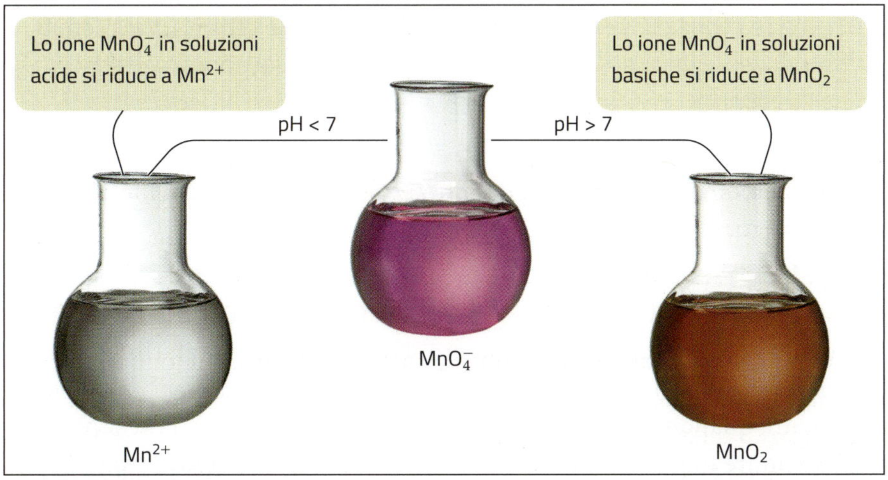

Figura 3 Gli stati di ossidazione del manganese La soluzione di colore viola dello ione permanganato in ambiente acido diventa incolore e in ambiente basico assume un colore rosso-bruno.

Molti elementi chimici si possono comportare sia da riducenti sia da ossidanti. L'ossigeno nell'acqua ossigenata (H_2O_2): in una soluzione acida in cui è presente lo ione dicromato ($Cr_2O_7^{2-}$) si ossida a ossigeno molecolare (O_2), comportandosi da **riducente**:

$$Cr_2O^{2-}_{7(aq)} + H_2\overset{-1}{O}_{2(l)} \longrightarrow Cr^{3+}_{(aq)} + \overset{0}{O}_{2(g)}$$

riducente

In una soluzione basica in cui è presente lo ione cromito (CrO_2^-) si riduce formando acqua, comportandosi da **ossidante**:

$$CrO^{-}_{2(aq)} + H_2\overset{-1}{O}_{2(l)} \longrightarrow CrO^{2-}_{4(aq)} + H_2\overset{-2}{O}_{(l)}$$

ossidante

TI RICORDI?

Il **cromo** (dal greco *khrôma*, «colore») è un elemento chimico i cui composti sono intensamente colorati. È un metallo di transizione dotato di carattere anfotero, di colore argenteo ed è malleabile.

4 NEL BILANCIAMENTO DELLE REAZIONI REDOX SI DEVE CONSERVARE NON SOLO LA MASSA MA ANCHE LA CARICA

Il bilanciamento di una reazione redox prevede il *calcolo dei coefficienti stechiometrici* in modo da garantire sia la conservazione della *massa* sia la conservazione della *carica*. Esaminiamo la reazione tra lo zinco metallico e una soluzione di acido cloridrico e assegniamo i *n.o.* (figura **4**):

$$\overset{0}{Zn}_{(s)} + \overset{+1}{H}Cl_{(aq)} \longrightarrow \overset{+2}{Zn}Cl_{2(aq)} + \overset{0}{H}_{2(g)}$$

In questa equazione:

- l'atomo di zinco è il *riducente* (il suo *n.o.* aumenta di 2 unità) e perde 2 elettroni:

$$Zn_{(s)} \longrightarrow Zn^{2+}_{(aq)} + 2\,e^- \qquad \text{(ox)}$$

- l'atomo di idrogeno è l'*ossidante* (il suo *n.o.* diminuisce di 1 unità) ma, poiché lo zinco perde 2 elettroni, occorrono 2 atomi di idrogeno che acquistano ciascuno 1 elettrone:

$$2\,H^+_{(aq)} + 2\,e^- \longrightarrow H_{2(g)} \qquad \text{(red)}$$

Figura 4 La reazione dello zinco in acido cloridrico Lo zinco in acido cloridrico si comporta da riducente; l'idrogeno dell'acido cloridrico è l'ossidante.

In una reazione di ossido-riduzione il numero degli elettroni (*n.* e^-) ceduti dal riducente deve essere uguale al numero degli elettroni accettati dall'ossidante.

I due metodi principali per stabilire i coefficienti stechiometrici nelle redox sono il metodo della variazione del numero di ossidazione e il metodo delle semireazioni.

Il metodo della variazione del numero di ossidazione

Il metodo della variazione del numero di ossidazione è preferibile quando i reagenti non sono in soluzione acquosa (come nelle *reazioni di combustione*) oppure quando i reagenti sono in soluzione acquosa ma non si possono rappresentare in forma ionica (come nelle reazioni tra *composti organici* o tra *reagenti molecolari*).

Prendiamo in esame la reazione redox in forma molecolare tra l'ossido ferrico e il carbonio:

$$Fe_2O_{3(s)} + C_{(s)} \longrightarrow Fe_{(s)} + CO_{2(g)}$$

1. **Attribuiamo i numeri di ossidazione** solo agli atomi (in questo caso, ferro e carbonio) in cui si ha una variazione del numero di ossidazione (il *n.o.* dell'ossigeno si omette, in quanto non varia):

$$\overset{+3}{Fe_2}O_3 + \overset{0}{C} \longrightarrow \overset{0}{Fe} + \overset{+4}{C}O_2$$

2. **Identifichiamo l'ossidante e il riducente.** Il ferro è l'ossidante (il suo *n.o.* diminuisce di tre unità), il carbonio è il riducente (il suo *n.o.* aumenta di quattro unità):

ossidante $\overset{+3}{Fe_2} \longrightarrow \overset{0}{Fe}$ $\qquad$ $\overset{0}{C} \longrightarrow \overset{+4}{C}$ riducente

3. **Rendiamo uguale il numero degli atomi di ciascuna coppia.** Al ferro va assegnato il coefficiente 2:

$$\overset{+3}{Fe_2} \longrightarrow 2\,\overset{0}{Fe} \qquad \overset{0}{C} \longrightarrow \overset{+4}{C}$$

4. **Stabiliamo l'entità della variazione del numero di ossidazione (Δ *n.o.*)**: per il ferro Δ *n.o.* = 3; per il carbonio Δ *n.o.* = 4:

$$\overset{+3}{Fe_2} \longrightarrow 2\,\overset{0}{Fe}\ (\boldsymbol{\Delta n.o. = 3}) \qquad \overset{0}{C} \longrightarrow \overset{+4}{C}\ (\boldsymbol{\Delta n.o. = 4})$$

5. **Indichiamo il numero degli elettroni acquistati dall'ossidante** (6) **e ceduti dal riducente** (4):

$$\overset{+3}{Fe_2} + 6\,e^- \longrightarrow 2\,\overset{0}{Fe} \qquad \overset{0}{C} \longrightarrow \overset{+4}{C} + 4e^-$$

6. **Rendiamo uguale il numero degli elettroni acquistati dall'ossidante e ceduti dal riducente** assegnando agli atomi opportuni coefficienti per garantire la *conservazione della carica*. Al ferro va assegnato il coefficiente 2 e al carbonio il coefficiente 3:

$$2\,(Fe_2 + 6\,e^- \longrightarrow 2\,Fe) \qquad 3\,(C \longrightarrow C + 4\,e^-)$$

PER CAPIRE MEGLIO
Videolezione
Bilanciare le redox con il metodo del trasferimento degli elettroni

7. **Assegniamo i coefficienti stechiometrici** agli atomi di ferro e di carbonio e **completiamo il bilanciamento degli altri atomi** (ossigeno) per garantire la *conservazione della massa*. Gli atomi di ossigeno sono già bilanciati, per cui la reazione finale è rappresentata dalla seguente equazione:

$$2\ Fe_2O_{3(s)} + 3\ C_{(s)} \longrightarrow 4\ Fe_{(s)} + 3\ CO_{2(g)}$$

Il metodo delle semireazioni

Il metodo delle semireazioni è indicato soprattutto per le reazioni che avvengono in *soluzione acquosa*, per cui le reazioni sono rappresentate con *l'equazione ionica netta*. Il metodo consiste nel rappresentare le due semireazioni (quella di riduzione e quella di ossidazione), bilanciarle separatamente ed infine sommarle in modo da ottenere l'equazione ionica netta bilanciata.

Le reazioni possono essere condotte in ambiente acido (nella soluzione sono presenti ioni idrogeno H^+) o in ambiente basico (in soluzione sono presenti ioni idrossido OH^-).

PER CAPIRE MEGLIO
Videolezione
Scrivere le reazioni redox in forma ionica

Redox in ambiente acido

Prendiamo in esame la reazione redox in forma ionica e in ambiente acido tra lo ione permanganato e lo ione ioduro:

$$MnO^-_{4(aq)} + I^-_{(aq)} \longrightarrow Mn^{2+}_{(aq)} + I_{2(aq)}$$

PER CAPIRE MEGLIO
Videolezione
Bilanciare le redox con il metodo delle semireazioni

1. **Attribuiamo i numeri di ossidazione agli atomi o agli ioni in cui varia il numero di ossidazione:**

$$\overset{7}{Mn}O^-_{4(aq)} + \overset{-1}{I^-_{(aq)}} \longrightarrow \overset{2}{Mn}{}^{2+}_{(aq)} + \overset{0}{I}_{2(aq)}$$

2. **Rappresentiamo le semireazioni di riduzione e di ossidazione identificando l'ossidante e il riducente.** Il manganese è l'ossidante (il suo *n.o. diminuisce* di cinque unità), lo iodio è riducente (il suo *n.o. aumenta* di un'unità):

$$\overset{7}{Mn}O^-_4 \longrightarrow \overset{2}{Mn}{}^{2+}$$
$$\overset{-1}{I}{}^- \longrightarrow \overset{0}{I}_2$$

3. **Per entrambe le semireazioni:**
   a. **bilanciamo gli atomi**; il manganese è già bilanciato, allo ione ioduro I^- si assegna il coefficiente stechiometrico 2:

$$\overset{7}{Mn}O^-_4 \longrightarrow \overset{2}{Mn}{}^{2+}$$
$$2\ \overset{-1}{I}{}^- \longrightarrow \overset{0}{I}_2$$

   b. **definiamo il numero di elettroni acquistati dall'ossidante e ceduti dal riducente**; il manganese *si riduce* acquistando 5 elettroni, lo iodio *si ossida* perdendo 2 elettroni (uno per ogni atomo):

$$\overset{7}{Mn}O^-_4 + 5\ e^- \longrightarrow \overset{2}{Mn}{}^{2+} \quad \text{(red)}$$
$$2\ \overset{-1}{I}{}^- \longrightarrow \overset{0}{I}_2 + 2\ e^- \quad \text{(ox)}$$

   c. **bilanciamo le cariche aggiungendo ioni idrogeno H^+**, in modo tale che la somma delle cariche sia uguale in entrambi i membri delle semireazioni. Alla semireazione di riduzione si devono aggiungere 8 ioni H^+, la semireazione di ossidazione è già bilanciata:

$$\overset{7}{Mn}O_4^- + 5\,e^- + 8\,H^+ \longrightarrow \overset{2}{Mn}^{2+} \quad \text{(red)}$$

$$2\,\overset{-1}{I}^- \longrightarrow \overset{0}{I_2} + 2\,e^- \quad \text{(ox)}$$

d. **bilanciamo gli atomi di idrogeno e di ossigeno aggiungendo molecole di acqua H_2O.** Alla semireazione di riduzione vanno aggiunte 4 molecole di H_2O:

$$\overset{7}{Mn}O_4^- + 5\,e^- + 8\,H^+ \longrightarrow \overset{2}{Mn}^{2+} + 4\,H_2O \quad \text{(red)}$$

$$2\,\overset{-1}{I}^- \longrightarrow \overset{0}{I_2} + 2\,e^- \quad \text{(ox)}$$

4. **Rendiamo uguale il numero di elettroni acquistati dall'ossidante e ceduti dal riducente** moltiplicando i componenti di ciascuna semireazione per un opportuno coefficiente. La semireazione di riduzione va moltiplicata per 2 e quella di ossidazione per 5:

$$2\,(MnO_4^- + 5\,e^- + 8\,H^+ \longrightarrow Mn^{2+} + 4\,H_2O)$$

$$5\,(2\,I^- \longrightarrow I_2 + 2\,e^-)$$

5. **Sommiamo membro a membro le due semireazioni:**

$$2\,(MnO_4^- + 5\,e^- + 8\,H^+ \longrightarrow Mn^{2+} + 4\,H_2O)$$

$$5\,(2\,I^- \longrightarrow I_2 + 2\,e^-)$$

$$2\,MnO_4^- + 10\,e^- + 16\,H^+ + 10\,I^- \longrightarrow 2\,Mn^{2+} + 8\,H_2O + 5\,I_2 + 10\,e^-$$

6. **Eliminiamo i termini comuni (elettroni, H_2O, H^+).** Nello specifico vengono eliminati solo gli elettroni:

$$2\,MnO_4^- + 16\,H^+ + 10\,I^- \longrightarrow 2\,Mn^{2+} + 8\,H_2O + 5\,I_2$$

7. **Verifichiamo che gli atomi e le cariche risultino bilanciati e che i coefficienti siano ridotti a numeri interi più semplici** e rappresentiamo l'equazione finale:

$$2\,MnO_4^- + 16\,H^+ + 10\,I^- \longrightarrow 2\,Mn^{2+} + 8\,H_2O + 5\,I_2$$

carica globale = 4(+) carica globale = 4(+)

Redox in ambiente basico

Consideriamo ora la reazione redox in forma ionica e in ambiente **basico** tra lo ione solfito e il cloro:

$$SO^{2-}_{3(aq)} + Cl_{2(aq)} \longrightarrow SO^{2-}_{4(aq)} + Cl^-_{(aq)}$$

1. **Attribuiamo i numeri di ossidazione agli atomi o agli ioni in cui si ha la variazione del numero di ossidazione:**

$$\overset{4}{S}O^{2-}_{3(aq)} + \overset{0}{Cl}_{2(aq)} \longrightarrow \overset{6}{S}O^{2-}_{4(aq)} + \overset{-1}{Cl}^-_{(aq)}$$

2. **Rappresentiamo le semireazioni di riduzione e di ossidazione identificando l'ossidante e il riducente.** Il cloro è l'ossidante (il suo *n.o.* diminuisce

di 1 unità), lo zolfo è il riducente (il suo *n.o.* aumenta di due unità):

$$\overset{4}{S}O^{2-}_{3(aq)} + \overset{0}{Cl}_{2(aq)} \longrightarrow \overset{6}{S}O^{2-}_{4(aq)} + \overset{-1}{Cl}^{-}_{(aq)}$$

3. **Per entrambe le semireazioni**:
   a. **bilanciamo gli atomi**; lo zolfo è già bilanciato, allo ione cloruro Cl^- si assegna il coefficiente stechiometrico 2:

$$\overset{4}{S}O_3^{2-} \longrightarrow \overset{6}{S}O_4^{2-}$$
$$\overset{0}{Cl}_2 \longrightarrow 2\,\overset{-1}{Cl}^-$$

   b. **definiamo il numero di elettroni acquistati dall'ossidante e ceduti dal riducente**; lo zolfo *si ossida* cedendo 2 elettroni, il cloro *si riduce* acquistando 2 elettroni (uno per ogni atomo):

$$\overset{4}{S}O_3^{2-} \longrightarrow \overset{6}{S}O_4^{2-} + 2\,e^- \qquad \text{(ox)}$$
$$\overset{0}{Cl}_2 + 2\,e^- \longrightarrow 2\,\overset{-1}{Cl}^- \qquad \text{(red)}$$

   c. **bilanciamo le cariche aggiungendo ioni idrossido OH^-**, in modo tale che la somma delle cariche sia uguale in entrambi i membri delle semireazioni. Alla semireazione di ossidazione si devono aggiungere 2 ioni OH^-, la semireazione di riduzione è già bilanciata:

$$\overset{4}{S}O_3^{2-} + 2\,OH^- \longrightarrow \overset{6}{S}O_4^{2-} + 2\,e^- \qquad \text{(ox)}$$
$$\overset{0}{Cl}_2 + 2\,e^- \longrightarrow 2\,\overset{-1}{Cl}^- \qquad \text{(red)}$$

   d. **bilanciamo gli atomi di idrogeno e di ossigeno** aggiungendo molecole di acqua H_2O; alla semireazione di ossidazione va aggiunta una molecola di H_2O:

$$\overset{4}{S}O_3^{2-} + 2\,OH^- \longrightarrow \overset{6}{S}O_4^{2-} + 2\,e^- + H_2O \qquad \text{(ox)}$$
$$\overset{0}{Cl}_2 + 2\,e^- \longrightarrow 2\,\overset{-1}{Cl}^- \qquad \text{(red)}$$

4. **Rendiamo uguale il numero di elettroni acquistati dall'ossidante e ceduti dal riducente**; le due semireazioni sono già bilanciate.
5. **Sommiamo membro a membro le due semireazioni**:

$$\overset{4}{S}O_3^{2-} + 2\,OH^- \longrightarrow \overset{6}{S}O_4^{2-} + 2\,e^- + H_2O \qquad \text{(ox)}$$
$$\overset{0}{Cl}_2 + 2\,e^- \longrightarrow 2\,\overset{-1}{Cl}^- \qquad \text{(red)}$$
$$\overline{SO_3^{2-} + 2\,OH^- + Cl_2 + 2\,e^- \longrightarrow SO_4^{2-} + 2\,e^- + H_2O + 2\,Cl^-}$$

6. **Eliminiamo i termini comuni** (elettroni, H_2O, OH^-). Nello specifico vanno eliminati solo gli elettroni:

$$SO_3^{2-} + 2\,OH^- + Cl_2 \longrightarrow SO_4^{2-} + 2\,Cl^- + H_2O$$

7. **Verifichiamo che gli atomi e le cariche risultino bilanciati e che i coefficienti siano ridotti a numeri interi più semplici** e rappresentiamo l'equazione finale:

$$\underset{\text{carica globale} = 4(-)}{SO_3^{2-} + 2\,OH^- + Cl_2} \longrightarrow \underset{\text{carica globale} = 4(-)}{SO_4^{2-} + 2\,Cl^- + H_2O}$$

5 UNA REAZIONE DI DISMUTAZIONE È UNA REDOX IN CUI LO STESSO ELEMENTO SI OSSIDA E SI RIDUCE

LE PAROLE

Il termine **dismutazione** (dal greco *dís*, «doppio» e *mutazione*) indica una reazione chimica in cui un composto reagendo dà origine a un prodotto più ossidato e a uno più ridotto.

Esistono reazioni di ossido-riduzione in cui due reagenti (o due prodotti) contengono lo stesso elemento di un prodotto (o di un reagente) ma con un *n.o.* diverso:

Una reazione redox in cui si ossidano e si riducono atomi o ioni dello stesso elemento è una **reazione di dismutazione** o di disproporzione.

Nella reazione di analisi del cloruro mercuroso Hg_2Cl_2 (*n.o.* Hg = +1), il cloruro mercuroso si decompone in cloruro mercurico $HgCl_2$ (*n.o.* Hg = +2) e in mercurio metallico (*n.o.* Hg = 0).

La reazione è rappresentata dalla seguente equazione:

$$Hg_2Cl_{2(s)} \xrightarrow{\Delta} HgCl_{2(g)} + Hg_{(l)}$$

TI RICORDI?

Il **mercurio** (dal latino *Mercurius*, dio greco) è un elemento chimico ($Z = 80$, $A = 200$) che in natura si trova prevalentemente come solfuro. A temperatura ambiente si presenta come un metallo liquido di colore argenteo.

In questa equazione il cloruro mercurico e il mercurio metallico sono due prodotti ottenuti per ossidazione e riduzione dello stesso reagente.

Anche per le reazioni di dismutazione, i coefficienti stechiometrici sono determinati con il metodo della variazione del numero di ossidazione, quando i reagenti sono in forma molecolare, e con il metodo delle semireazioni, quando i reagenti sono in forma ionica.

PROBLEMA MODELLO

Bilanciare una reazione di dismutazione in forma molecolare

Bilancia la seguente reazione redox di **dismutazione** in forma *molecolare*:

$$Na_2SO_{3(s)} \longrightarrow Na_2SO_{4(s)} + Na_2S_{(s)}$$

L'IDEA

I reagenti della reazione di dismutazione sono in forma molecolare e quindi i coefficienti stechiometrici si determinano con il metodo della variazione del numero di ossidazione.

LA SOLUZIONE

1. Attribuiamo i numeri di ossidazione solo all'atomo di zolfo (i *n.o.* del sodio e dell'ossigeno si omettono in quanto non variano):

$$Na_2\overset{+4}{S}O_3 \longrightarrow Na_2\overset{+6}{S}O_4 + Na_2\overset{-2}{S}$$

2. Identifichiamo il riducente e l'ossidante. Lo zolfo si comporta sia da riducente (il suo *n.o.* aumenta di due unità) sia da ossidante (il suo *n.o.* diminuisce di sei unità):

riducente $\overset{+4}{S} \longrightarrow \overset{+6}{S}$ $\qquad$ $\overset{+4}{S} \longrightarrow \overset{-2}{S}$ ossidante

3. Stabiliamo la variazione del numero di ossidazione $\Delta n.o.$ ($\Delta n.o. = 2$, $\Delta n.o. = 6$):

$$\overset{+4}{S} \longrightarrow \overset{+6}{S}\ (\Delta n.o. = 2) \qquad \overset{+4}{S} \longrightarrow \overset{-2}{S}\ (\Delta n.o. = 6)$$

4. Indichiamo il numero degli elettroni ceduti dal riducente (2) e acquistati dall'ossidante (6):

$$\overset{+4}{S} \longrightarrow \overset{+6}{S} + 2\,e^- \qquad \overset{+4}{S} + 6\,e^- \longrightarrow \overset{-2}{S}$$

5. Rendiamo uguale il numero degli elettroni ceduti dal riducente e acquistati dall'ossidante, assegnando agli atomi opportuni coefficienti per garantire la *conservazione della carica*. Allo zolfo che si comporta da ossidante e riducente (*n.o.* = 4) va assegnato il coefficiente 4 (3 + 1), allo zolfo che si comporta da riducente ossidato (*n.o.* = 6) assegniamo il coefficiente 3:

$$3\,(\overset{+4}{S} \longrightarrow S + 2\,e^-) \qquad 1\,(\overset{+4}{S} + 6\,e^- \longrightarrow \overset{-2}{S})$$

LA CONCLUSIONE

Assegniamo i coefficienti stechiometrici agli atomi di zolfo e completiamo il bilanciamento degli altri atomi (sodio e ossigeno) per garantire la *conservazione della massa*. Gli atomi di sodio e di ossigeno sono già bilanciati, per cui la reazione finale è rappresentata dalla seguente reazione:

$$4\,Na_2SO_{3(s)} \longrightarrow 3\,Na_2SO_{4(s)} + Na_2S_{(s)}$$

PROBLEMA SIMILE

Bilancia la seguente reazione redox di dismutazione in forma molecolare:

$$NH_4NO_{3(s)} \xrightarrow{\Delta} N_2O_{(g)} + H_2O_{(l)}$$

PROBLEMA MODELLO

Bilanciare una reazione di dismutazione in forma ionica

Bilancia la seguente reazione redox di **dismutazione** in forma ionica e in ambiente **basico**:

$$Cl_{2(g)} \longrightarrow Cl^-_{(aq)} + ClO^-_{(aq)}$$

L'IDEA

I reagenti della reazione di dismutazione sono in forma ionica e quindi i coefficienti stechiometrici si determinano con il metodo delle semireazioni.

LA SOLUZIONE

1. Attribuiamo i numeri di ossidazione:

$$\overset{0}{Cl}_{2(aq)} \longrightarrow \overset{-1}{Cl}{}^-_{(aq)} + \overset{+1}{Cl}O^-_{(aq)}$$

2. Rappresentiamo le semireazioni di riduzione e di ossidazione. Il cloro (*n.o.* = 0) si comporta sia da ossidante, assumendo *n.o.* = −1, sia da riducente, assumendo *n.o.* = +1:

$$\overset{0}{Cl}_2 \longrightarrow \overset{-1}{Cl}{}^-$$

$$\overset{0}{Cl}_2 \longrightarrow \overset{+1}{Cl}O^-$$

3. Per entrambe le semireazioni
   a. bilanciamo gli atomi assegnando il coefficiente stechiometrico 2 sia allo ione cloruro Cl^- sia allo ione ipoclorito ClO^-:

$$\overset{0}{Cl}_2 \longrightarrow 2\,\overset{-1}{Cl}{}^-$$

$$\overset{0}{Cl}_2 \longrightarrow 2\,\overset{+1}{Cl}O^-$$

b. definiamo il numero di elettroni acquistati dall'ossidante e ceduti dal riducente. Il cloro comportandosi da ossidante acquista 2 elettroni (uno per ogni atomo) e comportandosi da riducente perde 2 elettroni (uno per ogni atomo):

$$\overset{0}{Cl}_2 + 2\,e^- \longrightarrow 2\,\overset{-1}{Cl}{}^- \quad \text{(red)}$$
$$\overset{0}{Cl}_2 \longrightarrow 2\,\overset{+1}{Cl}O^- + 2\,e^- \quad \text{(ox)}$$

c. bilanciamo le cariche aggiungendo ioni idrossido OH^-. La semireazione di riduzione è già bilanciata, alla semireazione di ossidazione vanno aggiunti 4 ioni OH^-:

$$\overset{0}{Cl}_2 + 2\,e^- \longrightarrow 2\,\overset{-1}{Cl}{}^- \quad \text{(red)}$$
$$\overset{0}{Cl}_2 + 4\,OH^- \longrightarrow 2\,\overset{+1}{Cl}O^- + 2\,e^- \quad \text{(ox)}$$

d. bilanciamo gli atomi di idrogeno e di ossigeno aggiungendo molecole di acqua H_2O; alla semireazione di ossidazione vanno aggiunte 2 molecole di H_2O:

$$\overset{0}{Cl}_2 + 2\,e^- \longrightarrow 2\,\overset{-1}{Cl}{}^- \quad \text{(red)}$$
$$\overset{0}{Cl}_2 + 4\,OH^- \longrightarrow 2\,\overset{+1}{Cl}O^- + 2\,e^- + 2\,H_2O \quad \text{(ox)}$$

4. Rendiamo uguale il numero di elettroni acquistati dall'ossidante e ceduti dal riducente; le due semireazioni sono già bilanciate.

5. Sommiamo membro a membro le due semireazioni:

$$\overset{0}{Cl}_2 + 2\,e^- \longrightarrow 2\,\overset{-1}{Cl}{}^- \quad \text{(red)}$$
$$\overset{0}{Cl}_2 + 4\,OH^- \longrightarrow 2\,\overset{+1}{Cl}O^- + 2\,e^- + 2\,H_2O \quad \text{(ox)}$$
$$Cl_2 + 2\,e^- + Cl_2 + 4\,OH^- \longrightarrow 2\,Cl^- + 2\,ClO^- + 2\,e^- + 2\,H_2O$$

6. Eliminiamo i termini comuni (elettroni, H_2O, OH^-). In questa redox vanno eliminati solo gli elettroni:

$$2\,Cl_2 + 4\,OH^- \longrightarrow 2\,Cl^- + 2\,ClO^- + 2\,H_2O$$

LA CONCLUSIONE

Riduciamo a numeri interi più *semplici* i coefficienti stechiometrici dividendoli per 2 e rappresentiamo l'equazione bilanciata finale:

$$Cl_2 + 2\,OH^- \longrightarrow Cl^- + ClO^- + H_2O$$

PROBLEMA SIMILE

1. Bilancia la seguente reazione redox di dismutazione in forma ionica (ambiente acido):

$$Cl_{2(g)} \longrightarrow Cl^-_{(aq)} + ClO^-_{3(aq)}$$

2. Bilancia la seguente reazione redox di dismutazione in forma ionica (ambiente basico):

$$Br_{2(l)} \longrightarrow Br^-_{(aq)} + BrO^-_{3(aq)}$$

PER SAPERNE DI PIÙ

Gli equivalenti nelle reazioni di ossido-riduzione

Il bilanciamento di una reazione di ossido-riduzione consente di stabilire i rapporti molari tra i riducente. Tuttavia, per far reagire quantità esatte di un riducente e di un ossidante non è necessario bilanciare la reazione ma è sufficiente determinare la loro massa equivalente.

La massa equivalente (m_{eq}) di una sostanza che partecipa a una reazione di ossido-riduzione è definita dal rapporto tra la massa molare e il numero di moli di elettroni (ne^-) trasferiti (ceduti o acquistati) per ogni mole di reagente

$$m_{eq} = M / ne^-$$

Lo ione dicromato $Cr_2O_7^{2-}$ è un forte ossidante che in ambiente acido si riduce a ione cromo (III) Cr^{3+}. Assegnando al cromo i numeri di ossidazione, si osserva una diminuzione di 3 unità:

$$Cr_2O^{2-}_{7(aq)} + 14\,H^+_{(aq)} + 6\,e^- \longrightarrow 2\,Cr^{3+}_{(aq)} + 7\,H_2O_{(l)}$$

L'equazione quindi evidenzia che una mole dello ione dicromato (M = 216 g/mol) acquista 6 moli di elettroni (3 elettroni per ciascun atomo di cromo) per cui la massa equivalente corrisponde al seguente valore:

$$m_e(Cr_2O_7^{2-}) = \frac{M(\text{g/mol})}{ne^-\ (\text{eq/mol})} = \frac{216\ \text{g/mol}}{6\ \text{eq/mol}} = 36\ \text{g/eq}$$

Nelle reazioni di ossido-riduzione il numero di elettroni trasferiti dal riducente all'ossidante varia spesso a seconda dell'*ambiente* della soluzione (acido o basico) nella quale la reazione avviene, per cui sono *diverse* anche le masse equivalenti dello stesso ione. La massa equivalente dello ione permanganato MnO_4^-, in ambiente acido è diversa da quella in ambiente basico:

ambiente acido

$$MnO_4^- + 5\,e^- \longrightarrow Mn^{2+}$$

$$m_{eq} = \frac{118{,}94\ \text{g/mol}}{5\ \text{eq/mol}} = 23{,}78\ \text{g/eq}$$

ambiente basico

$$MnO_4^- + 3\,e^- \longrightarrow MnO_2$$

$$m_{eq} = \frac{118{,}94\ \text{g/mol}}{3\ \text{eq/mol}} = 39{,}64\ \text{g/eq}$$

Per determinare i rapporti tra il riducente e l'ossidante in una reazione di ossido-riduzione è più opportuno operare con le masse equivalenti anziché con le masse molari, in quanto tra il riducente e l'ossidante si verifica un trasferimento di elettroni.

Un equivalente di un riducente cede una mole di elettroni; un equivalente di un ossidante acquista una mole di elettroni.
Nelle reazioni di ossido-riduzione, un reagente reagisce solo in presenza di un ossidante, e quindi un equivalente di un agente riducente reagisce sempre con un equivalente di un agente ossidante:

n_{eq} agente riducente = n_{eq} agente ossidante

6 LA TENDENZA DI UN ELEMENTO ALLA RIDUZIONE O ALL'OSSIDAZIONE DIPENDE DAL TIPO DI IONE CON CUI REAGISCE

Il comportamento *riducente* o *ossidante* di un elemento dipende dal potere ossidante (capacità di acquistare elettroni) o dal potere riducente (capacità di cedere elettroni) dell'elemento con cui reagisce.

Mediante semplici saggi sperimentali, che consistono nell'immergere lamine di metalli diversi in soluzioni di sali o di acidi, si è rilevato, infatti, che la tendenza di un metallo ad accettare o a cedere elettroni dipende dal tipo di ione presente nella soluzione con cui esso viene a contatto.

Immergendo parzialmente una lamina di zinco Zn in una soluzione di solfato rameico $CuSO_4$ (di colore azzurro), si osserva che sulla lamina di zinco si deposita rame metallico di colore rosso scuro e la soluzione si decolora (figura **5a** a pagina successiva). Questo risultato si giustifica ammettendo che lo ione rameico Cu^{2+} si è ridotto a rame metallico, mentre lo zinco si è ossidato a ione zinco Zn^{2+}:

$$Zn_{(s)} + Cu^{2+}_{(aq)} \longrightarrow Zn^{2+}_{(aq)} + Cu_{(s)}$$

La reazione evidenzia, quindi, che lo ione rame ha una tendenza ad acquistare elettroni **maggiore** dello ione zinco.

Immergendo parzialmente una lamina di rame in una soluzione di solfato di zinco incolore, **non** avviene nessuna reazione (figura **5B**). Si può pertanto concludere che lo zinco ha una tendenza a *ossidarsi* maggiore del rame.

Figura 5 Il potere ossidante in una soluzione di solfato di rame e il potere riducente in una soluzione di solfato di zinco A Una lamina di zinco immersa in una soluzione di $CuSO_4$ si ricopre di rame metallico. B Una lamina di rame immersa in una soluzione di $ZnSO_4$ non origina nessuna reazione.

Immergendo parzialmente una lamina di zinco in una soluzione di acido cloridrico si osserva uno sviluppo di idrogeno in corrispondenza della lamina di zinco (figura **6A**). Si deve pertanto ammettere che lo ione idrogeno H^+ si è *ridotto* a idrogeno gassoso, mentre lo zinco si è *ossidato* a ione zinco:

$$Zn_{(s)} + 2\,H^+_{(aq)} \longrightarrow Zn^{2+}_{(aq)} + H_{2(g)}$$

La reazione evidenzia, quindi, che lo ione idrogeno ha una tendenza a ridursi **maggiore** di quella dello zinco.

Immergendo parzialmente una lamina di rame in una soluzione di acido cloridrico **non** avviene alcuna reazione. Si deve dedurre, quindi, che lo ione rame ha una tendenza a ridursi **maggiore** dello ione idrogeno (figura **6B**).

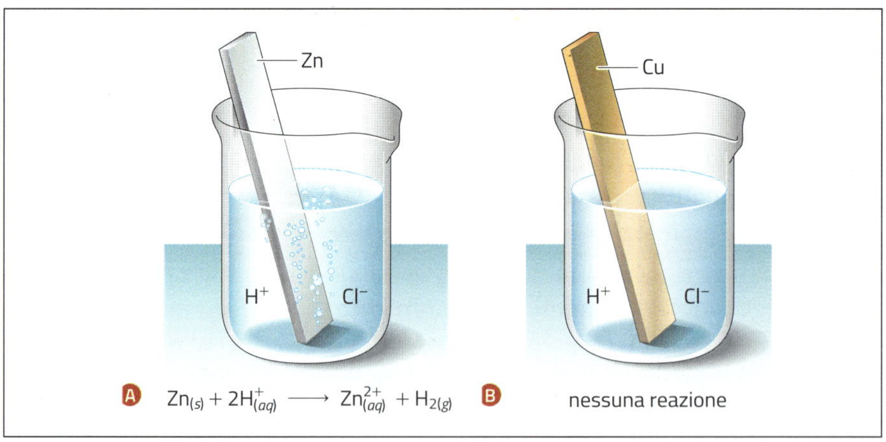

Figura 6 Il potere ossidante e riducente in una soluzione di HCl A Una lamina di zinco immersa in una soluzione di HCl dà origine a una reazione con sviluppo di idrogeno. B Una lamina di rame immersa in una soluzione di HCl non origina alcuna reazione.

In base ai risultati ottenuti, eseguendo numerosi esperimenti è stato possibile disporre gli elementi metallici e l'idrogeno gassoso H_2 in una scala qualitativa, della **serie di attività**, secondo il loro potere ossidante e riducente (tabella **1** alla pagina successiva).

Metalli	Reattività	Semireazione di riduzione	Potere ossidante e riducente
Li K Ba Ca Na	Questi elementi reagiscono con acidi in soluzione acquosa oppure con acqua liberando idrogeno, $H_{2(g)}$.	$Li^+ + e^- \longrightarrow Li$ $K^+ + e^- \longrightarrow K$ $Ba^{2+} + 2\,e^- \longrightarrow Ba$ $Ca^{2+} + 2\,e^- \longrightarrow Ca$ $Na^+ + e^- \longrightarrow Na$	potere ossidante (capacità crescente di acquistare elettroni) ↓ potere riducente (capacità crescente di cedere elettroni) ↑
Mg Al Mn Zn Cr Fe Co Ni Sn Pb	Questi elementi reagiscono con acidi in soluzione acquosa liberando idrogeno, $H_{2(g)}$.	$Mg^{2+} + 2\,e^- \longrightarrow Mg$ $Al^{3+} + 3\,e^- \longrightarrow Al$ $Mn^{2+} + 2\,e^- \longrightarrow Mn$ $Zn^{2+} + 2\,e^- \longrightarrow Zn$ $Cr^{3+} + 3\,e^- \longrightarrow Cr$ $Fe^{2+} + 2\,e^- \longrightarrow Fe$ $Co^{2+} + 2\,e^- \longrightarrow Co$ $Ni^{2+} + 2\,e^- \longrightarrow Ni$ $Sn^{2+} + 2\,e^- \longrightarrow Sn$ $Pb^{2+} + 2\,e^- \longrightarrow Pb$	
H_2		**$2\,H^+ + 2\,e^- \longrightarrow H_2$**	
Cu Ag Hg Pt Au	Questi elementi non reagiscono con acidi in soluzione acquosa.	$Cu^{2+} + 2\,e^- \longrightarrow Cu$ $Ag^+ + e^- \longrightarrow Ag$ $Hg^{2+} + 2\,e^- \longrightarrow Hg$ $Pt^{2+} + 2\,e^- \longrightarrow Pt$ $Au^{3+} + 3\,e^- \longrightarrow Au$	

Tabella 1 La serie di attività degli elementi metallici Gli elementi disposti in alto sono forti agenti riducenti, gli elementi disposti in basso sono forti agenti ossidanti.

La serie di attività permette, quindi, di prevedere lo svolgimento di semplici reazioni di ossido-riduzione. Da essa, infatti, risulta che:

- un catione *acquista* più facilmente elettroni dei cationi che lo *precedono*;
- un metallo *cede* più facilmente elettroni rispetto ai metalli che lo *seguono*;
- i metalli che nella serie di attività si trovano sopra l'idrogeno possono spostare l'idrogeno da un acido o dall'acqua, al contrario di quelli che si trovano sotto. Nella reazione tra il ferro e una soluzione di acido cloridrico, dato che il ferro è collocato sopra l'idrogeno, il ferro cede elettroni agli ioni idrogeno che si riducono a idrogeno gassoso:

$$Fe_{(s)} + 2\,H^+_{(aq)} \longrightarrow Fe^{2+}_{(aq)} + H_{2(g)}$$

- i metalli spostano dai loro sali i metalli che nella serie di attività occupano una posizione sottostante. Nella reazione tra il rame e una soluzione di nitrato di argento, $AgNO_3$, dato che il rame è collocato sopra lo ione argento, si può prevedere che il rame ceda elettroni agli ioni argento che si riducono ad argento metallico Ag (figura 7):

$$Cu_{(s)} + 2\,Ag^+_{(aq)} \longrightarrow Cu^{2+}_{(aq)} + 2\,Ag_{(s)}$$

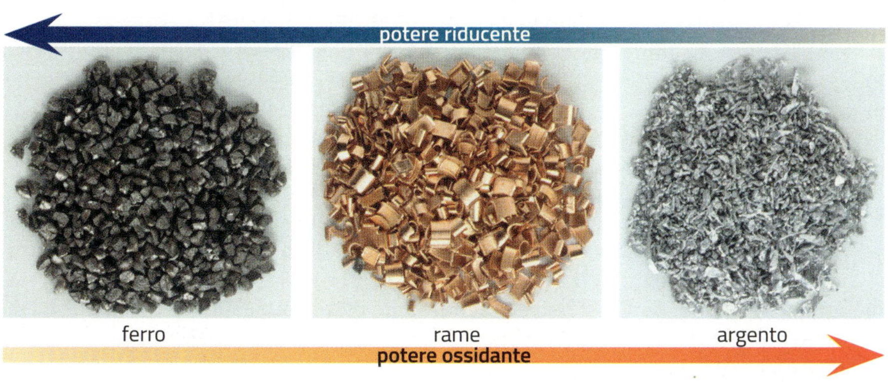

Figura 7 Potere ossidante e potere riducente nei metalli

LABORATORIO

Costruzione di una scala di riduzione

L'obiettivo

Ordinare i cationi metallici e lo ione idrogeno a seconda della loro capacità decrescente a ridursi.

I concetti

Immergendo alcuni metalli, in soluzioni di sali o acidi diversi, e osservando il loro comportamento (variazione di colore della soluzione, formazione di un precipitato, sviluppo di gas, deposizione metallica), è possibile costruire una scala qualitativa in cui gli ioni metallici e lo ione idrogeno sono disposti secondo la loro capacità decrescente a ridursi.

I materiali

6 becher da 50 mL, tela smerigliata, acqua distillata. Soluzioni 1 M di HCl; soluzione 0,1 M di: $CuSO_4$, $FeSO_4$, $AgNO_3$; lamine di rame, ferro e argento.

L'esperimento

1. Pulisci accuratamente le lamine metalliche con la tela smerigliata, successivamente lavale con acqua distillata e asciugale con la carta.
2. Introduci la lamina di ferro in un becher e aggiungi la soluzione di $CuSO_4$.
3. Osserva e costruisci una tabella corrispondente alla prova eseguita, riportando nelle colonne: il metallo, lo ione in soluzione, se la reazione avviene o non avviene, le semireazioni redox e la reazione complessiva, le osservazioni sperimentali e la capacità di ridursi del metallo.
4. Ripeti lo stesso procedimento, continua la raccolta dati e completa la tabella, introducendo:
   - la lamina di Cu nella soluzione di $FeSO_4$;
   - la lamina di Cu nella soluzione di $AgNO_3$;
   - la lamina di Ag nella soluzione di $CuSO_4$.
5. Ripeti lo stesso procedimento, continua la raccolta dati e completa la tabella introducendo:
   - la lamina di Fe nella soluzione di HCl;
   - la lamina di Cu nella soluzione di HCl.

Le competenze

Sulla base del comportamento delle lamine metalliche nelle diverse soluzioni, costruisci e giustifica la scala decrescente della capacità a ridursi dei metalli presi in esame.

FACCIAMO IL PUNTO

LO SAI? RIPASSA CON LO SMARTPHONE

Quando una reazione è un'ossido-riduzione?

Le **ossido-riduzioni** (**redox**) sono reazioni in cui si ha trasferimento di elettroni da una specie chimica a un'altra. Sono costituite da due semireazioni: l'*ossidazione* corrisponde a una perdita di elettroni e a un aumento del *n.o.*; la *riduzione* corrisponde a un acquisto di elettroni e a una diminuzione del *n.o.*

Che cosa si intende per ossidanti o riducenti?

I **riducenti** sono specie chimiche con un *n.o.* basso e tendono a perdere elettroni Gli **ossidanti** sono specie chimiche con *n.o.* alto e tendono ad acquistare elettroni.

Con quali metodi si possono bilanciare le redox?

Il **metodo della variazione del numero di ossidazione** è preferibile quando i reagenti non sono in soluzione acquosa o quando i reagenti sono in soluzione acquosa ma non si possono rappresentare in forma ionica (per esempio, reazioni tra composti organici o tra reagenti molecolari).
Il punto cruciale del bilanciamento è il calcolo di quanto varia il numero di ossidazione delle specie passando dai reagenti e ai prodotti.
Il **metodo delle semireazioni** è indicato quando le reazioni sono rappresentate con l'equazione ionica netta. Il metodo consiste nel bilanciare separatamente le due semireazioni (quella di riduzione e quella di ossidazione), in modo da ottenere l'equazione ionica netta bilanciata.

Che cos'è una reazione di dismutazione?

Una **reazione di dismutazione** è un'ossido-riduzione nella quale lo stesso atomo o ione si comporta sia da ossidante sia da riducente. Pertanto, due reagenti (o due prodotti) contengono lo stesso elemento di un prodotto (o di un reagente) ma con un *n.o.* diverso.

Che cosa si intende per potere ossidante o riducente?

Una specie chimica capace di acquistare elettroni ha potere ossidante, una specie chimica capace di cedere elettroni ha potere riducente.
In base al loro potere ossidante o riducente, le specie vengono ordinate nella **serie di attività**.

Che cosa permette di prevedere la serie di attività?

La **serie di attività** permette di prevedere lo svolgimento di semplici reazioni di ossido-riduzione. Da essa risulta che:

- un catione acquista più facilmente elettroni rispetto ai cationi che lo precedono;
- un metallo cede più facilmente elettroni rispetto ai metalli che lo seguono;
- i metalli che nella serie di attività si trovano sopra l'idrogeno possono spostare l'idrogeno da un acido o dall'acqua, mentre quelli che si trovano sotto non sono in grado di farlo.

ESERCIZI

ZTE ONLINE
Mettiti alla prova
con 20 esercizi interattivi

VERIFICA LE TUE CONOSCENZE

IL RIDUCENTE E L'OSSIDANTE

1 **Prendi in esame i numeri di ossidazione dell'azoto e specifica quando può comportarsi da ossidante, da riducente oppure sia da ossidante sia da riducente.**

2 **Il cloro nei suoi composti può avere n.o. −1, 1, 3, 5, 7. Quale delle seguenti specie chimiche può comportarsi da ossidante (O) e quale da riducente (R) oppure sia da ossidante sia da riducente?**

a. $HClO_2$ c. Cl_2O_7 e. ClO^-
b. Cl^- d. ClO_4^- f. ClO_3^-

3 **Indica tra le seguenti semireazioni quelle di riduzione e quelle di ossidazione:**

a. $Ca_{(s)} \longrightarrow Ca^{2+}_{(aq)}$
b. $Fe^{3+}_{(aq)} \longrightarrow Fe^{2+}_{(aq)}$
c. $NO^-_{3(aq)} \longrightarrow NO_{(g)}$
d. $OH^-_{(aq)} \longrightarrow O_{2(g)}$
e. $Cl_{2(g)} \longrightarrow ClO^-_{3(aq)}$
f. $Hg_{(l)} \longrightarrow Hg^{2+}_{2(aq)}$

4 **Per ciascuna delle seguenti equazioni redox (non bilanciate) indica l'agente ossidante (O) e l'agente riducente (R):**

a. $Cr_2O_{3(s)} + Al_{(s)} \longrightarrow Cr_{(s)} + Al_2O_{3(s)}$
b. $NO^-_{3(aq)} + Sn^{2+}_{(aq)} + H^+_{(aq)} \longrightarrow$
$\longrightarrow NO_{2(g)} + H_2O_{(l)} + Sn^{4+}_{(aq)}$

5 **Per ciascuna delle seguenti equazioni redox (non bilanciate) indica l'agente ossidante (O), l'agente riducente (R), la specie chimica che si ossida e quella che si riduce:**

a. $Fe^{3+}_{(aq)} + I^-_{(aq)} \longrightarrow Fe^{2+}_{(aq)} + I_{2(s)}$
b. $ClO^-_{3(aq)} + H_2S_{(g)} \longrightarrow$
$\longrightarrow Cl^-_{(aq)} + SO^{2-}_{4(aq)} + H^+_{(aq)}$
c. $Sn^{2+}_{(aq)} + Fe^{3+}_{(aq)} \longrightarrow Sn^{4+}_{(aq)} + Fe^{2+}_{(aq)}$
d. $Cl_{2(g)} + OH^-_{(aq)} \longrightarrow ClO^-_{(aq)} + Cl^-_{(aq)} + H_2O_{(l)}$
e. $CrO^{2-}_{4(aq)} + NO^-_{2(aq)} + H_2O_{(l)} \longrightarrow$
$\longrightarrow Cr(OH)_{3(s)} + NO^-_{3(aq)} + OH^-_{(aq)}$

6 **Considera la seguente redox (non bilanciata)**

$$Sn + HNO_3 + HCl \longrightarrow SnCl_4 + NO + H_2O$$

Quale, tra le seguenti affermazioni, è *errata*?

Ⓐ Lo stagno è il riducente.
Ⓑ L'azoto si ossida.
Ⓒ L'azoto è l'ossidante.
Ⓓ Lo stagno riduce l'azoto.

LE REAZIONI DI OSSIDO-RIDUZIONE

7 **Indica il tipo di reazione che *non* è una ossido-riduzione.**

Ⓐ Sintesi. Ⓒ Doppio scambio.
Ⓑ Analisi. Ⓓ Scambio semplice.

8 **Quale, tra le seguenti reazioni, *non* è una ossido-riduzione?**

Ⓐ $2\,K + F_2 \longrightarrow 2\,KF$
Ⓑ $2\,H_2O \longrightarrow 2\,H_2 + O_2$
Ⓒ $CH_4 + O_2 \longrightarrow CO_2 + 2\,H_2O$
Ⓓ $CaCO_3 \longrightarrow CaO + CO_2$

9 **Indica la reazione di ossido-riduzione.**

Ⓐ $Mg(ClO_3)_2 \longrightarrow MgCl_2 + 3\,O_2$
Ⓑ $2\,KOH + H_2S \longrightarrow K_2S + H_2O$
Ⓒ $Na_2O + SO_2 \longrightarrow Na_2SO_3$
Ⓓ $P_2O_5 + 3\,H_2O \longrightarrow 2\,H_3PO_4$

10 **Indica la reazione di ossido-riduzione.**

Ⓐ $Cr(OH)_{3(s)} + NaOH_{(aq)} \longrightarrow$
$\longrightarrow NaCrO_{2(aq)} + 2\,H_2O_{(l)}$
Ⓑ $MnO_{2(s)} + 4\,HCl_{(aq)} \longrightarrow$
$\longrightarrow MnCl_{2(aq)} + Cl_{2(g)} + 2\,H_2O_{(l)}$
Ⓒ $BaO_{(s)} + H_2SO_{4(aq)} \longrightarrow BaSO_{4(s)} + H_2O_{2(l)}$
Ⓓ $NH_4HCO_{3(aq)} + NH_4OH_{(aq)} \longrightarrow$
$\longrightarrow (NH_4)_2CO_{3(aq)} + H_2O_{(l)}$

LE REAZIONI DI DISMUTAZIONE

11 **Definisci il comportamento chimico del fosforo nella seguente reazione di ossido-riduzione:**

$$P_4 + 6\,H_2O \longrightarrow 2\,PH_3 + 2\,H_3PO_3$$

12 **Indica la reazione di dismutazione.**

Ⓐ $H_2MnO_4 \longrightarrow HMnO_4 + MnO_2 + H_2O$
Ⓑ $P_4 + O_2 \longrightarrow P_4O_{10}$
Ⓒ $Cu + ZnSO_4 \longrightarrow CuSO_4 + Zn$
Ⓓ $Cr + HCl \longrightarrow CrCl_3 + H_2$

LA TENDENZA DEGLI ELEMENTI ALLA RIDUZIONE O ALL'OSSIDAZIONE

13 In un sistema costituito da una lamina d'oro immersa parzialmente in una soluzione di acido solforico non avviene nessuna reazione. Giustifica questa osservazione.

14 Una moneta di zinco immersa in una soluzione di acido perclorico si dissolve. Rappresenta la redox che giustifica il processo.

15 Disponi i seguenti metalli in ordine crescente di potere riducente: Sn, Al, K, Pb.

16 Disponi i seguenti ioni in ordine decrescente di potere ossidante: Ag^+, Al^{3+}, Co^{2+}, Cr^{3+}.

VERIFICA LE TUE ABILITÀ

17 Bilancia le seguenti reazioni redox in forma molecolare con il metodo della variazione del numero di ossidazione:

a. $NH_{3(g)} + Cl_{2(g)} \longrightarrow NH_4Cl_{(s)} + N_{2(g)}$
b. $CO_{(g)} + I_2O_{5(g)} \longrightarrow I_{2(g)} + CO_{2(g)}$
c. $Cr_2O_{3(s)} + Al_{(s)} \longrightarrow Cr_{(s)} + Al_2O_{3(s)}$
d. $Cr_2O_{3(s)} + Na_2CO_{3(s)} + KNO_{3(s)} \longrightarrow$
$\longrightarrow Na_2CrO_{4(s)} + KNO_{2(s)} + CO_{2(g)}$
e. $Fe_2O_{3(s)} + H_{2(g)} \longrightarrow Fe_{(s)} + H_2O_{(g)}$
f. $Fe_2O_{3(s)} + CO_{(g)} \longrightarrow Fe_{(s)} + CO_{2(g)}$
g. $F_2O_{3\,(s)} + Al_{(s)} \longrightarrow Al_2O_{3(s)} + Fe_{(s)}$
h. $NH_{3(g)} + O_{2(g)} \longrightarrow N_{2(g)} + H_2O_{(g)}$
i. $PbSO_{4(s)} + Na_2CO_{3(s)} + C_{(s)} \longrightarrow$
$\longrightarrow Pb_{(s)} + Na_2SO_{4(s)} + CO_{2(g)}$
j. $Sb_2S_{3(s)} + O_{2(g)} \longrightarrow Sb_2O_3 + SO_2$

18 Bilancia le seguenti redox in forma ionica (ambiente *acido*) con il metodo delle semireazioni:

a. $Cu + NO_3^- \longrightarrow Cu^{2+} + NO$
b. $ClO_3^- + SO_2 \longrightarrow Cl^- + SO_4^{2-}$
c. $HgS + NO_3^- \longrightarrow Hg^{2+} + NO + S$
d. $I_2 + Cl_2 \longrightarrow IO_3^- + Cl^-$
e. $I^- + Cr_2O_7^{2-} \longrightarrow Cr^{3+} + I_2$
f. $CrO_4^{2-} + I^- \longrightarrow I_2 + Cr^{3+}$
g. $Mn^{2+} + PbO_2 \longrightarrow MnO_4^- + Pb^{2+}$
h. $MnO_4^- + Cu \longrightarrow Mn^{2+} + Cu^{2+}$
i. $MnO_4^- + Sn^{2+} \longrightarrow Mn^{2+} + Sn^{4+}$
j. $S^{2-} + Cr_2O_7^{2-} \longrightarrow S + Cr^{3+}$
k. $Sn^{2+} + O_2 \longrightarrow Sn^{4+} + H_2O$
l. $Zn + NO_3^- \longrightarrow Zn^{2+} + NH_4^+$

19 Bilancia le seguenti redox in forma ionica (ambiente *basico*) con il metodo delle semireazioni:

a. $Cl_2 + IO_3^- \longrightarrow Cl^- + IO_4^-$
b. $Cl_2 + I_2 \longrightarrow Cl^- + IO_3^-$
c. $ClO^- + CrO_2^- \longrightarrow Cl^- + CrO_4^{2-}$
d. $Cr^{3+} + IO_3^- \longrightarrow CrO_4^{2-} + I^-$
e. $CrO_4^{2-} + SnO_2^{2-} \longrightarrow CrO_2^- + SnO_2$
f. $As_2O_3 + IO_4^- \longrightarrow AsO_4^{3-} + IO_3^-$
g. $Cr_2O_7^{2-} + S \longrightarrow Cr_2O_3 + SO_2$
h. $I^- + MnO_4^- \longrightarrow I_2 + MnO_2$
i. $MnO_2 + ClO_3^- \longrightarrow MnO_4^{2-} + Cl^-$
j. $MnO_4^- + NO_2^- \longrightarrow MnO_2 + NO_3^-$
k. $MnO_4^- + C_2O_4^{2-} \longrightarrow MnO_2 + CO_3^{2-}$
l. $NO_2^- + Br_2 \longrightarrow NO_3^- + Br^-$

20 Considera la seguente reazione redox (non bilanciata):

$$Fe^{2+} + NO_3^- + H^+ \longrightarrow Fe^{3+} + NO + H_2O$$

I coefficienti stechiometrici sono:

Ⓐ 4, 2, 5 ⟶ 4, 3, 2
Ⓑ 3, 4, 6 ⟶ 3, 6, 2
Ⓒ 2, 1, 4 ⟶ 2, 1, 3
Ⓓ 3, 1, 4 ⟶ 3, 1, 2

21 Bilancia le seguenti reazioni redox di dismutazione in forma molecolare con il metodo della variazione del numero di ossidazione:

a. $FeCl_3 + Fe \longrightarrow FeCl_2$
b. $NaNO_2 \longrightarrow NaNO_3 + Na_2O + NO$
c. $KClO_3 \longrightarrow KClO_4 + KCl$
d. $K_2SO_3 \longrightarrow K_2SO_4 + K_2S$

22 Bilancia la seguente reazione redox di dismutazione in forma ionica (ambiente *acido*) con il metodo delle semireazioni:

a. $IO_3^- + I^- \longrightarrow I_2$
b. $Cl_2 \longrightarrow Cl^- + ClO_3^-$

23 Bilancia le seguenti reazioni redox di dismutazione in forma ionica (ambiente *basico*) con il metodo delle semireazioni:

a. $MnO_4^- + Mn^{2+} \longrightarrow MnO_2$
b. $Cl_2 \longrightarrow ClO_4^- + Cl^-$

24 Una soluzione 1 M di ioni ferro(II) Fe^{2+} è aggiunta a una soluzione 1 M di ioni argento Ag^+. Stabilisci da quali specie chimiche è formato il sistema che si ottiene.

25 **Alcune prove sperimentali hanno dato i risultati rappresentati dalle seguenti equazioni redox:**

a. $Fe + Ni^{2+} \longrightarrow Fe^{2+} + Ni$

b. $Ni + Sn^{2+} \longrightarrow Ni^{2+} + Sn$

c. $Sn + Pb^{2+} \longrightarrow Pb + Sn^{2+}$

Disponi gli ioni secondo la loro capacità di riduzione crescente.

26 **Con riferimento alla serie di attività degli elementi, completa e bilancia le seguenti equazioni di ossido-riduzione:**

a. $Cr_{(s)} + Pb^{2+}_{(aq)} \longrightarrow$ ....

b. $Ag_{(s)} + Au^{3+}_{(aq)} \longrightarrow$ ....

27 **Una lamina di argento $Ag_{(s)}$ è immersa in una soluzione di ioni rame(II) $Cu^{2+}_{(aq)}$. Quale fenomeno si verifica?**

Ⓐ Si forma un deposito di rame $Cu_{(s)}$ sulla lamina di argento.
Ⓑ Si sviluppa ossigeno $O_{2(g)}$.
Ⓒ La lamina di argento diminuisce di massa.
Ⓓ Non si verifica alcun fenomeno.

28 **Una soluzione di cloruro di zinco è conservata in un contenitore di rame. Quale fenomeno si verifica?**

Ⓐ Si sviluppa cloro.
Ⓑ Il rame si ossida.
Ⓒ La soluzione si conserva inalterata.
Ⓓ Si forma un deposito di zinco sulla superficie del contenitore.

TEST YOURSELF

29 **Manganese can have oxidation number 2, 3, 4, 6, or 7. Indicate whether the following chemical species can act as oxidant, as a reductant or both as an oxidant and a reductant:**

a. Mn^{2+} b. MnO_2 c. MnO_4^- d. Mn^{3+}

30 **For each of the following redox reactions (not balanced), indicate the oxidant and the reductant agent, the chemical species undergoing oxidation and the ones undergoing reduction:**

a. $Cl^-_{(aq)} + NO^-_{3(aq)} + H^+_{(aq)} \longrightarrow NO_{2(g)} + Cl_{2(g)} + H_2O_{(l)}$

b. $ClO^-_{3(aq)} + S^{2-}_{(aq)} + H_2O_{(l)} \longrightarrow Cl^-_{(aq)} + S_{(s)} + OH^-_{(aq)}$

31 **In a system consisting on a tin foil partially immersed into an nitric acid solution, you can observe an increase in hydrogen. Represent the redox reaction explaining the process.**

VERSO I GIOCHI DELLA CHIMICA

32 **Indica il coefficiente stechiometrico dello ione OH^- nella seguente reazione redox:**

$$Br_2 + OH^- \longrightarrow Br^- + BrO_3^- + H_2O$$

Ⓐ 3
Ⓑ 6
Ⓒ 12
Ⓓ 18

[Finale nazionale 2013]

33 **Considera la seguente reazione:**

$$4\,P + 3\,KOH + 3\,H_2O \longrightarrow 3\,KH_2PO_2 + PH_3$$

Indica l'affermazione corretta.

Il fosforo:

Ⓐ si è ridotto.
Ⓑ si è ossidato.
Ⓒ non si è né ossidato né ridotto.
Ⓓ si è sia ridotto sia ossidato.

[Finale nazionale 2015]

VERSO L'UNIVERSITÀ

34 **Se in una reazione gli ioni Ag^+ in soluzione si trasformano in atomi del metallo, ciò significa che gli ioni Ag^+**

Ⓐ si ossidano.
Ⓑ perdono protoni.
Ⓒ agiscono da ossidanti.
Ⓓ acquistano neutroni.
Ⓔ cambiano il loro numero atomico.

[dalla prova di ammissione a Medicina e Chirurgia, 2012]

35 **Data la seguente reazione di ossido-riduzione tra ioni ossalato ($C_2O_4^{2-}$) e ioni permanganato (MnO_4^-) in soluzione acquosa acida:**

$$5\,C_2O^{2-}_{4(aq)} + 2\,MnO^-_{4(aq)} + 16\,H^+_{(aq)} \longrightarrow 10\,CO_{2(g)} + 2\,Mn^{2+}_{(aq)} + 8\,H_2O_{(l)}$$

Quale delle seguenti affermazioni è corretta?

Ⓐ Il carbonio viene ridotto.
Ⓑ L'idrogeno viene ridotto.
Ⓒ L'idrogeno viene ossidato.
Ⓓ Il carbonio viene ossidato.
Ⓔ Il manganese viene ossidato.

[dalla prova di ammissione a Veterinaria, 2015]

VERSO L'ESAME: LE TUE COMPETENZE

RIFLETTI E CALCOLA

36 **Bilancia le seguenti reazioni redox in forma molecolare con il metodo della variazione del numero di ossidazione:**

a. $Ca_3(PO_4)_{2(s)} + C_{(s)} + SiO_{2(s)} \longrightarrow P_{4(s)} + CO_{(g)} + CaSiO_{3(s)}$

b. $C_4H_{10(l)} + O_{2(g)} \longrightarrow CO_{2(g)} + H_2O_{(l)}$

c. $(NH_4)_2SO_{4(s)} \longrightarrow NH_{3(g)} + N_{2(g)} + SO_{2(g)} + H_2O_{(l)}$

d. $P_4O_{10(s)} + C_{(s)} \longrightarrow P_{4(s)} + CO_{(g)}$

RIFLETTI E CALCOLA

37 **Bilancia le seguenti reazioni redox in forma ionica (ambiente *acido*) con il metodo delle semireazioni:**

a. $Cr_2O_7^{2-} + H_2O_2 \longrightarrow Cr^{3+} + O_2$

b. $MnO_4^- + H_2O_2 \longrightarrow Mn^{2+} + O_2$

c. $P_4 + NO_3^- \longrightarrow PO_4^{3-} + NO$

d. $H_3PO_2 + Cr_2O_7^{2-} \longrightarrow H_3PO_4 + Cr^{3+}$

RIFLETTI E CALCOLA

38 **Bilancia le seguenti redox in forma ionica (ambiente *basico*) con il metodo delle semireazioni:**

a. $CrO_2^- + H_2O_2 \longrightarrow CrO_4^{2-} + H_2O$

b. $Cr^{3+} + H_2O_2 \longrightarrow CrO_4^{2-} + H_2O$

c. $CrO_2^- + S_2O_8^{2-} \longrightarrow CrO_4^{2-} + SO_4^{2-}$

d. $SO_3^{2-} + CrO_4^{2-} \longrightarrow CrO_2^- + SO_4^{2-}$

RIFLETTI E CALCOLA

39 **Bilancia le seguenti reazioni redox di dismutazione in forma molecolare con il metodo della variazione del numero di ossidazione:**

a. $K_2MnO_4 + CO_2 + H_2O \longrightarrow KMnO_4 + KHCO_3 + MnO_2$

b. $NH_4NO_3 \longrightarrow N_2O + H_2O$

RIFLETTI E CALCOLA

40 **Bilancia le seguenti reazioni redox di dismutazione in forma ionica (a. e b. in ambiente *acido*, c. e d. in ambiente *basico*) con il metodo delle semireazioni:**

a. $S_2O_3^{2-} \longrightarrow S + SO_2$

b. $P_4 \longrightarrow PH_3 + HPO_3^{2-}$

c. $NO_2 \longrightarrow NO_2^- + NO_3^-$

d. $ClO_2^- \longrightarrow ClO_3^- + Cl^-$

RAPPRESENTA E CALCOLA

41 **Considera l'idrocarburo con formula molecolare C_8H_{16}.**

a. Rappresenta la reazione di combustione.

b. Indica il riducente e l'ossidante.

c. Bilancia la reazione con il metodo della variazione del numero di ossidazione.

RAPPRESENTA E CALCOLA

42 **I reagenti di una reazione di spostamento sono il cloro gassoso e una soluzione di ioduro di potassio.**

a. Rappresenta la reazione.

b. Specifica il riducente e l'ossidante.

c. Bilancia la reazione con il metodo delle semireazioni.

RAPPRESENTA E IPOTIZZA

43 **In una di soluzione acquosa di solfato di rame(II) $CuSO_4$, di colore azzurro, viene immersa una lamina di ferro, sulla quale si deposita rame metallico.**

a. Rappresenta e bilancia la reazione di ossido-riduzione.

b. Stabilisci se durante il processo si ha una diminuzione dell'intensità di colore della soluzione.

COLLEGA E CONFRONTA

44 **Considera le seguenti reazioni:**

a. $H_2 \longrightarrow 2\,H^+ + 2\,e^-$

b. $HCl \longrightarrow H^+ + Cl^-$

Uno studente osserva che si formano protoni da entrambe le reazioni e conclude che si tratta in entrambi i casi di reazioni acido-base. Lo studente ha torto o ragione? Perché?

COLLEGA E CONFRONTA

45 **Osserva le seguenti figure:**

A

B

La figura A rappresenta bulloni in ferro parzialmente ossidato in ruggine, formata da composti di Fe(III): il ferro, come lo zinco, il nichel e altri elementi, è considerato un metallo vile. La figura B rappresenta gioielli in leghe metalliche contenenti oro: l'oro, come l'argento e il platino, è considerato un metallo nobile. Spiega la differenza tra metalli vili e nobili, con riferimento alla serie di attività.

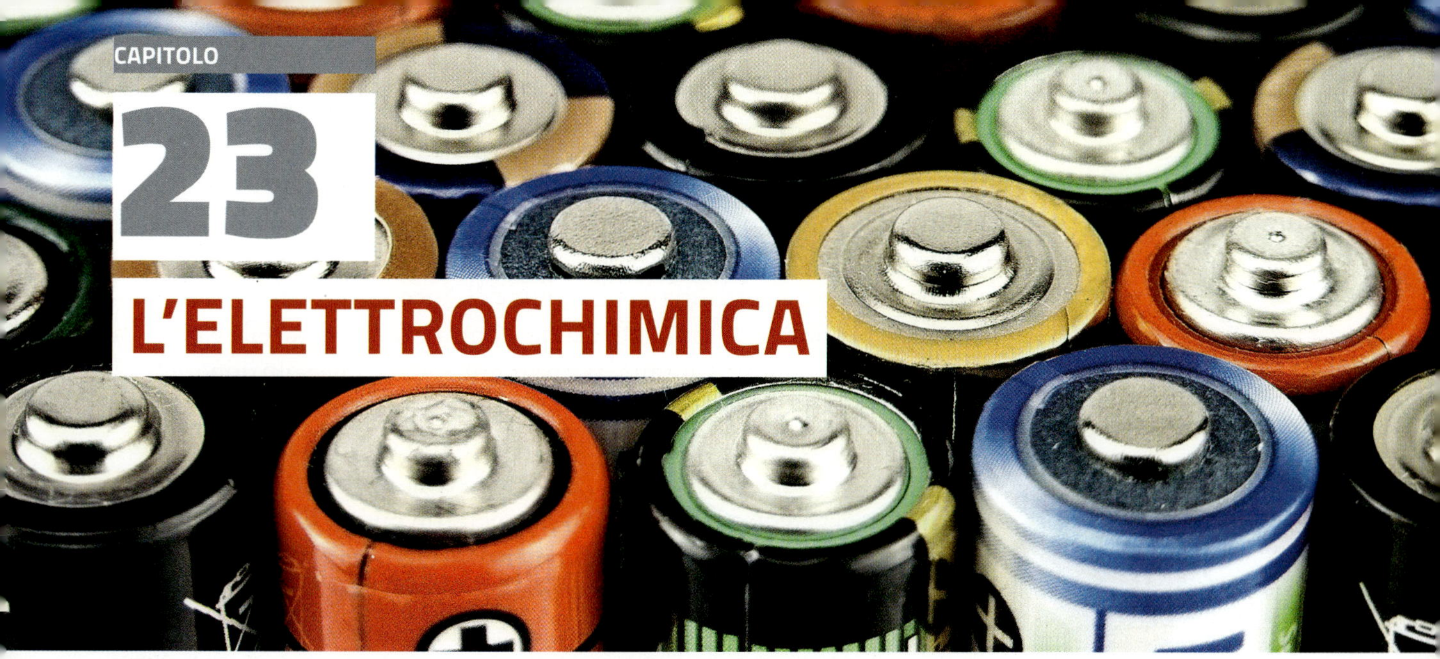

CAPITOLO

23 L'ELETTROCHIMICA

1 LE PILE TRASFORMANO L'ENERGIA CHIMICA IN ENERGIA ELETTRICA

In una reazione di ossido-riduzione *spontanea* i reagenti hanno un'energia chimica *maggiore* dei prodotti e quindi il trasferimento di elettroni dal riducente all'ossidante ha come conseguenza la liberazione di energia chimica.

Se il passaggio di elettroni dal donatore di elettroni (il *riducente*) all'accettore di elettroni (l'*ossidante*) non avviene direttamente ma attraverso un conduttore metallico, la reazione di ossido-riduzione può essere utilizzata per trasformare l'energia chimica in energia elettrica.

> Una **pila** o **cella galvanica** è un sistema capace di trasformare energia chimica in energia elettrica utilizzando una reazione redox spontanea.

Una pila o cella galvanica (figura **1**) è formata da due **semielementi galvanici** (o *semicelle* o *semipile*).

Uno dei due semielementi è costituito dai componenti della *semireazione di ossidazione*: una lamina metallica (*elettrodo*) che rilascia elettroni e una soluzione di un sale solubile contenente ioni dello stesso metallo.

L'altro semielemento è costituito dai componenti della *semireazione di riduzione*: una lamina metallica (*elettrodo*) sulla quale affluiscono gli elettroni ceduti dall'altro semielemento, e una soluzione di un sale solubile contenente ioni dello stesso metallo.

I due semielementi possono essere collegati da un setto poroso di ceramica oppure da un ponte salino per consentire il passaggio di ioni fra le due soluzioni e garantire così la loro elettroneutralità.

Le pile elettriche vengono distinte in:

- pile *irreversibili* (pila Daniell, pila alcalina e pila a bottone), che non sono più utilizzabili una volta terminata la fase di erogazione di corrente (fase di scarica);
- pile *reversibili* o *accumulatori*, che possono essere ricaricate facendo passare tra gli elettrodi una corrente elettrica di senso inverso a quello della fase di scarica.

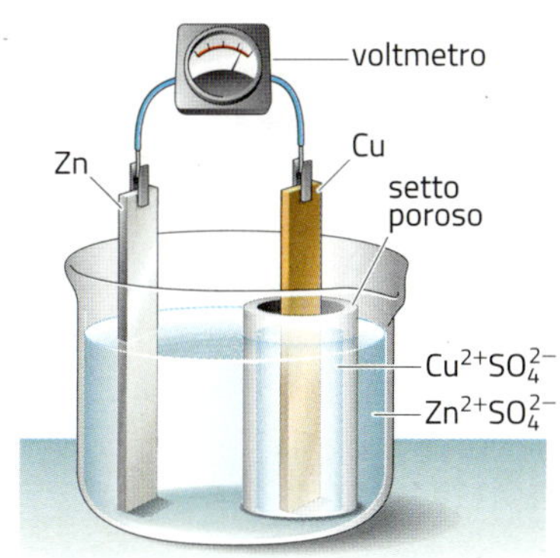

Figura 1 La cella galvanica La cella galvanica è costituita da una lamina di zinco immersa in una soluzione di solfato di zinco e da una lamina di rame immersa in una soluzione di solfato di rame. Le due soluzioni sono separate da un setto poroso di ceramica.

2 LA PILA DANIELL È COSTITUITA DA UN ELETTRODO DI RAME E DA UNO DI ZINCO

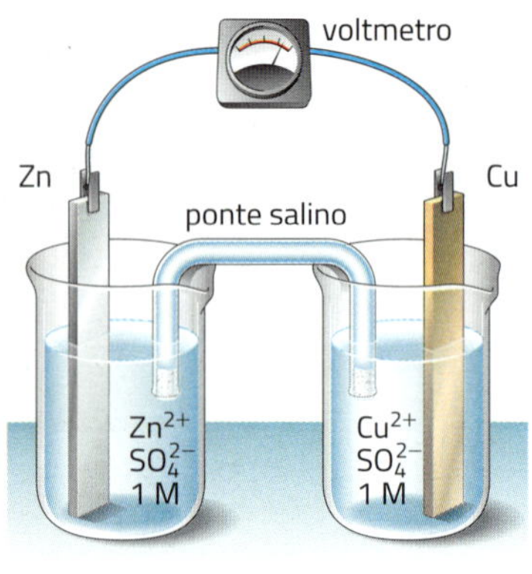

Figura 2 La pila Daniell Le due semicelle sono collegate da un ponte salino. I due elettrodi di rame e zinco sono collegati da un conduttore metallico in cui è inserito un voltmetro.

La pila Daniell (dal nome del chimico inglese John Daniell, che la realizzò nel 1836) è costituita da due semicelle.

Una semicella è costituita da una lamina di zinco Zn immersa parzialmente in una soluzione 1 M di solfato di zinco $ZnSO_4$; l'altra semicella è formata da una lamina di rame Cu immersa parzialmente in una soluzione 1 M di solfato di rame(II), $CuSO_4$, di colore azzurro per la presenza di ioni rame(II).

Collegando le due lamine metalliche (elettrodi) con un filo metallico (conduttore elettrico) si ha passaggio di corrente elettrica (figura **2**), che può essere rilevato se nel percorso è inserito uno strumento di misura (generalmente un *voltmetro* che misura la differenza di potenziale elettrico che si stabilisce tra i due elettrodi).

Gli atomi di zinco hanno una maggiore *tendenza* a *ossidarsi* (a cedere elettroni) rispetto al rame e perdono due elettroni che rimangono sulla lamina, mentre gli ioni zinco Zn^{2+} vanno in soluzione. La semireazione di ossidazione è rappresentata dalla seguente equazione:

$$Zn_{(s)} \longrightarrow Zn^{2+}_{(aq)} + 2\,e^- \qquad \text{(ox)}$$

Con il procedere della semireazione di ossidazione, la lamina di zinco *diminuisce* di massa e la soluzione di solfato di zinco, per un eccesso di ioni zinco, diventa *positiva*.

L'elettrodo dove si verifica la semireazione di ossidazione costituisce l'**anodo** e corrisponde al polo negativo della pila.

Gli elettroni, ceduti dagli atomi di zinco, si trasferiscono tramite il conduttore metallico esterno alla lamina di rame.

La conduzione della corrente elettrica dovuta al movimento degli elettroni si chiama **conduzione elettronica**.

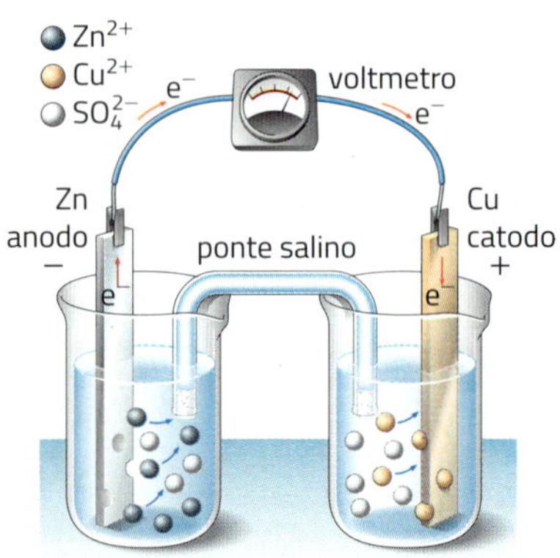

Figura 3 Le semireazioni all'anodo e al catodo L'anodo (polo negativo) diminuisce di massa, il catodo (polo positivo) aumenta di massa. Gli elettroni si spostano dall'anodo (semireazione di ossidazione) al catodo (semireazione di riduzione).

Gli elettroni in eccesso presenti sulla lamina di rame attirano gli ioni rame(II) Cu^{2+} della soluzione; gli ioni rame (II) si *riducono* trasformandosi in atomi di rame che si depositano sulla lamina. La semireazione di riduzione è rappresentata dalla seguente equazione:

$$Cu^{2+}_{(aq)} + 2\,e^- \longrightarrow Cu_{(s)} \qquad \text{(red)}$$

Con il procedere della semireazione di riduzione la lamina di rame *aumenta* di massa (figura **3**), la soluzione di solfato di rame, per un eccesso di ioni solfato SO_4^{2-}, diventa *negativa* e per la diminuzione degli ioni rame(II) si decolora.

L'elettrodo dove si verifica la semireazione di riduzione costituisce il **catodo** e corrisponde al polo positivo della pila.

La semireazione di ossidazione e quella di riduzione comportano quindi il movimento di elettroni tra i due elettrodi.

Una **pila** è un sistema nel quale gli elettroni passano dal polo negativo (anodo) a quello positivo (catodo).

Il movimento degli elettroni attraverso il conduttore metallico dall'elettrodo dove avviene l'ossidazione (anodo) a quello dove avviene la riduzione (catodo) costituisce il *circuito esterno* della pila.

Il *circuito interno* della pila è realizzato da un **ponte salino**, un tubo di vetro a forma di U rovesciata contenente una soluzione satura di un sale (per esempio, KCl, KNO_3, $NaNO_3$), e chiuso alle due estremità con cotone idrofilo (figura **4**).

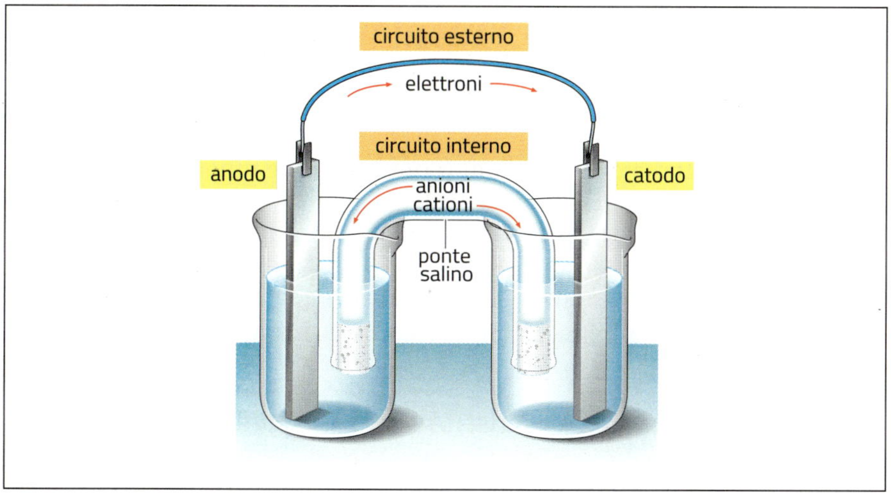

Figura 4 Il circuito elettrico di una pila è costituito da due circuiti Nel circuito esterno gli elettroni si muovono dall'anodo al catodo; nel circuito interno gli ioni si muovono dal ponte salino verso le due soluzioni.

Il ponte salino ha il compito di assicurare l'elettroneutralità delle due soluzioni, mediante la migrazione di ioni positivi nella soluzione catodica e di ioni negativi nella soluzione anodica (figura **5**).

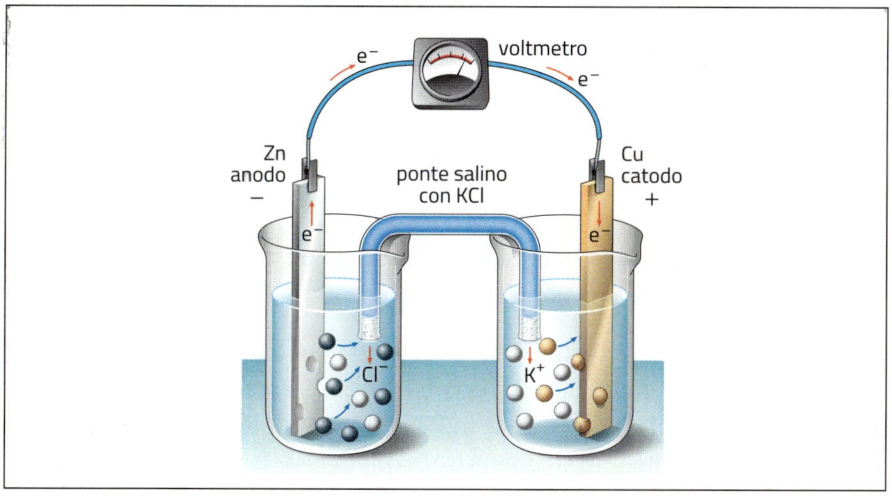

Figura 5 Il ponte salino Il ponte salino garantisce la neutralità delle soluzioni mediante migrazione degli ioni potassio K^+ nella soluzione catodica e degli ioni cloruro Cl^- nella soluzione anodica.

La conduzione della corrente elettrica dovuta al movimento degli ioni si chiama **conduzione ionica**.

La reazione redox complessiva può quindi essere rappresentata nel seguente modo:

$$Zn_{(s)} + Cu^{2+}_{(aq)} \longrightarrow Zn^{2+}_{(aq)} + Cu_{(s)}$$

La pila risulta esaurita, quindi non più utilizzabile, quando la reazione redox raggiunge l'equilibrio e la variazione di energia libera ΔG diventa uguale a *zero*.

Il diagramma di cella

La composizione di una pila o cella galvanica è indicata da una notazione convenzionale.

La notazione con cui si rappresenta una cella galvanica si chiama **diagramma di cella**.

LE PAROLE

Il termine **anodo** (dal greco *anodos*, «ascesa») indica l'elettrodo in cui si verifica la semireazione di ossidazione. Il termine **catodo** (dal greco *kathodos*, «discesa») indica l'elettrodo in cui si verifica la semireazione di riduzione.

Il diagramma di cella riporta:

- a *sinistra* la semicella dove avviene l'ossidazione, l'**anodo**, che costituisce il polo negativo;
- a *destra* la semicella dove avviene la riduzione, il **catodo**, che costituisce il polo positivo.

Il collegamento tra le due soluzioni (ponte salino) è rappresentato da una doppia barra:

ANODO//CATODO

A COLPO D'OCCHIO

PILA
- CATODO (+) RIDUZIONE
- ANODO (-) OSSIDAZIONE

Il riducente deve essere sempre rappresentato nella semicella anodica mentre l'ossidante in quella catodica. La forma ridotta e la forma ossidata dello stesso semielemento sono separate da una barretta:

forma ridotta/forma ossidata//forma ossidata/forma ridotta

Per la pila Daniell costituita dagli elettrodi di zinco e di rame, il diagramma di cella è rappresentato dalla seguente notazione:

$$Zn_{(s)}/Zn^{2+}_{(aq)}//Cu^{2+}_{(aq)}/Cu_{(s)}$$

La forza elettromotrice di una pila

Il flusso di elettroni dall'anodo al catodo in una cella galvanica è dato dalla tendenza dell'anodo a ossidarsi (cedendo elettroni) e dalla tendenza del catodo a ridursi (accettando elettroni). Poiché gli elementi con un'elevata tendenza a ossidarsi hanno bassa tendenza a ridursi e viceversa, si fa riferimento solo alla *tendenza a ridursi.*

Il valore che misura la tendenza a ridursi (ad acquistare elettroni) di un semielemento si chiama **potenziale di riduzione**.

La misura della differenza di potenziale (simbolo ***d.d.p.***) tra le due semicelle costituisce la **forza** elettromotrice (simbolo ***f.e.m.***) o potenziale di cella (simbolo E_{cella} o E). La *d.d.p.* si misura mediante un *voltmetro* (in laboratorio si utilizza generalmente uno strumento chiamato tester).

TI RICORDI?

La **forza elettromotrice** è la forza che causa il passaggio di corrente elettrica in un conduttore.

La **forza elettromotrice** (***f.e.m.***) di una pila è uguale alla differenza tra il potenziale di riduzione del catodo e il potenziale di riduzione dell'anodo.

$$f.e.m.\ (E_{cella} \text{ o } E) = E_{catodo} - E_{anodo}$$

La *f.e.m.*, detta anche *voltaggio* della pila, si esprime in *volt* (simbolo **V**)

Un **volt** è la differenza di potenziale tra due elettrodi che libera un joule (J) di energia quando tra i due elettrodi si sposta una carica elettrica di un coulomb (simbolo **C**):

$$1\ J = 1\ C \cdot 1\ V$$

PER SAPERNE DI PIÙ

La forza elettromotrice di una pila e la variazione di energia libera sono in relazione tra loro

La spontaneità di una reazione chimica dipende dal valore della *f.e.m.* di una pila; tuttavia la spontaneità di una reazione chimica è anche espressa dalla *variazione di energia libera*. Risulta quindi evidente che esiste una relazione tra la forza elettromotrice E_{cella} di una pila e la variazione di energia libera ΔG di una reazione:

$$\Delta G = -n \cdot F \cdot E_{cella}$$

In questa equazione:

- n è il numero di moli di elettroni trasferiti in una reazione di ossido-riduzione;
- F è la costante di Faraday ($F = 96\,485$ C/mol, valore che nei calcoli generalmente si approssima a 96 500 C/mol).

Il segno *meno* nel secondo membro dell'equazione si giustifica perché la variazione di energia libera ΔG e la *f.e.m.* della pila E_{cella} hanno segno opposto: una reazione redox spontanea in una pila è caratterizzata da un valore *negativo* della variazione di energia libera e da un valore *positivo* della *f.e.m.* Se i valori di ΔG e della *f.e.m.* sono determinati in condizioni standard, la relazione precedente si presenta nella forma:

$$\Delta G° = -n \cdot F \cdot E°_{cella}$$

Queste due equazioni sono molto importanti perché permettono di determinare il valore di ΔG. Infatti, se è facile determinare sperimentalmente il valore della *f.e.m.* di una cella galvanica, non è assolutamente facile stabilire il ΔG mediante valori puramente termodinamici.

Il valore della *f.e.m.* di una pila dipende dai seguenti fattori:

- dal *tipo dei metalli* utilizzati come elettrodi. Le pile i cui elettrodi sono costituiti da metalli diversi hanno *f.e.m.* diversa: la *f.e.m* di una cella zinco-rame è diversa dalla *f.e.m.* di una cella rame-argento;
- dalla *concentrazione* degli ioni presenti nelle due soluzioni;
- dalla *temperatura* delle due soluzioni;
- dalla *pressione* se almeno uno degli elettrodi è presente sotto forma di gas.

La *f.e.m.* di una pila è una grandezza *intensiva* e quindi non dipende né dal *volume* delle soluzioni né dalle *dimensioni* degli elettrodi. La *f.e.m.* misura la spontaneità di una redox in una cella galvanica.

A COLPO D'OCCHIO

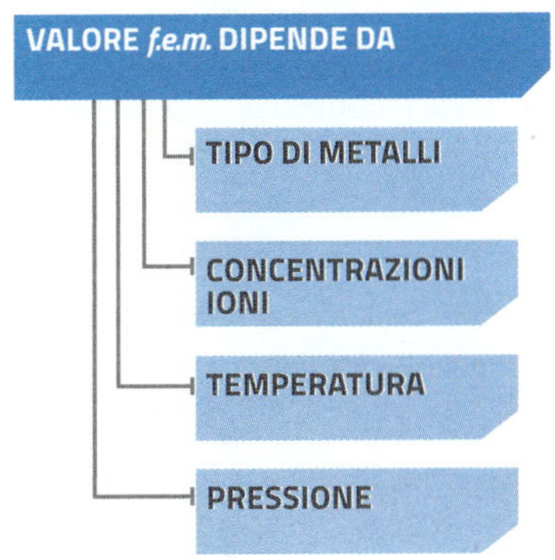

Maggiore è la *f.e.m.*, maggiore è la tendenza della reazione redox ad avvenire spontaneamente.

Tipi di elettrodi

Il termine **elettrodo** (dal greco *elektron*, «ambra», e *hodós*, «via») indica un terminale metallico che favorisce l'acquisizione o la perdita di elettroni ed è utilizzato per far passare corrente elettrica in una soluzione.

In una cella galvanica, l'elettrodo indica la *barretta* di metallo di un *semielemento galvanico* (o semicella o semipila); si deve tuttavia precisare che il termine *elettrodo* è spesso utilizzato per indicare lo stesso semielemento, cioè una barretta di metallo immersa in una soluzione dello stesso metallo.

Esistono quattro diversi tipi di elettrodi.

- L'elettrodo **metallo-ione** (figura 6), formato da una lamina di un metallo (per esempio, rame) immersa parzialmente in una soluzione acquosa di un suo sale (solfato rameico) costituito da ioni positivi dello stesso metallo (ione rameico). L'elettrodo di rame è rappresentato con la seguente notazione:

$$Cu^{2+}_{(aq)}/Cu_{(s)}$$

Figura 6 L'elettrodo metallo-ione Lamina di rame immersa in una soluzione di ioni rameici.

- L'elettrodo **a gas** (figura **7A**), formato da una lamina di un metallo inerte (platino, Pt) immersa parzialmente in una soluzione contenente un gas (cloro) e ioni dello stesso gas (ioni cloruro Cl^-). L'elettrodo di cloro è rappresentato con la notazione:

$$Cl_{2(g)}/Cl^-_{(aq)}/Pt_{(s)}$$

- L'elettrodo di **ossido-riduzione** (figura **7B**), formato da una lamina di un metallo inerte (platino) immersa parzialmente in una soluzione contenente la forma ossidata (ione ferrico Fe^{3+}) e la forma ridotta (ione ferroso Fe^{2+}) di uno stesso elemento (ferro). L'elettrodo di ferro è rappresentato con la notazione:

$$Fe^{3+}_{(aq)}, Fe^{2+}_{(aq)}/Pt_{(s)}$$

La forma ossidata Fe^{3+} e quella ridotta Fe^{2+} sono nella stessa fase e quindi si separano con una virgola.

- L'elettrodo **standard a idrogeno** (figura **7C**) è costituito da un filo di platino, collegato a una lamina di platino immersa in soluzione 1 M di acido cloridrico HCl dissociato in ioni idrogeno H^+ e ioni cloruro Cl^-. La soluzione è alla temperatura di 25 °C. Il filo di platino è all'interno di un tubo di vetro nel quale si immette idrogeno gassoso $H_{2(g)}$ alla pressione di 1 bar. L'elettrodo standard a idrogeno è rappresentato con la notazione:

$$H^+_{(aq)}/H_{2(g)}/Pt_{(s)}$$

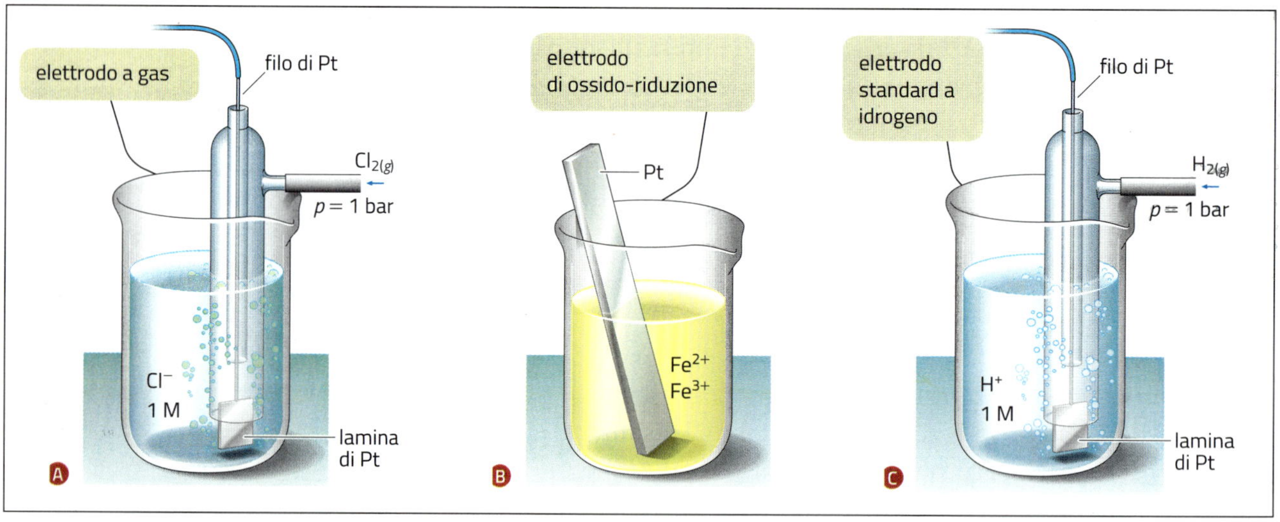

Figura 7 Esempi di elettrodi
A Un elettrodo a gas, formato da una lamina di platino immersa in una soluzione di cloro $Cl_{2(g)}$ e ioni cloruro $Cl^-_{(aq)}$. B Un elettrodo di ossido-riduzione, formato da una lamina di platino immersa parzialmente in una soluzione di ioni Fe^{2+} e Fe^{3+}. C Un elettrodo standard a idrogeno, formato da un filo di platino in un tubo di vetro in cui è immesso idrogeno gassoso.

3 IL POTENZIALE STANDARD DI RIDUZIONE MISURA LA TENDENZA A RIDURSI DI UN ELETTRODO

La forza elettromotrice di una pila è definita dalla differenza di potenziale tra i due elettrodi che la costituiscono. La differenza di potenziale tra due elettrodi si può determinare in modo semplice, mentre non è possibile misurare direttamente il *potenziale di riduzione* di un singolo elettrodo.

Per misurare il potenziale di un singolo elettrodo si realizza una pila costituita dall'elettrodo di cui si vuole determinare il potenziale nelle **con-**

dizioni standard (concentrazione 1 M della soluzione, temperatura di 25 °C e pressione di 1 bar se un elettrodo è a gas), e da un elettrodo di riferimento o standard. L'elettrodo standard è l'**elettrodo a idrogeno** al quale si assegna, convenzionalmente, il valore di **potenziale standard di riduzione** (simbolo $\boldsymbol{E}°$) uguale a 0,00 V.

Ammettiamo di voler misurare il potenziale standard dell'elettrodo di **rame**. Si immerge parzialmente una lamina di rame in una soluzione 1M di ioni rame Cu^{2+}(II) alla temperatura di 25 °C e si collega mediante un ponte salino all'elettrodo a idrogeno (figura **8**).

TI RICORDI?

Il **rame** ($Z = 29$) è un metallo di colore rosso, duttile e malleabile. Viene largamente impiegato nell'industria elettrica e in leghe con lo stagno (bronzo) e con lo zinco (ottone).

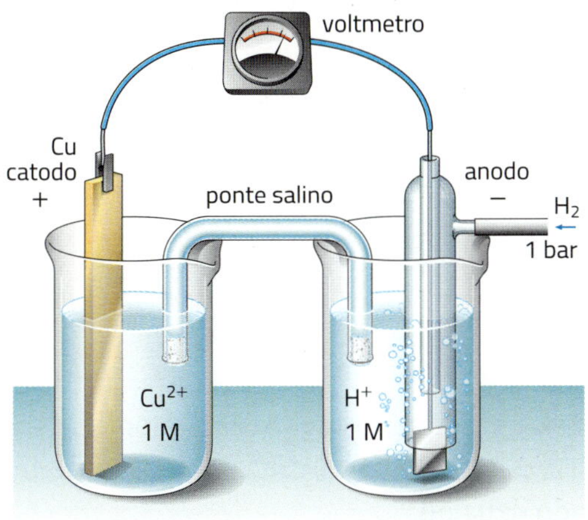

Figura 8 Potenziale standard dell'elettrodo di rame Il potenziale standard dell'elettrodo di rame si misura con una pila standard formata dall'elettrodo a idrogeno e dall'elettrodo di rame.

La lettura al voltmetro di questa pila dà un valore di **forza elettromotrice standard** (simbolo ***f.e.m.°***) uguale a 0,34 V. L'idrogeno, ossidandosi più facilmente del rame, costituisce l'**anodo** della pila e quindi le semireazioni che avvengono agli elettrodi sono le seguenti:

$$\text{anodo } (-)\ H_{2(g)} \longrightarrow 2\,H^+_{(aq)} + 2\,e^- \qquad \text{(ox)}$$

$$\text{catodo } (+)\ Cu^{2+}_{(aq)} + 2\,e^- \longrightarrow Cu_{(s)} \qquad \text{(red)}$$

La forza elettromotrice standard di una pila è data dalla relazione:

$$f.e.m.° = E°_{\text{catodo}} - E°_{\text{anodo}}$$

Sostituiamo il valore della *f.e.m.°* e del potenziale standard di riduzione dell'idrogeno:

$$0,34 = E°_{Cu^{2+}/Cu} - 0,00$$

Il valore del potenziale standard dell'elettrodo di rame(II) risulta quindi uguale a 0,34 V:

$$E°_{Cu^{2+}/Cu} = 0,34\ \text{V}$$

Il **valore positivo di *E*°** indica che la tendenza a ridursi della specie ossidata (lo ione Cu^{2+}) è maggiore di quella dello ione idrogeno H^+.

L'elettrodo di rame funziona da **catodo**, l'elettrodo a idrogeno funziona da **anodo** e si rappresenta con la notazione:

$$Pt_{(s)}/H_{2(g)}/H^+_{(aq)}$$

Ammettiamo ora di volere calcolare il potenziale standard dell'elettrodo di **zinco**. Immergiamo una lamina di zinco in una soluzione 1 M di ioni zinco Zn^{2+} alla temperatura di 25 °C e la colleghiamo mediante un ponte salino con l'elettrodo standard a idrogeno (figura **9**).

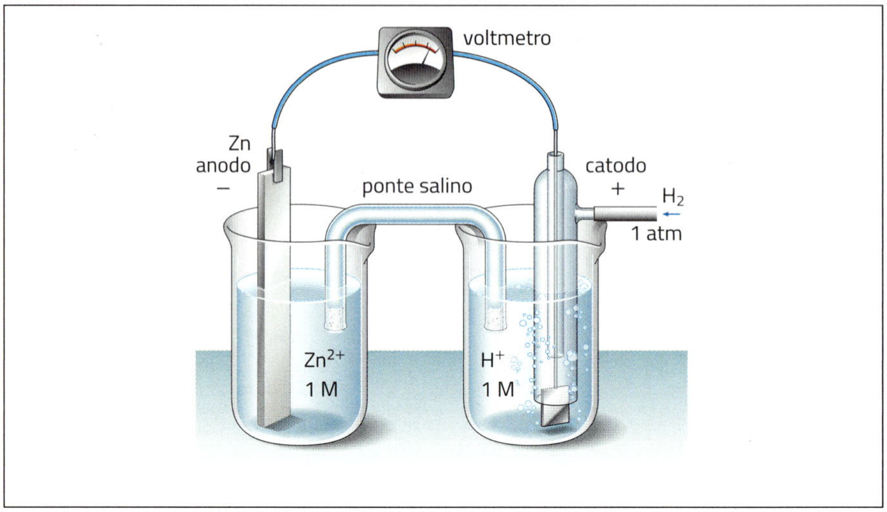

Figura 9 La misura del potenziale standard dell'elettrodo di zinco La pila è formata dall'elettrodo a idrogeno e dall'elettrodo di zinco per la misura del potenziale standard del semielemento.

TI RICORDI?

Lo **zinco** ($Z = 30$) è un metallo bianco-bluastro lucente. È indispensabile nel metabolismo cellulare come cofattore di numerosi enzimi.

La lettura al voltmetro di questa pila dà un valore di forza elettromotrice standard uguale a 0,76 V. L'idrogeno, riducendosi più facilmente dello zinco, costituisce il **catodo** della pila.

Mentre l'elettrodo di zinco funziona da **anodo** l'elettrodo a idrogeno si rappresenta con la notazione:

$$H^+_{(aq)}/H_{2(g)}/Pt_{(s)}$$

I valori dei potenziali di tutti gli altri elettrodi sono stati calcolati in modo analogo utilizzando sempre soluzioni 1 M alla temperatura di 25 °C, per cui prendono il nome di *potenziali standard di riduzione*.

Il **potenziale standard di riduzione** è il valore che misura la tendenza di un elettrodo a ridursi (ad acquistare elettroni) nelle condizioni standard.

4 LA SERIE ELETTROCHIMICA È L'INSIEME DEI VALORI DEI POTENZIALI STANDARD DI RIDUZIONE DEGLI ELEMENTI

I valori dei potenziali standard di riduzione di elettrodo con le rispettive semireazioni di riduzione costituiscono la serie elettrochimica degli elementi (tabella **1** alla pagina successiva). Nella semireazione di riduzione, la forma ossidata si indica a sinistra della doppia freccia e la forma ridotta a destra.

La serie elettrochimica degli elementi è l'insieme dei valori dei potenziali standard di riduzione degli elettrodi, disposti secondo il loro **potere ossidante** crescente verso l'alto.

Figura 10 L'ossidazione del rame Il maggiore potenziale di ossidazione dell'ossigeno determina l'ossidazione del rame della cupola.

I valori dei potenziali standard di riduzione permettono di:
- valutare il *potere ossidante* o *riducente* di un elettrodo (figura **10**);

Forma ossidata		Forma ridotta	$E°$ (V)	Potere ossidante e riducente
$F_{2(g)}$	$+2e^- \rightleftharpoons$	$2F^-_{(aq)}$	+2,87	
$S_2O^{2-}_{8(aq)}$	$+2e^- \rightleftharpoons$	$2SO^{2-}_{4(aq)}$	+2,01	
$H_2O_{2(aq)} + 2H^+_{(aq)}$	$+2e^- \rightleftharpoons$	$2H_2O_{(s)}$	+1,77	
$MnO^-_{4(aq)} + 4H^+_{(aq)}$	$+3e^- \rightleftharpoons$	$MnO_{2(s)} + 2H_2O_{(l)}$	+1,69	
$PbO_{2(s)} + SO^{2-}_{4(aq)} + 4H^+_{(aq)} + 2e^-$	$\rightleftharpoons$	$PbSO_{4(s)} + 2H_2O_{(l)}$	+1,69	
$MnO^-_{4(aq)} + 8H^+_{(aq)}$	$+5e^- \rightleftharpoons$	$Mn^{2+}_{(aq)} + 4H_2O_{(l)}$	+1,51	
$Au^{3+}_{(aq)}$	$+3e^- \rightleftharpoons$	$Au_{(s)}$	+1,50	
$Cl_{2(g)}$	$+2e^- \rightleftharpoons$	$2Cl^-_{(aq)}$	+1,36	
$CrO^{2-}_{7(aq)} + 14H^+_{(aq)}$	$+6e^- \rightleftharpoons$	$2Cr^{3+}_{(aq)} + 7H_2O_{(l)}$	+1,33	
$O_{2(g)} + 4H^+_{(aq)}$	$+4e^- \rightleftharpoons$	$2H_2O_{(l)}$	+1,23	
$Br_{2(l)}$	$+2e^- \rightleftharpoons$	$2Br^-_{(aq)}$	+1,08	
$NO^-_{3(aq)} + 4H^+_{(aq)}$	$+3e^- \rightleftharpoons$	$NO_{(g)} + 2H_2O_{(l)}$	+0,96	
$Pd^{2+}_{(aq)}$	$+2e^- \rightleftharpoons$	$Pd_{(s)}$	+0,95	
$Ag^+_{(aq)}$	$+e^- \rightleftharpoons$	$Ag_{(s)}$	+0,80	
$Fe^{3+}_{(aq)}$	$+e^- \rightleftharpoons$	$Fe^{2+}_{(aq)}$	+0,77	
$I_{2(s)}$	$+2e^- \rightleftharpoons$	$2I^-_{(aq)}$	+0,54	
$Cu^+_{(aq)}$	$+e^- \rightleftharpoons$	$Cu_{(s)}$	+0,52	
$O_{2(g)} + 2H_2O_{(l)}$	$+4e^- \rightleftharpoons$	$4OH^-_{(aq)}$	+0,40	
$Cu^{2+}_{(aq)}$	$+2e^- \rightleftharpoons$	$Cu_{(s)}$	+0,34	
$Cu^{2+}_{(aq)}$	$+e^- \rightleftharpoons$	$Cu^+_{(aq)}$	+0,16	
$Sn^{4+}_{(aq)}$	$+2e^- \rightleftharpoons$	$Sn^{2+}_{(aq)}$	+0,15	
$HgO_{(s)} + H_2O_{(l)}$	$+2e^- \rightleftharpoons$	$Hg_{(l)} + 2OH^-_{(aq)}$	+0,10	
$2H^+_{(aq)}$	$+2e^- \rightleftharpoons$	$H_{2(g)}$	0,00	
$Pb^{2+}_{(aq)}$	$+2e^- \rightleftharpoons$	$Pb_{(s)}$	−0,13	
$Sn^{2+}_{(aq)}$	$+2e^- \rightleftharpoons$	$Sn_{(s)}$	−0,14	
$Ni^{2+}_{(aq)}$	$+2e^- \rightleftharpoons$	$Ni_{(s)}$	−0,25	
$Co^{2+}_{(aq)}$	$+2e^- \rightleftharpoons$	$Co_{(s)}$	−0,28	
$Cd^{2+}_{(aq)}$	$+2e^- \rightleftharpoons$	$Cd_{(s)}$	−0,40	
$Cr^{3+}_{(aq)}$	$+e^- \rightleftharpoons$	$Cr^{2+}_{(aq)}$	−0,42	
$Fe^{2+}_{(aq)}$	$+2e^- \rightleftharpoons$	$Fe_{(s)}$	−0,44	
$Cr^{3+}_{(aq)}$	$+3e^- \rightleftharpoons$	$Cr_{(s)}$	−0,74	
$Zn^{2+}_{(aq)}$	$+2e^- \rightleftharpoons$	$Zn_{(s)}$	−0,76	
$2H_2O_{(l)}$	$+2e^- \rightleftharpoons$	$H_{2(g)} + 2OH^-_{(aq)}$	−0,83	
$Mn_{(s)}$	$+2e^- \rightleftharpoons$	$Mn^{2+}_{(aq)}$	−1,18	
$ZnO_{(g)} + H_2O_{(l)}$	$+2e^- \rightleftharpoons$	$Zn_{(s)} + 2OH^-_{(aq)}$	−1,22	
$Al^{3+}_{(aq)}$	$+3e^- \rightleftharpoons$	$Al_{(s)}$	−1,66	
$Mg^{2+}_{(aq)}$	$+2e^- \rightleftharpoons$	$Mg_{(s)}$	−2,37	
$Na^+_{(aq)}$	$+e^- \rightleftharpoons$	$Na_{(s)}$	−2,71	
$Ca^{2+}_{(aq)}$	$+2e^- \rightleftharpoons$	$Ca_{(s)}$	−2,76	
$K^+_{(aq)}$	$+e^- \rightleftharpoons$	$K_{(s)}$	−2,93	
$Li^+_{(aq)}$	$+e^- \rightleftharpoons$	$Li_{(s)}$	−3,05	

Tabella 1 **Serie dei potenziali standard di riduzione alla temperatura di 25 °C espressi in volt (V)** La tendenza ad agire da ossidante aumenta dal basso verso l'alto. La tendenza ad agire da riducente aumenta dall'alto verso il basso.

- identificare il *catodo* e l'*anodo* di una pila, rappresentare il *diagramma di cella*, calcolare la *forza elettromotrice standard* di una pila e stabilire la *variazione di energia libera standard*;
- verificare la *spontaneità* di una reazione redox;
- prevedere la *riduzione* dell'idrogeno con i metalli.

PER SAPERNE DI PIÙ
PDF *Approfondimento*
Le pile alcaline e a bottone sono irreversibili

PER SAPERNE DI PIÙ
PDF *Approfondimento*
Gli accumulatori sono pile reversibili

PER SAPERNE DI PIÙ
PDF *Chimica verde*
Gli accumulatori al litio per l'energia sostenibile

Determinazione dell'anodo e del catodo di una pila

In una pila, l'*anodo* (polo negativo) corrisponde all'elettrodo con potenziale standard di riduzione *minore*, il *catodo* (polo positivo) corrisponde all'elettrodo con potenziale standard di riduzione *maggiore*.

Per una pila costituita dagli elettrodi di zinco ($E^\circ_{Zn^{2+}/Zn} = -0,76\ V$) e di rame ($E^\circ_{Cu^{2+}/Cu} = +0,34\ V$), lo zinco, con potenziale minore, rappresenta l'anodo e il rame, con potenziale maggiore, il catodo.

Definiti l'anodo e il catodo, è possibile:

- rappresentare il *diagramma di cella* con la notazione:

ANODO//CATODO

$$Zn_{(s)}/Zn^{2+}_{(aq)}//Cu^{2+}_{(aq)}/Cu_{(s)}$$

- calcolare la *forza elettromotrice standard* (*f.e.m.*°) o potenziale standard di cella (simbolo E°_{cella}) con la relazione:

$$f.e.m.^\circ\ (E^\circ_{cella}) = E^\circ_{catodo} - E^\circ_{anodo}$$

$$f.e.m.^\circ\ (E^\circ_{cella}) = E^\circ_{Cu^{2+}/Cu} - E^\circ_{Zn^{2+}/Zn} = 0,34\ V - (-0,76\ V) = 1,10\ V$$

- determinare la *variazione di energia libera standard* con la relazione:

$$\Delta G^\circ = -n \cdot F \cdot E^\circ_{cella}$$

$$\Delta G^\circ = -(2\ mol) \cdot (96\,500\ C/mol) \cdot 1,10\ V = -212\,300\ C \cdot V$$

Nel Sistema Internazionale (SI):

$$1\ C \cdot 1\ V = 1\ J$$

Il valore di ΔG° corrisponde a:

$$\Delta G^\circ = -212\,267\ J = -212,3\ kJ$$

PROBLEMA MODELLO

Calcolare la *f.e.m.*° di una pila

Una pila è costituita dagli elettrodi $Ag^{+}_{(aq)}/Ag_{(s)}$ e $Cu^{2+}_{(aq)}/Cu_{(s)}$. Dopo avere identificato il catodo e l'anodo e avere rappresentato il diagramma di cella, calcola la forza elettromotrice standard.

L'IDEA

Per calcolare la *f.e.m.*° di una pila è necessario conoscere i valori dei potenziali standard di riduzione dei due elettrodi, che possono essere ricavati dalla serie elettrochimica degli elementi:

$$E^\circ_{Ag^{+}/Ag} = 0,80\ V \qquad E^\circ_{Cu^{2+}/Cu} = 0,34\ V$$

LA SOLUZIONE

Il rame ($E°$ minore) è il riducente (*anodo*), l'argento ($E°$ maggiore) è l'ossidante (*catodo*).

Il *diagramma di cella* è quindi rappresentato dalla notazione:

$$Cu_{(s)}/Cu^{2+}_{(aq)}//Ag^{+}_{(aq)}/Ag_{(s)}$$

LA CONCLUSIONE

La *f.e.m.°* della pila è data dalla relazione:

$$f.e.m.° = E°_{catodo} - E°_{anodo} = (0{,}80 - 0{,}34)\ V = 0{,}46\ V$$

PROBLEMA SIMILE

Una pila è costituita dagli elettrodi $Sn^{2+}_{(aq)}/Sn_{(s)}$ e $Fe^{2+}_{(aq)}/Fe_{(s)}$:

a. identifica l'anodo e il catodo;
b. rappresenta le semireazioni di ossidazione e di riduzione;
c. rappresenta la redox completa;
d. rappresenta il diagramma di cella;
e. calcola la forza elettromotrice standard;
f. calcola la variazione di energia libera standard.

Previsione della spontaneità di una reazione redox

La tendenza di una redox a procedere spontaneamente è definita dalla *differenza* dei potenziali standard di riduzione (simbolo $\Delta E°$) tra il valore del potenziale standard dell'ossidante ($E°_{ox}$) e quello del riducente ($E°_{rid}$):

$$\Delta E° = E°_{ox} - E°_{rid}$$

PER CAPIRE MEGLIO
PDF *Laboratorio*
Celle elettrochimiche

In base ai valori dei due potenziali standard di riduzione, il valore di $\Delta E°$ può essere positivo o negativo (figura **11**):

- $\Delta E° > 0$, la reazione è spontanea e avviene nel verso indicato, ovvero **da sinistra a destra**;
- $\Delta E° < 0$, la reazione non è spontanea e non avviene nel verso indicato, ma può avvenire solo **da destra a sinistra**.

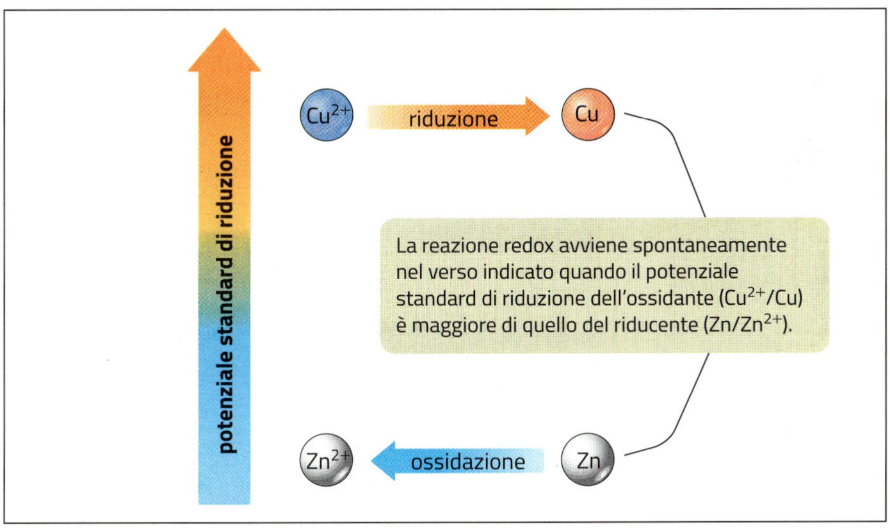

Figura 11 La spontaneità di una reazione redox La differenza dei potenziali standard di riduzione determina se la reazione è spontanea o non spontanea.

PROBLEMA MODELLO

Determinazione della spontaneità di una redox

Verifica se le seguenti reazioni redox procedono spontaneamente nel verso indicato oppure nella direzione opposta:

a. $2\ Al_{(s)} + 3\ CuSO_{4(aq)} \longrightarrow Al_2(SO_4)_{3(aq)} + 3\ Cu_{(s)}$

b. $2\ NaF_{(aq)} + Cl_{2(g)} \longrightarrow 2\ NaCl_{(aq)} + F_{2(g)}$

L'IDEA

Si rappresentano le semireazioni di ossidazione e di riduzione per individuare il riducente e l'ossidante.
Si ricavano i potenziali standard di riduzione dalla serie elettrochimica degli elementi.
Si calcola il valore di $\Delta E°$: se è > 0 le reazioni redox avvengono nel verso indicato, se è < 0 avvengono nel verso opposto.

LA SOLUZIONE

Rappresentiamo le semireazioni di ossidazione e riduzione:

a. $Al_{(s)} \longrightarrow Al^{3+}_{(aq)} + 3\ e^-$ $\quad Cu^{2+}_{(aq)} + 2\ e^- \longrightarrow Cu_{(s)}$

L'alluminio, cedendo elettroni, è il riducente; il rame, acquistando elettroni, è l'ossidante.

b. $2\ F^-_{(aq)} \longrightarrow F_{2(g)} + 2\ e^-$ $\quad Cl_{2(g)} + 2\ e^- \longrightarrow 2\ Cl^-_{(aq)}$

Il fluoro, cedendo elettroni, è il riducente; il cloro, acquistando elettroni, è l'ossidante.
Dalla serie elettrochimica degli elementi, si ricavano i valori dei potenziali standard di riduzione.

a. $E°_{Al^{3+}/Al} = -1,66\ V \quad E°_{Cu^{2+}/Cu} = 0,34\ V$

b. $E°_{F_2/F^-} = 2,87\ V \quad E°_{Cl_2/Cl^-} = 1,36\ V$

Calcoliamo la differenza di potenziale standard $\Delta E°$:

a. $\Delta E° = E°_{ox} - E°_{rid} = 0,34\ V - (-1,66\ V) = 2,0\ V$

b. $\Delta E° = E°_{ox} - E°_{rid} = 1,36\ V - (2,87\ V) = -1,51\ V$

LA CONCLUSIONE

Per la redox $2\ Al_{(s)} + 3\ CuSO_{4(aq)} \rightarrow Al_2(SO_4)_{3(aq)} + 3\ Cu_{(s)}$ il valore di $\Delta E°$ è *positivo* e quindi la reazione redox avviene spontaneamente nel verso indicato.
Per la redox $2\ NaF_{(aq)} + Cl_{2(g)} \rightarrow 2\ NaCl_{(aq)} + F_{2(g)}$ il valore di $\Delta E°$ è *negativo* e quindi la reazione redox non avviene spontaneamente nel verso indicato, ma può avvenire solo da destra a sinistra.

PROBLEMA SIMILE

Verifica se le seguenti reazioni redox procedono spontaneamente nel verso indicato oppure nella direzione opposta.

a. $Cu_{(s)} + 2\ H^+_{(aq)} \longrightarrow Cu^{2+}_{(aq)} + H_{2(g)}$

b. $3\ Zn_{(s)} + 2\ Cr^{2+}_{(aq)} \longrightarrow 3\ Zn^{3+}_{(aq)} + 2\ Cr_{(s)}$

Previsione della riduzione dello ione idrogeno con i metalli

Nella reazione tra un metallo e la soluzione di un acido *si può verificare* un trasferimento di elettroni dal metallo (riducente) allo ione idrogeno H^+ dell'acido (ossidante) che si riduce a idrogeno gassoso $H_{2(g)}$.

Il potenziale standard dell'idrogeno è uguale a 0,00 V e quindi la riduzione dello ione idrogeno può avvenire solo con i metalli che hanno un potenziale standard di riduzione **negativo**, mentre non può verificarsi con i metalli che hanno un potenziale standard di riduzione positivo (figura **12**). I metalli con potenziale standard di riduzione *maggiore* dell'idrogeno si dicono *metalli nobili* perché non sono ossidati dagli acidi.

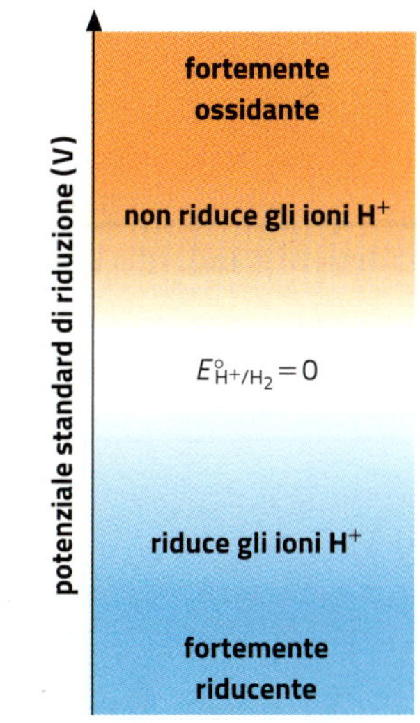

Figura 12 Il potere riducente Il potere riducente di un semielemento è tanto maggiore quanto più è negativo il suo potenziale standard di riduzione.

PER SAPERNE DI PIÙ

La corrosione dei metalli

Solo pochi metalli (Au, Pt, Pd) si trovano in natura allo stato elementare, tutti gli altri sono combinati in vari composti sotto forma di ioni poiché lo stato combinato è più stabile di quello elementare.

Quando i metalli sono allo stato elementare subiscono l'attacco di agenti atmosferici che tendono a riportare il metallo allo stato combinato.

La naturale tendenza dei metalli a ossidarsi in presenza di agenti atmosferici (acqua e aria) si chiama **corrosione**.

La corrosione è un processo degenerativo di tipo elettrochimico (figura). La più nota manifestazione di corrosione è la formazione della **ruggine**, che si verifica quando il ferro metallico (che ha un potenziale di riduzione negativo) è esposto all'aria umida. In questa condizione si forma una piccola cella galvanica costituita dagli elettrodi di ferro e ossigeno.

Il ferro funziona da **anodo** e si ossida a ioni Fe^{2+}, perdendo 2 elettroni:

$$Fe_{(s)} \longrightarrow Fe^{2+} + 2\,e^-$$

I due elettroni ceduti dal ferro, in presenza di acqua, riducono l'ossigeno dell'aria che funziona da **catodo**, con formazione di ioni idrossido OH^-:

$$1/2\ O_{2(g)} + H_2O + 2\,e^- \longrightarrow 2\ OH^-_{(aq)}$$

Gli ioni ferro Fe^{2+} e gli ioni OH^-, che si sono formati rispettivamente all'anodo e al catodo, reagiscono per dare idrossido di ferro(II), $Fe(OH)_2$:

$$Fe^{2+} + 2\ OH^-_{(aq)} \longrightarrow Fe(OH)_{2(s)}$$

L'idrossido di ferro(II) è ossidato dall'ossigeno a ossido di ferro(III) idrato:

$$2\ Fe(OH)_{2(s)} + \frac{1}{2}O_{2(g)} \longrightarrow Fe_2O_{3(s)} \cdot 2\ H_2O_{(l)}$$

L'ossido ferrico idrato costituisce la *ruggine* che si deposita sulla superficie del ferro.

Esistono diversi modi per proteggere i metalli dalla corrosione:

- la **verniciatura**, che consiste nel ricoprire la superficie metallica con delle vernici, con la funzione di formare uno strato protettivo;
- la **passivazione**, che consiste nel ricoprire il metallo con uno strato di *ossido* impedendo al processo di corrosione di agire in profondità;
- la **smaltatura**, che consiste nel ricoprire la superficie metallica con uno strato protettivo vetroso di una miscela fusa di silicati;
- la **galvanostegia**, che consiste nel ricoprire oggetti di un metallo facilmente ossidabile con un altro metallo che presenta maggiore resistenza all'ossidazione.

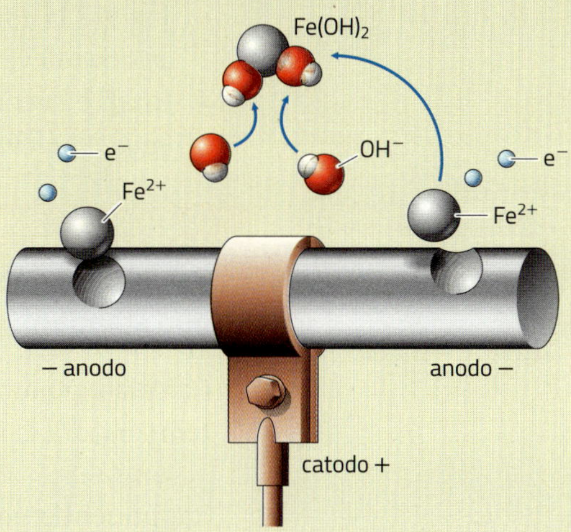

Figura Rappresentazione del processo elettrochimico responsabile della corrosione del ferro.

5 L'EQUAZIONE DI NERNST PERMETTE DI CALCOLARE I POTENZIALI DI RIDUZIONE IN CONDIZIONI NON STANDARD

I *potenziali di riduzione di un elettrodo* dipendono dalla concentrazione delle due soluzioni, dalla temperatura e, per gli elettrodi a gas, dalla pressione e quindi sono stati calcolati in *condizioni standard.*

In condizioni *non standard,* i potenziali di riduzione (*E*) possono essere calcolati con l'**equazione di Nernst** (figura **13**):

$$E = E° + \frac{R \cdot T}{n \cdot F} \cdot \ln \frac{[ox]^a}{[rid]^b}$$

In questa equazione:

- $E°$ è il potenziale standard di riduzione dell'elettrodo;
- R è la costante universale dei gas (nel SI: $R = 8{,}31$ J/K mol^{-1});
- T è la temperatura assoluta espressa in kelvin (K);
- n è il numero di moli di elettroni coinvolti nella semireazione;
- F è la costante di Faraday ($F = 96\,485$ C/mol);
- $[ox]^a$ e $[rid]^b$ sono le concentrazioni molari della forma ossidata e di quella ridotta elevate al proprio coefficiente stechiometrico.

La concentrazione delle soluzioni è espressa in molarità (mol/L) e la pressione per un elettrodo a gas è espressa in bar. Per il calcolo del potenziale di riduzione di un elettrodo metallo-ione ($Cu^{2+}_{(aq)}/Cu_{(s)}$) si deve tenere presente che la concentrazione molare della forma ridotta di un **solido** (rame) è costante e, quindi, tale valore *non è presente* nell'equazione di Nernst.

L'equazione di Nernst è usata anche per calcolare la forza elettromotrice di una cella galvanica (E_{cella}) in condizioni non standard. Se le concentrazioni molari delle forme ridotte dei due elettrodi sono rappresentate da *solidi* la relazione è:

$$E_{cella} = E°_{cella} + \frac{R \cdot T}{n \cdot F} \cdot \ln \frac{[ox_2]^a}{[ox_1]^b}$$

In questa equazione:

- $E°_{cella}$ è la forza elettromotrice della cella nelle condizioni standard;
- $[ox_2]^a$ è la concentrazione molare della forma ossidata del catodo o *polo positivo* elevata al proprio coefficiente stechiometrico;
- $[ox_1]^b$ è la concentrazione molare della forma ossidata dell'anodo o *polo negativo* elevata al proprio coefficiente stechiometrico.

TI RICORDI?

In **condizioni standard** si assume la concentrazione delle soluzioni pari a 1 M, la temperatura a 25 °C e, per gli elettrodi a gas, la pressione a 1 bar.

Figura 13 **Walther Hermann Nernst (1864-1941)** Il chimico-fisico tedesco Nernst vinse il premio Nobel per la Chimica nel 1920.

PROBLEMA MODELLO

Calcolare il potenziale di riduzione di un elettrodo a una temperatura non standard

Calcola il potenziale di riduzione dell'elettrodo $Zn^{2+}_{(aq)}$ ($2 \cdot 10^{-1}$M) /$Zn_{(s)}$ alla temperatura di 37 °C.

L'IDEA

Rappresentiamo la semireazione di riduzione per definire il numero di moli di elettroni (*n*) coinvolti nella reazione redox. Dalla serie elettrochimica ricaviamo il potenziale standard di riduzione ($E°$) dell'elettrodo; calcolata la temperatura assoluta, applichiamo l'equazione di Nernst.

LA SOLUZIONE

Scrivendo la semireazione di riduzione si verifica che gli elettroni coinvolti sono 2 moli:

$$Zn^{2+}_{(aq)} + 2\,e^- \longrightarrow Zn_{(s)} \qquad n = 2$$

Ricaviamo dalla serie elettrochimica il valore di $E°$:

$$E°_{Zn^{2+}/Zn} = -\,0{,}76\ \text{V}$$

Determiniamo la temperatura assoluta con la relazione:

$$T = t + 273 = 37 + 273 = 310\ \text{K}$$

Calcoliamo il potenziale di riduzione dell'elettrodo sostituendo i valori nell'equazione di Nernst. La concentrazione della forma ridotta dell'elettrodo non è presente nell'equazione perché la forma ridotta è lo zinco metallico e la concentrazione di un solido è costante.

$$E_{Zn^{2+}/Zn} = E°_{Zn^{2+}/Zn} + \frac{R \cdot T}{n \cdot F} \cdot \ln[Zn^{2+}] =$$

$$= -\,0{,}76 + \frac{8{,}31 \cdot 310}{2 \cdot 96500} \cdot \ln(0{,}2) = -\,0{,}76 + 0{,}013\,(-\,1{,}6) = -\,0{,}78\,\text{V}$$

LA CONCLUSIONE

Il potenziale di riduzione dell'elettrodo $Zn^{2+}_{(aq)}$ $(2 \cdot 10^{-1}\text{M})$ /$Zn_{(s)}$ alla temperatura di 37 °C è –0,78 V.

PROBLEMA SIMILE

Calcola il potenziale di riduzione dell'elettrodo $Ag^{+}_{(aq)}$ (0,25 M)/$Ag_{(s)}$ alla temperatura di 25 °C.

6 LE CELLE ELETTROLITICHE TRASFORMANO L'ENERGIA ELETTRICA IN ENERGIA CHIMICA

In una reazione di ossido-riduzione *non spontanea* i reagenti hanno energia chimica *minore* dei prodotti e quindi il trasferimento di elettroni dal riducente all'ossidante è possibile solo fornendo *energia elettrica*.

Il processo che utilizza la corrente elettrica per far avvenire una reazione redox non spontanea si chiama **elettrolisi**.

L'elettrolisi si realizza in una cella elettrolitica.

Una cella elettrolitica o *voltametro* è un sistema costituito da una **soluzione elettrolitica** o da **un elettrolita fuso** e da due *elettrodi* (conduttori di corrente) generalmente di platino o di grafite. Tra i due elettrodi collegati da un *generatore di corrente continua* (pila o batteria) si origina una differenza di potenziale che permette:

- mediante un conduttore metallico il passaggio di elettroni tra l'elettrodo con carica positiva e l'elettrodo con carica negativa;
- la migrazione degli ioni che derivano dalla dissociazione dell'elettrolita all'interno della cella (figura **14**).

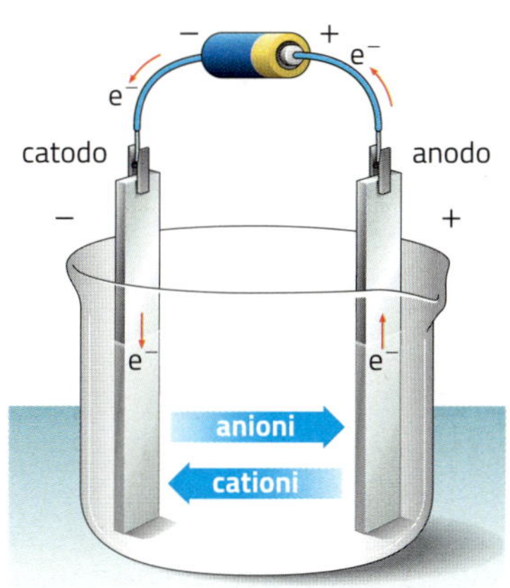

Figura 14 La cella elettrolitica
In una cella elettrolitica gli ioni negativi si muovono verso l'anodo dove avviene l'ossidazione, gli ioni positivi si muovono verso il catodo dove avviene la riduzione.

TI RICORDI?

Un **elettrolita** è un composto che, allo stato liquido o in soluzione, si dissocia in ioni. Sono elettroliti composti ionici, come sali e idrossidi dei metalli alcalini e alcalino-terrosi, e composti molecolari polari, come idracidi e ossoacidi.

A COLPO D'OCCHIO

CELLA ELETTROLITICA
- ANODO (+) OSSIDAZIONE
- CATODO (-) RIDUZIONE

Gli ioni positivi (cationi) sono attratti dall'elettrodo negativo (catodo) e gli ioni negativi (anioni) sono attratti dall'elettrodo positivo (anodo):

All'**anodo** gli ioni negativi cedono elettroni all'elettrodo (semireazione di *ossidazione*).

Al **catodo** gli ioni positivi acquistano elettroni dall'elettrodo (semireazione di *riduzione*).

Nel conduttore metallico, circuito esterno, la carica elettrica è trasportata dagli elettroni (*conduzione elettronica*) che passano dall'anodo al catodo. Nella cella elettrolitica, circuito interno, la carica elettrica è trasportata dagli ioni (*conduzione ionica*) che passano dal catodo all'anodo. Il passaggio di **energia elettrica** nella cella fa quindi avvenire una **reazione chimica** (redox) non spontanea.

La **cella elettrolitica** è un sistema capace di trasformare l'energia elettrica in energia chimica.

La cella galvanica e la cella elettrolitica a confronto

Sintetizziamo ora e *confrontiamo* le caratteristiche di una cella galvanica (o pila) e di una cella elettrolitica, mettendo in luce gli aspetti condivisi da entrambi i sistemi e quelli per cui si distinguono (tabella **2**).

<table>
<tr><th>Cella galvanica</th><th>Cella elettrolitica</th></tr>
<tr><td>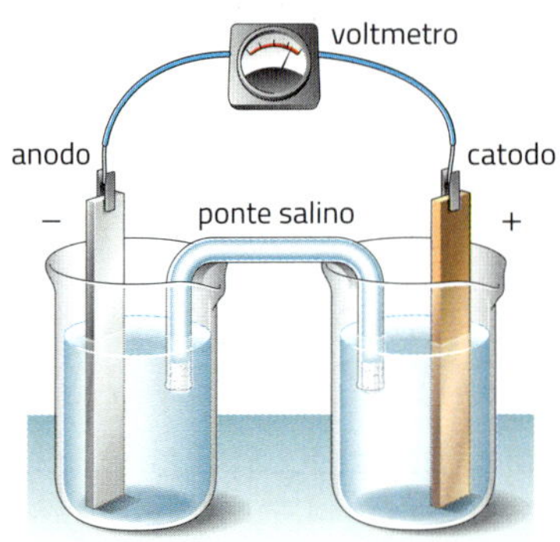
</td><td>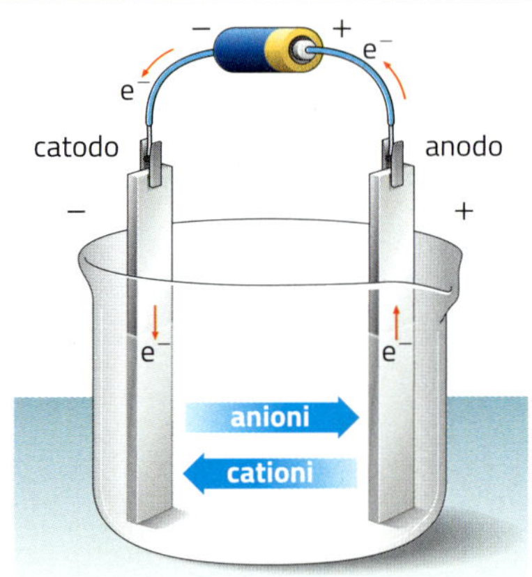
</td></tr>
<tr><td colspan="2">L'ossidazione avviene all'anodo</td></tr>
<tr><td colspan="2">La riduzione avviene al catodo</td></tr>
<tr><td colspan="2">I cationi migrano al catodo</td></tr>
<tr><td colspan="2">Gli anioni migrano all'anodo</td></tr>
<tr><td>L'anodo è il polo negativo</td><td>L'anodo è il polo positivo</td></tr>
<tr><td>Il catodo è il polo positivo</td><td>Il catodo è il polo negativo</td></tr>
<tr><td>La reazione redox è spontanea</td><td>La reazione redox non è spontanea</td></tr>
<tr><td>Trasformazione di energia chimica in energia elettrica</td><td>Trasformazione di energia elettrica in energia chimica</td></tr>
</table>

Tabella 2 Confronto tra cella galvanica ed elettrolitica Aspetti in comune e differenze tra i due sistemi.

7 L'ELETTROLISI IN SOLUZIONE ACQUOSA ORIGINA VARI PRODOTTI

Quando si fa passare una corrente elettrica continua attraverso una soluzione elettrolitica sono possibili diverse semireazioni.

Al **catodo** le semireazioni di **riduzione** più comuni sono:

- la riduzione di un **catione monoatomico** nel corrispondente atomo metallico, che si verifica quando nella soluzione acquosa sono presenti cationi metallici di *transizione* o di *post-transizione*. Le semireazioni di riduzione dello ione rameico (metallo di transizione) e dello ione stannico (metallo di post-transizione) sono rappresentate dalla seguenti equazioni:

$$Cu^{2+}_{(aq)} + 2\,e^- \longrightarrow Cu_{(s)} \qquad Sn^{4+}_{(aq)} + 4\,e^- \longrightarrow Sn_{(s)}$$

- la riduzione di **ioni idrogeno** H^+ a molecole di idrogeno H_2, che si verifica elettrolizzando una soluzione acquosa di un *acido forte*. La riduzione dello ione H^+ è rappresentata dalla seguente semireazione:

$$2\,H^+_{(aq)} + 2\,e^- \longrightarrow H_{2(g)}$$

- la riduzione di molecole di **acqua** a molecole di idrogeno e ioni idrossido, che si verifica quando in soluzione acquosa sono presenti cationi dei metalli alcalini e alcalino-terrosi. La riduzione dell'acqua è rappresentata dalla seguente semireazione:

$$2\,H_2O_{(l)} + 2\,e^- \longrightarrow H_{2(g)} + 2\,OH^-_{(aq)}$$

La facilità con cui avviene la **riduzione al catodo** segue questo ordine:

Cationi dei metalli di transizione e post-transizione > Ioni idrogeno di acidi forti > Acqua > Cationi dei metalli alcalini e alcalino-terrosi

All'**anodo** le semireazioni di **ossidazione** più comuni sono:

- l'ossidazione di un **anione monoatomico** nella corrispondente molecola del non metallo, che si verifica per gli anioni monoatomici degli *alogeni* tranne il fluoro. L'ossidazione dello ione cloruro Cl^- è rappresentata dalla seguente semireazione:

$$2\,Cl^-_{(aq)} \longrightarrow Cl_{2(g)} + 2\,e^-$$

- l'ossidazione di **ioni idrossido** OH^- a molecole di ossigeno O_2 e acqua, che si verifica elettrolizzando soluzioni acquose di *basi forti* dei metalli alcalini e alcalino-terrosi. L'ossidazione dello ione OH^- è rappresentata dalla seguente semireazione:

$$4\,OH^-_{(aq)} \longrightarrow O_{2(g)} + 2\,H_2O_{(l)} + 4\,e^-$$

- l'ossidazione di molecole di acqua a molecole di ossigeno O_2 e ioni idrogeno H^+, che si verifica elettrolizzando soluzioni acquose di *fluoruri*, *nitrati* e *solfati*. L'ossidazione dell'acqua è rappresentata dalla seguente semireazione:

$$2\,H_2O_{(l)} \longrightarrow O_{2(g)} + 4\,H^+_{(aq)} + 4\,e^-$$

La facilità con cui avviene l'**ossidazione all'anodo** segue questo ordine:

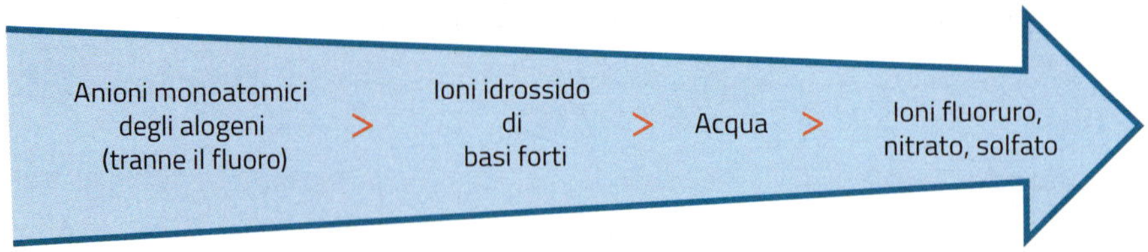

Se in una cella elettrolitica gli ioni idrogeno e gli ioni idrossido presenti derivano dalla sola autoionizzazione dell'acqua, la riduzione degli H^+ o l'ossidazione degli OH^- non si verifica, a causa della loro ridottissima concentrazione.

8 PER L'ELETTROLISI DELL'ACQUA SI DEVE AGGIUNGERE UN ELETTROLITA FORTE

TI RICORDI?

Un **elettrolita**, fuso o in soluzione, può dissociarsi in ioni completamente (in tal caso si definiste **forte**) o parzialmente (in tal caso si definisce **debole**).

L'elettrolisi dell'acqua pura non si può realizzare poiché l'acqua è un elettrolita debolissimo e quindi gli ioni che derivano dalla sua dissociazione (ioni idrogeno e ioni idrossido) sono in una concentrazione così bassa da non permettere la conduzione ionica e, di conseguenza, il passaggio di corrente elettrica.

Il problema si risolve aggiungendo all'acqua un sale, costituito da cationi metallici alcalini o alcalino-terrosi e da alcuni anioni (ione fluoruro F^-, ione nitrato NO_3^-, ione solfato SO_4^{2-}) che non si devono ossidare più facilmente dell'acqua. Il sale, dissociandosi completamente, aumenta la concentrazione degli ioni e quindi la conducibilità nella cella elettrolitica.

Prendiamo in esame una cella elettrolitica (voltmetro di Hoffmann) in cui sia presente una soluzione di solfato di sodio Na_2SO_4: si osserva che al catodo si sviluppa idrogeno e all'anodo ossigeno e, leggendo il volume dei due gas, si nota che quello dell'idrogeno è doppio di quello dell'ossigeno.

Il solfato di sodio, **elettrolita forte**, in soluzione è completamente dissociato in ioni sodio e solfato:

$$Na_2SO_{4(aq)} \longrightarrow 2\,Na^+_{(aq)} + SO^{2-}_{4(aq)}$$

L'acqua, **elettrolita debole**, è parzialmente dissociata in ioni idrogeno e idrossido:

$$H_2O_{(l)} \longrightarrow H^+_{(aq)} + OH^-_{(aq)}$$

In soluzione sono quindi presenti le seguenti specie chimiche:

- ioni sodio Na^+ e ioni idrogeno H^+ che derivano rispettivamente dalla dissociazione del solfato di sodio e dall'autoionizzazione dell'acqua;
- ioni solfato SO_4^{2-} e ioni idrossido OH^- che derivano rispettivamente dalla dissociazione del solfato di sodio e dall'autoionizzazione dell'acqua;
- molecole di acqua indissociate.

Tra i due elettrodi, collegati con un generatore di corrente continua, si stabilisce una differenza di potenziale che determina una reazione di ossido-riduzione (figura **15**).

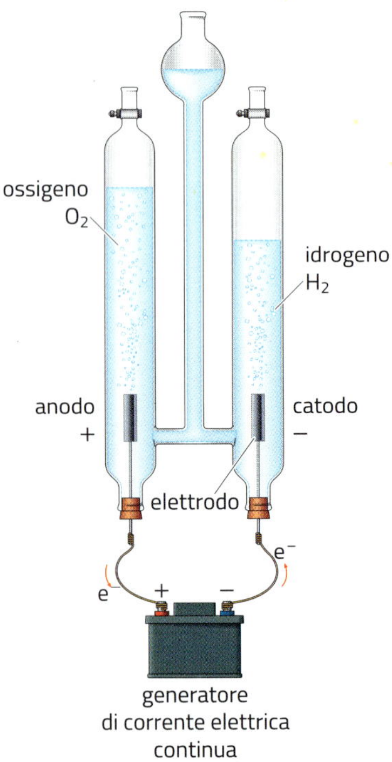

Figura 15 Voltametro di Hoffmann Nel voltametro è presente una soluzione di solfato di sodio: l'elettrolisi dell'acqua produce un volume di idrogeno doppio rispetto a quello dell'ossigeno.

- Le semireazioni possibili al *catodo* sono la **riduzione** degli ioni sodio, degli ioni idrogeno e dell'acqua:

$$Na^+_{(aq)} + e^- \longrightarrow Na_{(s)} \qquad 2\,H^+_{(aq)} + 2\,e^- \longrightarrow H_{2(g)}$$

$$2\,H_2O_{(l)} + 2\,e^- \longrightarrow H_{2(g)} + 2\,OH^-_{(aq)}$$

La concentrazione degli ioni idrogeno è ridottissima, gli ioni sodio hanno una bassissima tendenza a ridursi e quindi si ha la *riduzione* dell'*acqua*.

- Le semireazioni possibili all'*anodo* sono l'**ossidazione** degli ioni solfato, degli ioni idrossido e dell'acqua:

$$2\,SO_{4(aq)}^{2-} \longrightarrow S_2O_{8(aq)}^{2-} + 2\,e^- \qquad 4\,OH^-_{(aq)} \longrightarrow O_{2(g)} + 2\,H_2O_{(l)} + 4\,e^-$$

$$2\,H_2O_{(l)} \longrightarrow O_{2(g)} + 4\,H^+_{(aq)} + 4\,e^-$$

PER CAPIRE MEGLIO
PDF *Laboratorio*
Elettrolisi in soluzione acquosa

La concentrazione degli ioni idrossido è irrilevante, gli ioni solfato hanno una bassissima tendenza a ossidarsi e quindi si ha l'*ossidazione* dell'*acqua*.

- Le **semireazioni** al catodo e all'anodo sono quindi le seguenti:

catodo $2\,H_2O_{(l)} + 2\,e^- \longrightarrow H_{2(g)} + 2\,OH^-_{(aq)}$

anodo $2\,H_2O_{(l)} \longrightarrow O_{2(g)} + 4\,H^+_{(aq)} + 4\,e^-$

Per rendere uguale il numero degli elettroni, ceduti e acquistati, l'equazione della semireazione catodica deve essere moltiplicata per due:

catodo $4\,H_2O_{(l)} + 4\,e^- \longrightarrow 2\,H_{2(g)} + 4\,OH^-_{(aq)}$

anodo $2\,H_2O_{(l)} \longrightarrow O_{2(g)} + 4\,H^+_{(aq)} + 4\,e^-$

La reazione complessiva è rappresentata dalla seguente equazione:

$$4\,H_2O_{(l)} + 4\,e^- + 2\,H_2O_{(l)} \longrightarrow 2\,H_{2(g)} + 4\,OH^-_{(aq)} + O_{2(g)} + 4\,H^+_{(aq)} + 4\,e^-$$

I quattro ioni idrogeno H^+ e i quattro ioni idrossido OH^- presenti tra i prodotti della reazione si neutralizzano a formare acqua:

$$4\,H^+_{(aq)} + 4\,OH^-_{(aq)} \longrightarrow 4\,H_2O_{(l)}$$

Di conseguenza la reazione complessiva si rappresenta nella forma:

$$6\,H_2O_{(l)} \longrightarrow 2\,H_{2(g)} + O_{2(g)} + 4\,H_2O_{(l)}$$

Tra i reagenti sono presenti sei molecole di acqua, tra i prodotti quattro e quindi l'equazione definitiva assume la forma:

$$2\,H_2O_{(l)} \longrightarrow 2\,H_{2(g)} + O_{2(g)}$$

Nell'elettrolisi di una soluzione acquosa di un sale (Na_2SO_4), in corrispondenza dei due elettrodi l'acqua si riduce e si ossida, sviluppando idrogeno al catodo e ossigeno all'anodo: è avvenuta l'**elettrolisi dell'acqua**.

L'elettrolisi dell'acqua può avvenire anche:

- con soluzioni diluite di **basi forti** (elementi alcalini e alcalino-terrosi); al catodo si ha la *riduzione dell'acqua* con sviluppo di **idrogeno** e produzione di ioni idrossido OH^-, mentre all'anodo si ha l'*ossidazione degli ioni idrossido* OH^- con sviluppo di **ossigeno**;
- con soluzioni diluite di alcuni **acidi** (HF, HNO_3, H_2SO_4) i cui anioni (F^-, NO_3^-, SO_4^{2-}) non si devono ossidare più facilmente dell'acqua; al catodo si ha la *riduzione degli ioni idrogeno* H^+ con sviluppo di **idrogeno** H_2 mentre all'anodo si ha l'*ossidazione dell'acqua* con sviluppo di **ossigeno** O_2 e formazione di ioni idrogeno.

TI RICORDI?

Secondo la legge di Avogadro, il volume occupato da una mole di un qualunque gas nelle c.n. ($T = 0$°C, $P = 1$ atm) e detto **volume molare**. In condizioni standard una mole di gas occupa un volume di 22,4 L. L'elettrolisi dell'acqua produce un numero di moli e quindi un volume di idrogeno doppio rispetto a quello dell'ossigeno.

LE PAROLE

Il termine **elettrolisi** (dal greco *elektron*, «ambra», e *lisis*, «dissoluzione») indica la decomposizione di un elettrolita quando una soluzione elettrolitica è attraversata da corrente elettrica.

9 LE LEGGI DI FARADAY: RELAZIONE TRA LE QUANTITÀ DI CORRENTE E DI SOSTANZA NELLA CELLA ELETTROLITICA

Figura 16 **Michael Faraday (1791-1867)** Con le sue scoperte Faraday contribuì al progresso dell'elettrochimica e dell'elettromagnetismo.

PER SAPERNE DI PIÙ
PDF *La storia della chimica* Michael Faraday

Tra la *quantità di corrente elettrica* che passa in una cella elettrolitica e la *quantità di sostanza* che si deposita o si sviluppa agli elettrodi intercorrono **relazioni quantitative**. Queste relazioni sono state formulate dal fisico inglese Michael Faraday nel 1833 (figura **16**).

La prima legge di Faraday

La corrente elettrica è un flusso di elettroni e in ogni semireazione redox è coinvolto un numero di elettroni definito e costante; pertanto si deve ammettere che esista una relazione, espressa dalla **prima legge di Faraday**, tra la quantità di carica elettrica che attraversa la cella e la quantità di sostanza prodotta in corrispondenza dei due elettrodi.

Durante l'elettrolisi la quantità di sostanza che si deposita o si sviluppa a un elettrodo è direttamente proporzionale alla quantità di corrente elettrica che passa nella cella elettrolitica.

Nell'elettrolisi di una soluzione acquosa contenente ioni argento Ag^+, al catodo si ha la riduzione dello ione argento ad argento metallico Ag secondo la seguente semireazione:

$$Ag^+_{(aq)} + e^- \longrightarrow Ag_{(s)}$$

Se la cella è attraversata da un solo elettrone si ha la deposizione al catodo di un solo atomo di argento, ma se la cella è attraversata da un numero di Avogadro ($N_A = 6{,}022 \cdot 10^{23}$) di elettroni (corrispondente a una mole di elettroni) si ha la deposizione di una mole di argento (107,8 g).

La quantità di corrente elettrica che corrisponde a un numero di Avogadro di elettroni si chiama **faraday** (simbolo **F**).

La carica dell'elettrone è uguale a $1{,}6 \cdot 10^{-19}$ coulomb (simbolo **C**) e quindi il valore di 1 faraday corrisponde a 96 485 C/mol.

$$1\ F = (1{,}6 \cdot 10^{-19}\ C) \cdot (6{,}022 \cdot 10^{23}\ mol^{-1}) = 96\,485\ C/mol$$

Tuttavia, nei calcoli, il valore di 1 faraday usato generalmente è 96 500 C/mol. Per il calcolo della quantità di sostanza che si deposita o si sviluppa a un elettrodo si deve determinare la quantità di carica elettrica che passa nella cella elettrolitica.

La quantità di carica elettrica è definita dall'intensità della corrente elettrica che passa nella cella e dal tempo in cui si fa passare la corrente.

La **quantità** di corrente elettrica (simbolo ***Q***) corrisponde al prodotto tra l'**intensità** della corrente elettrica (simbolo ***i***) e il **tempo** (simbolo ***t***).

$$Q = i \cdot t$$

Nella precedente relazione:

- la quantità di corrente elettrica è espressa in coulomb (simbolo **C**);
- l'intensità di corrente è espressa in ampere (simbolo **A**);
- il tempo è espresso in secondi (simbolo **s**).

Se prendiamo in esame le unità di misura di queste grandezze, la relazione diventa:

numero di coulomb = numero di ampere · numero di secondi

$$C = A \cdot s$$

In una cella elettrolitica in cui passa una corrente di 1 A per il tempo di un'ora (3600 s), la quantità di corrente Q che attraversa la cella è uguale a 3600 C:

$$Q = 1\ \text{A} \cdot 3600\ \text{s} = 3600\ \text{C}$$

La seconda legge di Faraday

Prendiamo ora in esame tre celle elettrolitiche contenenti rispettivamente una soluzione di uno ione con una carica (Ag^+), di uno ione con due cariche (Cu^{2+}) e di uno ione con tre cariche (Al^{3+}).

Nella prima cella per un atomo di argento che si deposita al catodo occorre un elettrone, nella seconda cella per un atomo di rame che si deposita occorrono due elettroni, mentre nella terza cella per un atomo di alluminio che si deposita occorrono tre elettroni:

$$Ag^{+}_{(aq)} + e^{-} \longrightarrow Ag_{(s)}$$

$$Cu^{2+}_{(aq)} + 2\ e^{-} \longrightarrow Cu_{(s)}$$

$$Al^{3+}_{(aq)} + 3\ e^{-} \longrightarrow Al_{(s)}$$

Ne consegue che al passaggio di 1 faraday nella prima cella si deposita una quantità di sostanza corrispondente a *una* mole, nella seconda una quantità di sostanza uguale a *mezza* mole e nella terza una quantità di sostanza uguale a *un terzo* di mole (figura **17**).

Una mole di uno ione con una carica, **mezza mole** di uno ione con due cariche e **un terzo di mole** di uno ione con tre cariche sono uguali a un **equivalente**.

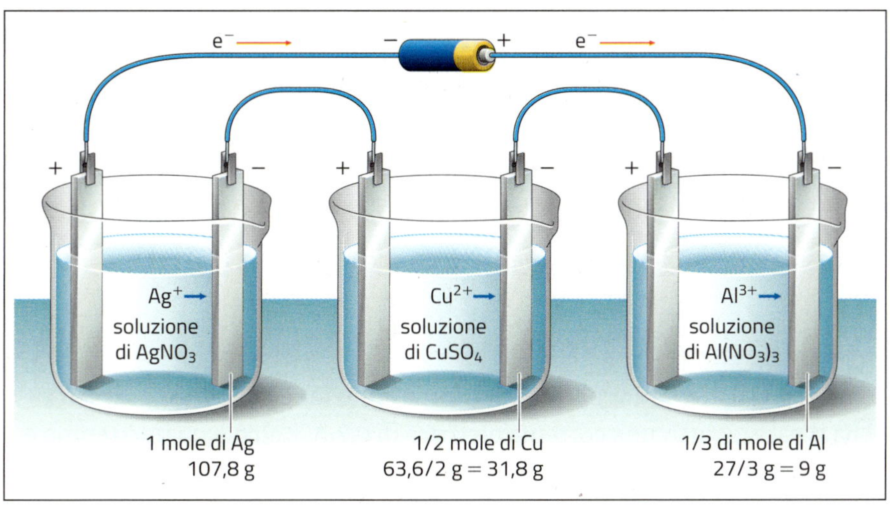

Figura 17 **La massa equivalente** Il passaggio di 1 faraday di corrente elettrica provoca la deposizione di quantità di sostanze che corrispondono alla massa equivalente.

La relazione tra la massa di un equivalente espressa in grammi (*massa equivalente*) e il passaggio di 1 faraday è espressa dalla *seconda legge di Faraday*.

> Il passaggio in una soluzione elettrolitica di 1 faraday (96 500 C) fa depositare o sviluppare a entrambi gli elettrodi quantità di sostanze che corrispondono alle **masse equivalenti**.

In altri termini, il passaggio di 1 F determina la deposizione al catodo di 107,8 g di argento ($M = 107{,}8$ g/mol), 31,8 g di rame ($M = 63{,}6$ g/mol) e 9 g di alluminio ($M = 27$ g/mol).

PROBLEMA MODELLO

Calcolare i grammi di sostanza prodotti al catodo di una cella elettrolitica

In una cella elettrolitica che contiene una soluzione di solfato rameico ($CuSO_4$), passa una corrente elettrica di 1,2 A per il tempo di 80 minuti. Calcola quanti grammi di rame si depositano al catodo.

L'IDEA

Si rappresenta la semireazione di riduzione al catodo per definire il numero di elettroni (n) coinvolti nella semireazione.
Calcoliamo la massa equivalente del rame e la corrente elettrica che attraversa la cella.

LA SOLUZIONE

Rappresentiamo la semireazione di riduzione al catodo per definire il numero di elettroni (n) coinvolti nella semireazione:

$$Cu^{2+}_{(aq)} + 2\,e^- \longrightarrow Cu_{(s)} \quad n = 2$$

Calcoliamo la massa equivalente m_{eq} del rame ($M = 63{,}54$ g/mol) con la relazione:

$$m_{eq} = \frac{M\,(\text{g/mol})}{\text{n. e}^-\,(\text{eq/mol})} = \frac{63{,}54\ \text{g/mol}}{2\ \text{eq/mol}} = 31{,}77\ \text{g/eq}$$

Calcoliamo la quantità di corrente elettrica Q che passa attraverso la cella esprimendo il tempo in secondi ($t = 4800$ s):

$$Q = i \cdot t = 1{,}2\ \text{A} \cdot 4800\ \text{s} = 5760\ \text{C}$$

LA CONCLUSIONE

Poiché 1 faraday (96 500 C) fa depositare a un elettrodo una quantità di rame che corrisponde alla massa equivalente (31,77 g/eq), determiniamo la quantità di rame con la seguente relazione:

$$96\,500 : 31{,}77 = 5760 : m_{(Cu)}$$

La massa di rame che si deposita all'elettrodo è uguale a 1,89 g:

$$m_{Cu} = 31{,}77 \cdot \frac{5760}{96\,500} = 1{,}89\ \text{g}$$

PROBLEMA SIMILE

In una cella elettrolitica che contiene una soluzione di cloruro di argento si ha il passaggio di una corrente elettrica di 0,7 A. Calcola quanto tempo è necessario per far depositare 2,4 g di argento.

PER SAPERNE DI PIÙ

Applicazioni industriali dell'elettrolisi

I processi elettrolitici trovano importanti applicazioni industriali: la preparazione di molti elementi chimici (*elettrolisi di elettroliti fusi*), il rivestimento di oggetti metallici facilmente ossidabili (*galvanostegia*), la raffinazione elettrolitica di metalli.

Elettrolisi di elettroliti fusi

I composti ionici (ossidi basici e sali) a temperatura ambiente sono dei solidi costituiti da ioni positivi e ioni negativi. Gli ioni sono legati fortemente dal legame ionico e di conseguenza la forza di attrazione elettrostatica che si stabilisce tra gli ioni non permette a questi ultimi di migrare verso gli elettrodi della cella elettrolitica.

Prendiamo in esame una cella elettrolitica in cui sia presente un composto ionico, il cloruro di sodio NaCl, allo stato solido, costituito da ioni sodio Na^+ e ioni cloruro Cl^- legati fortemente dal legame ionico.

Se portiamo a fusione il solido ($t_f = 800$ °C), il legame ionico si indebolisce e gli ioni sodio e cloruro, sotto l'azione della differenza di potenziale determinata da un generatore di corrente continua, sono liberi di muoversi verso gli elettrodi di grafite, dove avvengono le semireazioni di riduzione e di ossidazione (figura **A**). In un composto ionico fuso le uniche specie chimiche presenti sono gli ioni che lo costituiscono:

- al **catodo** la semireazione di riduzione porta alla formazione di sodio metallico allo stato liquido

$$Na^+_{(l)} + e^- \longrightarrow Na_{(l)}$$

- all'**anodo** la semireazione di ossidazione porta alla formazione di cloro gassoso

$$2\,Cl^-_{(l)} \longrightarrow Cl_{2(g)} + 2\,e^-$$

Per rendere uguali il numero di elettroni ceduti e acquistati, l'equazione della semireazione catodica deve essere moltiplicata per due. La reazione redox complessiva è quindi la seguente:

$$2\,Na^+_{(l)} + 2\,Cl^-_{(l)} \longrightarrow 2\,Na_{(l)} + Cl_{2(g)}$$

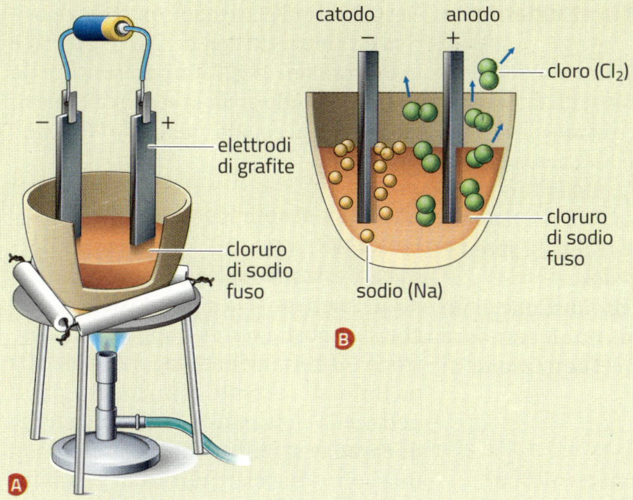

Figura A Elettrolisi del cloruro di sodio allo stato fuso A Passaggio di corrente elettrica nel cloruro di sodio fuso. B Al catodo si deposita sodio metallico, all'anodo si sviluppa cloro gassoso.

Galvanostegia

La galvanostegia è un procedimento mediante il quale un metallo facilmente ossidabile è ricoperto da un altro metallo.

Questo processo ha il fine di proteggere l'oggetto dalla corrosione (zincatura, cromatura), oppure di renderlo più pregiato (argentatura, doratura).

L'oggetto da ricoprire funziona da catodo ed è immerso in una cella elettrolitica, costituita da un elettrodo e da una soluzione elettrolitica. L'elettrodo è di un metallo di cui si vuole ricoprire l'oggetto; la soluzione contiene un sale formato dagli stessi ioni positivi del metallo.

Ammettiamo di voler ricoprire una moneta metallica (catodo) con argento. Introduciamo nella cella elettrolitica una lamina di argento e una soluzione contenente ioni argento Ag^+.

Tra l'elettrodo e la moneta, collegati con un generatore di corrente continua, si stabilisce una differenza di potenziale che determina una reazione di ossido-riduzione:

- all'**anodo** gli atomi di argento della lamina si ossidano a ioni argento Ag^+, che vanno in soluzione:

$$Ag_{(s)} \longrightarrow Ag^+_{(aq)} + e^-$$

- al **catodo** gli ioni argento Ag^+ si riducono ad argento metallico:

$$Ag^+_{(aq)} + e^- \longrightarrow Ag_{(s)}$$

Se l'oggetto da ricoprire *non è metallico* (terracotta) e quindi non è conduttore, si può renderlo conduttore in superficie trattandolo con una vernice apposita (polvere di grafite) che conduca la corrente elettrica: il procedimento è detto di *galvanoplastica* (figura **B**).

Figura B Rivestimento di un oggetto non metallico Le statuette del premio Oscar vengono sottoposte a un processo di galvanoplastica.

La raffinazione elettrolitica dei metalli

La raffinazione elettrolitica è un procedimento che permette di ottenere metalli allo stato purissimo.

Il processo è realizzato in una cella elettrolitica i cui elettrodi sono costituiti da una lamina del metallo da purificare (*anodo*) e da una lamina dello stesso metallo puro (*catodo*).

Nella soluzione elettrolitica è presente un sale costituito da cationi del metallo da purificare. Tra le due lamine, collegate da un generatore di corrente continua, si stabilisce una differenza di potenziale che determina una reazione di ossido-riduzione.

All'**anodo** gli atomi del metallo non puro si ossidano sotto forma di cationi che vanno in soluzione. Al **catodo** i cationi si riducono sotto forma di atomi metallici depositandosi sulla lamina del metallo puro. Le impurezze presenti sulla lamina che si comporta da anodo:

- se non sono solubili in acqua, si depositano sul fondo della cella elettrolitica a costituire i *fanghi anodici*;
- se sono solubili, rimangono in soluzione senza partecipare alla reazione catodica.

Il rame che si ottiene industrialmente per *riduzione* dai suoi minerali contiene delle impurezze. Il rame utilizzato per i conduttori elettrici deve essere purissimo, perché le impurezze diminuiscono notevolmente la conducibilità elettrica.

La purificazione del rame è realizzata con il procedimento della raffinazione elettrolitica. Il rame non puro è ridotto in lamine che costituiscono l'anodo della cella elettrolitica, mentre le lamine di rame puro rappresentano il catodo della cella. Le due lamine (elettrodi), collegate a un generatore di corrente continua, sono immerse in una soluzione elettrolitica di solfato di rame(II) (formula $CuSO_4$).

All'anodo si ha l'ossidazione, per cui gli atomi di rame si allontanano dalla lamina sotto forma di ioni rame(II) che vanno in soluzione:

$$Cu_{(s)} \longrightarrow Cu^{2+}_{(aq)} + 2\,e^-$$

Al catodo gli ioni rame (II) della soluzione si riducono sotto forma di atomi metallici che si depositano sulla lamina:

$$Cu^{2+}_{(aq)} + 2\,e^- \longrightarrow Cu_{(s)}$$

Le impurezze (ferro, argento, oro) si depositano sul fondo come fanghi anodici.

FACCIAMO IL PUNTO

LO SAI? RIPASSA CON LO SMARTPHONE

Che cos'è una pila?

Una **pila** o cella galvanica è un sistema capace di trasformare energia chimica in energia elettrica mediante una redox spontanea. Una pila è formata da due *semielementi* collegati con un ponte salino, ciascuno costituito da una lamina metallica (**elettrodo**) e da una soluzione di un sale contenente ioni dello stesso metallo. Esistono pile *irreversibili* (pila Daniell, pile alcaline e pile a bottone) e *reversibili* (accumulatori).

Come funziona la pila Daniell?

Nella pila Daniell i due semielementi sono costituiti da una lamina di zinco immersa parzialmente in una soluzione di solfato di zinco, e da una lamina di rame immersa parzialmente in una soluzione di solfato di rame. L'elettrodo dove si verifica la semireazione di ossidazione costituisce l'**anodo** (polo negativo della pila), quello dove si verifica la semireazione di riduzione costituisce il **catodo** (polo positivo della pila).

Che cos'è il potenziale standard di riduzione?

Il **potenziale standard di riduzione** è il valore che misura la capacità di un elettrodo a ridursi (ad acquistare elettroni). I valori dei *potenziali di riduzione* permettono di determinare il catodo e l'anodo di una pila, di calcolare la forza elettromotrice standard e di prevedere la spontaneità di una reazione redox.
I valori dei potenziali di riduzione di un elettrodo in condizioni non standard vengono calcolati con l'**equazione di Nernst**.

Che cos'è una cella elettrolitica?

Una **cella elettrolitica** è un sistema in cui il passaggio di corrente elettrica, proveniente da un generatore di corrente continua attraverso una soluzione elettrolitica o un elettrolita fuso, innesca una *reazione redox non spontanea*. Tra i due elettrodi si crea una differenza di potenziale che permette il passaggio di elettroni tra l'elettrodo con carica positiva e l'elettrodo con carica negativa, e la migrazione degli ioni presenti nella cella: all'anodo si ha la semireazione di *ossidazione*, al catodo quella di *riduzione*.

Che cosa stabiliscono le leggi di Faraday?

In base alla **prima legge di Faraday**, durante l'elettrolisi la quantità di sostanza che si deposita o si sviluppa ad un elettrodo è direttamente proporzionale alla quantità di corrente elettrica che passa nella cella elettrolitica. La **seconda legge di Faraday** stabilisce che il passaggio in una soluzione elettrolitica di 1 faraday (96 500 C) fa depositare o sviluppare ad entrambi gli elettrodi quantità di sostanza che corrispondono alle *masse equivalenti*.

ESERCIZI

ZTE ONLINE
Mettiti alla prova con 20 esercizi interattivi

VERIFICA LE TUE CONOSCENZE

LA PILA O CELLA GALVANICA

1 **Descrivi la composizione di una coppia di semielementi o semicelle in una cella galvanica.**

2 **Descrivi la funzione del ponte salino in una cella galvanica.**

3 **In una cella galvanica avviene la seguente reazione redox:**

$$2\,Al_{(s)} + 3\,Sn^{2+}_{(aq)} \longrightarrow 2\,Al^{3+}_{(aq)} + 3\,Sn_{(s)}$$

Rappresenta le semireazioni di ossidazione e di riduzione e stabilisci l'anodo e il catodo.

4 **Una pila ha il seguente diagramma di cella:**

$$Mg_{(s)}/Mg^{2+}_{(aq)} \,//\, Sn^{2+}_{(aq)}/Sn$$

Rappresenta la relazione che esprime la forza elettromotrice.

5 **Una pila è un sistema in cui avviene**
Ⓐ una reazione di ossido-riduzione spontanea.
Ⓑ una riduzione all'anodo e un'ossidazione al catodo.
Ⓒ una reazione esotermica.
Ⓓ una reazione di ossido-riduzione non spontanea.

6 **Stabilisci da quale fattore non dipende la forza elettromotrice della pila:**

$$Pt_{(s)}/H_{2(g)}/H^{+}_{(aq)}/(1\ bar) \,//\, Cu^{2+}_{(aq)}/Cu_{(s)}$$

Ⓐ Temperatura
Ⓑ Concentrazione di ioni idrogeno $H^{+}_{(aq)}$
Ⓒ Concentrazione di ioni rame(II) $Cu^{2+}_{(aq)}$
Ⓓ Volume di idrogeno $H_{2(g)}$

IL POTENZIALE STANDARD DI RIDUZIONE

7 **Per determinare il potenziale di un singolo elettrodo si fa riferimento all'elettrodo a idrogeno. Analizza la sua composizione.**

8 **Rappresenta la reazione redox che si verifica quando una lamina di ferro è immersa parzialmente in una soluzione di HCl.**

9 **In un sistema costituito da una lamina d'argento immersa parzialmente in una soluzione di ioni Sn^{2+} non avviene nessuna reazione. Perché?**

10 **La *f.e.m.*° della cella galvanica argento-rame è uguale a 0,46 V. Noto il potenziale standard del rame ($E^{\circ}_{Cu^{2+}/Cu} = 0{,}34$ V), calcola il potenziale standard dell'argento.**

11 **L'esame dei valori dei potenziali di riduzione standard permette di affermare che la reazione**

$$2\,Ag_{(s)} + Zn^{2+}_{(aq)} \longrightarrow 2\,Ag^{+}_{(aq)} + Zn_{(s)}$$

Ⓐ è spontanea nel senso indicato dalla freccia.
Ⓑ è spontanea nel senso opposto alla freccia.
Ⓒ non avviene.
Ⓓ può avvenire in entrambi i sensi.

12 **Una soluzione di HF si trova in un contenitore di rame. Considerando i potenziali standard dell'idrogeno e del rame, che cosa accade?**
Ⓐ Si sviluppa idrogeno.
Ⓑ Il rame si ossida.
Ⓒ La soluzione rimane inalterata.
Ⓓ Si forma fluoro allo stato di gas.

13 **Rappresenta il diagramma di cella per le seguenti coppie di semielementi:**
a. $Ni^{2+}_{(aq)}/Ni_{(s)}$ e $Cu^{+}_{(aq)}/Cu_{(s)}$
b. $Fe^{2+}_{(aq)}/Fe_{(s)}$ e $Mg^{2+}_{(aq)}/Mg_{(s)}$
c. $Cl_{2(g)}/Cl^{-}_{(aq)}/Pt_{(s)}$ e $I_{2(s)}/I^{-}_{(aq)}$

14 **Calcola la *f.e.m.*° delle pile rappresentate dai seguenti diagrammi di cella:**
a. $Sn_{(s)}/Sn^{2+}_{(aq)} \,//\, Ag^{+}_{(aq)}/Ag_{(s)}$
b. $Al_{(s)}/Al^{3+}_{(aq)} \,//\, Cr^{3+}_{(aq)}/Cr_{(s)}$
c. $Mg_{(s)}/Mg^{2+}_{(aq)} \,//\, Cu^{+}_{(aq)}/Cu_{(s)}$
d. $Zn_{(s)}/Zn^{2+}_{(aq)} \,//\, Ag^{+}_{(aq)}/Ag_{(s)}$

L'EQUAZIONE DI NERNST

15 **Perché nell'equazione di Nerst i valori delle concentrazioni di un solido o di un liquido non sono presenti?**

16 **Rappresenta l'equazione di Nerst per il calcolo del potenziale di cella, precisa il significato dei simboli e le relative unità di misura.**

17 **Rappresenta l'equazione di Nerst per il calcolo del potenziale di riduzione dell'elettrodo di alluminio $E_{Al^{3+}/Al}$.**

LA CELLA ELETTROLITICA

18 **Analizza la modalità di conduzione delle cariche elettriche all'esterno e all'interno del circuito di una cella elettrolitica.**

19 **Prendi in esame una cella galvanica e una cella elettrolitica e precisa gli aspetti in comune e le differenze tra i due processi elettrochimici.**

20 **Disegna una cella elettrolitica, contrassegna l'anodo e il catodo e indica la direzione degli elettroni nel circuito esterno e degli ioni nel circuito interno.**

21 **Indica l'affermazione *errata*.**
In una cella elettrolitica
Ⓐ l'anodo è il polo positivo.
Ⓑ la semireazione di ossidazione avviene all'anodo.
Ⓒ la semireazione di riduzione avviene al catodo.
Ⓓ gli anioni migrano al catodo.

I PRODOTTI DELL'ELETTROLISI IN SOLUZIONE ACQUOSA

22 **Durante l'elettrolisi di una soluzione di idrossido di zinco, in corrispondenza dell'anodo la soluzione diventa acida. Perché?**

23 **Elettrolizzando una soluzione di ioduro di litio, in corrispondenza del catodo la soluzione diventa basica. Fornisci una spiegazione.**

24 **Sottoponendo a elettrolisi una soluzione molto diluita di idrossido di calcio, in corrispondenza degli elettrodi si sviluppano idrogeno e ossigeno. In quale rapporto di volume si liberano i due gas? Motiva la tua risposta.**

25 **Rappresenta le semireazioni di riduzione e di ossidazione dell'acqua in una cella elettrolitica.**

26 **L'ossidazione di ioni idrossido a molecole di ossigeno e di acqua si verifica elettrolizzando una soluzione di:**
Ⓐ $Cu(OH)_{2(aq)}$
Ⓑ $NaOH_{(aq)}$
Ⓒ $Sn(OH)_{2(aq)}$
Ⓓ $AgOH_{(aq)}$

27 **La riduzione di ioni idrogeno a molecole di idrogeno si verifica elettrolizzando una soluzione di:**
Ⓐ $HNO_{3(aq)}$
Ⓑ $HClO_{2(aq)}$
Ⓒ $HClO_{(aq)}$
Ⓓ $HNO_{2(aq)}$

LE LEGGI DELL'ELETTROLISI

28 **Calcola quanti coulomb attraversano una cella elettrolitica applicando una corrente di:**
a. 4 A per un tempo di 600 s;
b. 10 A per un tempo di 20 min;
c. 1,5 A per un tempo di 6 h.

29 **Calcola quante moli di elettroni occorrono per ridurre:**
a. 1,0 moli di ioni Fe^{2+} ad atomi di ferro;
b. 1,5 moli di ioni Fe^{3+} a ioni Fe^{2+};
c. 2,0 moli di ioni Fe^{3+} ad atomi di ferro.

30 **Quante moli di elettroni occorrono per ossidare 0,7 moli di ioni Cl^- a molecole di cloro?**
Ⓐ 0,7 Ⓑ 1,4 Ⓒ 0,35 Ⓓ 2,0

31 **In una cella elettrolitica passano $6{,}0 \cdot 10^{22}$ elettroni. Calcola il numero dei seguenti ioni che possono essere ridotti:**
a. ioni Ca^{2+};
b. ioni Cu^{+};
c. ioni Al^{3+}.

32 **Quanti coulomb occorrono per ridurre 0,2 moli di ioni Mn^{3+} ad atomi di manganese?**
Ⓐ 19 300
Ⓑ 6 433
Ⓒ 57 900
Ⓓ 96 500

33 **Una cella elettrolitica è attraversata da una corrente da 7 A per un tempo di 4 ore e 30 minuti. Il numero di faraday che passa nella cella è uguale a:**
Ⓐ 1,17
Ⓑ 7,21
Ⓒ 2,34
Ⓓ 11,7

VERIFICA LE TUE ABILITÀ

34 **Rappresenta l'equazione redox bilanciata per le celle galvaniche descritte dai seguenti diagrammi di cella:**
a. $Al_{(s)}/Al^{3+}_{(aq)} // Zn^{2+}_{(aq)}/Zn$
b. $Sn_{(s)}/Sn^{2+}_{(aq)} // O_{2(g)}/H_2O_{(l)}/Pt_{(s)}$
c. $Br^-_{(aq)}/Br_{2(g)} // I_{2(s)}/I^-_{(aq)}$

35 **Rappresenta il diagramma di cella per le pile che funzionano in seguito alle seguenti reazioni redox:**
a. $2\,H^+_{(aq)} + Pb_{(s)} \longrightarrow Pb^{2+}_{(s)} + H_{2(g)}$
b. $2\,Al_{(s)} + 3\,Ni^{2+}_{(aq)} \longrightarrow 3\,Ni_{(s)} + 2\,Al^{3+}_{(aq)}$
c. $Pd^{2+}_{(aq)} + 2\,Li_{(s)} \longrightarrow 2\,Li^+_{(aq)} + Pd_{(s)}$

36 **Considera il seguente diagramma di cella e indica l'affermazione *errata*.**

$$Cu/Cu^{2+}(1\ M)//Fe^{3+}(1\ M),\ Fe^{2+}(1\ M)/Pt$$

Ⓐ Gli elettroni passano dal rame al platino nel circuito esterno.
Ⓑ I cationi migrano dal platino verso il rame nella soluzione.
Ⓒ Il rame si ossida e lo ione ferro(III) si riduce.
Ⓓ Uno dei due metalli non prende parte alla reazione.

37 **Calcola la *f.e.m.*° delle pile che funzionano in seguito alle seguenti reazioni redox:**

a. $Fe_{(s)} + Br_{2(l)} \longrightarrow Fe^{2+}_{(aq)} + 2\ Br^-_{(aq)}$
b. $2\ Cr_{(s)} + 3\ Co^{2+}_{(aq)} \longrightarrow 2\ Cr^{3+}_{(aq)} + 3\ Co_{(s)}$
c. $Sn_{(s)} + Cl_{2(g)} \longrightarrow Sn^{2+}_{(aq)} + 2\ Cl^-_{(aq)}$

38 **Verifica se le seguenti reazioni redox procedono spontaneamente nel verso indicato oppure nella direzione opposta:**

a. $2\ Al^{3+}_{(aq)} + 3\ Fe_{(s)} \longrightarrow 3\ Fe^{2+}_{(aq)} + 2\ Al_{(s)}$
b. $2\ Mn^{2+}_{(aq)} + 5\ Sn^{4+}_{(aq)} + 8\ H_2O_{(l)} \longrightarrow$
$\longrightarrow 2\ MnO^-_{4(aq)} + 5\ Sn^{2+}_{(aq)} + 16\ H^+_{(aq)}$
c. $3\ S_{(s)} + 2\ Cr^{3+}_{(aq)} + 7\ H_2O_{(l)} \longrightarrow$
$\longrightarrow Cr_2O^{2-}_{7(aq)} + 3\ H_2S_{(g)} + 8\ H^+_{(aq)}$
d. $Cd^{2+}_{(aq)} + Cu_{(s)} \longrightarrow Cu^{2+}_{(aq)} + Cd_{(s)}$
e. $F_{2(g)} + 2\ Cl^-_{(aq)} \longrightarrow 2\ F^-_{(aq)} + Cl_{2(g)}$
f. $3\ Ca_{(s)} + 2\ Fe^{3+}_{(aq)} \longrightarrow 3\ Ca^{2+}_{(aq)} + 2\ Fe_{(s)}$

39 **Nella realizzazione di una pila in condizioni standard, disponi di una semipila catodica costituita dalla coppia $Ag^+_{(aq)}/Ag_{(s)}$. Per ottenere la maggior forza elettromotrice, quale delle seguenti coppie di semielementi può funzionare da semipila anodica?**

Ⓐ $Pb^{2+}_{(aq)}/Pb_{(s)}$
Ⓑ $Sn^{2+}_{(aq)}/Sn_{(s)}$
Ⓒ $Cu^{2+}_{(aq)}/Cu_{(s)}$
Ⓓ $Zn^{2+}_{(aq)}/Zn_{(s)}$

40 **Stabilisci quale delle seguenti reazioni non procede spontaneamente nel verso indicato:**

Ⓐ $Cu^{2+}_{(aq)} + Zn_{(s)} \longrightarrow Cu_{(s)} + Zn^{2+}_{(aq)}$
Ⓑ $Cu^{2+}_{(aq)} + Fe_{(s)} \longrightarrow Fe^{2+}_{(aq)} + Cu_{(s)}$
Ⓒ $Pb^{2+}_{(aq)} + Zn_{(s)} \longrightarrow Pb_{(s)} + Zn^{2+}_{(aq)}$
Ⓓ $Cl_{2(g)} + 2\ F^-_{(aq)} \longrightarrow F_{2(g)} + 2\ Cl^-_{(aq)}$

41 **Un elettrodo di rame è immerso in una soluzione 0,1 M di ioni Cu^{2+} alla temperatura di 35 °C. Calcola il valore del potenziale di riduzione.**

42 **Un elettrodo di zinco è immerso in una soluzione 2 M di ioni Zn^{2+} alla temperatura di 25 °C. Calcola il valore del potenziale di riduzione.**

43 **Calcola, alla temperatura di 18 °C, il potenziale di cella rappresentato dal seguente diagramma di cella:**

$$Al_{(s)}/Al^{3+}_{(aq)}\ (1 \cdot 10^{-3}\ M)//Pb^{2+}_{(aq)}\ (1 \cdot 10^{-1}\ M)/Pb_{(s)}$$

44 **Calcola, alla temperatura di 15 °C, il potenziale di cella rappresentato dal seguente diagramma di cella:**

$$Sn_{(s)}/Sn^{2+}_{(aq)}\ (1 \cdot 10^{-3}\ M)\ //\ Cu^{2+}_{(aq)}\ (10\ M)/Cu_{(s)}$$

45 **La *f.e.m.* di una pila**

$$Zn_{(s)}/Zn^{2+}_{(aq)}\ //\ Ag^+_{(aq)}/Ag_{(s)}$$

è molto minore di 1,55 V, valore delle *f.e.m.*° standard. Questa differenza dipende dalla concentrazione

Ⓐ di $[Ag^+]$ e $[Zn^{2+}]$ minori di 1 M.
Ⓑ di $[Ag^+]$ maggiore di 1 M e di $[Zn^{2+}]$ minore di 1 M.
Ⓒ di $[Ag^+]$ minore di 1 M e di $[Zn^{2+}]$ maggiore di 1 M.
Ⓓ di $[Ag^+]$ e $[Zn^{2+}]$ maggiori di 1 M.

46 **Stabilisci quali prodotti si formano all'anodo e al catodo per elettrolisi delle seguenti soluzioni acquose:**

a. $H_2SO_{4(aq)}$
b. $KOH_{(aq)}$
c. $ZnI_{2(aq)}$
d. $HI_{(aq)}$
e. $CuOH_{(aq)}$
f. $Cu(NO_3)_{2(aq)}$

47 **Rappresenta le semireazioni catodica e anodica e la reazione redox complessiva che si verificano elettrolizzando le seguenti soluzioni:**

a. $HNO_{3(aq)}$
b. $LiF_{(aq)}$
c. $NaOH_{(aq)}$
d. $HBr_{(aq)}$
e. $Zn(OH)_{2(aq)}$
f. $SnCl_{2(aq)}$

48 **La coppia di elementi che si ottiene agli elettrodi per elettrolisi di una soluzione 1 M di $CuCl_2$ è:**

Ⓐ $H_{2(g)}$ e $O_{2(g)}$
Ⓑ $H_{2(g)}$ e $Cl_{2(g)}$
Ⓒ $Cu_{(s)}$ e $O_{2(g)}$
Ⓓ $Cu_{(s)}$ e $Cl_{2(g)}$

49 **I due elementi che si formano agli elettrodi sottoponendo a elettrolisi una soluzione di ZnF sono:**

Ⓐ $O_{2(g)}$ e $F_{2(g)}$
Ⓑ $Zn_{(s)}$ e $H_{2(g)}$
Ⓒ $Zn_{(s)}$ e $O_{2(g)}$
Ⓓ $Zn_{(s)}$ e $F_{2(g)}$

50 **Calcola i faraday necessari per far depositare 15 g di alluminio in una cella elettrolitica.**

51 **Calcola quanti grammi di cromo metallico si depositano al catodo di una cella elettrolitica contenente una soluzione di cloruro di cromo(III) se si fanno passare 150 000 C.**

52 **Calcola quanti grammi di ferro si depositano durante l'elettrolisi di una soluzione di nitrato ferrico al passaggio di 2,5 faraday.**

53 **Calcola quanti grammi di argento si depositano al catodo di una cella elettrolitica contenente una soluzione di $AgNO_3$ se passa una corrente di 1 A in un tempo di 2 ore.**

54 **La riduzione in una cella elettrolitica di $6{,}02 \cdot 10^{20}$ ioni di un metallo ha richiesto 193 C. Lo ione del metallo ha**

Ⓐ una carica positiva.
Ⓑ due cariche positive.
Ⓒ tre cariche positive.
Ⓓ quattro cariche positive.

55 **In una cella elettrolitica contenente una soluzione acquosa di cloruro di calcio $CaCl_2$ viene fatta passare la quantità di elettricità di 1 F. Al catodo della cella si ha**

Ⓐ sviluppo di 11,2 dm^3 di $H_{2(g)}$ a TPS.
Ⓑ sviluppo di 22,4 dm^3 di $H_{2(g)}$ a TPS.
Ⓒ deposito di 20 g di $Ca_{(s)}$.
Ⓓ deposito di 40 g di $Ca_{(s)}$.

56 **Indica i grammi di stagno che si depositano durante l'elettrolisi di una soluzione di cloruro stannico al passaggio di 1,2 F.**

Ⓐ 29,5 Ⓒ 24,5
Ⓑ 35,6 Ⓓ 30,7

57 **In una cella elettrolitica contenente una soluzione di $CuSO_4$ passa una corrente di 1,5 A per un tempo di 2 ore. Indica i grammi di rame che si depositano al catodo della cella.**

Ⓐ 31,7 Ⓒ 1,8
Ⓑ 5,9 Ⓓ 3,6

TEST YOURSELF

58 **Calculate the value of the reduction potential of a copper electrode immersed in a solution of Cu^{2+} 0.5 M at 25 °C.**

59 **A current of 12 A passes through an electrolytic cell containing a solution of NaOH for 30 minutes. Calculate:**

a. the grams of hydrogen produced at the cathode;
b. the grams of oxygen produced at the anode.

60 **Calculate how many minutes are required to deposit 3 grams of zinc if you electrolyse a solution of $ZnCl_2$ with a current of 2.5 A.**

VERSO I GIOCHI DELLA CHIMICA

61 **In un accumulatore a piombo l'elettrolita è una soluzione di**

Ⓐ acido nitrico. Ⓒ acido solforico.
Ⓑ acido perclorico. Ⓓ acido fosforico.

[Finale nazionale 2006]

62 **In una cella elettrolitica, contenente cloruro di potassio $KCl_{(s)}$, sono posti due elettrodi di platino. In seguito al passaggio di una corrente di 6 V:**

Ⓐ il sale si decompone.
Ⓑ al catodo si forma potassio $K_{(s)}$.
Ⓒ all'anodo si forma cloro $Cl_{2(g)}$.
Ⓓ non avviene alcuna reazione.

[Finale nazionale 2005]

63 **Indica il valore alla temperatura di 25 °C della *f.e.m.* della seguente cella elettrolitica:**

$$Zn/Zn^{2+}\ (1 \cdot 10^{-8}\ M)\ //\ Cu^{2+}(0{,}1\ M)/Cu$$

Ⓐ 1,0 V Ⓑ 1,22 V Ⓒ 0,97 V Ⓓ 0,89 V

[Finale nazionale 2011]

VERSO L'UNIVERSITÀ

64 **La pila è un dispositivo normalmente utilizzato per**

Ⓐ trasformare energia termica in energia elettrica.
Ⓑ utilizzare energia elettrica per effettuare una reazione chimica.
Ⓒ trasformare energia chimica in energia elettrica.
Ⓓ trasformare energia chimica in calore.
Ⓔ trasformare energia potenziale in energia chimica.

[dalla prova di ammissione a Veterinaria, 2005]

VERSO L'ESAME: LE TUE COMPETENZE

DEDUCI

65 **Stabilisci quale fenomeno si verifica durante il funzionamento della pila rappresentata in figura nelle condizioni standard.**

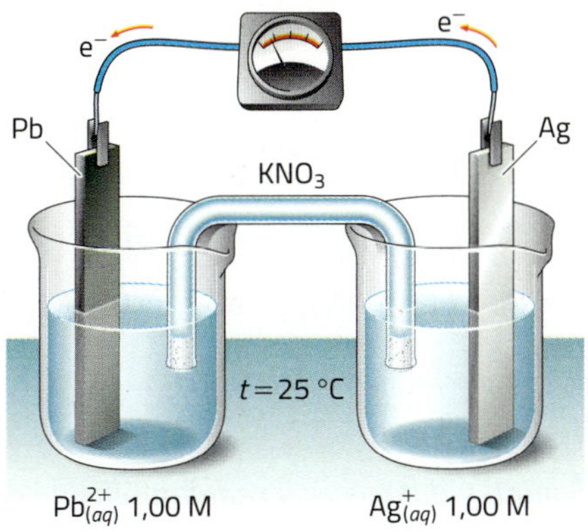

DEDUCI

66 **Qual è l'ossidante nella pila mostrata in figura?**

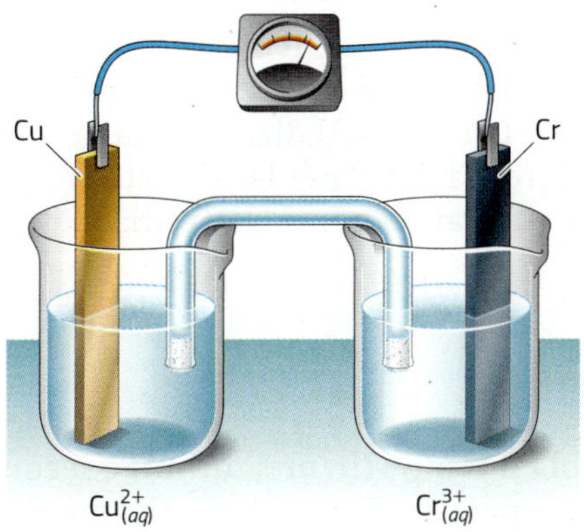

RAPPRESENTA

67 **Disegna una cella galvanica con ponte salino nella quale si verifica la seguente redox:**

$$Cr_{(s)} + Cu^{2+}_{(aq)} \longrightarrow Cr^{3+}_{(aq)} + Cu_{(s)}$$

a. Contrassegna l'anodo e il catodo;
b. indica la direzione del flusso di elettroni nel circuito esterno e di migrazione degli ioni nelle due semicelle.

RAPPRESENTA

68 **Disegna una cella galvanica con ponte salino per la coppia di elettrodi:**

$$Co^{2+}_{(aq)}/Co_{(s)} \text{ e } Cd^{2+}_{(aq)}/Cd_{(s)}$$

a. Identifica l'anodo e il catodo;
b. indica la direzione del flusso di elettroni;
c. rappresenta le semireazioni di ossidazione e di riduzione, la redox complessiva, il diagramma di cella;
d. calcola la *f.e.m.*°.

RAPPRESENTA

69 **Disegna una cella galvanica con ponte salino in cui si verifica la seguente reazione redox:**

$$Sn_{(s)} + Cl_{2(g)} \longrightarrow Sn^{2+}_{(aq)} + 2\,Cl^{-}_{(aq)}$$

a. Identifica l'anodo e il catodo;
b. indica la direzione del flusso di elettroni;
c. illustra le semireazioni di ossidazione e di riduzione, la redox complessiva, il diagramma di cella;
d. calcola la *f.e.m.*°.

ANALIZZA E DEDUCI

70 **Considera le celle galvaniche costituite dai seguenti elettrodi:**

a. $Mg^{2+}_{(aq)}/Mg_{(s)}$ e $H^{+}_{(aq)}/H_{2(g)}/Pt$
b. $Ag^{+}_{(aq)}/Ag_{(s)}$ e $Al^{3+}_{(aq)}/Al_{(s)}$

Identifica il catodo e l'anodo, rappresenta le semireazioni di ossidazione e di riduzione, la redox completa, il diagramma di cella e calcola la *f.e.m.*°.

CALCOLA

71 **Calcola i faraday che bisogna far passare attraverso una soluzione di HI per ottenere 1 m^3 di idrogeno (H_2) alla temperatura di 20 °C e alla pressione di 5 bar.**

CALCOLA

72 **Calcola l'intensità di corrente necessaria per ottenere al catodo 1,5 g di idrogeno nel tempo di 3 ore, elettrolizzando una soluzione di LiCl.**

CALCOLA

73 **Calcola quante ore e minuti occorrono per l'elettrodeposizione del nichel in una cella elettrolitica contenente 350 mL di una soluzione 0,1 M di $NiCl_3$ se passa una corrente di 2,3 A.**

COLLEGA E DEDUCI

74 **In una cella elettrolitica contenente $PbCl_2$ fuso si fa passare una quantità definita di corrente elettrica. Al catodo si depositano 150,4 g di Pb. Calcola quanti grammi di cloro nelle stesse condizioni si sviluppano all'anodo.**

COLLEGA E DEDUCI

75 **Una medaglia ha una superficie di 18 cm^2. Se per ricoprirla d'oro occorrono 0,5 g per ogni cm^2 di superficie, calcola quanti faraday bisogna far passare in una cella elettrolitica contenente una soluzione di $AuCl_3$.**

SEI PRONTO PER LA VERIFICA?

IN 1 ORA

Dopo aver studiato i contenuti dei **capitoli 22 e 23**, svolgi la prova nel **tempo massimo di un'ora**.

CONOSCENZE E ABILITÀ

1 **Calcola i coefficienti stechiometrici nelle seguenti reazioni di ossido-riduzione:**

a. $ClO^-_{(aq)} + I_{2(s)} \longrightarrow Cl^-_{(aq)} + IO^-_{3(aq)}$ (ambiente basico)

b. $S_{(s)} \longrightarrow S_2O^{2-}_{3(aq)} + S^{2-}_{(aq)}$ (ambiente basico)

c. $MnO^-_{4(aq)} + C_2O^{2-}_{4(aq)} \longrightarrow Mn^{2+}_{(aq)} + CO_{2(g)}$ (ambiente acido)

d. $KClO_3 + H_2SO_4 \longrightarrow$
$\longrightarrow KHSO_4 + HClO_4 + Cl_2O_3 + H_2O$

(12 punti se hai risposto correttamente) ...../12

2 **Indica quale delle seguenti reazioni redox avviene a 25 °C nella seguente pila:**

$Sn/Sn^{2+}(1\ M)//H_3O^+(1\ M)/H_2(1\ atm)/Pt$

Ⓐ $Sn^{2+} + H_2 + 2\ H_2O \longrightarrow Sn + 2\ H_3O^+$

Ⓑ $Sn + 2\ H_3O^+ \longrightarrow Sn^{2+} + H_2 + 2\ H_2O$

Ⓒ $Sn + H_2 + 2\ H_2O \longrightarrow Sn^{2+} + 2\ H_3O^+$

Ⓓ $Sn^{2+} + 2\ H_3O^+ \longrightarrow Sn + H_2 + 2\ H_2O$

(8 punti se hai risposto correttamente) ...../8

3 **Durante il funzionamento della cella elettrochimica $Pb_{(s)}/Pb^{2+}_{(aq)}//Cu^{2+}_{(aq)}/Cu_{(s)}$ la lamina di rame ha aumentato la sua massa di 1,2 g. Di quanto è diminuita la massa della lamina di piombo?**

(10 punti se hai risposto correttamente) ...../10

4 **Quale delle seguenti reazioni procede spontaneamente nel verso indicato?**

Ⓐ $Fe^{2+}_{(aq)} + Li_{(s)} \longrightarrow Li^+_{(aq)} + Fe^{3+}_{(aq)}$

Ⓑ $Fe^{3+}_{(aq)} + Li_{(s)} \longrightarrow Li^+_{(aq)} + Fe^{2+}_{(aq)}$

Ⓒ $Fe^{2+}_{(aq)} + Li^+_{(aq)} \longrightarrow Li^+_{(s)} + Fe^{3+}_{(aq)}$

Ⓓ $Fe^{3+}_{(aq)} + Li^+_{(aq)} \longrightarrow Li^+_{(s)} + Fe^{2+}_{(aq)}$

(12 punti se hai risposto correttamente) ...../12

5 **Una soluzione 1 M di ioni Cu^{2+} è aggiunta a una soluzione 1 M di ioni Ag^+. Il sistema che si ottiene è costituito da:**

Ⓐ $Cu_{(s)}$ e $Ag_{(s)}$

Ⓑ $Cu^{2+}_{(aq)}$ e $Ag_{(s)}$

Ⓒ $Cu^{2+}_{(aq)}$ + e $Ag^+_{(s)}$

Ⓓ $Cu_{(s)}$ e $Ag^+_{(aq)}$

(10 punti se hai risposto correttamente) ...../10

6 **Calcola la f.e.m.° a 25 °C della pila:**

$Pb_{(s)}/Pb^{2+}_{(aq)}\ (10^{-3}\ M)\ //\ Ag^+_{(aq)}\ (0,1\ M)/Ag$

(8 punti se hai risposto correttamente) ...../8

I primi 60 punti valgono per il raggiungimento degli obiettivi minimi. Per fare di più, rispondi alle seguenti domande.

COMPETENZE

7 **Determina l'anodo e il catodo, rappresentare le semireazioni di ossidazione e riduzione, la redox completa, il diagramma di cella e calcolare la f.e.m.° per la cella elettrochimica costituita dai seguenti elettrodi:**

$Ni^{2+}_{(aq)}/Ni_{(s)}$ e $Cr^{3+}_{(aq)}/Cr_{(s)}$

(10 punti se hai risposto correttamente) ...../10

8 **Calcola il tempo (in ore, minuti e secondi) che occorre per separare elettroliticamente il rame contenuto in 500 mL di soluzione 0,1 M di cloruro di rame(II) con una corrente di 2 A.**

(10 punti se hai risposto correttamente) ...../10

9 **Calcola la massa (in grammi) di alluminio che verrà depositata in una cella elettrolitica se passa una corrente di 500 A in 1 minuto.**

(10 punti se hai risposto correttamente) ...../10

10 **Calcola l'energia libera standard (in kJ/mol) della cella elettrochimica in cui avviene la seguente reazione redox:**

$Al_{(g)} + 3\ H^+_{(aq)} \longrightarrow Al^{3+}_{(aq)} + 3/2\ H_{2(g)}$

(10 punti se hai risposto correttamente) ...../10

PUNTEGGIO TOTALE ...../100

CAPITOLO

24

LA RADIOATTIVITÀ E L'ENERGIA NUCLEARE

1 I NUCLEI INSTABILI EMETTONO RADIAZIONI NUCLEARI

I nuclei atomici di molti elementi chimici, avendo un rapporto molto alto tra il numero dei neutroni e il numero dei protoni, sono *instabili* e di conseguenza hanno un'elevata energia.

Per diminuire il rapporto tra il numero dei neutroni e quello dei protoni, e quindi per raggiungere una condizione più stabile, questi nuclei emettono spontaneamente radiazioni.

Si definisce **radioattività** il fenomeno per cui alcuni nuclei instabili emettono spontaneamente radiazioni trasformandosi in nuclei stabili o instabili di elementi diversi.

LE PAROLE

Il termine **radiazione** (dal latino *radiare*, «emettere raggi») indica l'emissione nello spazio di energia elettromagnetica (fotoni) o corpuscolare.

In presenza di un campo elettrico costituito da un elettrodo positivo e da uno negativo, le radiazioni emesse da un nucleo di un elemento radioattivo vengono separate in tre componenti denominate radiazioni alfa (α), beta (β) e gamma (γ) (**figura 1**).

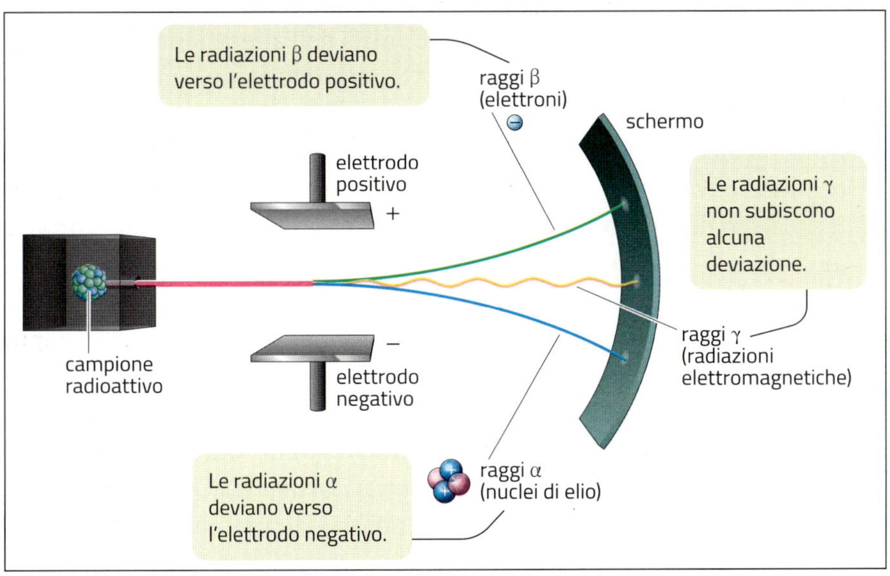

Figura 1 Radiazioni α, β e γ
In presenza di un campo elettrico le radiazioni nucleari emesse da un isotopo radioattivo sono separate in tre componenti.

PER SAPERNE DI PIÙ
PDF *La storia della chimica* Marie Sklodowska Curie

- Le **radiazioni alfa** sono attratte dall'elettrodo negativo del campo elettrico; possiedono quindi carica *positiva*. Poiché sono formate da due protoni e due neutroni, si identificano con un *nucleo di elio* (simbolo $^{4}_{2}\mathbf{He}$ o $^{4}_{2}\alpha$). Le radiazioni alfa hanno velocità elevata e, per la loro massa relativamente alta, hanno una bassa capacità di penetrazione.
- Le **radiazioni beta** sono attratte dall'elettrodo positivo del campo elettrico, e quindi hanno carica negativa. Le radiazioni beta, avendo una massa irrilevante (circa 2000 volte minore di quella di un nucleone), si identificano con elettroni emessi dal nucleo (simbolo $^{0}_{-1}\mathbf{e}$ o β^{-}). Le radiazioni beta hanno velocità molto alta e massa molto piccola; di conseguenza, hanno un'*elevata* capacità di penetrazione.
- Le **radiazioni gamma** non risentono della presenza di campi elettrici poiché non hanno carica elettrica. Sono *radiazioni elettromagnetiche* prive di massa e quindi si identificano con un flusso di *fotoni* (simbolo γ). Le radiazioni gamma hanno velocità molto alta ed, essendo prive di massa, la loro capacità di penetrazione *è notevolmente alta* (figura 2).

TI RICORDI?

Con il termine **nucleoni** si indicano i neutroni e i protoni che costituiscono il nucleo dell'atomo.

TI RICORDI?

Un **fotone** è un quanto di energia elettromagnetica. La sua energia (E) è espressa dalla relazione di Planck: $E = h \cdot \nu$, dove h è la costante di Planck e ν è la frequenza della radiazione elettromagnetica.

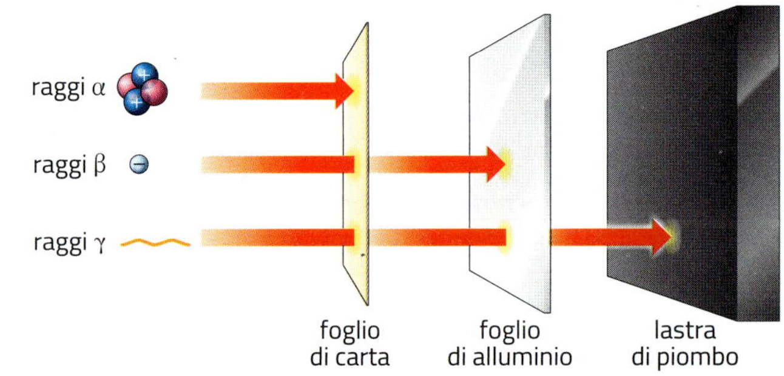

Figura 2 Capacità di penetrazione delle radiazioni emesse da un radioisotopo
Le radiazioni α sono fermate da uno spesso foglio di carta, quelle β da un foglio di alluminio (spessore di alcuni mm), quelle γ da una lastra di piombo (spessore di diversi cm).

Gli effetti biologici delle radiazioni

Le radiazioni α, β e γ interagiscono con la materia *ionizzando* gli atomi e le molecole che attraversano. Se interagiscono con gli organi e i tessuti di un organismo, le radiazioni ionizzanti possono modificare la composizione chimica di alcune biomolecole e causare mutazioni geniche, con conseguente alterazione di alcuni processi cellulari. L'entità dell'alterazione dipende non solo dall'intensità e dal tipo di radiazione emessa dall'isotopo radioattivo, ma anche dal tempo di esposizione.

- L'interazione con **cellule somatiche** (ovvero le cellule che formano un organismo, tranne le cellule germinali) può causare mutazioni che alterano il processo di divisione cellulare o modificare la composizione chimica di molecole fondamentali, come gli enzimi responsabili della sintesi proteica. Queste alterazioni possono causare tumori o altre patologie, che tuttavia non sono trasmissibili ai discendenti degli individui colpiti (*mutazioni non ereditarie*).
- L'interazione con **cellule germinali** (ovvero le cellule che, mediante meiosi, generano i gameti) può determinare mutazioni del DNA che poi si trasmetteranno ai discendenti (*mutazioni ereditarie*). Queste mutazioni possono talvolta causare malattie genetiche ereditarie (come, per esempio, la galattosemia, l'anemia falciforme o l'acondroplasia).

TI RICORDI?

Le **cellule germinali** sono le cellule di un organismo deputate alla riproduzione. Tutte le altre cellule, che costituiscono tessuti e organi, sono dette **cellule somatiche**.

TI RICORDI?

La **galattosemia** è una malattia autosomica recessiva caratterizzata da un alterato metabolismo del galattosio. L'**acondroplasia** è una malattia ereditaria in cui si ha un difetto di crescita.

La stabilità e l'instabilità dei nuclei atomici

La radioattività è la conseguenza dell'*instabilità* dei nuclei atomici. Il nucleo di un atomo è costituito da neutroni, privi di carica, e da protoni, con carica positiva. All'interno del nucleo sono presenti due forze: la **forza di repulsione elettrostatica**, che si esercita tra i protoni, e l'**interazione nucleare forte**, un'intensa forza di attrazione che si esercita tra i nucleoni (protoni e neutroni), molto superiore alla forza repulsiva tra i protoni (figura **3**).

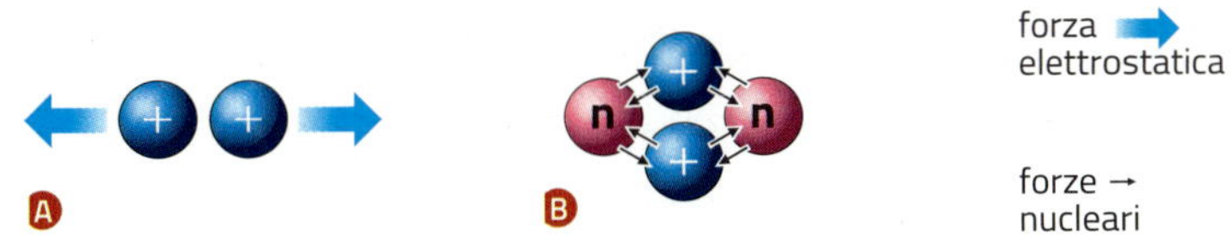

Figura 3 Le forze in gioco nel nucleo A La forza di repulsione elettrostatica che si stabilisce tra i protoni renderebbe impossibile la formazione del nucleo, B ma l'interazione nucleare forte che si stabilisce tra i nucleoni determina la stabilità del nucleo.

LE PAROLE

Il termine **neutrone** (dal latino *neuter*, «né l'uno né l'altro») indica una particella elementare priva di carica elettrica.

L'instabilità dei nuclei atomici non è quindi legata alla forza di repulsione elettrostatica presente tra i protoni, ma al rapporto tra il **numero dei neutroni** e il **numero dei protoni**.

Se in un diagramma riportiamo in ascissa il numero dei protoni (Z) e in ordinata il numero dei neutroni (N) relativi ai nuclei di tutti gli isotopi, osserviamo che i punti rappresentativi dei nuclei *stabili* sono quelli dei primi venti elementi, che possiedono un numero circa uguale di neutroni e protoni, ovvero quelli in cui il rapporto N/Z è circa uguale a 1 (figura **4**). All'aumentare del numero atomico (**$Z > 20$**), il rapporto N/Z tende ad aumentare: i nuclei presentano un eccesso via via crescente di neutroni rispetto ai protoni, fino a raggiungere il valore $N/Z = 1{,}5$.

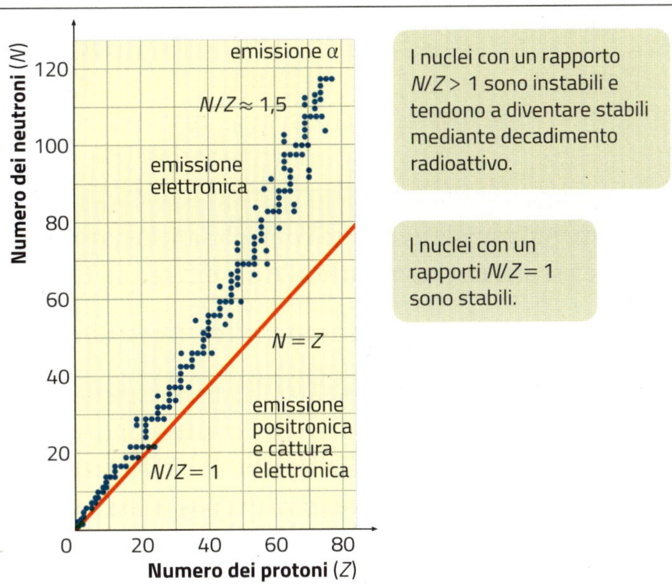

Figura 4 Il diagramma *N-Z* Il grafico riporta il numero dei protoni e il numero dei neutroni relativi ai nuclei di tutti gli isotopi.

TI RICORDI?

Gli **isotopi** sono atomi con lo stesso numero atomico (Z) ma con diverso numero di massa (A). Il termine (dal greco *ísos*, «stesso», e *tópos*, «luogo») indica atomi dello stesso elemento ma con diverso numero di massa che nella tavola periodica occupano lo stesso posto.

Tutti i nuclei i cui punti rappresentativi sul diagramma N-Z hanno rapporti N/Z diversi dai valori ottimali sono instabili e radioattivi. Per diventare stabile un **radioisotopo** deve modificare il rapporto N/Z attraverso un processo che lo trasformi in un nucleo meno instabile (quindi ancora radioattivo), o stabile, di un altro elemento.

LE PAROLE

I termini **radionuclide** e **radioisotopo** sono sinonimi; entrambi si riferiscono all'isotopo radioattivo di un elemento.

2 CON IL DECADIMENTO RADIOATTIVO UN NUCLEO INSTABILE DIVENTA STABILE

Tutti i nuclei che sono instabili per l'elevato rapporto tra i neutroni e i protoni (N/Z) sono radioattivi; di conseguenza, tendono spontaneamente a emettere radiazioni e a trasformarsi in altri nuclei, fino a raggiungere un rapporto N/Z che li renda stabili.

LE PAROLE

Il termine **decadimento** (dal latino *decadĕre*, «cadere giù») indica la diminuzione nel tempo della radioattività di un radioisotopo.

Si chiama **decadimento radioattivo** il processo attraverso il quale un nucleo instabile di un elemento emette spontaneamente radiazioni per trasformarsi in un nucleo stabile di un diverso elemento.

Il decadimento radioattivo è descritto da una reazione nucleare rappresentata da un'*equazione nucleare*, in cui gli elementi sono indicati con i simboli dei loro nuclidi.

I **nuclidi** sono i nuclei degli isotopi di un elemento chimico descritti dal simbolo dell'elemento, dal numero atomico (Z) e dal numero di massa (A).

Il numero atomico e il numero di massa sono evidenziati rispettivamente in basso a sinistra e in alto a sinistra del simbolo chimico.

I nuclidi del carbonio ($Z = 6$) sono il carbonio-12 e il carbonio-13 (figura 5). Il *protone*, il *neutrone*, l'*elettrone* si rappresentano con simboli specifici. In basso a sinistra del simbolo si indica la carica e in alto a sinistra la massa:

APP *La tavola periodica interattiva*

$$\text{protone} = {}^{1}_{1}\text{p} \qquad \text{neutrone} = {}^{1}_{0}\text{n} \qquad \text{elettrone} = {}^{0}_{-1}\text{e}$$

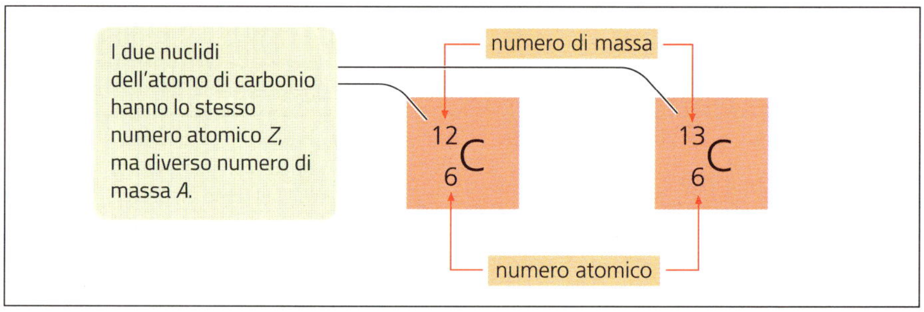

Figura 5 **Simbologia del carbonio-12 e del carbonio-13** Entrambi i nuclidi del carbonio hanno $Z = 6$.

Nel decadimento radioattivo sono coinvolti anche positroni, neutrini e antineutrini; ciascuna di queste particelle è indicata con un simbolo specifico:

$$\text{positrone} = {}^{0}_{+1}\text{e} \qquad \text{neutrino} = {}^{0}_{0}\nu \qquad \text{antineutrino} = {}^{0}_{0}\overline{\nu}$$

Il **positrone** è una particella elementare di massa uguale a quella dell'elettrone ma con una carica positiva: si può considerare quindi un elettrone positivo.

Il **neutrino** e l'**antineutrino** sono particelle con una massa molto inferiore a quella dell'elettrone, ma, a differenza del positrone, queste particelle sono prive di carica.

In un'equazione nucleare i simboli dei nuclidi iniziali si rappresentano a sinistra e quelli dei nuclidi finali a destra. Tra i simboli dei nuclidi iniziali e di quelli finali si interpone una freccia di reazione con il verso da sinistra a destra.

In un'equazione nucleare la somma dei numeri atomici e la somma dei numeri di massa dei *nuclidi iniziali* deve essere uguale alla somma dei numeri atomici e dei numeri di massa dei *nuclidi finali*.

PROBLEMA MODELLO

Rappresentare un'equazione nucleare

Completa la seguente equazione nucleare:

$$\ldots\ldots + {}^{2}_{1}\mathrm{H} \longrightarrow {}^{13}_{7}\mathrm{N} + {}^{1}_{0}\mathrm{n}$$

L'IDEA

In un'equazione nucleare la somma dei numeri atomici e la somma dei numeri di massa dei nuclidi iniziali deve essere uguale alla somma dei numeri atomici e dei numeri di massa dei nuclidi finali.

LA SOLUZIONE

Il numero atomico Z dei prodotti è uguale a 7. Il numero atomico dei reagenti deve avere lo stesso valore e quindi il numero atomico del reagente non noto deve essere uguale a 6 ($Z_{\text{reagenti}} = 6 + 1 = 7$). Il numero di massa A dei prodotti è uguale a 14 ($A_{\text{prodotti}} = 13 + 1 = 14$): il valore del numero di massa del reagente non noto deve essere uguale a 12 ($A_{\text{reagenti}} = 12 + 2 = 14$).

LA CONCLUSIONE

L'isotopo con $Z = 6$ e $A = 12$ è il carbonio-12: ${}^{12}_{6}\mathrm{C}$.

PROBLEMA SIMILE

Completa le seguenti equazioni nucleari:

a. $\ldots\ldots \rightarrow {}^{20}_{10}\mathrm{Ne} + {}^{0}_{-1}\mathrm{e}$

b. ${}^{231}_{91}\mathrm{Pa} \rightarrow \ldots\ldots + {}^{4}_{2}\mathrm{He}$

I tipi di decadimento radioattivo

I principali tipi di decadimento radioattivo sono il decadimento α, β^- (leggi «beta meno»), β^+ (leggi «beta più»), K, γ.

Il decadimento α

Il decadimento α riguarda generalmente i radionuclidi con $Z > 83$ (polonio, radon, radio e uranio). Questo tipo di decadimento comporta l'emissione di due protoni e due neutroni, ovvero di un *nucleo di elio*, costituito infatti da due protoni e due neutroni (figura 6).

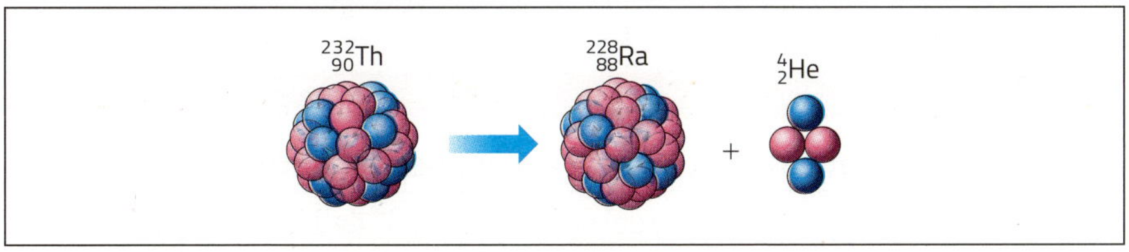

Figura 6 **Il decadimento α**
I radionuclidi con $Z > 83$ emettono due protoni e due neutroni, ovvero un nucleo di elio.

Il **decadimento α** di un nuclide porta alla formazione di un nuclide con un numero atomico Z inferiore di 2 unità e un numero di massa A inferiore di 4 unità rispetto al nuclide di partenza.

$${}^{A}_{Z}\mathrm{X} \longrightarrow {}^{A-4}_{Z-2}\mathrm{Y} + {}^{4}_{2}\mathrm{He}$$

X indica un generico nuclide radioattivo e Y indica un generico nuclide finale. Per esempio, il decadimento α per il polonio-216 è rappresentato dalla seguente equazione nucleare:

$${}^{216}_{84}\mathrm{Po} \longrightarrow {}^{212}_{82}\mathrm{Pb} + {}^{4}_{2}\mathrm{He}$$

PROBLEMA MODELLO

Rappresentare l'equazione nucleare di un decadimento α

Rappresenta l'equazione nucleare per il decadimento α dell'isotopo bismuto-212.

L'IDEA

Il bismuto (Bi) ha $Z = 83$; si deve individuare l'elemento con $Z = 81$.

LA SOLUZIONE

Il decadimento α prevede la formazione di un nuclide con Z inferiore di 2 unità e con A inferiore di 4 unità: ${}^{212}_{83}\text{Bi} \longrightarrow {}^{208}_{81}\text{Tl} + {}^{4}_{2}\alpha$

LA CONCLUSIONE

L'isotopo con $Z = 81$ è il tallio-208.

PROBLEMA SIMILE

Rappresenta l'equazione nucleare del decadimento α dell'isotopo californio-251.

Il decadimento β^-

Il decadimento β^- o *elettronico* riguarda i nuclidi che presentano un *eccesso di neutroni* e di conseguenza un rapporto ***N*/*Z* molto alto**. Consiste nell'emissione di un elettrone (${}^{0}_{-1}\text{e}$) e di un antineutrino (${}^{0}_{0}\overline{\nu}$) derivanti dalla trasformazione di un *neutrone in un protone* (figura 7).

$$ {}^{1}_{0}\text{n} \longrightarrow {}^{1}_{1}\text{p} + {}^{0}_{-1}\text{e} + {}^{0}_{0}\overline{\nu} $$

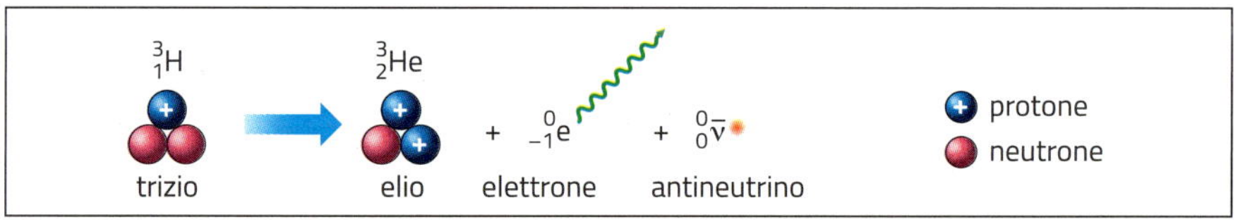

Figura 7 Il decadimento β^-
I radionuclidi con rapporto *N*/*Z* molto alto emettono un elettrone e un antineutrino che derivano dalla trasformazione di un neutrone in protone.

TI RICORDI?

Il **deuterio** e il **trizio** sono due isotopi dell'idrogeno. Il deuterio (${}^{1}_{2}\text{H}$) ha il nucleo costituito da un protone e un neutrone, il trizio (${}^{1}_{3}\text{H}$) da un protone e due neutroni.

Il **decadimento β^-** porta alla formazione di un nuclide con un numero atomico Z superiore di un'unità e un numero di massa A invariato rispetto al nuclide di partenza.

$$ {}^{A}_{Z}\text{X} \longrightarrow {}^{A}_{Z+1}\text{Y} + {}^{0}_{-1}\text{e} + {}^{0}_{0}\overline{\nu} $$

Il decadimento β^- per il sodio-24 è il seguente:

$$ {}^{24}_{11}\text{Na} \longrightarrow {}^{24}_{12}\text{Mg} + {}^{0}_{-1}\text{e} + {}^{0}_{0}\overline{\nu} $$

PROBLEMA MODELLO

Rappresentare l'equazione nucleare di un decadimento β^-

Rappresenta l'equazione nucleare del decadimento β^- dell'isotopo nettunio-239.

L'IDEA

Il nettunio (Np) ha $Z = 93$; si deve individuare l'elemento con $Z = 94$.

LA SOLUZIONE

Il decadimento β^- causa la formazione di un nuclide con Z maggiore di una unità e con A invariato: ${}^{239}_{93}\text{Np} \longrightarrow {}^{239}_{94}\text{Pu} + \beta^-$

LA CONCLUSIONE

L'isotopo con $Z = 94$ è il plutonio-239.

PROBLEMA SIMILE

Rappresenta l'equazione nucleare del decadimento β^- dell'isotopo potassio-42.

Il decadimento β^+

Il decadimento β^+ o *positronico* riguarda i nuclidi che presentano un *difetto di neutroni* e di conseguenza un rapporto **N/Z molto basso**. Consiste nell'emissione di un positrone ($^{0}_{+1}e$) e di un neutrino ($^{0}_{0}\nu$) derivanti dalla trasformazione di un *protone in un neutrone* (figura **8**).

$$^{1}_{1}p \longrightarrow \, ^{1}_{0}n + \, ^{0}_{+1}e + \, ^{0}_{0}\nu$$

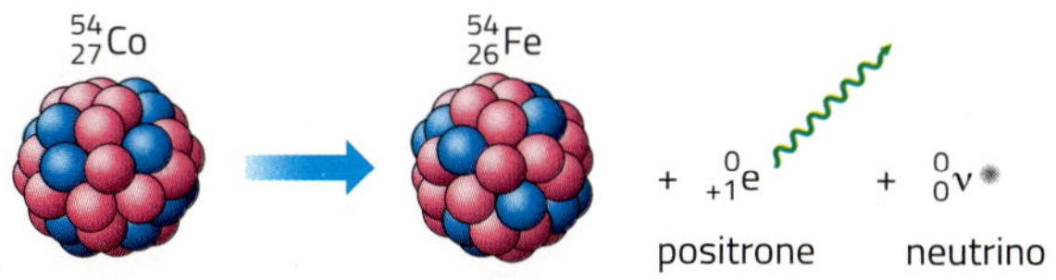

Figura 8 Il decadimento β^+
I radionuclidi con rapporto *N*/*Z* molto basso emettono un positrone, che deriva dalla trasformazione di un protone in neutrone.

Il **decadimento β^+** porta alla formazione di un nuclide con un numero atomico *Z* minore di un'unità e un numero di massa *A* invariato rispetto al nuclide di partenza.

$$^{A}_{Z}X \longrightarrow \, ^{A}_{Z-1}Y + \, ^{0}_{+1}e + \, ^{0}_{0}\nu$$

Il decadimento β^+ per il fosforo-29 è il seguente:

$$^{29}_{15}P \longrightarrow \, ^{29}_{14}Si + \, ^{0}_{+1}e + \, ^{0}_{0}\nu$$

PROBLEMA MODELLO

Rappresentare l'equazione nucleare di un decadimento β^+

Rappresenta l'equazione nucleare del decadimento β^+ dell'isotopo rame-64.

L'IDEA

Il rame (Cu) ha $Z = 29$; si deve individuare l'elemento con $Z = 28$.

LA SOLUZIONE

Il decadimento β^+ prevede la formazione di un nuclide con *Z* inferiore di un'unità e un numero di massa invariato:

$$^{64}_{29}Cu \longrightarrow \, ^{64}_{28}Ni + \, ^{0}_{+1}e$$

LA CONCLUSIONE

L'isotopo con $Z = 28$ è il nichel-64.

PROBLEMA SIMILE

Rappresenta l'equazione nucleare del decadimento β^+ dell'isotopo rutenio-93.

Il decadimento K

Il decadimento K, detto anche decadimento *per cattura elettronica*, riguarda i nuclidi che hanno un rapporto ***N*/*Z* molto basso**. Consiste nella cattura da parte del nucleo di un elettrone del livello energetico più interno (livello K) dell'atomo stesso. Un elettrone del livello energetico esterno va a occupare l'orbitale lasciato libero, con conseguente emissione di energia; l'elettrone catturato dal nucleo si associa invece a un protone e si trasforma in un neutrone, con emissione di un neutrino.

Il **decadimento K** porta alla formazione di un nuclide con un numero atomico *Z* minore di un'unità e un numero di massa *A* invariato rispetto al nuclide di partenza.

$$^{A}_{Z}X + ^{0}_{-1}e \longrightarrow \, ^{A}_{Z-1}Y + ^{0}_{0}\nu$$

Il decadimento per cattura elettronica del berillio-7 è il seguente (figura **9**).

$$^{7}_{4}Be + ^{0}_{-1}e \longrightarrow \, ^{7}_{3}Li + ^{0}_{0}\nu$$

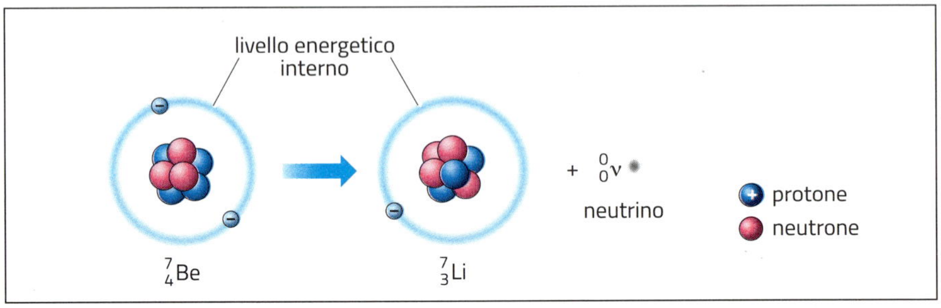

Figura 9 Il decadimento K
Nel decadimento per cattura elettronica il nucleo si impadronisce di un elettrone del livello energetico interno dell'atomo, con conseguente trasformazione di un protone in un neutrone.

A COLPO D'OCCHIO

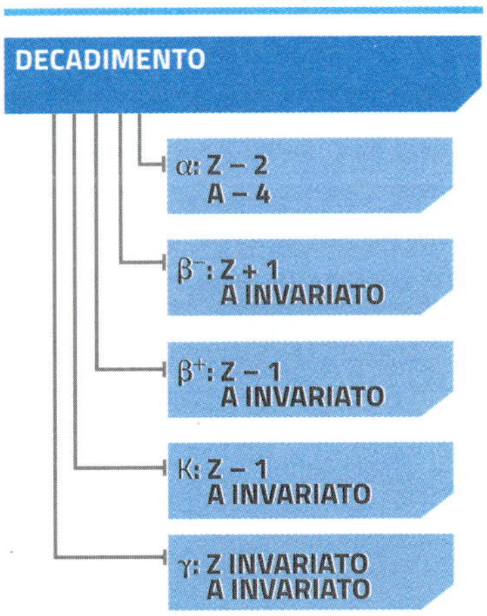

Il decadimento γ

Il decadimento γ riguarda i nuclidi in cui si verifica un decadimento α, β^- oppure β^+. Consiste nel passaggio di un nuclide da uno stato con un elevato contenuto energetico a uno stato di **minore energia** con conseguente liberazione di energia sotto forma di radiazioni γ. Le radiazioni gamma sono prive di massa e quindi la loro emissione **non** comporta variazioni del numero atomico e del numero di massa.

Il **decadimento γ** porta alla formazione di un nuclide con lo stesso numero atomico *Z* e lo stesso numero di massa *A* del nuclide di partenza ma con un minore contenuto energetico.

$$^{A}_{Z}X \longrightarrow \, ^{A}_{Z}X$$

Le serie radioattive naturali

I nuclidi con *Z* maggiore di 83 sono instabili e radioattivi: per conseguire la stabilità devono quindi diminuire il proprio numero atomico. In genere, essi decadono emettendo radiazioni α o β, trasformandosi in nuclidi con numero atomico ancora instabile e quindi a loro volta radioattivi.

Prima di arrivare a un nuclide stabile possono essere necessarie diverse trasformazioni nucleari a catena. Prima si ha l'emissione di una particella α seguita dall'emissione di una seconda particella α o di una particella β; in seguito, si continua con l'emissione di una o più particelle α o β, fino a quando il nuclide non si trasforma in un isotopo stabile del piombo ($Z = 82$). Questo decadimento a tappe successive costituisce una **serie radioattiva**.

Sono state individuate tre serie radioattive naturali che prendono il nome del radionuclide di partenza:

- *serie dell'uranio-238*, che termina con il piombo-206 (figura **10**);
- *serie dell'uranio-235*, che termina con il piombo-207;
- *serie del torio-232*, che termina con il piombo-208.

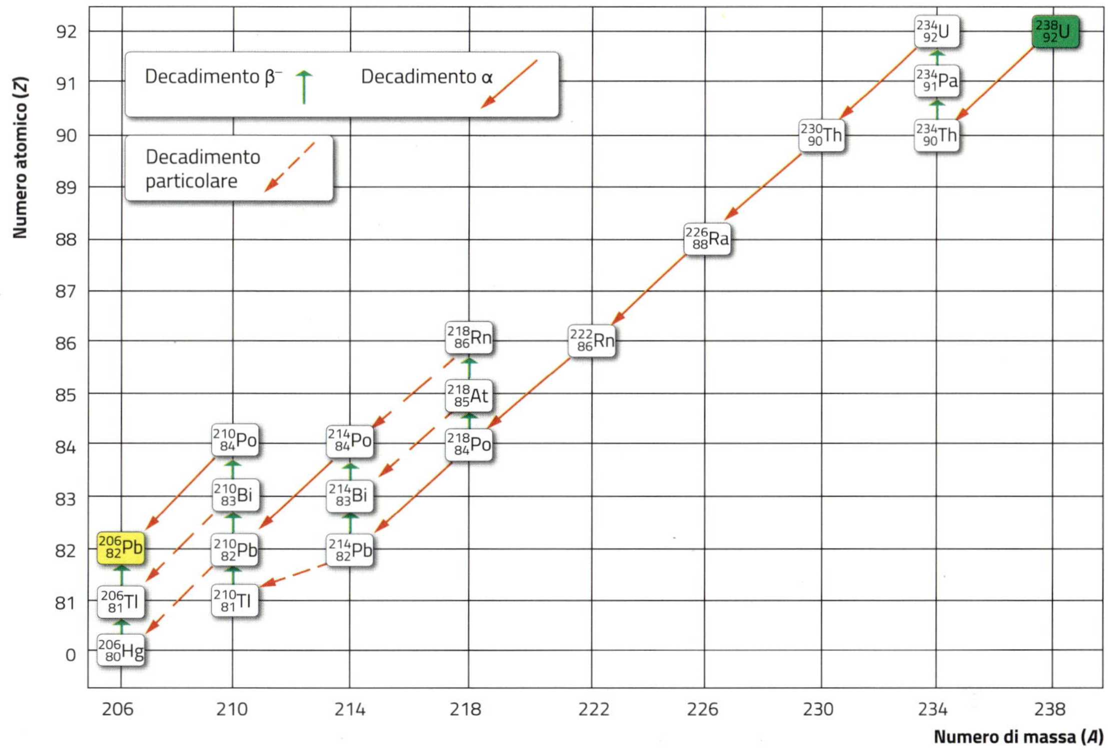

Figura 10 La serie di decadimento radioattivo dell'uranio-238 La serie ha origine dall'isotopo radioattivo uranio-238 e termina con l'isotopo stabile piombo-206. La posizione di ogni nuclide è determinata dal suo numero atomico e dal suo numero di massa.

CHIMICA VERDE

Bonificare il radon-222

Il radon (simbolo Rn) è un gas nobile (quindi inerte) **radioattivo**. Si forma dal decadimento α del radio, generato a sua volta dal decadimento dell'uranio-238 ($^{238}_{92}U$). L'isotopo più diffuso è il radon-222 (con numero atomico Z = 86, $^{222}_{86}Rn$), un gas inodore, incolore e solubile in acqua. Il radon-222 è un gas molto volatile ed è rilasciato facilmente dalle acque profonde delle falde, dove è presente in elevate concentrazioni. Quando si libera dalle acque, il radon-222 si diffonde nel terreno e nell'ambiente circostante e si accumula nelle abitazioni, diventando molto pericoloso per la salute (figura).

Il radon può penetrare e accumularsi nei polmoni. Decadendo (tempo di dimezzamento 3,8 giorni), il radon forma isotopi radioattivi del polonio e del bismuto che a loro volta emettono radiazioni α. Queste radiazioni possono **alterare la divisione cellulare** e contribuire all'insorgenza di **tumori** ai polmoni. Più alta è la concentrazione di radon nell'ambiente, più alte sono le probabilità di contrarre il tumore.

È quindi importante **misurare la concentrazione del radon** negli edifici per determinare la quantità di gas presente. La misurazione può essere effettuata dall'Agenzia Regionale per la Protezione dell'Ambiente (ARPA) oppure autonomamente, mediante dosimetri disponibili in commercio.

Nel caso in cui la concentrazione di radon risulti essere superiore ai livelli di riferimento, è necessario effettuare **interventi di bonifica**: eliminare i punti di infiltrazione, impedire la risalita del gas e garantire un continuo ricambio di aria negli ambienti.

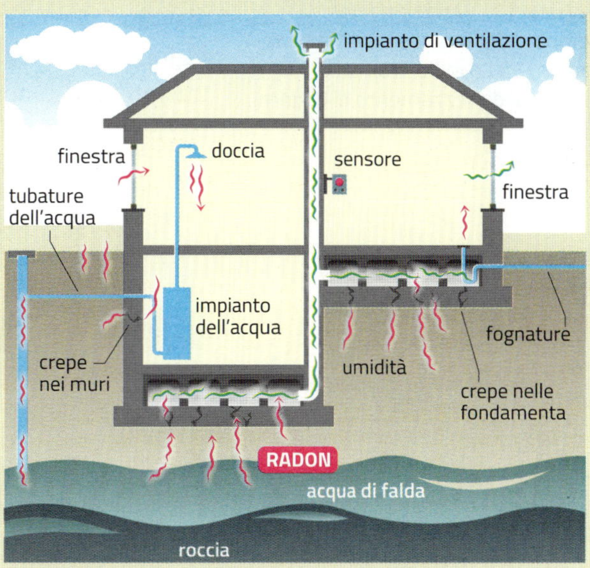

Figura Il radon può accumularsi nelle abitazioni, con rischi per la salute

Il tempo di dimezzamento

L'emissione di radiazioni comporta la trasformazione di un elemento radioattivo in un altro elemento, che può essere a sua volta instabile (e quindi ancora radioattivo) oppure stabile. Questo processo non avviene con la stessa velocità per tutti i radioisotopi. Ogni elemento radioattivo presenta una sua specifica *velocità di decadimento* espressa da una grandezza, il **tempo di dimezzamento** (simbolo $t_{1/2}$):

Il **tempo di dimezzamento** (detto anche tempo di *semi vita* o di *emivita*) è il periodo necessario affinché decada la metà dei nuclei di un radionuclide.

Il tempo di dimezzamento rimane *costante* qualunque sia la quantità iniziale del campione ed è *specifico* per ciascun radionuclide. Può essere espresso in anni (simbolo **a**), giorni (simbolo **d**), ore (simbolo **h**) o secondi (simbolo **s**) (tabella **1**).

Tabella 1 Tempo di dimezzamento di alcuni radionuclidi Anche se ogni nuclide ha un tempo di emivita specifico e costante, i diversi nuclidi differiscono in modo considerevole per la durata dei tempi di dimezzamento.

Radionuclidi	$t_{1/2}$	Radionuclidi	$t_{1/2}$
tallio-210	90 s	calcio-40	164 d
ossigeno-15	120 s	cobalto-60	5,2 a
sodio-24	15 h	radio-226	1620 a
tecnezio-99	6 h	carbonio-14	5730 a
radon-85	3,8 d	uranio-235	$7,1 \cdot 10^8$ a
iodio-131	8 d	uranio-238	$4,5 \cdot 10^9$ a
fosforo-32	14,3 d	torio-232	$1,4 \cdot 10^{10}$ a

Prendiamo in esame l'isotopo iodio-131 ($^{131}_{53}I$), che ha un tempo di dimezzamento di 8 giorni e quando decade si trasforma in xenon-131. Supponiamo che la quantità iniziale di iodio-131 sia 10 mg: dopo 8 giorni si avranno 5 mg di iodio-131, ma anche 5 mg di xenon-131. Dopo altri 8 giorni si avranno 2,5 mg di iodio-131 e 7,5 mg di xenon-131, e così via (figura **11A**). In altri termini, ogni 8 giorni si ha un dimezzamento della quantità precedente di iodio-131 che si trasforma in xenon-131 (figura **11B**).

Figura 11 Variazione nel tempo della quantità dell'isotopo iodio-131 Lo iodio-131 ha un tempo di dimezzamento di 8 giorni.

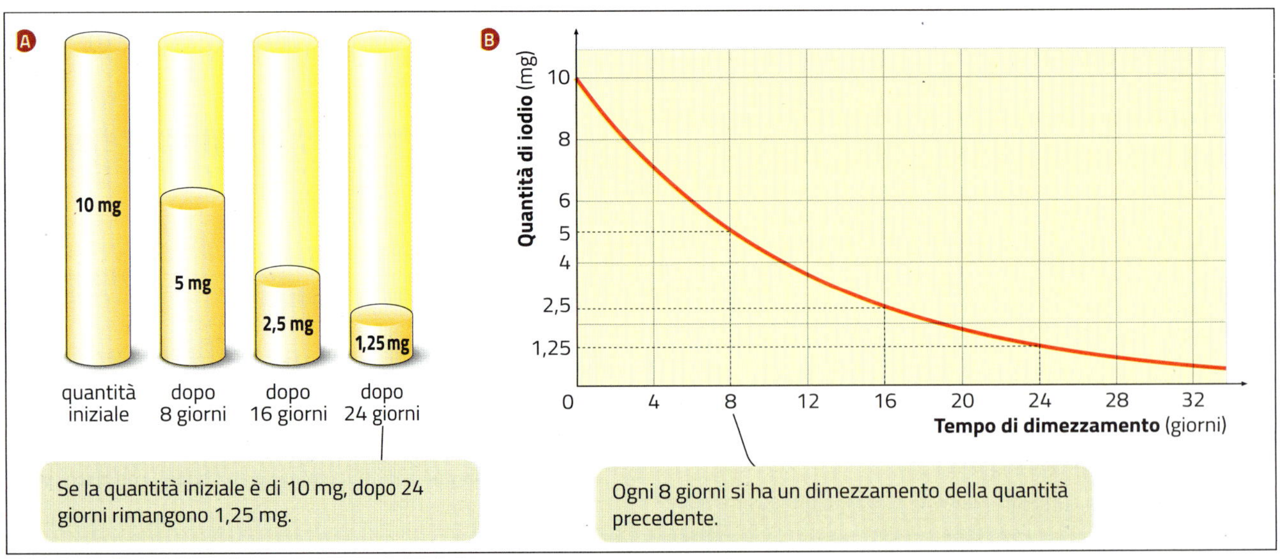

PROBLEMA MODELLO

Calcolare la variazione nel tempo della quantità di un radioisotopo

Il tempo di dimezzamento dell'isotopo cobalto-60 è 5,2 anni. Se la quantità iniziale di questo isotopo è 100 mg, calcola quanti mg di cobalto saranno presenti dopo 20,8 anni.

L'IDEA

Dividendo il tempo considerato (t) per il tempo di dimezzamento ($t_{½}$) otteniamo il numero di dimezzamenti (n_d) avvenuti nel tempo t:

$$\frac{t}{t_{½}} = n_d$$

Dopo un dimezzamento, la frazione di radioisotopo rimasta sarà $\frac{1}{2}$, dopo due dimezzamenti $\frac{1}{4}$ e dopo n dimezzamenti $\frac{1}{2^{n_d}}$.
Moltiplicando tale frazione residua per la quantità iniziale si ottiene la quantità di radioisotopo rimasta dopo il tempo t.

LA SOLUZIONE

$$n_d = \frac{t}{t_{½}} \quad \frac{20,8}{5,2} = 4$$

In 20,8 anni il cobalto-60 si dimezza di 4 volte. La frazione rimasta, dopo 4 dimezzamenti, è:

$$\frac{1}{2^{n_d}} = \frac{1}{2^4} = \frac{1}{16}$$

Quindi, resta $\frac{1}{16}$ della quantità iniziale di cobalto-60.

LA CONCLUSIONE

Dopo 20,8 anni la quantità di cobalto-60 rimasta sarà:

$$\frac{1}{16} \cdot 100 \text{ mg} = 6,25 \text{ mg}$$

PROBLEMA SIMILE

Lo stronzio-90 ha $t_{½} = 28$ anni. Calcola il tempo occorrente affinché tutto lo stronzio-90 presente sulla Terra diventi 1/32 della quantità iniziale.

3 GLI ISOTOPI RADIOATTIVI HANNO NUMEROSI IMPIEGHI IN AMBITO SCIENTIFICO

Molti radioisotopi preparati in laboratorio hanno importanti applicazioni nei diversi campi della ricerca scientifica.

In *medicina* sono largamente utilizzati lo **iodio-131** e il cobalto-60. Lo iodio-131 è utilizzato, a **basse dosi**, per la diagnosi di disfunzioni della *tiroide*, una ghiandola endocrina situata sulla laringe che sintetizza l'*ormone tiroideo*, costituito da molecole di *tiroxina* (o *T4*, contenente 4 atomi di iodio) e da molecole di *triodotironina* (o *T3*, contenente 3 atomi di iodio). Nello specifico, lo iodio-131 è usato come *tracciante in vivo*: somministrato al paziente, lo iodio radioattivo si accumula a livello della tiroide, l'unico organo dell'organismo il cui metabolismo richieda questo elemento (figura **12**). A **dosi elevate**, lo iodio-131 è impiegato nel trattamento dei tumori della tiroide stessa: le radiazioni rilasciate danneggiano le cellule del tumore, evitando effetti collaterali dannosi agli altri tessuti del corpo. Anche il **cobalto-60** è largamente usato nella terapia dei *tumori*, come sorgente di raggi γ utili per aggredire e distruggere le cellule tumorali.

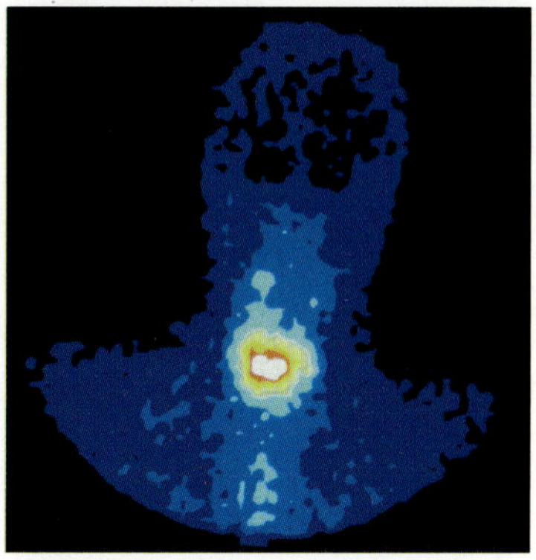

Figura 12 Lo iodio radioattivo per diagnosticare disfunzioni della tiroide I tumori della tiroide sono formati da cellule metabolicamente molto attive che captano grandi quantità di iodio.

LE PAROLE

Il termine **fotosintesi** (dal greco *phòs*, «luce», e *sýnthesis*, «composizione») indica la sintesi di composti organici (glucosio) a partire da composti inorganici (diossido di carbonio e acqua).

In *biologia* il fosforo-32, il carbonio-14 e l'ossigeno-18 sono utilizzati per analizzare importanti processi cellulari. Il **fosforo-32** è stato utilizzato per marcare i nucleotidi costituenti il DNA, permettendo di determinarne la sequenza esatta. Il **carbonio-14** è stato fondamentale nello studio della fotosintesi clorofilliana, per analizzare le reazioni del ciclo di Calvin, in cui il carbonio inorganico (sotto forma di CO_2) è utilizzato per la formazione di molecole organiche (il glucosio). L'**ossigeno-18** è stato utilizzato per stabilire se l'ossigeno liberato nella fase luminosa della fotosintesi clorofilliana provenisse dall'acqua o dal diossido di carbonio.

In *geologia* i radioisotopi **uranio-238** e **potassio-40** sono impiegati per determinare l'età assoluta delle rocce (figura **13**).

In *paleontologia* il **carbonio-14** ($t_{½}$ = 5730 anni) è utilizzato per determinare l'età assoluta di *reperti organici* (oggetti di legno, tessuti, ossa) di età non superiore ai 70 000 anni.

Figura 13 Applicazione degli isotopi radioattivi in geologia La datazione con uranio-238 e potassio-40 è usata per determinare l'età assoluta delle rocce.

PER SAPERNE DI PIÙ

La radiodatazione con il carbonio-14

Il *diossido di carbonio* presente nell'atmosfera è per la quasi totalità costituito dall'isotopo *stabile* carbonio-12 e per una piccolissima quantità dall'isotopo *radioattivo* carbonio-14. Quest'ultimo si forma per l'azione dei raggi cosmici sull'isotopo azoto-14 presente nell'atmosfera (decadimento β^+). Tale processo comporta anche l'emissione di un positrone.

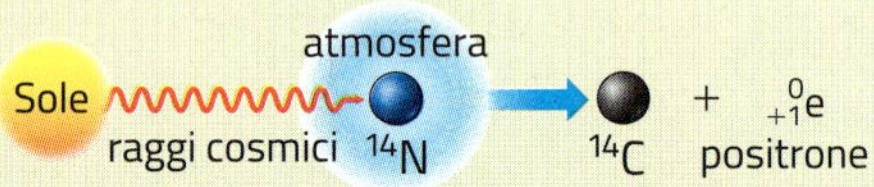

Il carbonio-14 reagisce con l'ossigeno atmosferico e forma diossido di carbonio.

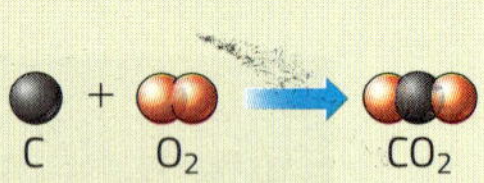

Sia il diossido di carbonio contenente carbonio-12 sia quello costituito da carbonio-14 entrano nelle cellule degli organismi vegetali che svolgono la fotosintesi clorofilliana. In presenza di luce, il diossido di carbonio reagisce con l'acqua formando molecole di glucosio.

$$6\,H_2O + 6\,CO_2 \longrightarrow C_6H_{12}O_6 + 6\,O_2\uparrow$$

Il glucosio è utilizzato da tutti gli organismi eterotrofi per la respirazione cellulare:

$$\text{glucosio } (C_6H_{12}O_6) + O_2 \longrightarrow CO_2 + H_2O$$

Il carbonio-12 e il carbonio-14 si trovano quindi in tutti gli organismi secondo un *rapporto* che rimane costante finché essi sono in vita.

Al momento della morte di un organismo, il carbonio sotto forma di diossido di carbonio non viene più incorporato. Il carbonio-14, isotopo radioattivo, decade mediante decadimento β^-.

$$^{14}_{6}C \longrightarrow {}^{14}_{7}N + {}^{0}_{-1}e + {}^{0}_{0}\bar{\nu}$$

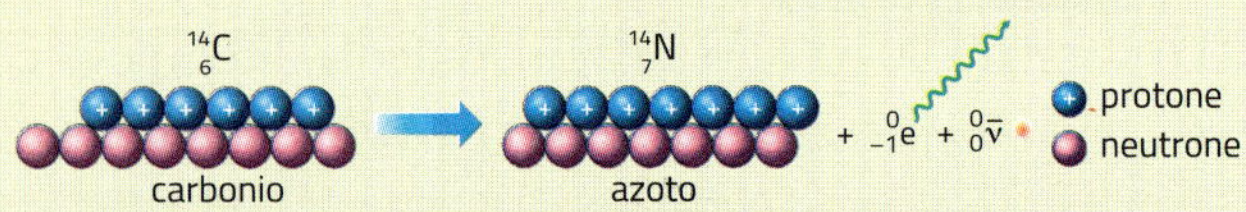

In tal caso il rapporto tra il carbonio-14 e il carbonio-12 non è più costante, poiché la quantità di carbonio-14 diminuisce progressivamente.

Questo fenomeno è alla base della datazione con il carbonio-14: se infatti calcoliamo il rapporto tra il carbonio-14 e il carbonio-12 in un campione biologico ed esaminiamo la curva di decadimento del carbonio-14, possiamo risalire all'età del campione (**figura**).

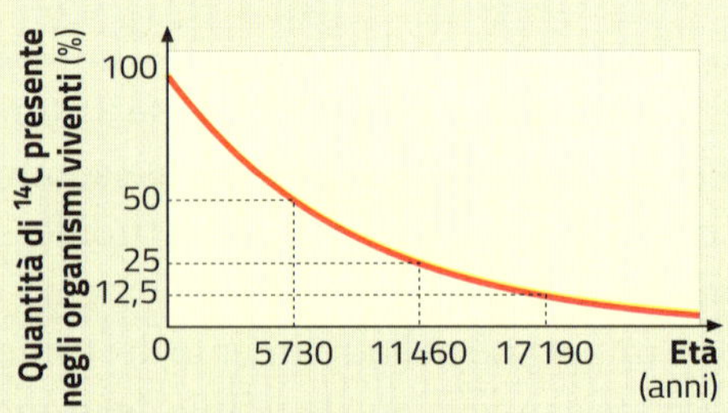

Figura Curva di decadimento del carbonio-14 Il tempo di dimezzamento del carbonio-14 è 5730 anni.

4 IL DIFETTO DI MASSA CORRISPONDE ALL'ENERGIA LIBERATA PER FORMARE UN NUCLEO ATOMICO

I nuclei atomici sono costituiti da due tipi di nucleoni (protoni e neutroni) ed è logico ipotizzare che la massa del nucleo sia esattamente uguale alla somma delle singole masse dei nucleoni che lo compongono. Tuttavia, misure sperimentali con lo spettrometro di massa hanno stabilito che la massa di un nucleo di un atomo è sempre *minore* della somma delle masse dei singoli nucleoni che lo compongono:

TI RICORDI?

Lo **spettrometro di massa** è uno strumento utilizzato per l'analisi qualitativa e quantitativa di un elemento basandosi sul rapporto tra la carica e la massa.

La differenza tra la somma delle masse dei singoli nucleoni costituenti un nucleo e il valore effettivo della massa del nucleo si chiama **difetto di massa** (simbolo Δm).

Per esempio, per il nucleo dell'elio, costituito da due protoni e due neutroni, il difetto di massa corrisponde al valore di 0,0304 u (figura **14**).

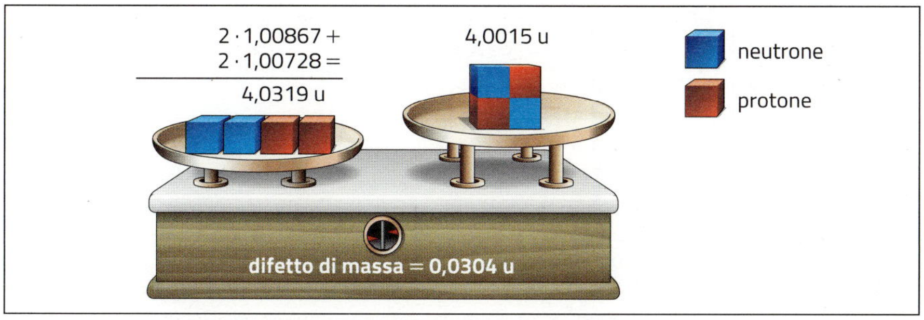

Figura 14 Il difetto di massa nel nucleo di elio Quattro nucleoni isolati (2 protoni e 2 neutroni) hanno una massa maggiore dei quattro nucleoni componenti il nucleo dell'elio. La differenza tra i due valori rappresenta il difetto di massa.

La massa mancante è giustificata da una conseguenza della *teoria della relatività di Einstein*:

La massa è una forma di energia, l'energia è una manifestazione della massa.

La massa e l'energia sono quindi *equivalenti* e sono legate dalla seguente relazione:

$$E = m \cdot c^2$$

In questa equazione:
- E è l'energia espressa in joule (J);
- m è la massa espressa in kilogrammi (kg);
- c è la velocità della luce ($c = 300\,000$ km/s $= 3 \cdot 10^8$ m/s).

In altri termini, la massa mancante corrisponde all'energia che si libera quando si forma un nucleo atomico a partire dai singoli nucleoni (figura **15**). La liberazione di energia fa sì che il nucleo diventi *più stabile* dei suoi nucleoni isolati.

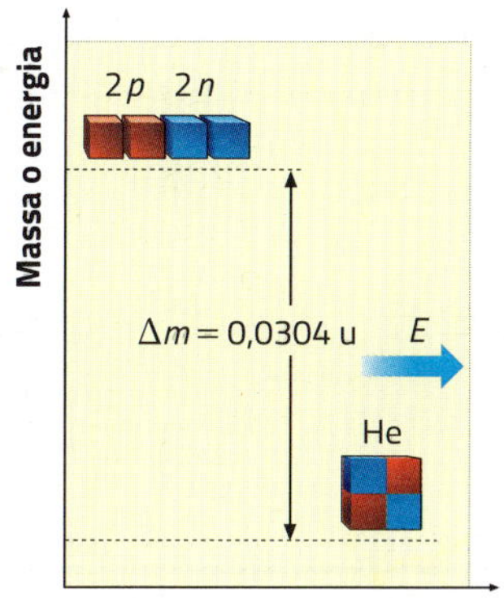

Figura 15 Il difetto di massa Δm La massa mancante corrisponde all'energia E liberata nella formazione di un nucleo atomico.

Energia nucleare di legame

Dato che nel processo di formazione di un nucleo di un atomo si libera energia, è evidente che per separare i nucleoni che lo costituiscono occorre fornire energia: in particolare, è necessaria la stessa quantità di energia che si era liberata nel processo di formazione.

Si chiama **energia nucleare di legame** la quantità di energia necessaria per separare i nucleoni di un nucleo.

Il valore dell'energia nucleare di legame è *specifico* per ogni nucleo e dipende dalla sua stabilità. Più stabile è il nucleo, maggiore è l'energia nucleare di legame.

Il rapporto tra il valore dell'energia nucleare di un nucleo e il numero dei nucleoni si chiama **energia di legame per nucleone**.

Se riportiamo in un grafico i valori dell'energia di legame per nucleone (asse delle ordinate) e il numero di massa (asse delle ascisse) per ciascun nuclide, possiamo notare che i nuclei con maggior energia di legame per nucleone, e quindi più stabili, sono quelli che hanno numero di massa compreso tra 50 e 60. Il nuclide più stabile in assoluto è l'isotopo di ferro-56 (figura **16**).

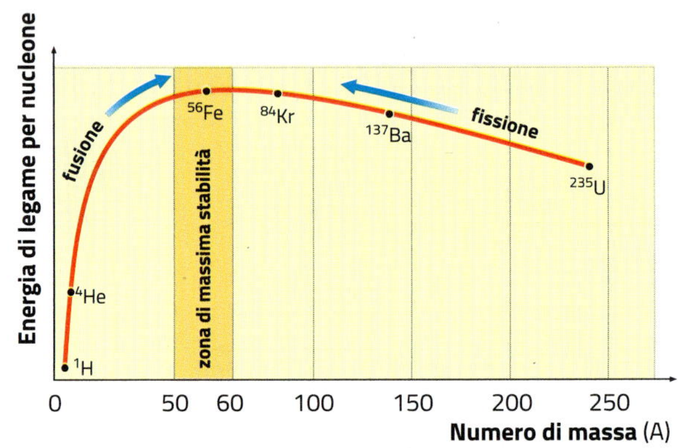

Figura 16 Variazione dell'energia di legame per nucleone al variare del numero di massa I nuclei più stabili sono quelli con un numero di massa $50 < A < 60$. I nuclei con $A < 50$ diventano più stabili attraverso la reazione di fusione, i nuclei con $A > 60$ diventano più stabili attraverso la reazione di fissione.

5 LA FISSIONE E LA FUSIONE NUCLEARE RENDONO I NUCLEI PIÙ STABILI E LIBERANO ENERGIA

I nuclei con il numero di massa inferiore a 50 e quelli con il numero di massa superiore a 60 sono instabili. Questi nuclei hanno la tendenza a trasformarsi in nuclei più stabili. Questo processo può avvenire mediante due tipi diversi di reazioni nucleari:

- i *nuclei con* $A > 60$ tenderanno a suddividersi per dare nuclei con *massa più piccola* attraverso una reazione di **fissione nucleare**;
- i *nuclei con* $A < 50$ tenderanno invece a combinarsi per dare nuclei con *massa più grande* attraverso una reazione di **fusione nucleare**.

Alla fine di queste trasformazioni, la massa dei prodotti di una reazione nucleare è sempre *inferiore* alla massa dei reagenti di una quantità Δm che si trasforma in energia secondo la relazione di Einstein.

LE PAROLE

L'**energia nucleare** è l'energia che si libera nelle reazioni (fissione e fusione) che coinvolgono i nuclei atomici.

La fissione nucleare

La reazione di **fissione nucleare** consiste nella suddivisione di *un nucleo di grande massa* e instabile in due nuclei di *massa minore*.

Il processo comporta l'emissione di alcuni neutroni e lo sviluppo di energia. Un elemento utilizzato per la fissione nucleare si dice *fissile*.

Il nucleo di uranio-235 ha grande massa ed è instabile per l'elevato rapporto tra il numero dei neutroni e quello dei protoni. Se un nucleo di uranio-235 è colpito da un neutrone ($^{1}_{0}n$) aumenta la sua instabilità e si *divide* in due nuclei di massa atomica minore (il bario-139 e il kripton-94). Il processo comporta la liberazione di *energia* e l'emissione di tre *neutroni* (figura **17**).

$$^{235}_{92}U + ^{1}_{0}n \longrightarrow ^{139}_{56}Ba + ^{94}_{36}Kr + 3\,^{1}_{0}n + \text{energia}$$

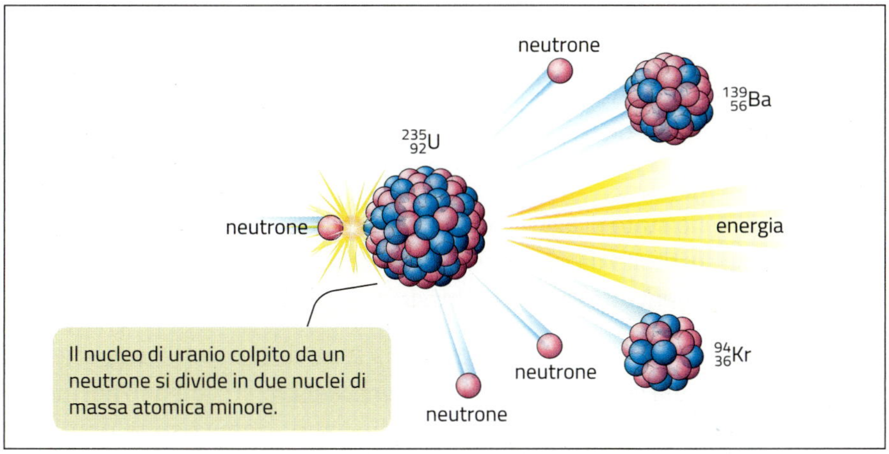

Figura 17 La fissione nucleare La fissione di un nucleo di $^{235}_{92}U$ porta all'emissione di tre neutroni e alla liberazione di una grande quantità di energia.

Lo sviluppo di energia è conseguenza della diminuzione di massa dei due nuclei ottenuti dalla fissione. I neutroni liberati dalla reazione di fissione possono a loro volta colpire altri tre nuclei di uranio, dai quali vengono emessi altri nove neutroni.

A ogni passaggio il numero dei nuclei di uranio che si dividono aumenta, e la reazione decorre più velocemente con sviluppo di enormi quantità di energia:

TI RICORDI?

Una **reazione a catena** è un processo chimico o nucleare che decorre attraverso una sequenza di reazioni in cui i prodotti dell'ultimo stadio attivano il primo stadio della sequenza successiva.

Una reazione, i cui prodotti (in questo caso i neutroni) sono utilizzati per alimentare la reazione stessa, si chiama **reazione a catena**.

In una reazione di fissione nucleare a catena è importante la *quantità di materiale fissile* utilizzata.

- Se la quantità di materiale fissile utilizzata è *uguale o maggiore* di uno specifico valore di massa, detto **massa critica**, la maggior parte dei neutroni emessi *non sfugge* dal campione e quindi vengono colpiti altri nuclei. In queste condizioni la velocità della reazione a catena non è controllata, la quantità di energia che si sviluppa è enorme e si verifica un'*esplosione atomica*.
- Se la quantità di materiale fissile utilizzata è *inferiore* al valore della massa critica, la maggior parte dei neutroni emessi *esce* dal campione. In queste condizioni, la velocità della reazione a catena è controllata (come avviene in un *reattore nucleare*): l'energia che si sviluppa sotto forma di calore può essere utilizzata per generare vapore e produrre energia elettrica (figura **18**).

Figura 18 Il reattore è il cuore di una centrale nucleare Barre di combustibile vengono introdotte nel reattore nucleare, dove la reazione di fissione permette la produzione di energia.

La fusione nucleare

La reazione di **fusione nucleare** consiste nell'unione di *due nuclei di piccola massa* con formazione di un nucleo di *massa maggiore*.

La reazione di fusione può avvenire solo se i due nuclei che interagiscono hanno un'energia cinetica elevatissima, in modo da permettere ai nuclei di vincere la forza di repulsione elettrostatica esercitata dalla loro carica positiva.

Un'energia cinetica così alta può essere raggiunta solo con *temperature elevatissime* (decine di milioni di gradi), per cui si parla di **fusione termonucleare**. La materia in queste condizioni di temperatura si trova sotto forma di plasma.

Il **plasma** è uno stato di aggregazione della materia, globalmente neutro, ma costituito da ioni positivi ed elettroni che si muovono gli uni indipendentemente dagli altri ad altissima velocità.

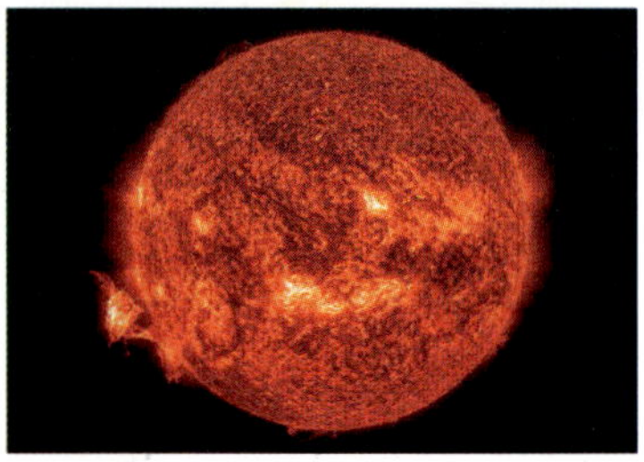

Figura 19 Nel Sole avvengono reazioni di fusione nucleare Le reazioni di fusione termonucleare che avvengono nel Sole consistono nella fusione di 4 nuclei di idrogeno in un nucleo di elio.

L'energia emessa dal Sole ha origine da una serie di reazioni termonucleari (indicate, nel complesso, come *ciclo protone-protone*), che si svolgono nel nucleo alla temperatura di 20 milioni di kelvin e che hanno come risultato finale la fusione di quattro nuclei di idrogeno in un nucleo di elio (figura **19**).

$$4\,{}^{1}_{1}\text{H} \longrightarrow {}^{4}_{2}\text{He} + \text{energia}$$

Da molti anni si tenta di produrre energia nucleare mediante la fusione di due isotopi dell'idrogeno, il deuterio e il trizio. Il deuterio (${}^{2}_{1}$H) è contenuto nell'acqua di mare e quindi la sua disponibilità è illimitata; il trizio (${}^{3}_{1}$H) è invece un isotopo radioattivo artificiale che si può produrre per fusione tra due nuclei di deuterio.

I nuclei di deuterio e trizio portati alla temperatura di 100 milioni di kelvin danno origine a una reazione di fusione termonucleare in cui si formano un nucleo di elio (${}^{4}_{2}$He) e un neutrone (${}^{1}_{0}$n), con liberazione di un'elevata quantità di energia (figura **20**).

$${}^{2}_{1}\text{H} + {}^{3}_{1}\text{H} \longrightarrow {}^{4}_{2}\text{He} + {}^{1}_{0}\text{n} + \text{energia}$$

Nella reazione si libera energia in quanto la massa del nucleo di elio è minore della somma delle masse dei nuclei di deuterio e di trizio: il difetto di massa (Δm), secondo la relazione di Einstein, si trasforma in energia.

Figura 20 La fusione nucleare La fusione porta all'emissione di un neutrone e alla liberazione di una grande quantità di energia.

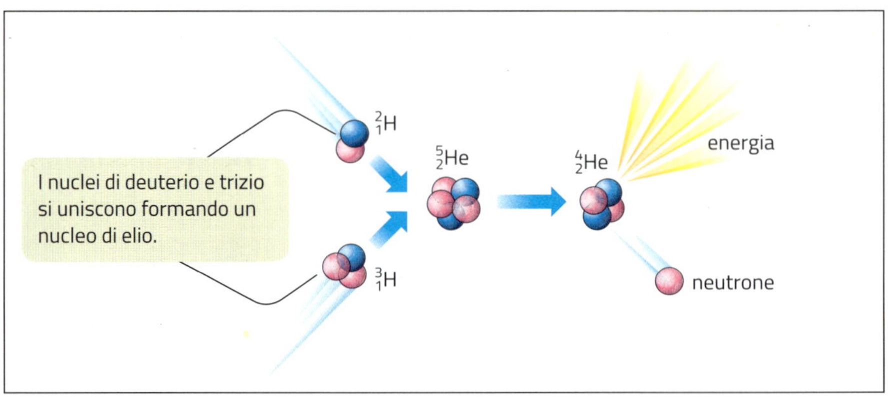

FACCIAMO IL PUNTO

LO SAI? RIPASSA CON LO SMARTPHONE

Che cosa sono le radiazioni α, β e γ?

I nuclei atomici di molti elementi chimici, essendo instabili, raggiungono una condizione più stabile emettendo spontaneamente radiazioni:

- le **radiazioni α** sono particelle con carica positiva formate da due protoni e due neutroni e si identificano quindi con nuclei di elio (simbolo ^4_2He o $^4_2\alpha$);
- le **radiazioni β** sono particelle con carica negativa e si identificano con elettroni emessi dal nucleo (simbolo $^{0}_{-1}e^-$ o β^-);
- le **radiazioni γ** sono radiazioni elettromagnetiche e quindi si identificano con i fotoni, particelle prive di massa e di carica elettrica.

Che cos'è il decadimento radioattivo?

Si chiama **decadimento radioattivo** il processo attraverso il quale un nucleo instabile di un elemento emette spontaneamente radiazioni per trasformarsi in un nucleo stabile di un diverso elemento. Per diventare stabile, un radionuclide o radioisotopo deve modificare il rapporto tra il numero dei neutroni e il numero dei protoni.

- Il **decadimento α** comporta la formazione di un nuclide con un numero atomico inferiore di 2 unità e un numero di massa inferiore di 4 unità.
- Il **decadimento β^-** comporta la formazione di un nuclide con un numero atomico maggiore di una unità e un numero di massa invariato.
- Il **decadimento β^+** comporta la formazione di un nuclide con un numero atomico minore di un'unità e un numero di massa invariato.
- Il **decadimento K** (chiamato anche *decadimento per cattura elettronica*) comporta la formazione di un nuclide con un numero atomico minore di un'unità e un numero di massa invariato.
- Il **decadimento γ** riguarda i nuclidi in cui si è verificato un decadimento α, β^- o β^+ e non comporta variazioni del numero atomico e del numero di massa.

Che cosa è il tempo di dimezzamento?

La velocità con cui avviene l'emissione di radiazioni (*velocità di disintegrazione*) è espressa da una grandezza, il **tempo di dimezzamento** (simbolo $t_{½}$), che è il tempo necessario perché si disintegri la metà dei nuclei di un radionuclide.

Quali sono le applicazioni degli isotopi radioattivi?

In medicina lo **iodio-131** è utilizzato per la diagnosi di disfunzioni della tiroide, il **cobalto-60** nella terapia dei tumori.

In biologia il **fosforo-32** e il **carbonio-14** sono stati utilizzati per analizzare la sequenza di reazioni di processi cellulari (con la sintesi del DNA e fotosintesi clorofilliana).

In paleontologia il **carbonio-14** permette di determinare l'età assoluta di reperti organici (oggetti di legno, tessuti, ossa) di età non superiore ai 70 000 anni.

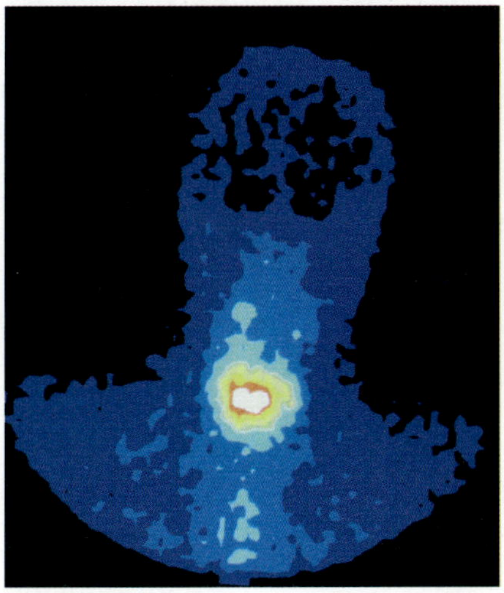

Che cosa si intende per difetto di massa?

Il **difetto di massa** (Δm) è la differenza tra la somma delle masse dei singoli nucleoni presenti in un nucleo e il valore della massa del nucleo.

È questa la massa che si trasforma in energia secondo la relazione di Einstein:

$$E = m \cdot c^2$$

Che cos'è l'energia nucleare di legame?

L'**energia nucleare di legame** è la quantità di energia che occorre per separare i nucleoni di un nucleo. Dividendo l'energia nucleare di legame per il numero dei nucleoni, possiamo determinare l'energia di legame per nucleone.

Riportando in un grafico i valori dell'energia di legame per nucleone in funzione del numero di massa di ciascun nuclide, si nota che i *nuclei con maggior energia di legame per nucleone* sono quelli con numero di massa compreso tra 50 e 60.

In che cosa consiste la fissione nucleare?

La **reazione di fissione nucleare** si verifica quando un nucleo instabile di massa atomica elevata è colpito da un neutrone e si suddivide in due nuclei di massa atomica minore, con emissione di neutroni e sviluppo di energia. I neutroni liberati possono colpire altri nuclei dell'elemento fissile, dai quali vengono emessi altri neutroni (**reazione a catena**).

Poiché utilizza una piccola quantità di materiale fissile (inferiore alla massa critica), la velocità della reazione a catena è controllata e l'energia che si sviluppa (calore) può essere utilizzata per generare vapore e produrre quindi energia elettrica.

In che cosa consiste la fusione nucleare?

La **reazione di fusione nucleare** si verifica quando due nuclei di piccola massa si uniscono per formare un nucleo di massa maggiore. Affinché la reazione di fusione possa avvenire, occorrono temperature notevolmente alte (decine di milioni di gradi), per cui si parla di fusione termonucleare.

Una reazione di fusione nucleare è quella in cui due isotopi dell'idrogeno, i nuclei di deuterio e trizio, alla temperatura di 100 milioni di kelvin formano un nucleo di elio e un neutrone, con liberazione di un'elevata quantità di energia.

ESERCIZI

ZTE ONLINE Mettiti alla prova con 20 esercizi interattivi

VERIFICA LE TUE CONOSCENZE

LE RADIAZIONI NUCLEARI

1 **Esamina i parametri (carica e massa) delle radiazioni α e β.**

2 **Giustifica la maggiore capacità di penetrazione delle radiazioni γ rispetto alle radiazioni α.**

3 **Rappresenta i simboli usati per le radiazioni α, β e γ.**

4 **Indica le particelle dotate di massa maggiore:**
- (A) particelle β
- (B) protoni
- (C) particelle α
- (D) neutroni

5 **La stabilità del nucleo atomico dipende**
- (A) dal rapporto tra il numero dei protoni e quello degli elettroni nel livello energetico esterno.
- (B) dal numero dei neutroni.
- (C) dal rapporto tra il numero dei neutroni e quello dei protoni.
- (D) dal rapporto tra il numero dei protoni e quello dei neutroni.

IL DECADIMENTO RADIOATTIVO

6 **Considera il decadimento positronico e specifica:**
- a. quali radionuclidi riguarda;
- b. il tipo di particelle emesse;
- c. il numero atomico e il numero di massa del radionuclide che si forma.

7 **Identifica il tipo di decadimento radioattivo per le seguenti equazioni nucleari:**
- a. ${}^{214}_{83}\mathrm{Bi} \longrightarrow {}^{214}_{84}\mathrm{Po} + {}^{0}_{-1}\mathrm{e} + {}^{0}_{0}\nu$
- b. ${}^{257}_{100}\mathrm{Fm} \longrightarrow {}^{253}_{98}\mathrm{Cf} + {}^{4}_{2}\mathrm{He}$
- c. ${}^{73}_{33}\mathrm{As} + {}^{0}_{-1}\mathrm{e} \longrightarrow {}^{73}_{32}\mathrm{Ge} + {}^{0}_{0}\nu$
- d. ${}^{13}_{7}\mathrm{N} \longrightarrow {}^{13}_{6}\mathrm{C} + {}^{0}_{+1}\mathrm{e} + {}^{0}_{0}\nu$
- e. ${}^{226}_{88}\mathrm{Ra} \longrightarrow {}^{226}_{88}\mathrm{Ra} + \gamma$
- f. ${}^{17}_{9}\mathrm{F} \longrightarrow {}^{17}_{8}\mathrm{O} + {}^{0}_{+1}\mathrm{e} + {}^{0}_{0}\nu$

8 **Bilancia le seguenti equazioni nucleari:**
- a. ${}^{27}_{13}\mathrm{Al} + {}^{1}_{0}\mathrm{n} \longrightarrow {}^{1}_{1}\mathrm{H} + \mathrm{Mg}$
- b. ${}^{238}_{92}\mathrm{U} + {}^{2}_{1}\mathrm{H} \longrightarrow \mathrm{Np} + {}^{1}_{0}\mathrm{n}$
- c. ${}^{63}_{29}\mathrm{Cu} + {}^{2}_{1}\mathrm{H} \longrightarrow \mathrm{Ni} + {}^{4}_{2}\mathrm{He}$

9 **Le radiazioni α emesse durante il decadimento radioattivo di un isotopo instabile sono**
- (A) neutroni.
- (B) particelle formate da 2 protoni e 2 neutroni.
- (C) nuclei di elio-3.
- (D) particelle formate da 1 protone e 1 neutrone.

10 **L'emissione di radiazione γ modifica**
- (A) il numero di massa, ma non il numero atomico.
- (B) il numero atomico, ma non il numero di massa.
- (C) il numero di massa e il numero atomico ma non l'energia.
- (D) l'energia, ma non il numero di massa e il numero atomico.

11 **Le radiazioni β^- emesse durante il decadimento radioattivo di un isotopo instabile sono**
- (A) positroni.
- (B) particelle formate da 2 neutroni e 2 protoni.
- (C) radiazioni elettromagnetiche ad alta energia.
- (D) elettroni emessi dal nucleo.

12 **Le radiazioni β^+ emesse durante il decadimento radioattivo di un isotopo instabile sono:**
- (A) elettroni emessi dal nucleo.
- (B) neutroni emessi dal nucleo.
- (C) nuclei di elio-4.
- (D) positroni.

13 **Il decadimento radioattivo β^- comporta:**
- (A) una diminuzione di una unità nel numero atomico e un numero di massa invariato.
- (B) un aumento di una unità nel numero atomico e un numero di massa invariato.
- (C) un aumento di una unità nel numero atomico e un aumento nel numero di massa.
- (D) un aumento di due unità nel numero di massa e un numero atomico invariato.

14 **Il numero di massa di un nuclide, in seguito all'emissione di una radiazione β^+,**
- (A) non varia.
- (B) aumenta di una unità.
- (C) diminuisce di una unità.
- (D) aumenta di due unità.

15 **In seguito al decadimento per cattura elettronica, il numero atomico di un nuclide**
Ⓐ aumenta di due unità.
Ⓑ diminuisce di una unità.
Ⓒ aumenta di una unità.
Ⓓ diminuisce di due unità.

IL TEMPO DI DIMEZZAMENTO

16 **Un composto contiene 10 g dell'isotopo cesio-157 ($t_{1/2}$ = 30 anni). Indica quanti grammi dell'isotopo sono presenti dopo 30 anni.**
Ⓐ 20
Ⓑ 5
Ⓒ 30
Ⓓ 2,5

17 **Il tempo di dimezzamento è quello necessario per**
Ⓐ il decadimento di metà dei nuclei di un radioisotopo.
Ⓑ la trasformazione di un nuclide stabile in un altro nuclide stabile.
Ⓒ la formazione di un isotopo radioattivo da un elemento non radioattivo.
Ⓓ il decadimento radioattivo di un isotopo.

18 **La radioattività di un isotopo radioattivo è diminuita a 1/32 rispetto a quella iniziale. I tempi di dimezzamento trascorsi sono:**
Ⓐ 2 $t_{1/2}$
Ⓑ 4 $t_{1/2}$
Ⓒ 5 $t_{1/2}$
Ⓓ 8 $t_{1/2}$

APPLICAZIONE DEGLI ISOTOPI RADIOATTIVI

19 **Perché i radionuclidi utilizzati in radiodiagnostica (risonanza magnetica, scintigrafia) hanno tempi di dimezzamento molto brevi (minuti, ore)? Motiva la tua risposta.**

20 **In biologia l'isotopo radioattivo carbonio-14 è stato utilizzato per analizzare la sequenza di reazioni relative alla**
Ⓐ sintesi del DNA.
Ⓑ fotosintesi clorofilliana.
Ⓒ sintesi delle proteine.
Ⓓ respirazione cellulare.

21 **Indica in quale applicazione scientifica non sono usati gli isotopi radioattivi.**
Ⓐ Diagnostica e terapia medica.
Ⓑ Radiodatazione.
Ⓒ Rilevazione di perdite in oleodotti.
Ⓓ Analisi dei climi.

IL DIFETTO DI MASSA

22 **Analizza la relazione che lega il difetto di massa e l'energia che si libera quando si forma un nucleo atomico.**

23 **Rappresenta il grafico che mette in relazione la variazione di energia di legame per nucleone con il numero di massa, evidenziando la zona di massima stabilità.**

24 **I nuclei atomici con maggiore energia di legame per nucleone hanno un numero di massa**
Ⓐ compreso tra 50 e 60.
Ⓑ minore di 50.
Ⓒ maggiore di 60.
Ⓓ compreso tra 60 e 70.

25 **Il difetto di massa è la differenza tra**
Ⓐ la massa dei protoni e quella dei neutroni.
Ⓑ la somma delle masse dei singoli nucleoni e la massa del nucleo.
Ⓒ la massa dei neutroni e quella dei protoni.
Ⓓ la somma delle masse dei nucleoni e la massa degli elettroni.

LE REAZIONI NUCLEARI

26 **Giustifica la liberazione di energia nei processi di fissione e fusione nucleare.**

27 **Analizza una reazione nucleare di fissione quando si utilizza una quantità di materiale fissile:**
a. uguale o maggiore al valore della massa critica;
b. inferiore al valore della massa critica.

28 **Indica l'affermazione *errata*.**
Una reazione nucleare
Ⓐ coinvolge solo i nuclei dell'atomo.
Ⓑ libera enormi quantità di energia.
Ⓒ non produce nuovi nuclei atomici.
Ⓓ libera energia in conseguenza di una diminuzione di massa.

29 **L'isotopo radioattivo che potrebbe essere utilizzato come combustibile in un reattore nucleare è**
Ⓐ radio-226.
Ⓑ francio-220.
Ⓒ uranio-235.
Ⓓ piombo-204.

VERIFICA LE TUE ABILITÀ

30 **Rappresenta l'equazione nucleare per il decadimento α dei seguenti isotopi radioattivi:**

a. $^{232}_{90}Th$
b. $^{224}_{88}Ra$
c. $^{220}_{86}Rn$
d. $^{212}_{83}Bi$

31 **Rappresenta l'equazione nucleare per il decadimento β^- dei seguenti isotopi radioattivi:**

a. $^{228}_{88}Ra$
b. $^{228}_{89}Ac$
c. $^{212}_{82}Pb$
d. $^{49}_{20}Ca$

32 **Rappresenta l'equazione nucleare per il decadimento β^+ dei seguenti isotopi radioattivi:**

a. $^{22}_{11}Na$
b. $^{43}_{22}Ti$
c. $^{53}_{27}Co$
d. $^{32}_{15}P$

33 **Rappresenta l'equazione nucleare per il decadimento per cattura elettronica dei seguenti isotopi radioattivi:**

a. $^{80}_{37}Rb$
b. $^{68}_{32}Ge$
c. $^{37}_{18}Ar$
d. $^{55}_{26}Fe$

34 **Rappresenta le equazioni nucleari quando l'uranio $^{238}_{92}U$ emette in successione:**

a. una particella α e una particella β^-;
b. tre particelle α e due particelle β^-.

35 **L'isotopo dell'uranio $^{238}_{92}U$ decade a $^{238}_{93}Np$ in seguito all'emissione di**

Ⓐ un positrone.
Ⓑ una particella α.
Ⓒ una particella β^-.
Ⓓ un neutrone.

36 **L'isotopo dell'uranio $^{238}_{92}U$ emettendo una particella α si trasforma nell'isotopo:**

Ⓐ $^{237}_{92}U$
Ⓑ $^{234}_{90}Th$
Ⓒ $^{236}_{92}U$
Ⓓ $^{238}_{93}Np$

37 **Indica la particella che viene emessa nella seguente equazione nucleare incompleta:**

$$^{98}_{42}Mo + ^{2}_{1}He \longrightarrow ^{99}_{43}Tc + \dots\dots$$

Ⓐ Neutrone
Ⓑ Elettrone
Ⓒ Positrone
Ⓓ Protone

38 **Indica il prodotto mancante nella seguente equazione nucleare incompleta:**

$$^{19}_{10}Ne \longrightarrow \dots\dots + ^{0}_{-1}e$$

Ⓐ Fluoro-19
Ⓑ Sodio-19
Ⓒ Sodio-20
Ⓓ Fluoro-20

39 **Indica la particella mancante nella seguente equazione nucleare incompleta:**

$$^{87}_{36}Kr \longrightarrow ^{86}_{36}Kr + \dots\dots$$

Ⓐ Neutrone
Ⓑ Elettrone
Ⓒ Positrone
Ⓓ Protone

40 **Un composto contiene 10 mg dell'isotopo cobalto-60 ($t_{1/2}$ = 5,2 anni). Calcola quanti anni fa il composto ^{60}Co conteneva 160 mg dell'isotopo.**

41 **Il tempo di dimezzamento dell'isotopo sodio-24 è di 15 ore. Se un composto contiene 100 mg di questo isotopo, calcola quanti mg di sodio saranno presenti dopo 60 ore.**

42 **Il fosforo-32 ha un tempo di dimezzamento di 14 giorni. Calcola quanti giorni occorrono per ridurre a 1/4 la quantità iniziale dell'isotopo.**

43 **Il tempo di dimezzamento del fosforo-32 è di 14 giorni. Se un composto ne contiene 40 g, i grammi dell'isotopo dopo 42 giorni sono:**

Ⓐ 10 Ⓑ 20 Ⓒ 15 Ⓓ 5

44 **Un composto contiene 50 mg dell'isotopo attinio-227 ($t_{1/2}$ = 22 anni). Indica quanti anni fa il composto ne conteneva 400 mg:**

Ⓐ 44 Ⓑ 66 Ⓒ 88 Ⓓ 110

45 **Calcola la massa in grammi equivalente a 1,0 kJ.**

46 **Calcola l'energia nucleare di legame (in J/nucleone) del nucleo di deuterio la cui massa è uguale a 2,0135 u.**

47 **Il nucleo di trizio ha una massa uguale a 3,0155 u. Indica il valore dell'energia nucleare di legame (in J/nucleone):**

Ⓐ $6{,}79 \cdot 10^{-13}$
Ⓑ $2{,}26 \cdot 10^{-13}$
Ⓒ $9{,}06 \cdot 10^{-13}$
Ⓓ $4{,}53 \cdot 10^{-13}$

48 **Un nucleo di uranio-235, colpito da un neutrone, forma un nucleo di tellurio-137 e un nucleo di zirconio-97. Il numero di neutroni liberati dalla fissione è:**

Ⓐ 2 Ⓑ 5 Ⓒ 7 Ⓓ 9

TEST YOURSELF

49 When does the stability of a nucleus with Z > 30 increase?

50 Draw the nuclear equation showing the β^+ decay of the radioactive isotope chrome-50.

51 Draw the nuclear equation concerning successive emissions of an α particle and of a β^- particle from the isotope $^{226}_{88}Ra$.

52 What is the change in the mass number of a nucleus after the emission of α particles?

53 Indicate what type of decay occurs in the following incomplete nuclear equation:

$$^{200}_{81}Tl \longrightarrow {}^{200}_{80}Hg + \ldots\ldots\ldots$$

54 In a nuclear reaction

Ⓐ the whole mass turns into energy.
Ⓑ a small mass quantity turns into energy.
Ⓒ the whole energy turns into mass.
Ⓓ the mass increases.

55 Nuclear fusion is a process in which

Ⓐ an atomic nucleus splits into two nuclei of lower mass.
Ⓑ two low-mass atomic nuclei join together to form a nucleus of lower mass.
Ⓒ two low-mass atomic nuclei join together to form a nucleus of higher mass.
Ⓓ two great-mass atomic nuclei join together to form a nucleus of lower mass.

VERSO I GIOCHI DELLA CHIMICA

56 Il radon-222 ha un tempo di dimezzamento di 3,82 giorni. Se in una abitazione sono presenti 10^{14} nuclidi di questo gas, indica il numero dei nuclidi che rimangono dopo 30 giorni.

Ⓐ 2680 Ⓒ $3{,}28 \cdot 10^3$
Ⓑ $4{,}3 \cdot 10^{11}$ Ⓓ $4{,}3 \cdot 10^3$

[Finale nazionale 2007]

57 Un oggetto di legno fossilizzato ha un decadimento del carbonio-14 uguale a 1/8 di quello di un oggetto di legno attuale. Sapendo che il tempo di dimezzamento del carbonio-14 è di 5730 anni, si deduce che l'oggetto di legno fossilizzato ha un'età (in anni) di:

Ⓐ 17 190 Ⓒ 9595
Ⓑ 34 280 Ⓓ 171

[Finale nazionale 2009]

VERSO L'UNIVERSITÀ

58 L'isotopo radioattivo del carbonio usato per la datazione archeologica è costituito da:

Ⓐ 6 protoni, 7 neutroni, 6 elettroni.
Ⓑ 6 protoni, 8 neutroni, 6 elettroni.
Ⓒ 7 protoni, 7 neutroni, 7 elettroni.
Ⓓ 7 protoni, 6 neutroni, 7 elettroni.
Ⓔ 8 protoni, 6 neutroni, 6 elettroni.

[dalla prova di ammissione a Veterinaria, 2010]

VERSO L'ESAME: LE TUE COMPETENZE

RAPPRESENTA

59 Rappresenta l'equazione nucleare relativa alla trasformazione del:

a. $^{13}_{6}C$ in $^{14}_{6}C$ b. $^{250}_{95}Am$ in $^{252}_{96}Cm$

DEDUCI

60 Completa le seguenti equazioni nucleari:

a. $^{238}_{92}U + {}^{4}_{2}\alpha \longrightarrow 20\,{}^{1}_{1}H + 35\,{}^{1}_{0}n + \ldots\ldots\ldots$

b. $^{43}_{20}Ca + {}^{4}_{2}He \longrightarrow {}^{41}_{21}Sc + \ldots\ldots\ldots + \ldots\ldots\ldots$

c. $^{6}_{3}Li + {}^{1}_{0}n \longrightarrow {}^{4}_{2}He + \ldots\ldots\ldots$

d. $^{19}_{10}Ne \longrightarrow \ldots\ldots\ldots + {}^{0}_{-1}e$

e. $^{26}_{13}Al \longrightarrow {}^{25}_{12}Mg + \ldots\ldots\ldots$

f. $^{9}_{4}Be + \ldots\ldots\ldots \longrightarrow {}^{6}_{3}Li + {}^{4}_{2}He$

COLLEGA E CALCOLA

61 Calcola l'età di un reperto fossile che emette radiazioni β uguali a 1/4 rispetto a quelle emesse da un organismo vivente.

COLLEGA E CALCOLA

62 Il tecnezio-99 ($t_{1/2} = 6$ ore) è impiegato nella radiodiagnostica. Si somministra a un paziente una dose uguale a 100 mg. Calcola la quantità residua dopo un giorno.

RAPPRESENTA

63 Il fluoro-19 bombardato con particelle α dopo due trasformazioni genera il sodio-22. Rappresenta l'equazione nucleare per l'intera trasformazione.

RAPPRESENTA

64 Il bombardamento del cadmio-115 con neutroni provoca l'emissione di radiazioni γ. Rappresenta l'equazione nucleare del processo.

COLLEGA E CALCOLA

65 L'isotopo radioattivo iodio-131 è usato ai fini diagnostici per determinare la funzionalità della tiroide. Sapendo che il $t_{1/2}$ è dello iodio è 8 giorni e che 5 g di iodio raggiungono la tiroide, dopo 40 giorni quanti g di iodio rimangono?

SEI PRONTO PER LA VERIFICA?

IN 1 ORA

Dopo aver studiato i contenuti del **capitolo 24**, svolgi la prova nel **tempo massimo di un'ora**.

CONOSCENZE E ABILITÀ

1 Il cesio-137 ha un tempo di dimezzamento di 30 anni. Dopo quanti anni la quantità di cesio-137 diventerà 1/4 di quella iniziale?

Ⓐ 30 Ⓑ 15 Ⓒ 120 Ⓓ 60

(4 punti se hai risposto correttamente) ...../4

2 Bilancia la seguente equazione nucleare:

$${}^{10}_{5}B + {}^{1}_{0}n \longrightarrow {}^{3}_{1}He + {}^{4}_{2}He$$

(4 punti se hai risposto correttamente) ...../4

3 Completa le seguenti equazioni nucleari:

a. ${}^{55}_{25}Mn + 2\,{}^{1}_{0}n \longrightarrow {}^{55}_{25}Fe + ...$

b. ${}^{27}_{13}Al + {}^{4}_{2}He \longrightarrow {}^{30}_{15}P + ...$

(6 punti se hai risposto correttamente) ...../6

4 Quale tra le seguenti affermazioni relative alla reazione di fissione nucleare *non* è vera?

Ⓐ Si libera una quantità di energia molto elevata.
Ⓑ La maggior parte dei prodotti della reazione è costituita da isotopi radioattivi.
Ⓒ Da ciascun nucleo vengono emessi due o più neutroni.
Ⓓ Il nucleo di un atomo con massa elevata è colpito da un protone.

(5 punti se hai risposto correttamente) ...../5

5 Quale tipo di trasformazione è descritta dalla seguente equazione?

$${}^{3}_{1}H + {}^{2}_{1}H \longrightarrow {}^{4}_{2}He + {}^{1}_{0}n$$

Ⓐ Una reazione chimica di sintesi.
Ⓑ Una reazione nucleare di decadimento.
Ⓒ Una reazione di fissione nucleare.
Ⓓ Una reazione di fusione nucleare.

(5 punti se hai risposto correttamente) ...../5

6 Il seguito all'emissione di una particella alfa, l'isotopo ${}^{226}_{88}Ra$ si trasforma nell'isotopo:

Ⓐ ${}^{222}_{86}Rn$ Ⓑ ${}^{224}_{88}Ra$ Ⓒ ${}^{224}_{86}Rn$ Ⓓ ${}^{225}_{87}Fr$

(10 punti se hai risposto correttamente) ...../10

7 Nella reazione nucleare:

$${}^{235}_{92}U + {}^{1}_{0}n \longrightarrow {}^{141}_{95}Ba + ... + 3\,{}^{1}_{0}n$$

il prodotto non noto è:

Ⓐ ${}^{1}_{1}H$ Ⓑ ${}^{238}_{92}U$ Ⓒ ${}^{91}_{35}Br$ Ⓓ ${}^{92}_{36}Kr$

(8 punti se hai risposto correttamente) ...../8

8 Nella seguente reazione nucleare:

$${}^{14}_{7}N + {}^{4}_{2}He \longrightarrow {}^{17}_{8}O + ...$$

il prodotto non noto è:

Ⓐ un elettrone ${}^{0}_{-1}e$
Ⓑ un nucleo di idrogeno ${}^{1}_{1}H$
Ⓒ un neutrone ${}^{1}_{0}n$
Ⓓ un positrone ${}^{0}_{+1}e$

(8 punti se hai risposto correttamente) ...../8

9 L'isotopo ${}^{63}_{28}Ni$ emette particelle β^-. Quale dei seguenti isotopi si forma in seguito al suo decadimento?

Ⓐ ${}^{62}_{28}Ni$ Ⓑ ${}^{63}_{29}Cu$ Ⓒ ${}^{62}_{27}Co$ Ⓓ ${}^{64}_{28}Ni$

(10 punti se hai risposto correttamente) ...../10

I primi 60 punti valgono per il raggiungimento degli obiettivi minimi. Per fare di più, rispondi alle seguenti domande.

COMPETENZE

10 Rappresenta l'equazione nucleare del decadimento per cattura elettronica del magnesio-24.

(10 punti se hai risposto correttamente) ...../10

11 Rappresenta l'equazione nucleare per il decadimento α dei seguenti isotopi radioattivi:

a. ${}^{192}_{78}Pt$ b. ${}^{210}_{84}Po$

(10 punti se hai risposto correttamente) ...../10

12 Rappresenta l'equazione nucleare per il decadimento β^- dei seguenti isotopi radioattivi:

a. ${}^{212}_{83}Bi$ b. ${}^{40}_{19}K$

(10 punti se hai risposto correttamente) ...../10

13 Rappresenta l'equazione nucleare per il decadimento β^+ dei seguenti isotopi radioattivi:

a. ${}^{64}_{29}Cu$ b. ${}^{9}_{4}Be$

(10 punti se hai risposto correttamente) ...../10

PUNTEGGIO TOTALE ...../100

Dall'amianto all'edilizia *green*

Con **amianto** (o asbesto) si intende l'insieme di minerali a struttura fibrosa della famiglia dei silicati, in particolare serpentini e anfiboli. Nel secolo scorso, questi minerali sono stati protagonisti di un'enorme diffusione, favorita dalle proprietà di resistenza termica e meccanica (in particolare all'usura e all'abrasione), dalla possibilità di trasformarli in fibre, e dalla spiccata resistenza al fuoco e agli agenti chimici e fisici.

Oltre a essere un buon isolante, l'amianto si lega facilmente ai materiali da costruzione (come la calce, il gesso, il cemento e alcune plastiche): tutto ciò, unito al basso costo, ha favorito l'ampia diffusione di questo materiale in tantissimi settori, in particolare quello edile. Il cemento-amianto, commercialmente chiamato *Eternit*, in passato era venduto in forma di lastre impiegate nella copertura dei tetti, nelle coibentazioni e insonorizzazioni degli edifici, come isolante termico negli impianti industriali e come protezione antincendio. Nel secolo scorso la produzione complessiva di amianto ha superato i 150 milioni di tonnellate, con un picco di circa 5 milioni alla fine degli anni Settanta.

Già negli anni Cinquanta emersero i primi dati sulla **cancerogenicità** dell'amianto; ma fu solo dopo il suo massiccio impiego nell'edilizia che si sollevò il problema delle malattie professionali nei lavoratori esposti. L'amianto può infatti provocare gravi patologie dell'apparato respiratorio, come l'*asbestosi* (una malattia cronica dei polmoni), il *carcinoma polmonare* e il *mesotelioma* (un particolare tipo di tumore associato all'inalazione di fibre di amianto).

In Italia, l'amianto e i suoi derivati sono stati messi al bando grazie alla legge 257 del marzo 1992; se necessario, le strutture in amianto già presenti nelle costruzioni devono essere rimosse mediante opportune opere di bonifica eseguite solo da personale specializzato.

L'edilizia *green*

Come ha dimostrato l'esempio dell'amianto, anche nel campo dell'edilizia è sempre più importante fare scelte sostenibili. Le politiche ecocompatibili e la priorità del risparmio energetico hanno portato alla nascita dell'edilizia *green* (figura).

Negli ultimi trenta'anni il fabbisogno energetico delle abitazioni è cresciuto in modo inarrestabile, soprattutto per l'aumento dei consumi elettrici. Nel 2015, l'energia elettrica consumata in Italia per uso domestico è stata di quasi 70 000 GWh, circa il 25% del fabbisogno totale di energia elettrica del nostro Paese.

L'isolamento termico, le energie rinnovabili (in particolare il fotovoltaico) e l'utilizzo di impianti a risparmio energetico sono solo alcuni degli aspetti su cui si fonda la nuova concezione di edilizia sostenibile. Ma esistono anche altre strategie: oltre all'installazione di *cappotti termici*, si stanno cercando soluzioni di più ampio respiro, come l'utilizzo di *materiali da costruzione riciclati*, l'impiego di sistemi per il *risparmio idrico* e per la *razionalizzazione dell'energia*, la valutazione della *qualità dell'aria domestica* e l'adozione di criteri progettuali in grado di valorizzare e armonizzare l'edilizia in un contesto ecologico.

Un'abitazione ecosostenibile sfrutta fonti di energia alternativa e rinnovabile, come il fotovoltaico per produrre l'energia elettrica o l'energia geotermica per il riscaldamento

L'impiego di cappotti termici permette di isolare le abitazioni e ridurre il dispendio energetico.

Una forma di edilizia ecosostenibile consiste nell'impiego di materiali da costruzione riciclati.

Materiali edili innovativi

Per diminuire la dipendenza da fonti fossili, accanto agli isolanti tradizionali di derivazione petrolchimica (come il polistirene e il poliuretano) si stanno introducendo sul mercato anche **materiali compositi**.

Alcuni di questi materiali ecosostenibili sono fatti di una parte rinnovabile costituita da *fibre vegetali* (per esempio canapa, lino, carta riciclata, legno, e sughero) e da una parte non rinnovabile, a base di materie plastiche come il poliestere, che ne costituisce il sostegno. Questi pannelli offrono isolamento acustico e traspirabilità, favorendo la ventilazione negli ambienti isolati che rischierebbero altrimenti di essere eccessivamente «sigillati».

Se da un lato il contenimento energetico richiede di costruire involucri isolanti, è altrettanto vero che i nuovi materiali di rivestimento non devono ostacolare il ricambio di aria nelle abitazioni. Questo aspetto è importante per eliminare i **composti organici volatili** o **COV** (in inglese VOC, *Volatile Organic Compounds*) che nel tempo si sprigionano dai *diluenti per vernici* o dai *solventi* impiegati per la costruzione di abitazioni e di oggetti d'arredo.

Il vantaggio dei materiali innovativi risiede nella multifunzionalità: insieme alla tradizionale funzione strutturale o di rivestimento, i nuovi materiali hanno anche funzioni aggiuntive che ne valorizzano la sostenibilità. Riportiamo di seguito alcuni degli esempi più diffusi:

- i **materiali a cambiamento di fase** (PCM – *Phase Changing Materials*) sono accumulatori di calore latente in grado di assorbire energia termica e di rilasciarla in seguito, senza alterare la propria temperatura;
- i **materiali isolanti trasparenti** (TIM - *Transparent Insulation Materials*) uniscono un eccellente isolamento termico alla trasparenza, fattore che costituisce un vantaggio perché promuove l'utilizzo dell'illuminazione naturale;
- le **vernici fotocatalitiche** sfruttano la capacità dell'ossido di titanio di ossidare le sostanze organiche nell'aria in presenza di luce, garantendo così muri e facciate più pulite e una riduzione del consumo idrico destinato per la pulizia;
- il **cemento termico** è ottenuto da materiale vetrosi di riciclo, mantiene le caratteristiche del calcestruzzo tradizionale ma ha in più una bassa conducibilità, un'elevata permeabilità al vapore ed una buona inerzia chimica;
- gli **intonaci speciali** sono costituiti da argille, sabbie naturali e da grafite, sono contemporaneamente conduttori termici ed elettrici; per questo sono in grado di schermare le radiazioni elettromagnetiche emesse dai dispositivi elettronici.

Chemistry Highlights

PERIODIC PROPERTIES

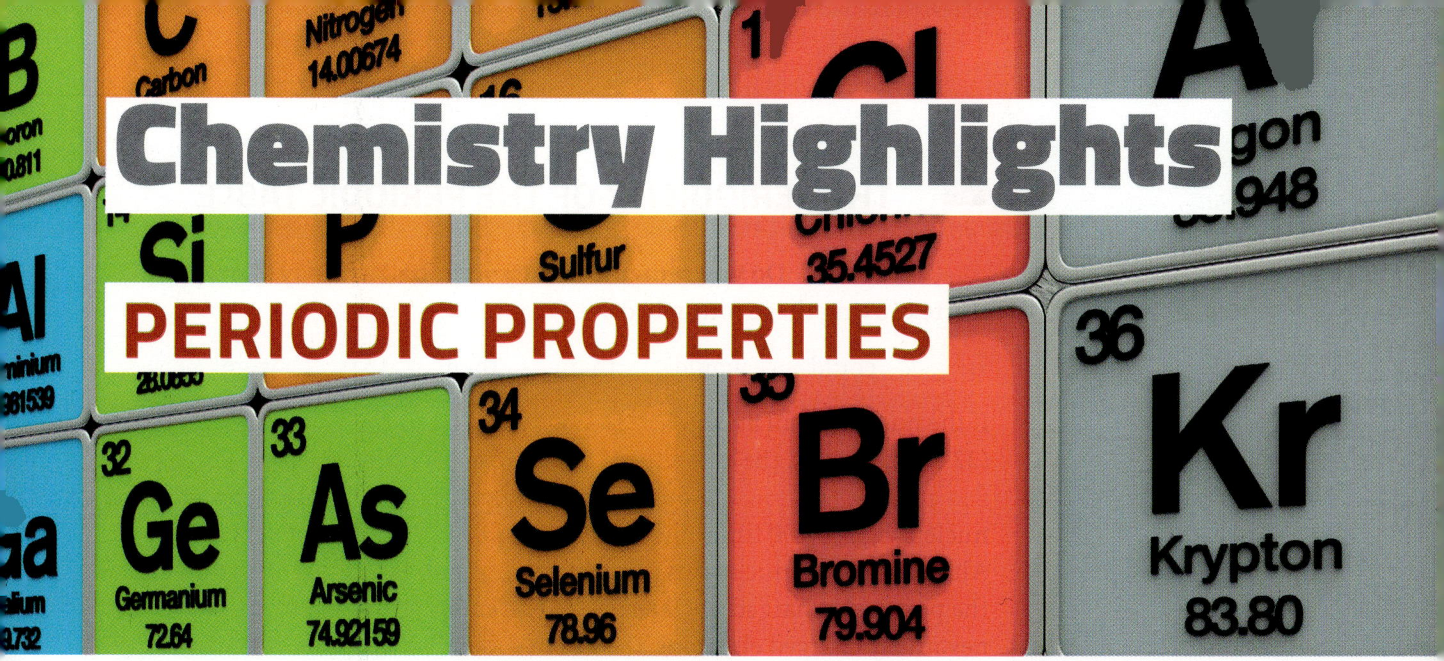

1 WHAT IS THE SIZE OF AN ATOM?

EXERCISE 1 **Before moving on, we need to know a very interesting relationship which exists between the mass and the volume of atoms. Read the text below and complete it where necessary.**

15 min

MASS The weight of an electron is about 1800 times less than the weight of a proton or neutron. Therefore, if the weight (*peso*) of an electron were equivalent to the weight of one grain of rice, the weight of a proton or a neutron would be equivalent to .... (*18/1800/180*) grains of rice.

VOLUME The diameter of the nuclei of atoms is approximately 10^{-15} m (0.000000000000001 m), and the approximate diameter of atoms, including electron clouds, is 10^{-10} m (0.0000000001 m). Therefore, if the nucleus of an atom were compared to a soccer ball, whose diameter is .... cm (*12/22/60*), how big would the «dimension of the orbitals» be compared to the size of the nucleus? .... (*22 kilometers/22 centimeters/22 meters*)

Now imagine putting a soccer ball at the entrance of your school and identifying four special places (ice-cream parlor, pizzeria, gym etc.) which are 11 km away to the north, to the south, to the east and to the west and join these places with a circle and that is the size of the 3D-space in which an electron can orbit around the soccer ball.

IN CONCLUSION Although the nucleus contains 99.9% of the atomic mass, the diameter of the nucleus of an atom is .... (*100,000 times smaller /100,000 times bigger*) than the entire volume of the atom.
Although all of an atom's mass is determined by the .... and neutrons in the .... , all of its volume is determined by its .... cloud
Although electrons contribute very little to atomic .... , the electron cloud determines the atomic ....

A LITTLE REMINDER

If you are wondering (*chiedendo*) what the size of an electron is compared to the size (*dimensione*) of a proton, you are asking a deep question that researchers in physics are still trying to answer – so bravo/a! Keep thinking and keep your eyes out for research results.

HANDS-ON GLOSSARY

keep your eyes out: tenere gli occhi aperti

2 THE PERIODICITY OF THE PERIODIC TABLE

5 min

EXERCISE 2A **Do you remember the soccer ball analogy? Complete the text using these four words.**

could would than then that were

If the nucleus of an atom .... the size of a soccer ball (22 cm diameter), the diameter of the 3D-space within which an electron of .... atom .... orbit around the nucleus be 100,000 time bigger .... the soccer ball. Although the atomic radius is much greater than the radius of its nucleus, the positively charged nucleus has an extremely strong effect on its negatively charged electrons: the 22 cm soccer ball keeps its electrons «**under control**», even if these electrons can be up to 11 km away. Let's look at this interaction.

HANDS-ON GLOSSARY

under control: sotto controllo

10 min

EXERCISE 2B **Figure 1 shows the relative atomic size of the elements and Figure 2 is the familiar Periodic Table. Use these two figures and what you already know to decide which of the five sentences on the next page need to be corrected and correct them, using as few changes as possible.**

1

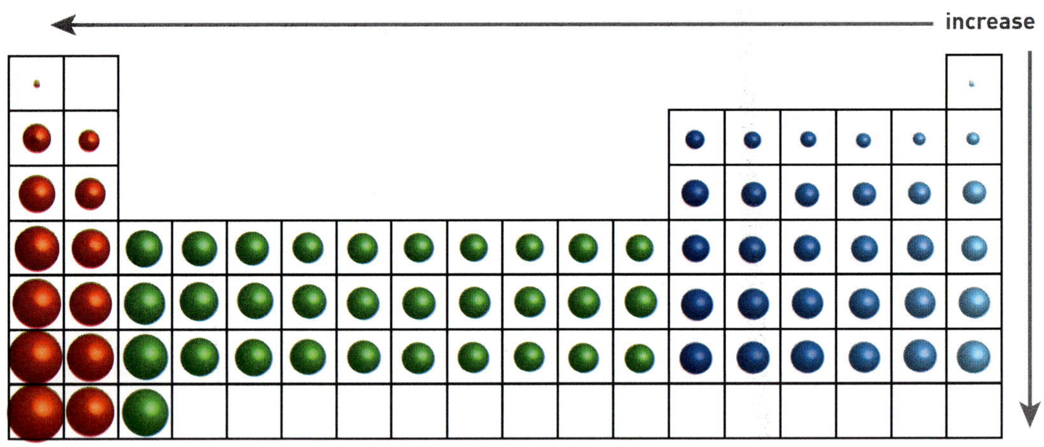

2

IA	IIA	IIIB	IVB	VB	VIB	VIIB	VIIIB	VIIIB	VIIIB	IB	IIB	IIIA	IVA	VA	VIA	VIIA	VIIIA
1 H																	2 He
3 Li	4 Be											5 B	6 C	7 N	8 O	9 F	10 Ne
11 Na	12 Mg											13 Al	14 Si	15 P	16 S	17 Cl	18 Ar
19 K	20 Ca	21 Sc	22 Ti	23 V	24 Cr	25 Mn	26 Fe	27 Co	28 Ni	29 Cu	30 Zn	31 Ga	32 Ge	33 As	34 Se	35 Br	36 Kr
37 Rb	38 Sr	39 Y	40 Zr	41 Nb	42 Mo	43 Tc	44 Ru	45 Rh	46 Pd	47 Ag	48 Cd	49 In	50 Sn	51 Sb	52 Te	53 I	54 Xe
55 Cs	56 Ba		72 Hf	73 Ta	74 W	75 Re	76 Os	77 Ir	78 Pt	79 Au	80 Hg	81 Tl	82 Pb	83 Bi	84 Po	85 At	86 Rn
87 Fr	88 Ra		104 Rf	105 Db	106 Sg	107 Bh	108 Hs	109 Mt	110 Ds	111 Rg	112 Cn	113 Nh	114 Fl	115 Mc	116 Lv	117 Ts	118 Og

A As we go down a Group, atomic radii of consecutive atoms increase.

....

....

B Sodium and cesium both belong to Group I.

....

....

C The atomic radius of sodium is bigger than that of cesium.

....

....

D Potassium is smaller than lithium.

....

....

E Carbon and lead are both in Group IV.

....

....

F Carbon is much smaller than lead.

....

....

G Atomic radius increases as we go across a Period, from left to right.

....

....

H Sodium and argon both belong to Period 3.

....

....

I The atomic radius of sodium is much bigger than that of argon.

....

....

J Chlorine has more electrons and protons than sodium but Cl is much smaller than Na.

....

....

K Sodium is much bigger than iodine because Na has more electrons and protons than I.

....

....

L Sodium has far fewer electrons than xenon but it is much bigger than xenon.

....

....

M The greater the atomic number, the bigger the atom.

....

....

Now listen to the dialogue between two students and check your answers.

Track 1

3 TRENDS WITHIN GROUPS AND ACROSS PERIODS

10 min

EXERCISE 3A **Complete the concepts below with the information given in Figure 1 of exercise 2B and the following words:**

increases / remains the same / decreases

As you move along a Period, from left to right:

a. the atomic number .... ;
b. the number of electrons .... ;
c. the size of the electron cloud .... ;
d. the energy level that the electrons are filling .... ;
e. the number of protons in the nucleus .... ;
f. the positive charge of the nucleus .... ;
g. how strongly electrons "**feel pulled towards the nucleus**" .... ;
h. the atomic radius ....

HANDS-ON GLOSSARY

feel pulled towards the nucleus: si sentono attratti dal nucleo

10 min

EXERCISE 3B **Complete the concepts below with the information given in Figure 1 of exercise 2B and the following words:**

bigger / farther / higher / stays the same / decreases / increases

As you move down a Group, from top to bottom:

a. the atomic radius becomes .... ;
b. the number of outer shell electrons .... ;
c. the outer shell electrons occupy increasingly .... energy levels;
d. the outer shell electrons are increasingly .... away from the nucleus;
e. the number of protons in the nucleus .... ;
f. the distance separating the protons and the outer shell electrons .... ;
g. the «strength» that the positive nucleus has on the electrons in the outer shell ....

EXERCISE 4A Now complete the table comparing **trios of elements**:

10 min

1. Write in the *chemical symbol* of these elements.
2. Indicate if these trios refer to elements in the *same Group* – or – *the same Period.*
3. Then organize the elements in order of size, *from larger to smaller,* and indicate if the trend of increasing atomic size is *from left to right* – or – *from top to bottom.*
4. Finally, indicate what is increasing in this direction, *more populated energy levels* – or – *more protons in nucleus.*

HANDS-ON GLOSSARY

trios of elements: terne di elementi

Z: atomic number	Chemical symbols	Same Group / same Period	Larger to smaller	Left to right / top to bottom	More populated energy levels / more protons in nucleus
20, 19, 25	Ca, K, Mn	same Period	K > Ca > Mn	left to right	protons in nucleus
20, 88, 4					
37, 42, 50					
55, 83 ,86					
87, 1, 11					

EXERCISE 4B Let's put into words what you are beginning to understand. Referring to information in exercise 4A and what you know, complete these sentences. Then listen to check.

20 min

Track 2

A. 20, 19, 25	These elements are, in decreasing atomic size, K, Ca, and .... , which all belong to the same .... The atomic size of .... is the smallest because it has more .... in the nucleus which <u>exerts</u> (*esercita*) a .... attractive force on its electrons.
B. 20, 88, 4	These elements are, in increasing atomic size, ... , ... and .... which all belong to the same .... is the biggest atom because its .... electrons occupy a .... energy level and are therefore .... away from the nucleus.
C. 55, 83, 86	These elements are, in decreasing atomic size, ... , ... and .... The .... electrons of all three elements remain in the .... energy .... However, since .... has the highest number of .... in its nucleus, its nucleus .... the strongest .... force on its cloud of .... That is why .... is .... than Cs or Bi.
D. 87, 1, 11	These .... are, in increasing .... size, ... , ... , and .... which all .... to .... 1. This means that the .... of all three elements has only .... electron in the .... orbital. However, the .... electron of H occupies the .... energy level while the outer .... electron of Na .... the third .... level and the ....of Fr .... the seventh ....

15 min

HANDS-ON GLOSSARY

shielded: schermati
far away: distante
no longer: non più
pulled closer: attirati
drawn closer: attirati

EXERCISE 5 **Dino Sauro is a hard-working student. After class, he went on an internet forum and asked: «Why does the atomic radius *increase* when you go down the Group but *decrease* when you go across a Period?»**
Dino received two good answers expressed in different types of «language». On the left is an explanation in *colloquial* language. The same information is presented in parallel on the right, but in *academic* language.
Words are underlined in blue in either the colloquial or the formal text: identify and underline the equivalent in the other text.

It's like this: as you go down a Group, you add more and more new «levels» or «shells» to the atom and this makes it bigger. Also, the electrons at higher energy levels are farther away from the nucleus and are **shielded** by electrons in shells that are closer to the nucleus. Because of these two reasons, the nucleus cannot attract **far-away** electrons very strongly and that is the reason why atoms with more energy shells are bigger.

As you go across a Period, atomic radius decreases because you are **no longer** adding «shells» just adding electrons to the shells that are already there. Since you are also adding more and more protons into the nucleus when you move across a Period, the positive attractive force in the nucleus gets stronger. This means that the nucleus pulls more strongly on the electrons, and, since they are **pulled closer** to the nucleus, the atom is smaller.

Hope this helps!
Fran Ken

Descending within a Group, the number of energy levels and thus shells increases. Since consecutive shells are increasingly more distant from the nucleus, atoms become progressively bigger. In addition, since outer shell electrons are shielded by those occupying more internal shells, electrons at higher energy levels experience weaker proton-electron attractive force from the nucleus: atoms with electrons occupying higher energy levels are thus (*quindi*) bigger.

Across a period, from left to right, electrons are added to the same energy level. At the same time, increasingly more protons are also being added to the nucleus. A greater number of protons in the nucleus correlates to a «higher effective nuclear charge.» In other words, the nucleus exerts a stronger attractive force on the electrons which are being **drawn closer** to the nucleus. This results in a smaller atomic radius.

Best wishes with your studies
Prof. Stein

EXERCISE 6A **The graph below shows experimental measurements of atomic radii (measured in picometers, 10^{-12} m) of some elements. Use these data, and The Periodic table below to work together and decide which of the following six sentences are correct.**

15 min

1

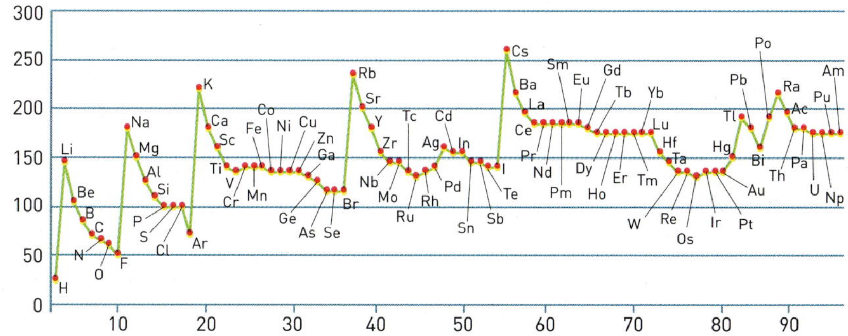

2

IA	IIA	IIIB	IVB	VB	VIB	VIIB	VIIIB	VIIIB	VIIIB	IB	IIB	IIIA	IVA	VA	VIA	VIIA	VIIIA
1 H																	2 He
3 Li	4 Be											5 B	6 C	7 N	8 O	9 F	10 Ne
11 Na	12 Mg											13 Al	14 Si	15 P	16 S	17 Cl	18 Ar
19 K	20 Ca	21 Sc	22 Ti	23 V	24 Cr	25 Mn	26 Fe	27 Co	28 Ni	29 Cu	30 Zn	31 Ga	32 Ge	33 As	34 Se	35 Br	36 Kr
37 Rb	38 Sr	39 Y	40 Zr	41 Nb	42 Mo	43 Tc	44 Ru	45 Rh	46 Pd	47 Ag	48 Cd	49 In	50 Sn	51 Sb	52 Te	53 I	54 Xe
55 Cs	56 Ba		72 Hf	73 Ta	74 W	75 Re	76 Os	77 Ir	78 Pt	79 Au	80 Hg	81 Tl	82 Pb	83 Bi	84 Po	85 At	86 Rn
87 Fr	88 Ra		104 Rf	105 Db	106 Sg	107 Bh	108 Hs	109 Mt	110 Ds	111 Rg	112 Cn	113 Nh	114 Fl	115 Mc	116 Lv	117 Ts	118 Og

Lanthanides series	57 La	58 Ce	59 Pr	60 Nd	61 Pm	62 Sm	63 Eu	64 Gd	65 Tb	66 Dy	67 Ho	68 Er	69 Tm	70 Yb	71 Lu
Actinides series	89 Ac	90 Th	91 Pa	92 U	93 Np	94 Pu	95 Am	96 Cm	97 Bk	98 Cf	99 Es	100 Fm	101 Md	102 No	103 Lr

A Although K has only two electrons more than Cl, the atomic radius of K is more than twice that of Cl.

B Since Cl has 6 electrons more than Na, it is bigger than Na.

C The difference in size between Li and Na is greater than between Li and H.

D Every peak in atomic size corresponds to electrons occupying a new energy shell and thus a new Period.

E Although lithium has 10 electrons and protons less than fluorine, Li is actually smaller than fluorine, but it is more than two times bigger.

F Sodium has only two electrons and protons more than fluorine, but is more than two times bigger.

G Polonium has 31 electrons and protons more than iodine but the two are almost the same size.

H Since Po has many more electrons than Na, it is much bigger.

I Although Fr has 68 more protons and electrons than K, there is much less difference in atomic size between these two elements than the difference between K and Cl which differ by only 2 protons and electrons.

J The biggest change in atomic radius is seen with a change in Period.

Now listen to the six correct sentences.

Track 3

Track 4

10 min

EXERCISE 6B Correct the four incorrect sentences from exercise 6A and insert the correct sentences below: change as few characters as possible. Then listen and check.

....

....

....

....

9 min

EXERCISE 7A To simplify things, in this next section, we will not consider the transition metals: we will only consider the Main-Group elements (those in Groups I-VIII). Use what you know and the figures below to complete the following text which explain trends across Periods. Use the phrases or words given below.

atomic both charged electrons energy level left to right
nucleus periodicity smaller smallest stronger

Trends across a Period

As we move across a Period, there is an increase in the number of .... protons and electrons. Therefore, although there are increasingly more (*progressivamente più*) .... in the cloud, there are also increasingly more protons in the .... The increasingly more positively .... nucleus exerts an increasingly .... attractive force on its negatively charged electrons: therefore, the .... radius becomes increasingly .... as we move across a Period, from ...., with the Noble Gas of that Period having the .... radius of all the elements of that Period. As shown in the empirical data in the figures on the side, the .... of the Periodic Table reflects step-wise (*scatto a gradino*) increases for each change in ....

A

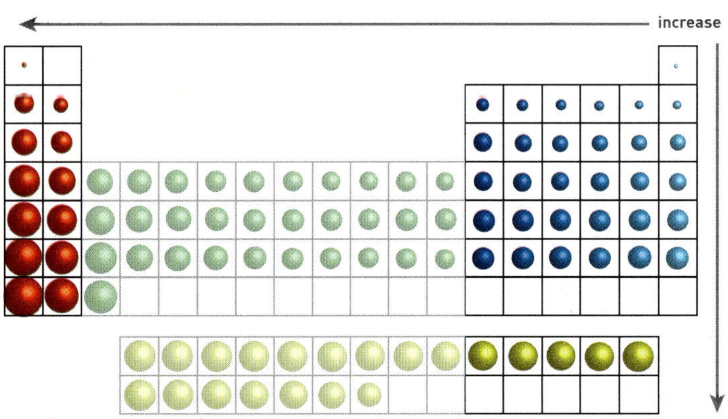

B

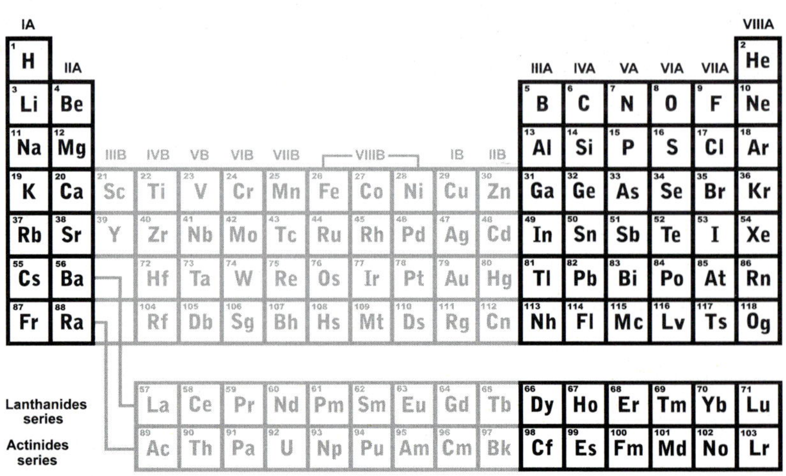

EXERCISE 7B **Read the text below which explains trends within Groups. Fill in the gaps choosing between the options given in brackets and referring to the figures on the previous page.**

9 min

Trends within a Group

As you move down a Group, from top to bottom, the outer shell electron(s) belong(s) to .... (*increasingly higher / less and less*) energy levels. Therefore, moving down a Group, the atomic radius becomes .... (*increasingly bigger / increasingly more big*). The atomic radius of lithium is .... (*smaller than / more smaller than*) that of sodium because sodium has .... (*eight more electrons than / ten more electrons than*) lithium, which means that in sodium the outer shell electrons occupy an energy level which is one level .... (*lower than / higher than*) in lithium.

Likewise (*Analogamente*), since the outer shell electrons of potassium occupy an energy level which is two levels .... (*lower than / higher than*) caesium, the radius of K is .... (*bigger than that of / smaller than that of*) caesium.

This trend is the same within all Groups. For example, in Group .... (*7 / 8*) the atomic radius of iodine is .... (*bigger than that of fluorine / smaller than that of fluorine*) because, in iodine, the outer shell electrons belong to .... (*the third / the fifth*) energy level while those of fluorine belong to ....(*the second / the fourth*) energy level: iodine is therefore a .... (*much bigger atom / much bigger molecule*).

In summary, although the outer shell electron configurations of all the elements within a Group are .... (*different / the same / increasing*), as we go down the Group, the size of the atoms increases because there is .... (*an additional outer shell / an outer shell more*) in which electrons are situated .... (*at a higher / at the same*) energy level.

INDICE ANALITICO

P

Q-R

S

T

U-V

I PITTOGRAMMI DI PERICOLO

Le etichette dei reagenti chimici usati in laboratorio riportano **pittogrammi di pericolo** ai quali è importante prestare attenzione. Si tratta di simboli stabiliti nel 2008 dal regolamento CLP (*Classification Labelling and Packaging*) e riconosciuti a livello europeo. Questi simboli si possono trovare anche sulle confezioni di molti prodotti di largo consumo, come detergenti per la casa o disgorganti per lavandini e tubature: prima di utilizzarli è importante prendere tutte le precauzioni necessarie.

Pittogramma di pericolo	Significato	Esempi
	Pericolo di esplosione.	Fuochi d'artificio e munizioni.
	Sostanza altamente infiammabile.	Benzina, acetone, etanolo.
	Sostanza comburente, che può provocare un incendio o un'esplosione.	Ossigeno a scopi medici, perossido di idrogeno (acqua ossigenata).
	Contiene gas sotto pressione, che può esplodere se riscaldato; oppure, contiene un gas refrigerato che può provocare ustioni.	Bombole del gas e contenitori per azoto liquido.
	Può essere corrosivo per i metalli; causa gravi lesioni alla pelle e agli occhi.	Prodotti disgorganti, acido acetico, acido cloridrico, ammoniaca.
	Sostanza nociva per la salute (se ingerita, inalata o messa a contatto con la pelle) e per l'ambiente (danni all'ozono). Irritante per le vie respiratorie, per la pelle e per gli occhi. Può causare reazioni allergiche, sonnolenza o vertigini.	Detersivi, detergenti per bagno.
	Letale o tossico se ingerito, inalato o messo a contatto con la pelle.	Pesticidi, biocidi, metanolo.
	Tossico per gli organismi acquatici, con effetti a lungo termine.	Pesticidi, biocidi, benzina.
	Dannoso per la salute. Se ingerito o inalato può essere letale o danneggiare gli organi; può nuocere alla fertilità o al feto. Può essere cancerogeno o causare alterazioni genetiche.	Naftalene (naftalina), benzina.